2019

北京世园会志

《2019北京世园会志》编纂委员会

经济日报 出版社

图书在版编目（CIP）数据

2019北京世园会志 /《2019北京世园会志》编纂委员会编著. -- 北京：经济日报出版社，2020.3（2020.6 重印）

ISBN 978 - 7 - 5196 - 0665 - 7

Ⅰ. ①2⋯ Ⅱ. ①2⋯ Ⅲ. ①园艺 - 博览会 - 概况 - 北京 - 2019 Ⅳ. ①S68 - 282. 1

中国版本图书馆 CIP 数据核字（2020）第 041644 号

2019 北京世园会志

编　　著	《2019北京世园会志》编纂委员会
责任编辑	陈礼滟　郭明骏
责任校对	黄新茹
出版发行	经济日报出版社
地　　址	北京市西城区白纸坊东街 2 号 A 座综合楼 710（邮政编码：100054）
电　　话	010 - 63567684（总编室）
	010 - 63584556（财经编辑部）
	010 - 63567687（企业与企业家史编辑部）
	010 - 63567683（经济与管理学术编辑部）
	010 - 63538621　63567692（发行部）
网　　址	www. edpbook. com. cn
E － mail	edpbook@ sina. com
经　　销	全国新华书店
印　　刷	北京文昌阁彩色印刷有限责任公司
开　　本	889 × 1194 毫米　1/16
印　　张	28
字　　数	570 千字
版　　次	2020 年 5 月第 1 版
印　　次	2020 年 6 月第 2 次印刷
书　　号	ISBN 978 - 7 - 5196 - 0665 - 7
定　　价	368. 00 元

2019 年 4 月 28 日，国家主席习近平出席北京世园会开幕式并发表讲话（新华社）

《2019 北京世园会志》编纂委员会

主　　任　　邓乃平　周剑平　穆　鹏　于　波

副 主 任　　叶大华　武　岗　王春城　林晋文　张兰年　刘明利　吴世江

委　　员　　（按姓氏笔画顺序）

　　　　　　于志欣　方锡红　史文军　代　兵　卢　峰　刘　达

　　　　　　刘兰英　刘建明　孙　熙　沈立峰　张春艳　明子琪

　　　　　　杨永洁　周永杰　单宏臣　杨宝利　姚立新　姜国华

　　　　　　赵海江　高春泉　郭　蕾　郭子亮　郭清尧　黄慕山

　　　　　　崔　勇　董　辉　蒋　薇　焦彧童　温富贵　雷　蕾

《2019 北京世园会志》编辑部

顾　　问　　谭烈飞　高文瑞

主　　编　　张兴军　温富贵

执 行 主 编　　张　乐　张春艳　姚立新

执行副主编　　陈　芬

编 纂 人 员　　（按姓氏笔画顺序）

　　　　　　张　丹　张　乐　张兴军　张春艳　陈　芬　陈莎莎

　　　　　　姚立新　黄芳芳　温富贵

责 任 编 辑　　陈礼滟　郭明骏

项 目 统 筹　　侯泽萍

设　　计　　韩志青

编纂说明

一、本志定名为《2019北京世园会志》，由北京世界园艺博览会事务协调局办公室、经济日报出版社合作编著。本志力求全面、系统、客观地记述2019北京世园会申办、筹办、举办的各方面内容。

二、本志以述、记、志、图、表、录等形式进行记述，结构上以篇、章、节、目的层次排列。

三、在呈现形式上，本志遵循志书编纂的一般性原则，同时亦结合《2019北京世园会志》的独特定位和价值导向。

四、本志上限为2012年3月1日，下限到2019年10月9日，部分内容略有延伸。

五、本志资料收集范围限定于2019北京世园会执行委员会层面。

六、本志在篇目设置和稿件撰写中，对"世园"一词的使用一般是指2019中国北京世界园艺博览会，特指除外。

七、本志使用的专有名词、专用术语均来自相关部门和组织，不另加注释。

八、除组织机构篇和特指外，本志一般使用以下简称："2019北京世园会""北京世园会""世园会"。

九、本志图片主要来自北京世界园艺博览会事务协调局、新华社和延庆区筹备办。

十、本志所记述附录讲话内容以新华社通稿为准。

十一、本志资料主要由北京世界园艺博览会事务协调局和延庆区筹备办提供。

十二、本志不设人物传，重要人物采用以事系人的方法进行记述。

目　录

第一篇　组织机构

第二篇　申办

第三篇　园区规划

第四篇　园区建设

第五篇　招展

第六篇　活动

第七篇 展览展示

第十篇　宣传

第十一篇　志愿者

第十二篇　财务

第十三篇　保障监督

第十四篇　党建与廉政

概　述

从 2019 年 4 月的芳菲春日到 10 月的斑斓金秋，历时 5 个多月、为期 162 天的 2019 年中国北京世界园艺博览会（简称"北京世园会"）圆满落下帷幕。

"把 2019 北京世园会办成一届独具特色、精彩纷呈、令人难忘的世纪性盛会"是中国人民对国际社会的重要承诺，同时也是中国在传承历史、引领未来，为开创中国特色社会主义新局面做出积极贡献的重要举措。

在实现"为世界呈现一届高水平、有特色的世界园艺博览会"这一宏伟目标过程中，既体现了中国人民对世界园艺博览会理念认知的不断提高，也表现了中国人民对申办世界园艺博览会的极大热情。

北京世园会作为中国政府主办的国际展会和 2019 年国家主场外交活动的重要组成部分，向全国和全世界人民展现了绿色生态发展成就，生动实践了"绿水青山就是金山银山"理论，搭建了国际交流合作平台，向党和人民交上了一份满意的答卷。

一

中国是一个世界园艺大国，中国人民对举办和参与世界园艺博览会的热情有目共睹。北京世园会是迄今为止，展出规模最大、参展国家最多的一届世界园艺博览会，共有 110 个国家和国际组织，以及包括中国 31 个省区市、港澳台地区在内的 120 余个非官方参展者参加。会期北京世园会共举办 3284 场活动，吸引了 934 万中外观众前往参观。可以说，本届世园会是一次"多赢"的世园会。

延庆之赢，构建区域绿色发展新标杆。首先受益于北京世园会的就是其举办地北京市延庆区。通过坚持区园融合，带动了区域绿色发展新跨越；通过建设京礼高速和新建提升 27 条道路和 10 座变电站，"西气东输"干线进延庆，实现了基础设施和公共服务的加速提升。在北京世园会举办机遇带动下，延庆区实现了森林覆盖率 59.28%，林木绿化率 71.67%，人均公共绿地将近 46.13 平方米，生态环境得到很大改善。数据显示，会期延庆区 PM2.5 平均浓度为 28.2 微克 / 立方米，成功收获了"世园蓝"。正是对绿色发展的不懈追求，才使这个山区小城赢得了北京世园会、北京冬奥会和北京冬残奥会在当地举办的历史性发展机遇，推动现代园艺、冰雪体育、休闲旅游等绿色产业和绿色消费快速发展，最终实现了延庆的华丽转身。延庆的蜕变，正是"美丽中国"建设的缩影。

北京之赢，聚力集智打造城市发展新名片。2019北京世园会紧紧围绕北京国际一流和谐宜居之都的建设目标，积极营造"让园艺融入自然、让自然感动心灵、让人类与自然和谐共生"的山水大花园，举办了一届集园艺、科技、文化、旅游等多功能于一体，与世界各民族文化精华交相辉映的园艺盛会。北京世园会的成功举办，也是继 1999 年昆明世园会和 2010 年上海世博会成功举办之后，中国人民践行绿色发展理念的进一步升华。首都北京，也在成功举办了一届无与伦比的奥运会之后，再次让世界惊叹。

中国之赢，引领世界绿色发展进入新时代。北京世园会筹办运营的专业高效和规则体系健全完善等方面，都在世界园艺史上留下了深刻的"中国印记"，为今后举办 A1 类世界园艺博览会树立了新的标杆。更为重要的是，北京世园会向世界展示的"绿色发展"理念，代表的是未来世界发展的先进方向。

正如国际展览局秘书长文森特·冈萨雷斯·洛塞泰斯在高度评价北京世园会时所说：本届世园会对主办城市北京及周边地区而言意义非凡，其所带来的影响将远远超过举办世园会本身，不仅将促进区域经济和社会发展以及基础设施升级，还将进一步提升北京的国际影响力。

世界之赢，北京世园会成就了世界园艺新的里程碑。作为迄今为止参展国家和国际组织最多、展现内容最丰富、展示效果最好、办会影响最广的全球性园艺盛会，北京世园会在世界园艺博览会发展进程中具有里程碑意义。北京世园会传播了生态文明理念，推动了绿色发展。亿万人聆听世园故事，将绿色发展理念向全世界广泛传播。北京世园会成为展示生态文明建设成果、传播绿色发展理念的重要窗口。国际展览局秘书长洛塞泰斯评价，东道主中国和来自世界各地的参与者一道，为实现人类更加绿色的未来做出了突出的贡献。

多赢的维度，充分体现了北京世园会绿色、开放、包容、共赢的格局，通过将绿色发展的理念传递给世界诠释出北京世园会的价值所在。

二

从 2012 年 3 月 7 日北京市政府决定申办 2019 年世界园艺博览会算起，近 8 年时间 2700

多个日日夜夜，北京 2000 多万人民同世园会的参与各方紧紧围绕"世界园艺新境界　生态文明新典范"的宏伟目标，在各个领域、各个方面做出了大量的工作，确保了本届世园会举办的圆满成功。

组织工作高效成为本届世园会的突出亮点。会期，北京世园会累计入园总数约为 934 万人次，其中普通游客 636 万人次。园区秀美的景色、完善的设施、周到的服务，为游客提供了良好的游园体验，游客满意度始终保持较高水平。中国馆、国际馆、生活体验馆、植物馆对游客始终保持巨大吸引力，会期累计入馆参观游客 1435 万人次，其中中国馆累计入馆参观游客 550 万人次。

参观服务工作更加便捷高效。为加强游客服务精细化，通过智慧世园 APP、北京世园会公众号和发放数十万计的导览图等，都确保了让游客高兴而来、乘兴而归。精心组织 3000 多场形式多样的文化活动，将世园会打造成中西交融、精彩纷呈的欢乐海洋；积极开展的"军人免费游世园""教师免费游世园"等惠民活动也得到了社会的强烈反响。

"一站式"商业服务细致周到。全会期内积极转变服务内容，主动提高服务意识，急参展方之所急、想参展方之所想，组织专业团队服务，让参展方在北京世园会有序参展的同时，也感受到家一般的温暖。室外展园累计接待参观游客超过 600 余万人次，充分发挥北京世园会国际平台作用，助推省区市形象展示和资源推介。

媒体运行有条不紊，持续提升北京世园会关注度。北京世园会期间，众多媒体多角度展示我国生态文明建设成就，广泛传播绿色发展理念。开园活动、中国馆日等重大活动也向世界广泛传播了"绿色生活　美丽家园"这个办会主题和中国生态文明建设的最新成果。中央人民广播电台经济之声频道开办《相约北京 2019》《相聚北京 2019》《花之声》专栏各 144 期，北京日报开办《魅力世园会》专栏 100 期，北京人民广播电台进行 12 场世园会直播节目。此外，新华社推出境内外大型推广专题，《人民日报》刊登北京世园会彩色整版图文，《新京报》推出北京世园会整版报道及动视频，《大公报》、大公网刊登报道、推出专题页面及专题采访。通过与报纸、广播、电视等传统媒体，网络、微博、微信等新兴媒体及园艺、花卉行业专业媒体合作，全渠道、全平台对北京世园会进行了高质量、高密度、高强度的宣传，极大地提升了北京世园会的知名度、美誉度和参与度。策划拍摄十集大型纪录片《影响世界的中国植物》，利用重大历史节点、重大事件和重要人物描绘了中国植物如何影响世界，厘清中国植物如何被世界发现，在世界扎根、生长。纪录片于 2019 年 9 月在中央电视台纪录片频道播出，并作为会期重要展陈内容，丰富了北京世园会园艺文化内容，留下宝贵的文化遗产。

广大群众积极参与，志愿者成为北京世园会闪亮名片。北京世园会展期，园区共有来自 48 所高校、16 个区县、51 家企业、2 个社会组织共 117 个志愿者来源单位的约 2 万名志愿者、累计 12 万人次参与服务，累计服务时长超过 100 万小时，分布在 8 大类、18 小类、100 多个岗位。全会期，志愿者平均每天解答游客提问 2 万次，核心场馆 / 展园志愿者开展公益讲解 15000 余人次，公益讲解累计服务中外游客近 24 万人次，收到表扬信近万封，得到了组委会、执委会、各大媒体、各来源单位、参展者和游客等社会各界的一致好评。

三

举办一届主题鲜明、内容丰富的世园会，是北京给世界的承诺。党中央、国务院高度重视北京世园会，习近平主席在开幕式上发表了题为《共谋绿色生活，共建美丽家园》的讲话，生动阐述了生态文明建设在国家发展的重要地位，丰富发展了习近平生态文明思想，为美丽中国建设提供了根本遵循，为全球环境治理和可持续发展提供了中国智慧、中国方案。李克强总理在闭幕式上表达了中国政府推动绿色发展和绿色合作的决心和信心，提出了"推动人与自然和谐发展，共创人类美好未来"的美好愿景。各国领导人、国际组织负责人、海内外媒体对北京世园会给予了高度赞誉。

北京世园会是一场文明互鉴的绿色盛会，100 余场国家日和荣誉日、3000 多场来自世界的多元文化活动，促进了各国文明交流、民心相通和绿色合作。

北京世园会是一场创新荟萃的科技盛会，世界园艺前沿技术成果悉数登台，展现了绿色科技应用的美好前景。这是一场走进自然的体验盛会，近千万中外访客走进北京世园会，用心感受环保与发展相互促进、人与自然和谐共处的美好。

全球 110 个国家和国际组织、120 多个非官方参展方积极响应，成就了历史上参展方最多的一届世园会。近千万中外访客走进世园会，用心感受环保与发展相互促进、人与自然和谐共处的美好。北京世园会以特色诠释了新时代中国绿色发展的追求，成就了"世界园艺新境界，生态文明新典范"。

北京世园会体现了与时俱进的时代特色。北京世园会充分汇集世界各国最新的园艺创新资源，充分展示人类科技文化创新的最新成果，全面反映进入新世纪以来全球绿色创新、科技创新、文化创新的新趋势，反映世界各国人民追求绿色生活、建设美丽家园的新常态。

北京世园会诠释了融合开放的中国风格。北京世园会努力把源远流长的中华文明、博大精深的中华文化内化到世园会的总体规划、园区建设、园艺展示、活动策划、综合服务等各个环节，积极传播和发展中国园艺文化，让世界感知中国，让中国融入世界，推动我国由世界园艺生产大国向世界园艺产业强国迈进，为世界园艺事业发展做出中国应有的贡献。

北京世园会打造出价值独特的北京品牌。北京世园会紧紧围绕《北京城市总体规划（2016年—2035年）》中的"四个中心"战略定位，积极营造"让园艺融入自然、让自然感动心灵、让人类与自然和谐共生"的山水大花园，举办一届展示生态文明建设成就及绿色发展的园艺盛会，充分彰显了首都风范和时代风貌。

北京世园会奉献了不可多得的文化盛宴。2019北京世园会汇聚了100多个国家和国际组织等官方参展者，100多个国内省、自治区、直辖市及国内外专业机构和企事业单位等非官方参展者，深化相互交流，促进共赢发展，让绿色成为生活的主旋律，让园艺成为创意的新载体，打造"世界园艺新境界，生态文明新典范"的文化盛宴。

四

在筹办举办过程中，深入贯彻习近平生态文明思想和推进新时代"五位一体"总体布局，坚持正确理念，发挥制度优势，依靠人民群众，加强国际合作，为北京世园会的成功举办创造了有利条件，积累了丰富的经验。

第一，坚持科技引领，创新办会。北京世园会把科技创新摆在首要位置，通过科技植入、创意融入和设计提升，成功举办了一届高科技含量的园艺盛会，使其成为展示园艺科技创新成就的平台、展示绿色科技创新成果的窗口。

第二，坚持生态优先，节俭办会。北京世园会坚持尊重自然、保护自然、融入自然的原则，在展会策划、规划、设计、建设、展览活动举办全过程中，全面落实绿色低碳环保理念和标准，合理预算，节俭办会，集约、高效利用各类资源。

第三，坚持市民参与，开放办会。北京世园会动员广大市民群众参与到世园会的筹备和举办中来，通过在北京世园会中的亲身体验，提升全市人民的生态环境保护意识，推动以延庆区为代表的生态涵养发展区成为首都经济社会发展的后花园和市民休闲旅游的重点区域，实现北京世园会经济、政治、文化、社会、生态效益的统一。

第四，坚持文化交流，包容办会。北京世园会坚持文化立园、文化铸魂，既深入挖掘中国特色文化内涵、有机融合中国传统园艺文化，又充分汇集和展示世界园艺发展趋势和各国园艺文化，海纳百川、兼收并蓄。

习近平总书记在北京世园会开幕式的讲话中，深刻诠释了环保意识、生态意识和尊重自然、爱护自然的和谐统一，同时还强调了追求人与自然和谐、追求绿色发展繁荣、追求科学治理精神和追求携手合作应对的重要性与重大意义，并强调"中国愿同各国一道，共同建设美丽地球家园，共同构建人类命运共同体。"北京世园会为各国人民共建地球家园提供了交流互鉴的平台，激发了人们为绿色未来做出贡献的意愿，为全球可持续发展发挥了积极作用，实现北京世园会园区所阐释的绿色发展理念传导至世界各个角落。

2019 年 10 月 9 日北京世园会的闭幕，宣告的不仅是中国北京为世界贡献了一个世界园艺新的里程碑，同时也为人类探索绿色发展留下了一份宝贵的财产。而北京世园会园区，也将在闭幕后继续打造为生态文明示范基地和市民旅游目的地，并为 2022 年冬奥会、冬残奥会提供服务保障，延续着中国人民对"绿色生活 美丽家园"的永恒追求。

大事记

2012 年

3 月 7 日

北京市政府决定申办 2019 年世界园艺博览会（A1 类）。

4 月 30 日

丰台区、房山区、通州区、顺义区、昌平区、怀柔区、密云县和延庆县共 8 个区县政府向北京市园林绿化局递交承诺函和《申办报告简本》，推荐举办地点。

5 月 30 日

北京市委常委会（十届 246 次会议）决定建议由北京市人民政府代表国家申办 2019 年世界园艺博览会，由延庆县作为举办地。

6 月 13 日

北京市政府批准 2019 年世界园艺博览会（A1 类）《申请报告》和《举办方案》。

6 月 14 日

北京市成立 2019 北京世园会申办委员会。

6 月 29 日

中国花卉协会参加国际园艺生产者协会（AIPH）执行委员会，将中国申办 2019 年世界园艺博览会列入 AIPH 全会议题。

8 月 3 日

国务院同意由北京市人民政府代表国家申办 2019 年世界园艺博览会。

8 月 13 日

中国花卉协会会长江泽慧正式向国际园艺生产者协会（AIPH）提交申办 2019 年世界园艺博览会的函。

9 月 11 日

中国政府申办代表团参加第 64 届国际园艺生产者协会（AIPH）秋季年会，会议有条件批准 2019 年中国北京世界园艺博览会（A1 类）。

9月29日

国际园艺生产者协会（AIPH）专家考察组来京考察并向中方授旗。

国际园艺生产者协会（AIPH）正式致函批准北京举办2019年世界园艺博览会（A1类），举办时间为2019年4月29日至10月7日。

11月21日

中国代表团在国际展览局（BIE）第152次全体大会上发表中国申办2019年世界园艺博览会的声明。

2013年

3月1日

北京市机构编制委员会批准设立2019年中国北京世界园艺博览会筹备工作委员会。

5月7日

国务院批准2019北京世园会办会主题为"绿色生活 美丽家园"。

5月21日

中国外交部部长王毅签发2019北京世园会官方申请认可信函。

6月12日

中国国际贸易促进委员会（简称"中国贸促会"）副会长王锦珍在国际展览局第153次大会上递交2019北京世园会申请认可官方信函。

7月11日

延庆县成立北京世园会延庆县筹备领导小组。

8月24日

国务院批准成立2019年中国北京世界园艺博览会组织委员会和执行委员会。

9月1日至7日

国际展览局官方考察团来北京进行考察。

2014年

1月5日

中央机构编制委员会对北京市机构编制委员会递交的《关于设立北京世界园艺博览会事务协调局有关问题的请示》进行批复，同意设立北京世界园艺博览会事务协调局。

1月6日

北京市市长王安顺主持召开2019北京世园会筹备工作会。

北京市审议通过 2019 北京世园会《一般规章》和《参展合同范本》。

2 月 10 日

北京市委书记郭金龙到延庆县调研筹办 2019 年世界园艺博览会等工作。

2 月 11 日

国务院副总理汪洋主持召开 2019 年中国北京世界园艺博览会组委会第一次会议。会议审议通过《一般规章》《参展合同范本》及《2019 北京世园会组委会和执委会工作制度》。

2 月 24 日

中国驻法大使馆公使邓励代表中国政府向国际展览局正式递交《一般规章》和《参展合同范本》。

3 月 11 日

根据中央机构编制委员会办公室的批复，北京市人民政府办公厅下发《关于设立北京世界园艺博览会事务协调局的通知》，提出设立北京世界园艺博览会事务协调局。

3 月 25 日

国家工商总局通过第一批北京世园会特殊标志审查。

4 月 24 日

国际展览局春季执委会会议审议通过北京世园会的国际认可法律文件，决定将其推荐给国际展览局第 155 次全体大会予以批准。

4 月 25 日

国家工商总局通过第二批北京世园会特殊标志审查。

5 月 15 日

国家工商总局通过第三批北京世园会特殊标志审查。

6 月 11 日

国际展览局第 155 次大会审议通过 2019 北京世园会认可申请，并向中方授旗。

10 月 9 日

中共北京市委决定设立中共北京世界园艺博览会事务协调局党组，邓乃平任党组书记，叶大华、武岗、王春城任党组成员。

10 月 13 日

北京市人民政府任命北京世界园艺博览会事务协调局领导班子，林克庆任局长（兼），周剑平任常务副局长，叶大华任副局长（试用期一年），武岗任副局长，王春城任副局长（试用期一年）。

10 月 28 日

北京世界园艺博览会事务协调局正式挂牌。

北京市副市长兼北京世界园艺博览会事务协调局局长林克庆主持召开了第一次局长办公会。

2015 年

1 月 7 日

北京世园会组委会联络小组办公室联席会第一次会议在中国贸促会召开。

3 月 5 日

北京市政府党组成员、北京世园会执委会副主任夏占义主持召开园区拆迁、土地腾退、世园公司组建和园区概念性规划专题会。

4 月 27 日

2019 北京世园会官方网站上线暨会徽、吉祥物征集发布会在北京奥运大厦召开。

6 月 14 日

2019 北京世园会会徽、吉祥物征集活动结束，共收到 1900 余件应征作品。

10 月 10 日

2019 北京世园会会歌征集发布会在奥运大厦举行。

11 月 25 日

国际展览局第 158 次全体大会表决通过 2019 北京世园会国际规则体系文件第 1 号、第 2 号、第 3 号和第 11 号《特殊规章》。

12 月 4 日

北京世园会执委会第一次会议召开，会议审议通过《2019 年中国北京世界园艺博览会行动纲要》《2019 年中国北京世界园艺博览会国际招展工作总体方案》《2019 年中国北京世界园艺博览会园区综合规划及周边基础设施规划方案》。

12 月 23 日

国务院副总理、北京世园会主任委员汪洋在京主持召开组委会第二次会议。

2016 年

3 月 11 日

2019 北京世园会会歌征集进校园活动成功举行。

4 月 15 日

2019 北京世园会世园大道景观建设工程启动，标志着北京世园会配套工程建设的大幕全面拉开，北京世园会进入实质性建设阶段。

4 月 26 日

北京世园会英文网站上线，成为海外了解、分享北京世园会重要的资讯平台之一。

4 月 28 日

国际展览局春季执委会上，中国贸促会、北京世界园艺博览会事务协调局相关同志共同递交了中国政府总代表王锦珍的任命函。

5 月 4 日

北京市规划委员会批复了《关于报审 2019 北京世园会围栏区控制性详细规划的函》。

5 月 27 日

2016 年土耳其安塔利亚世界园艺博览会"中国国家馆日"活动中，北京世界园艺博览会事务协调局举办了北京世园会宣传推介招展活动。这是北京世园会首次在同一级别的世园会上进行宣传推介招展。

7 月 21 日

北京世园会会徽、吉祥物正式通过组委会审批。

8 月 11 日

经国务院批准，外交部向 172 个建交国政府发出由国务院总理李克强签批的参展邀请函，以中国常驻联合国代表团名义向 23 个非建交国驻联合国代表团发出参展邀请照会。

8 月 25 日

经国务院批准，外交部向 25 个政府间国际组织发出由外交部部长王毅签发的参展邀请函。

9 月 1 日

圭亚那合作共和国正式确认参加北京世园会，成为第一个确认参展的国际参展方。

国家工商行政管理总局正式核准北京世界园艺博览会事务协调局提交的经国务院审定的北京世园会会徽和吉祥物等 8 件特殊标志登记申请。

9 月 3 日

北京世界园艺博览会事务协调局与中央人民广播电台经济之声（FM96.6）合作的两个专栏开播。

9 月 8 日

国务院新闻办公室举行北京世园会首场新闻发布会，对北京世园会国际招展及筹备进展等方面情况进行介绍。

9 月 19 日

北京世园会会徽、吉祥物发布会在八达岭长城望京广场举行，北京世园会会徽、吉祥物正式对海内外发布。

9 月 29 日

北京世园会园区建设启动，位于延庆新城集中建设区西部，横跨妫河两岸，围栏区总面积 503 公顷。

10 月 30 日

2016 年土耳其安塔利亚世界园艺博览会（A1 类）闭幕式上，北京市副市长程红代表北京市政府接过了国际展览局局旗和国际园艺生产者协会会旗，标志着国际最高级别的 A1 类世园会正式进入北京时间。

11 月 23 日

国际展览局第 160 次全体大会审议通过 2019 北京世园会国际规则体系文件第 4 号、第 5 号、第 6 号、第 8 号、第 9 号和第 10 号《特殊规章》。

2017 年

2 月 20 日

北京世园会园区地下综合管廊工程正式开工，标志着 2019 北京世园会园区市政基础设施建设全面启动。

2 月 24 日

北京世界园艺博览会事务协调局迁址至北京市石景山区阜石路 159 号首钢体育大厦。

3 月 6 日

《2019 年中国北京世界园艺博览会首批特许生产商征集公告》通过北京世园会官方网站发布，面向社会公开征集特许生产商。

4 月 13 日

2019 北京世园会组委会举办驻华使节吹风会，来自 80 多个国家和国际组织的驻华使节和国际组织驻华代表应邀出席。

北京世界园艺博览会事务协调局在北京世园会官网、微信公众号等平台上发布了《北京世界园艺博览会事务协调局知识产权保护公告》。

4 月 14 日

北京世界园艺博览会事务协调局组织召开了特许生产商专家评审会，确定 10 家企业为 2019 北京世园会首批特许生产商。

4 月 17 日

以"倾听花开的声音"为主题的"纪录片《影响世界的中国植物》开机暨北京世园会形象大使推选活动"在北京植物园成功举办。

4 月 24 日

北京世园会首批全球合作伙伴签约活动在北京饭店举行，5 家企业成为北京世园会首批全球合作伙伴。

4 月 28 日

北京世园会倒计时两周年计时牌揭幕暨优秀世园歌曲发布会在八达岭长城关城广场举行，北京世园会十大金曲对外发布。

5 月 23 日

北京市人民政府常务会议决定，卢彦任北京世界园艺博览会事务协调局局长（兼），免去林克庆的北京世界园艺博览会事务协调局局长职务。

6 月 5 日至 6 日

2019 北京世园会省区市参展第一次工作会在北京市延庆区召开。

6 月 10 日

北京市代市长陈吉宁到延庆区调研 2019 北京世园会筹备有关工作。

7 月 20 日

北京世园会首批特许企业授牌暨首批特许产品发布活动在首钢体育大厦举行。

9 月 23 日

"2019 北京世园会特许商品零售店开业活动"在王府井大街工美大厦举行，并对 8 家北京世园会特许零售商企业授牌。

10 月 5 日

国际展览局 2017 年规则委员会会议审议通过北京世园会第 7 号、第 12 号和第 13 号《特殊规章》，并对第 14 号《特殊规章》进行备案，标志着北京世园会国际法律体系的建设基本完成。

11 月 2 日

2019 北京世园会国内省区市展园方案第一次专家评审工作会在北京市延庆区召开。

11 月 15 日

国际展览局第 162 次全体大会在法国巴黎召开，大会审议通过了第 7 号、第 12 号、第 13 号北京世园会《特殊规章》，标志着北京世园会 14 份《特殊规章》报审工作全面完成。

11 月 24 日

北京世园会首批 86 家向参展者推荐服务供应商授牌活动在延庆举办，标志着北京世园会参展服务工作将全面启动。

12 月 5 日

北京市人民政府常务会议决定，毛东军、孙连辉、王承军、庞微、张谦任北京世界园艺博览会事务协调局副局长（兼）。

12 月 7 日

北京世园会首位形象大使暨中国馆建筑方案发布活动在北京植物园万生苑温室成功举办。中央电视台著名主持人董卿成为北京世园会首位形象大使。

12 月 12 日

北京市人民政府常务会议决定，林晋文任北京世界园艺博览会事务协调局总经济师（试用期一年），张兰年任北京世界园艺博览会事务协调局总工程师（试用期一年）。

12 月 26 日

国务院新闻办公室举行北京世园会第二场新闻发布会，介绍 2019 北京世园会国际招展及筹备进展等情况。

2018 年

1 月 10 日

2019 北京世园会植物馆建设方案首次对外发布，植物馆合作伙伴计划正式推出。

北京世园会中国馆工程实现封顶。

1 月 31 日

北京市市长陈吉宁与英国国际贸易大臣利亚姆·福克斯在人民大会堂签署《英国参加 2019 年中国北京世界园艺博览会备忘录》，英国正式确认参加北京世园会。

3 月 17 日

北京世园会展园获 2018 香港花卉展览最佳展品奖。

3 月 24 日

北京市委书记蔡奇到延庆调研冬奥赛区建设及北京世园会建设情况，现场推进筹办工作。北京市委副书记、市长陈吉宁一同调研。

3 月 30 日

北京世园会省区市参展第二次工作会在延庆区召开，国内省区市参展工作正式由方案设计阶段转入建设施工阶段。

4月23日

北京世园会"多彩世园号"彩绘飞机完成首航，北京世园会倒计时一周年系列活动拉开序幕。

4月28日

"花开新时代"2019北京世园会倒计时一周年活动在延庆区八达岭国际会展中心广场举行，进行倒计时一周年计时牌揭幕，并向社会发布北京世园会志愿者招募信息。

5月7日

国务院副总理胡春华到延庆区调研，对2019北京世园会在高度重视、抓紧推进重点工作、筹备好组委会第三次会议等方面提出了具体的要求。

5月9日

北京世园会首次省区市宣传推介活动在深圳成功举办。

5月17日

2019北京世园会第二批赞助企业签约活动在北京饭店举行，4家企业成为北京世园会全球合作伙伴，4家企业成为北京世园会高级赞助商。

5月25日

北京世园会第二批向参展者推荐服务供应商授牌活动在首钢体育大厦举行，向第二批18家参展者推荐服务供应商颁发了授权证书。

5月29日

北京市委、市政府安全生产延伸督查第二小组对北京世园会工程建设进行现场督查，并对在建国际馆和中国馆项目进行重点督查。

6月8日

2019北京世园会执委会第二次全体会议在京召开。

6月15日

日本展园建设团队入场施工，标志着国际展园建设现场施工工作正式启动。

6月25日至26日

北京世园会第一次国际参展方会议在北京饭店召开，来自88个国家和国际组织的180余名代表应邀出席。

7月21日

北京市委书记蔡奇到延庆区调研世园会筹办工作。

7月31日至8月1日

北京市人民政府常务会议决定，陈卫东任北京世界园艺博览会事务协调局副局长（兼），免去王承军的北京世界园艺博览会事务协调局副局长职务。

北京世园会中国馆省区市及科研院校室内展区展示方案第一次专家评审工作会在北京延庆举办。

8月14日

已有100个国家和国际组织确认参展2019北京世园会（包括80个国家和20个国际组织），北京世园会国际招展目标全面完成。

8月16日

北京世园会组委会第三次会议在京召开，国务院副总理、北京世园会组委会主任委员胡春华主持会议并讲话。会议审议通过《2019年中国北京世界园艺博览会展览展示总体方案》和《2019年中国北京世界园艺博览会票务总体方案》。

8月29日

北京世界园艺博览会事务协调局组织召开了第二批特许生产商评审会，确定13家企业为2019北京世园会第二批特许生产商。

9月8日

北京世界园艺博览会事务协调局代表团参加2018世界旅游城市联合会青岛香山旅游峰会，面向全球百余个旅游城市宣传推介北京世园会。

9月12日

北京世园会中国馆省区市及科研院校室内展区展示方案第二次专家评审工作会在北京世界园艺博览会事务协调局召开。

9月25日

北京世园会近300款特许商品亮相2018北京国际设计周。

9月29日

世园金曲快闪演唱活动在北京西客站下沉广场举行，为北京世园会倒计时200天系列活动拉开序幕。

10月10日

北京世园会票务政策向社会公布。

10月11日

"放歌新时代"2019北京世园会倒计时200天节点活动在延庆区夏都公园广场举行。

10 月 31 日

北京市委副书记、市长陈吉宁调研北京世园会建设情况,并主持召开执委会专题会议。

北京世园会园区志愿者工作方案通过执委会专题会审议,志愿者工作从方案制定阶段开始进入实施阶段。

11 月 13 日

北京世界园艺博览会事务协调局组织召开了第二批特许零售商评审会,确定 12 家企业为 2019 北京世园会第二批特许零售商。

11 月 22 日

首批 10 辆"美丽世园号"宣传大巴正式发车,成为流动的宣传媒介,会期搭载广大游客体验北京世园会活动。

11 月 29 日

2019 北京世园会贵金属纪念币经中国人民银行审批通过。

12 月 6 日

2019 北京世园会省区市展园建设及室内布展工作磋商会在京举行。

12 月 15 日

北京市委书记蔡奇到延庆区检查北京世园会筹办工作。

12 月 19 日

2019 北京世园会商业服务保障企业签约,共有 20 家企业正式成为北京世园会商业服务保障签约企业,标志着北京世园会商业服务保障工作取得阶段性成果。

12 月 21 日

北京世园会第二批形象大使发布暨世园行动启动活动在首钢体育大厦举行,北京大学保护生物学教授吕植、影视表演艺术家刘劲成为北京世园会第二批形象大使。

12 月 26 日

国务院新闻办公室举行北京世园会第三场新闻发布会,对外发布 2019 北京世园会筹备进展。

2019 年

1 月 4 日

北京市人民政府常务会议决定,李轶任北京世界园艺博览会事务协调局副局长(兼);免去张谦的北京世界园艺博览会事务协调局副局长职务。

1月20日

北京市召开北京世园会倒计时 100 天动员誓师大会，对筹办工作进行再动员、再部署。

北京世园会第三批赞助企业授牌活动在京举行。

2月19日

2019 北京世园会组委会第四次会议在北京召开。国务院副总理、北京世园会组委会主任委员胡春华主持会议并讲话。

3月13日

北京市委副书记、市长陈吉宁带队调研北京世园会开幕式、开园活动筹办进展情况，并召开工作推进会。

3月20日

经北京市人民政府同意，林晋文、张兰年同志结束试用期。林晋文任北京世界园艺博览会事务协调局总经济师，张兰年任北京世界园艺博览会事务协调局总工程师。

3月23日

北京市委副书记、市长陈吉宁到世园会园区建设现场检查指导世园会筹备工作。

3月25日

北京世园会园区志愿者核心管理团队培训班开班。来自高校、各区和企业的青年骨干在开班仪式上接过志愿服务旗帜并庄严宣誓，世园会志愿服务进入实战阶段。

3月30日

北京市委书记蔡奇到延庆区检查世园会筹办工作。

4月1日

北京世园会园区成功举办 2019 北京世园会运营服务团队入园仪式，标志着北京世园会进入运营备战状态。

4月2日

北京世园会知识产权保护启动仪式暨实务培训会在延庆区举行。

4月13日

北京世园会开展园区半负荷压力测试工作。

北京世园会园区举办了"奔向世园"2019 北京世园会志愿者招募宣传推广活动总决赛暨闭幕仪式。

4月18日

国务院副总理、北京世园会组委会主任委员胡春华在京主持召开组委会第五次会议，会议听取了 2019 北京世园会筹备情况汇报，研究部署下一步重点工作。

4 月 20 日

北京世园会园区进行全负荷压力测试。

4 月 24 日

国务院新闻办公室举行北京世园会第四场新闻发布会，介绍了 2019 年中国北京世界园艺博览会筹备工作情况，园区工程建设、布展工作全面完成。

4 月 25 日

北京交通 APP "北京世园会出行指南"正式上线。

4 月 27 日

2019 北京世园会国际竞赛总评审团完成室外展园与室内展区第一轮评审工作。

4 月 28 日

国家主席习近平和外方领导人在北京世园会中国馆前出席"共培友谊绿洲"仪式。

2019 北京世园会开幕式在世园会园区妫汭剧场举行。习近平出席开幕式并发表题为《共谋绿色生活，共建美丽家园》的重要讲话，同时宣布 2019 北京世园会开幕。

4 月 29 日

2019 北京世园会举行开园仪式，园区正式开门迎客。

北京世园会纪念邮票和贵金属纪念币首发活动在世园会园区举行。

5 月 1 日

2019 北京世园会首个中国省区市活动——"北京日"活动开幕。

北京世园会牡丹芍药国际竞赛颁奖典礼在世园会园区生活体验馆科普大讲堂顺利举行，也标志着北京世园会首个专项竞赛落下帷幕。

5 月 1 日至 2 日

北京世园会国际竞赛中国省区市、高校科研院所室内展品竞赛第一次评审工作完成，共有 1500 多件展品参加评审。

5 月 3 日

全国政协副主席万钢到北京世园会园区考察。

5 月 7 日

全国人大常委会原副委员长陈至立到北京世园会园区考察。

5 月 9 日

全国政协原副主席刘晓峰到北京世园会园区考察。

5月10日

中央政治局原常委李长春到北京世园会园区考察。

5月13日

全国人大常委会副委员长、民革中央主席万鄂湘到北京世园会园区考察。

北京世园会迎来了首个国家日——德国国家日。

5月16日

全国政协原副主席张梅颖一行70人出席国际竹藤组织荣誉日。

5月22日

全国政协副主席梁振英到北京世园会园区考察。

中央军委原副主席曹刚川、中央军委原委员李继耐一行120人到北京世园会园区考察。

5月23日

2019北京世园会月季国际竞赛展示在世园会园区国际馆拉开帷幕。

5月24日

中央政治局原常委、全国政协主席贾庆林到北京世园会园区考察。

5月25日

中央政治局原委员、原国家副主席李源潮到北京世园会园区考察。

5月27日

中央政治局原委员、中央精神文明建设指导委员会副主任郭金龙到北京世园会园区考察。

5月28日

中央政治局委员陈希到北京世园会园区考察。

5月31日

全国人大常委会副委员长陈竺到北京世园会园区考察。

6月1日

全国政协副主席、国家发展和改革委员会主任何立峰到北京世园会园区考察。

6月6日

北京世园会中国国家馆日活动在世园会园区妫汭剧场举行。国务院副总理、北京世园会组委会主任委员胡春华出席并致辞。

全国政协副主席、台盟中央主席苏辉到北京世园会园区进行考察。

6月7日

中共中央政治局委员、中央军委副主席张又侠到北京世园会园区考察。

6月13日

中央军委原委员、原国务委员兼国防部部长梁光烈到北京世园会园区考察。

6月15日

中央书记处原书记赵洪祝到北京世园会园区考察。

6月18日

北马其顿议长塔拉特·贾菲里到北京世园会园区考察。

6月19日

全国人大常委会委员、中央军委联合参谋部副参谋长孙建国到北京世园会园区考察。

叙利亚副总理兼外长穆阿利姆到北京世园会园区考察。

6月20日

最高人民检察院原检察长贾春旺到北京世园会园区考察。

6月22日

2019北京世园会组合盆栽国际竞赛展示在园区国际馆拉开帷幕。

6月23日至24日

北京世园会国际竞赛省区市、高校科研院所室内展品竞赛第二次评审工作完成，31个省区市、高校科研院所共有1700余件展品参加评审。

6月28日

全国政协副主席郑建邦到北京世园会园区考察。

6月30日

全国政协副主席何维一行48人出席"中医中药中国行"活动。

7月2日

全国人大常委会副委员长、民进中央主席蔡达峰到北京世园会园区考察。

7月4日

全国人大常委会副委员长、九三学社中央主席武维华到北京世园会园区考察。

7月8日

印度尼西亚前总统梅加瓦蒂到北京世园会园区考察。

7月17日

2019北京世园会国际竞赛总评审团完成室外展园与室内展区第二轮评审工作。

7月29日

历时三年，中国第一部全面展现植物世界的自然类纪录片——《影响世界的中国植物》发布会在北京世园会园区植物馆举行。

7月31日

国务院原副总理吴仪到北京世园会园区考察。吴仪先后考察了中国馆、国际馆、植物馆、中华园艺展示区，并驻足观看朝阳区舞狮表演和花车巡游表演。吴仪还与园区游客进行亲切交流。

8月1日

2019北京世园会盆景国际竞赛展示在世园会园区国际馆拉开帷幕。

8月19日

中国关心下一代工作委员会主任顾秀莲到北京世园会园区考察。

8月20日

2019世界花艺大赛颁奖仪式在北京世园会同行广场多功能厅举行。来自澳大利亚的知名花艺师马克·帕普林获得冠军，中国广东的花艺师黄仔获得亚军，日本的小西拓获得季军。

8月22日至23日

北京世园会国际竞赛中国省区市、高校科研院所室内展品竞赛第三次评审工作完成，共有5个类别的1900多件展品参加评审。

8月26日

2019北京世园会组委会第六次会议在京召开。

8月27日

中央政治局原委员、军委原副主席范长龙到北京世园会园区考察。

8月28日

全国人大常委会副委员长曹建明到北京世园会园区考察。

8月31日

2019北京世园会兰花国际竞赛展示在园区国际馆拉开帷幕。

9月1日

秘鲁副总统梅赛德斯·阿劳斯到北京世园会出席"国际马铃薯中心与秘鲁联合荣誉日"。

9月6日

中央军委原委员、军委后勤保障部原部长赵克石到北京世园会园区考察。

9 月 7 日至 8 日

中央政治局原常委、中央纪律检查委员会原书记吴官正到北京世园会园区考察。

9 月 9 日

国际园艺生产者协会（AIPH）年会在北京世园会举行。

9 月 14 日至 15 日

全国政协副主席李斌到北京世园会园区考察。

9 月 18 日

全国人大常委会副委员长艾力更·依明巴海到北京世园会园区进行考察。

9 月 19 日

2019 北京世园会组委会第七次会议在京召开，会议听取了北京世园会运营情况汇报，研究部署会期及闭幕式有关工作。国务院副总理、北京世园会组委会主任委员胡春华主持会议并讲话。

9 月 19 日至 20 日

北京世园会国际竞赛中国省区市、高校科研院所室内展品竞赛第四次评审工作完成，共有 2000 多件展品参加评审。

9 月 20 日

北京世园会菊花国际竞赛颁奖典礼在园区国际馆举行。

9 月 22 日

全国政协原副主席杜青林到北京世园会园区考察。

9 月 23 日

全国人大常委会副委员长沈跃跃到北京世园会园区考察。

9 月 24 日

厄瓜多尔国民代表大会主席利塔尔多和厄瓜多尔驻华大使拉雷亚一行到北京世园会园区考察。

9 月 26 日

全国政协副主席高云龙到北京世园会园区考察。

全国人大常委会副委员长王晨到北京世园会园区考察。

9 月 27 日

中央政治局原委员、国务院原副总理刘延东到北京世园会园区考察。

9 月 28 日

中央政治局委员、国务院副总理孙春兰到北京世园会园区考察。

中共十九届中央委员、最高人民检察院检察长张军到北京世园会园区考察。

9月29日

全国人大常委会原副委员长、中国消费者协会会长张平到北京世园会园区考察。

10月2日至3日

全国政协副主席、民建中央常务副主席辜胜阻到北京世园会园区考察。

10月3日

中央军委委员、军委政治工作部主任苗华到北京世园会园区考察。

10月4日

中央政治局原委员、北京市委原书记刘淇到北京世园会园区考察。

10月6日

中央政治局原委员、中央政法委原书记孟建柱到北京世园会园区考察。

2019北京世园会国际竞赛总评审团完成室外展园与室内展区第三轮评审工作。

10月8日

国务院新闻办公室就北京世园会闭幕式有关安排及筹备工作举行新闻发布会。

北京世园会颁奖典礼在延庆举行，国际竞赛评审出多项北京世园会组委会奖项、AIPH奖项。国际园艺生产者协会（AIPH）授予北京世界园艺博览会事务协调局最佳组织奖，授予国家林业和草原局、中国花卉协会、中国贸促会最佳贡献奖，授予北京市人民政府突出贡献奖。

10月9日

北京世园会闭幕式在北京延庆举行，国务院总理李克强出席闭幕式并致辞。

第一篇　组织机构

　　北京世园会的组织机构按工作性质、职能与级别分为两类，即申办组织机构和筹办组织机构。申办组织机构是为申请在北京举办 2019 年世界园艺博览会而设置的机构，包括北京世园会申办委员会和申办执行委员会。筹办组织机构是为具体筹办北京世园会而设置的机构，包括北京世园会筹备工作委员会、北京世园会组委会、执委会、北京世园会事务协调局和延庆区筹备领导小组，另外，还有涉及世园会市级、现场、园区三层指挥体系内的工作机构。

第一章　申办组织机构

2012 年 5 月 30 日，北京市委常委会同意北京市代表中国政府申办 2019 年世界园艺博览会，延庆县（于 2015 年 11 月撤县设区）作为承办地，并同意成立 2019 北京世园会申办委员会，并成立了以市委书记刘淇为名誉主任，市长郭金龙为主任，市委常委、常务副市长吉林，市委常委牛有成，市委常委、宣传部部长、副市长鲁炜和副市长刘敬民、陈刚、程红、夏占义等为副主任，以及市政府副秘书长、市园林绿化局和延庆县主要领导为秘书长，市相关部门主要领导为成员的申办委员会。

1-1 表　2019 北京世园会申办委员会成员一览表

姓名	职务	所在单位及职务
刘　淇	名誉主任	中共中央政治局委员、中共北京市委书记
郭金龙	主任	中共北京市委副书记、北京市人民政府市长
吉　林	副主任	中共北京市委常委、北京市人民政府常务副市长
牛有成	副主任	中共北京市委常委、统战部部长
刘敬民	副主任	北京市人民政府副市长
程　红	副主任	北京市人民政府副市长
夏占义	副主任	北京市人民政府副市长
安　钢	秘书长	北京市人民政府副秘书长
邓乃平	秘书长	北京市园林绿化局局长
李志军	秘书长	中共延庆县委书记
李先忠	委员	北京市延庆县人民政府县长
王海平	委员	北京市委宣传部常务副部长
刘云广	委员	北京市机构编制委员会办公室主任
张　工	委员	北京市发展和改革委员会主任
闫傲霜	委员	北京市科学技术委员会主任
王海平	委员	北京市监察局局长
杨晓超	委员	北京市财政局局长
魏成林	委员	北京市国土资源局局长

姓名	职务	所在单位及职务
陈 添	委员	北京市环境保护局局长
黄 艳	委员	北京市规划委员会主任
杨 斌	委员	北京市住房和城乡建设委员会主任
陈 永	委员	北京市市政市容管理委员会主任
刘小明	委员	北京市交通委员会主任
王孝东	委员	北京市农村工作委员会主任
程 静	委员	北京市水务局局长
卢 彦	委员	北京市商务委员会主任
鲁 勇	委员	北京市旅游发展委员会主任
肖 培	委员	北京市文化局局长
方来英	委员	北京市卫生局局长
李颖津	委员	北京市审计局局长
赵会民	委员	北京市人民政府外事办公室主任
杨艺文	委员	北京市工商行政管理局局长
苏 辉	委员	北京市统计局局长
李春良	委员	北京市广播电影电视局局长
刘振刚	委员	北京市人民政府法制办公室主任
赵根武	委员	北京市农业局局长
郑西平	委员	北京市公园管理中心主任
甘荣坤	委员	北京海关关长
常 宇	委员	共青团北京市委员会书记
齐京安	委员	北京出入境检验检疫局局长
熊九玲	委员	中国贸促会北京市分会会长
宋希友	委员	北京花卉协会会长
梅宁华	委员	北京日报社社长

申办委员会在市委、市政府领导下，统一负责申办工作。同时，经市政府同意，成立2019北京世园会申办执行委员会。

北京世园会申办执行委员会内部机构初成立时为一室两部。办公室设主任2人，秘书行政部设主任3人，对外联络部设主任2人。

1-2表　2019北京世园会申办执行委员会成员一览表

姓名	职务	所在单位及职务
夏占义	主任	北京市人民政府副市长
安　钢	副主任	北京市人民政府副秘书长
邓乃平	副主任	北京市园林绿化局局长
宋希友	副主任	北京花卉协会会长
李志军	副主任	中共延庆县委书记
李先忠	副主任	北京市延庆县人民政府县长
蒋力歌	成员	北京市发展和改革委员会副主任
李玉国	成员	北京市财政局副局长
束　为	成员	北京市商务委员会副主任
向　萍	成员	北京市人民政府外事办公室副巡视员
王振江	成员	北京市园林绿化局副局长
责权民	成员	北京市园林绿化局副巡视员
刘　洋	成员	中国贸促会北京市分会副会长
武　岗	成员	北京市延庆县人民政府副县长

　　2019北京世园会举办地延庆县也相应成立了以县委、县政府主要领导为组长的申办工作小组，负责北京世园会申办的具体组织落实工作，推进各项申办工作运行。

第二章　筹办组织机构

第一节　北京世园会筹备工作委员会

　　2013年3月1日，2019年中国北京世界园艺博览会筹备工作委员会（简称"筹委会"）成立。筹委会主要负责组织开展北京世园会筹备工作，统筹推进国际展览局认可工作，研究提出北京世园会组织机构设立方案。

　　筹委会办公室设在北京市园林绿化局，主要职责为：承担筹委会的日常工作；组织相关部门研究提出北京世园会筹备工作相关计划、方案实施的建议；协调解决筹备工作中的具体问题；与中国贸促会、中国花卉协会进行日常沟通联络。

筹委会办公室成员由北京市园林绿化局、延庆县和市有关部门共同组成。办公室下设综合计划部、法律事务部、总体规划部、宣传策划部四个部门。

2019年中国北京世界园艺博览会筹备工作委员会

主　　任：李士祥

副主任：牛有成　林克庆　夏占义

成　　员：邓乃平　李志军　李先忠　李世新　严力强　左铭飞　王兰栋　刘伯正

　　　　　伍建民　李润华　杨小兵　李公田　李玉国　杨晋京　张　维　冯惠生

　　　　　王　飞　郑志勇　吴亚梅　谷胜利　张宏图　杨进怀　宋建明　于德斌

　　　　　王　珠　雷海潮　张　秋　向　萍　王京华　张风平　张巨明　梁成林

　　　　　丁百之　邵建明　贲权民　潘新胜　李富莹　于鸷隆　郭新保　税　勇

　　　　　高大伟　李露霞　王苏梅　武　岗

筹委会办公室设主任3名，副主任2名。筹委会办公室主任分别由园林绿化局和延庆县主要领导担任。

2014年6月10日，北京世园会筹备工作委员会完成组建世园会筹备工作体系的任务，正式撤销。

第二节　北京世园会组织委员会

2013年8月24日，国务院办公厅印发了《关于成立2019年中国北京世界园艺博览会组织委员会和执行委员会的通知》，在国家层面，成立北京世园会组织委员会（简称"组委会"），作为北京世园会最高决策机构。

北京世园会组委会基本职责包括：审议北京世园会筹办战略和行动纲要，协调相关法律法规、政策的拟订及实施工作；协调、推动中央有关部门和各地区的参展事务；决定北京世园会筹备、举办过程中向中央报告的重大事项；做出有关事项的决议、决定；代表中国政府邀请各国政府和有关国际组织参展，与国际展览局等国际组织、各参展国进行协调；确定北京世园会中国政府总代表。

1-3 表　2019 北京世园会组织委员会成员一览表

姓名	职务	任职时间
汪　洋	主任委员	2013 年 8 月 –2018 年 6 月
胡春华	主任委员	2018 年 6 月
郭金龙	第一副主任委员	2013 年 8 月 –2018 年 1 月
蔡　奇	第一副主任委员	2018 年 1 月
王安顺	副主任委员	2013 年 8 月 –2018 年 1 月
陈吉宁	副主任委员	2018 年 1 月
毕井泉	副主任委员	2013 年 8 月 –2015 年 12 月
江泽林	副主任委员	2015 年 12 月 –2018 年 6 月
高　雨	副主任委员	2018 年 6 月
万季飞	副主任委员	2013 年 8 月 –2015 年 12 月
姜增伟	副主任委员	2015 年 12 月 –2019 年 3 月
高　燕	副主任委员	2019 年 3 月
赵树丛	副主任委员	2013 年 8 月 –2015 年 12 月
张建龙	副主任委员	2015 年 12 月
李保东	副主任委员	2013 年 8 月 –2018 年 6 月
张　军	副主任委员	2018 年 6 月 –2019 年 3 月
张汉晖	副主任委员	2019 年 3 月
江泽慧	副主任委员	2013 年 8 月
孙志军	委员	2013 年 8 月 –2015 年 12 月
郭卫民	委员	2015 年 12 月
何建中	委员	2013 年 8 月 –2019 年 3 月
张晓强	委员	2013 年 8 月 –2015 年 12 月
王晓涛	委员	2015 年 12 月 –2018 年 6 月
张　勇	委员	2018 年 6 月
郝　平	委员	2013 年 8 月 –2018 年 1 月
田学军	委员	2018 年 1 月
张来武	委员	2013 年 8 月 –2018 年 1 月
徐南平	委员	2018 年 1 月
尚　冰	委员	2013 年 8 月 –2015 年 12 月

续表

姓名	职务	任职时间
陈肇雄	委员	2015 年 12 月
李东生	委员	2013 年 8 月 –2015 年 12 月
傅政华	委员	2015 年 12 月 –2018 年 6 月
王小洪	委员	2018 年 6 月
马 建	委员	2013 年 8 月 –2015 年 12 月
苏德良	委员	2015 年 12 月 –2018 年 6 月
董经纬	委员	2018 年 6 月 –2019 年 3 月
王裕文	委员	2019 年 3 月
甘藏春	委员	2018 年 1 月 –2019 年 3 月
刘 炤	委员	2019 年 3 月
刘红薇	委员	2013 年 8 月 –2015 年 12 月
胡静林	委员	2015 年 12 月 –2018 年 6 月
程丽华	委员	2018 年 6 月
王世元	委员	2013 年 8 月 –2018 年 1 月
曹卫星	委员	2018 年 1 月 –2019 年 3 月
王广华	委员	2019 年 3 月
李干杰	委员	2013 年 8 月 –2018 年 1 月
黄润秋	委员	2018 年 1 月
翁孟勇	委员	2013 年 8 月 –2015 年 12 月
冯正霖	委员	2015 年 12 月 –2018 年 1 月
戴东昌	委员	2018 年 1 月 –2018 年 6 月 2019 年 3 月
陈 健	委员	2018 年 6 月 –2019 年 3 月
刘 宁	委员	2013 年 8 月 –2018 年 1 月
陆桂华	委员	2018 年 1 月
陈晓华	委员	2013 年 8 月 –2015 年 12 月
屈冬玉	委员	2015 年 12 月
房爱卿	委员	2013 年 8 月 –2018 年 1 月
王炳南	委员	2018 年 1 月
丁 伟	委员	2013 年 8 月 –2018 年 1 月

续表

姓名	职务	任职时间
于 群	委员	2018 年 1 月 –2019 年 3 月
张 旭	委员	2019 年 3 月
崔 丽	委员	2013 年 8 月 –2019 年 3 月
曾益新	委员	2019 年 3 月
付建华	委员	2018 年 6 月
鲁培军	委员	2013 年 8 月 –2018 年 1 月
李 国	委员	2018 年 1 月
解学智	委员	2013 年 8 月 –2015 年 12 月
顾 炬	委员	2015 年 12 月 –2018 年 6 月
孙瑞标	委员	2018 年 6 月
刘俊臣	委员	2013 年 8 月 –2018 年 3 月
孙大伟	委员	2013 年 8 月 –2018 年 1 月
李元平	委员	2018 年 1 月 –2018 年 3 月
聂辰席	委员	2013 年 8 月 –2015 年 12 月
田 进	委员	2015 年 12 月 –2018 年 3 月
范卫平	委员	2018 年 5 月
滕佳材	委员	2013 年 8 月 –2018 年 1 月
孙梅君	委员	2018 年 1 月
张永利	委员	2013 年 8 月 –2018 年 1 月
刘东生	委员	2018 年 1 月
贺 化	委员	2013 年 8 月
杜 江	委员	2013 年 8 月 –2015 年 12 月 2018 年 1 月 –2018 年 3 月
李世宏	委员	2015 年 12 月 –2018 年 1 月
周 波	委员	2013 年 8 月 –2018 年 1 月
黄柳权	委员	2018 年 1 月
袁曙宏	委员	2013 年 8 月 –2018 年 1 月
叶克冬	委员	2013 年 8 月 –2015 年 12 月
龙明彪	委员	2015 年 12 月
矫梅燕	委员	2018 年 6 月

姓名	职务	任职时间
李伍峰	委员	2013 年 8 月 –2015 年 12 月
周延礼	委员	2013 年 8 月 –2018 年 1 月
陈文辉	委员	2018 年 1 月 –2019 年 3 月
梁 涛	委员	2019 年 3 月
曲云海	委员	2018 年 6 月
傅选义	委员	2013 年 8 月 –2018 年 1 月
刘克强	委员	2018 年 1 月
夏兴华	委员	2013 年 8 月 –2018 年 1 月
王志清	委员	2018 年 1 月
赵晓光	委员	2013 年 8 月 –2019 年 3 月
戴应军	委员	2019 年 3 月
王锦珍	委员	2013 年 8 月 –2018 年 6 月
张 伟	委员	2018 年 6 月 –2019 年 3 月
陈 洲	委员	2019 年 3 月
李士祥	委员	2013 年 8 月 –2018 年 1 月
林克庆	委员	2015 年 12 月 –2018 年 1 月
		2019 年 3 月
张 工	委员	2018 年 1 月 –2019 年 3 月
卢 彦	委员	2018 年 1 月
夏占义	委员	2013 年 8 月 –2018 年 6 月
王 红	委员	2018 年 6 月

组委会下设联络小组，负责日常联络和协调工作。按时间顺序，组委会联络小组组长依次为：毕井泉、江泽林、高雨，常务副组长依次为：王锦珍、张伟，组委会联络小组办公室设在贸促会。

第三节 北京世园会执行委员会

为研究、推动北京世园会申办和筹办工作，在北京市层面成立北京世园会执行委员会（简称"执委会"），作为北京世园会组委会的执行机构。2015 年 12 月北京世园会执委会第一次会议审议通过了《2019 年中国北京世界园艺博览会执行委员会工作规则》（简称"工作规则"），明确了北京世园会执委会成员名单、执委会工作领导小组方案、执委会成员单位职责分工和执委会相关制度。2018年6月，对工作规则做了进一步的修订。

1-4表　2019北京世园会执行委员会成员一览表

姓名	职务	任职时间
郭金龙	主任	2013年8月–2018年1月
蔡　奇	主任	2018年1月
王安顺	执行主任	2013年8月–2018年1月
陈吉宁	执行主任	2018年1月
万季飞	执行主任	2013年8月–2015年1月
姜增伟	执行主任	2015年1月
赵树丛	执行主任	2013年8月–2015年12月
张建龙	执行主任	2015年12月
李保东	执行主任	2013年8月–2018年6月
张　军	执行主任	2018年6月
李干杰	执行主任	2013年8月–2018年1月
黄润秋	执行主任	2018年1月
翁孟勇	执行主任	2013年8月–2015年12月
冯正霖	执行主任	2015年12月–2018年1月
戴东昌	执行主任	2018年1月–2018年6月
陈　健	执行主任	2018年6月
江泽慧	执行主任	2013年8月
李士祥	常务副主任	2013年8月–2018年1月
张　工	常务副主任	2018年1月
	副主任	2015年1月–2018年1月
张永利	副主任	2015年1月–2018年6月
刘东生	副主任	2018年6月
王锦珍	副主任	2015年1月
张　伟	副主任	2018年6月
牛有成	副主任	2015年1月–2015年12月
陈　刚	副主任	2015年1月–2018年6月

续表

姓名	职务	任职时间
阴和俊	副主任	2018 年 6 月
李 伟	副主任	2015 年 1 月 –2018 年 6 月
杜飞进	副主任	2018 年 6 月
杨晓超	副主任	2015 年 1 月 –2015 年 12 月
崔述强	副主任	2018 年 6 月
戴均良	副主任	2015 年 1 月 –2018 年 6 月
程 红	副主任	2015 年 1 月 –2018 年 6 月
林克庆	副主任	2014 年 10 月 –2018 年 6 月
张延昆	副主任	2015 年 1 月 –2015 年 12 月
张建东	副主任	2015 年 1 月
王小洪	副主任	2015 年 12 月 –2018 年 6 月
隋振江	副主任	2015 年 12 月
王 宁	副主任	2015 年 12 月
夏占义	副主任 / 秘书长	2015 年 1 月 –2018 年 6 月
殷 勇	副主任	2018 年 6 月
卢 彦	副主任	2017 年 5 月
	委员	2015 年 1 月 –2017 年 5 月
杨 斌	副主任	2018 年 6 月
王 红	副主任 / 秘书长	2018 年 6 月
靳 伟	副主任	2018 年 6 月
赵振格	副秘书长	2015 年 1 月 –2015 年 12 月
林舜杰	副秘书长	2015 年 12 月 –2018 年 6 月
冯耀祥	副秘书长	2018 年 6 月
王祝雄	副秘书长	2015 年 1 月 –2018 年 6 月
赵良平	副秘书长	2018 年 6 月
刘 红	副秘书长	2015 年 1 月
赵根武	副秘书长	2015 年 1 月 –2018 年 6 月
张 维	副秘书长	2015 年 12 月 –2018 年 6 月
	委员	2018 年 6 月

姓名	职务	任职时间
陈 蓓	副秘书长	2018 年 6 月
赵会民	副秘书长	2015 年 1 月 –2018 年 6 月
邓乃平	副秘书长	2015 年 1 月
熊九玲	副秘书长	2015 年 1 月
张永明	副秘书长	2018 年 6 月
周剑平	副秘书长	2014 年 10 月
李志军	副秘书长	2015 年 1 月
彭红明	副秘书长	2015 年 1 月
林向阳	委员	2018 年 6 月
张志伟	委员	2015 年 1 月 –2015 年 12 月
张建春	委员	2015 年 12 月 –2018 年 6 月
王海平	委员	2015 年 1 月 –2018 年 6 月
赵卫东	委员	2018 年 6 月
刘云广	委员	2015 年 1 月 –2018 年 6 月
李世新	委员	2018 年 6 月
谈绪祥	委员	2018 年 6 月
线联平	委员	2015 年 1 月 –2018 年 6 月
刘宇辉	委员	2018 年 6 月
闫傲霜	委员	2015 年 1 月 –2018 年 6 月
许 强	委员	2018 年 6 月
张伯旭	委员	2015 年 1 月 –2018 年 6 月
王 刚	委员	2018 年 6 月
李润华	委员	2015 年 1 月 –2018 年 6 月
孙连辉	委员	2017 年 12 月
王海平	委员	2015 年 1 月 –2015 年 12 月
于泓源	委员	2015 年 1 月 –2018 年 6 月
苗 林	委员	2018 年 6 月
李颖津	委员	2015 年 1 月 –2018 年 6 月
吴素芳	委员	2015 年 1 月

续表

姓名	职务	任职时间
张欣庆	委员	2015 年 1 月 –2018 年 6 月
徐　熙	委员	2018 年 6 月
魏成林	委员	2015 年 1 月 –2016 年 7 月
陈　添	委员	2015 年 1 月 –2018 年 6 月
方　力	委员	2018 年 6 月
黄　艳	委员	2015 年 1 月 –2016 年 7 月
徐贱云	委员	2015 年 1 月
孙新军	委员	2015 年 1 月
周正宇	委员	2015 年 1 月 –2018 年 6 月
李先忠	委员	2015 年 1 月 –2015 年 12 月 2018 年 6 月
王孝东	委员	2015 年 1 月 –2015 年 12 月
孙文锴	委员	2015 年 12 月
金树东	委员	2015 年 1 月 –2018 年 6 月
潘安君	委员	2018 年 6 月
闫立刚	委员	2015 年 12 月
宋　宇	委员	2015 年 1 月
陈　冬	委员	2015 年 1 月
方来英	委员	2015 年 1 月 –2018 年 6 月
雷海潮	委员	2018 年 6 月
马兰霞	委员	2018 年 6 月
杨志强	委员	2015 年 1 月 –2018 年 6 月
王文杰	委员	2015 年 1 月
陈　永	委员	2015 年 1 月 –2018 年 6 月
冀　岩	委员	2018 年 6 月
赵长山	委员	2015 年 1 月 –2018 年 6 月
苗立峰	委员	2018 年 6 月
张志宽	委员	2015 年 12 月 –2018 年 6 月
徐志军	委员	2018 年 6 月

姓名	职务	任职时间
李春良	委员	2015 年 1 月 –2018 年 6 月
杨 烁	委员	2018 年 6 月
蒋力歌	委员	2018 年 6 月
汪 洪	委员	2015 年 1 月
刘振刚	委员	2015 年 1 月 –2018 年 6 月
李富莹	委员	2018 年 6 月
刘占兴	委员	2015 年 1 月 –2018 年 6 月
吴宝新	委员	2015 年 1 月 –2018 年 6 月
马丽英	委员	2018 年 6 月
吕和顺	委员	2015 年 1 月 –2018 年 6 月
程 勇	委员	2018 年 6 月
张 勇	委员	2015 年 1 月
周卫民	委员	2015 年 1 月 –2018 年 6 月
周旭	委员	2018 年 6 月
汪明浩	委员	2015 年 1 月 –2018 年 6 月
黄塞溪	委员	2018 年 6 月
常 宇	委员	2015 年 1 月 –2018 年 6 月
熊 卓	委员	2018 年 6 月
姚学祥	委员	2015 年 1 月
高融昆	委员	2015 年 1 月 –2018 年 6 月
何子敬	委员	2018 年 6 月
齐京安	委员	2015 年 1 月 –2015 年 12 月
刘德平	委员	2015 年 12 月 –2018 年 6 月
邵 白	委员	2018 年 6 月
郭左践	委员	2015 年 1 月
王剑波	委员	2015 年 1 月 –2018 年 6 月
刘树人	委员	2018 年 6 月
姚 瑞	委员	2015 年 1 月 –2015 年 12 月
张 亮	委员	2015 年 12 月 –2018 年 6 月

姓名	职务	任职时间
张引潮	委员	2015 年 1 月
强 健	委员	2015 年 1 月 –2018 年 6 月
高士武	委员	2015 年 1 月 –2018 年 6 月
高大伟	委员	2018 年 6 月
蔡宝军	委员	2018 年 6 月
贡权民	委员	2015 年 1 月
李露霞	委员	2015 年 1 月
叶大华	委员	2014 年 10 月
武 岗	委员	2014 年 10 月
王春城	委员	2014 年 10 月
林晋文	委员	2018 年 6 月
张兰年	委员	2018 年 6 月
毛东军	委员	2017 年 12 月
王承军	委员	2017 年 12 月 –2018 年 7 月
陈卫东	委员	2018 年 7 月
庞 微	委员	2017 年 12 月
张 谦	委员	2017 年 12 月 –2019 年 1 月
李 轶	委员	2019 年 1 月
宋希友	委员	2015 年 1 月 –2018 年 6 月
穆 鹏	委员	2015 年 12 月
李军会	委员	2018 年 6 月
张 远	委员	2015 年 1 月
魏 怡	委员	2015 年 1 月 –2018 年 6 月
刘明利	委员	2015 年 1 月 –2018 年 6 月
谢文征	委员	2018 年 6 月
吴世江	委员	2018 年 6 月
于学斌	委员	2018 年 6 月

北京世园会执委会在组委会的领导下，执行组委会的相关决议、决定并将有关情况定期向组委会报告，反映筹备过程中出现的问题；指导、协调北京市有关单位开展工作；承办组委会

交办其他事项。

北京世园会执委会基本职责包括：组织实施北京世园会代表团参加国际展览局大会及有关会议的工作方案；组织编写北京世园会筹办战略、行动纲要以及向国际提交相关文件，并在组委会批准后实施；组织落实北京世园会园区规划建设和动迁工作方案；在中央有关部门指导下组织编制北京世园会总预算和投融资方案；根据组委会的统一部署制定宣传计划，做好北京世园会宣传推介工作；对完善与北京世园会相关的法律服务体系，知识产权价值的开发、转化和保护等提出建议；组织落实组委会关于各部门、各地区参与北京世园会筹办事务的决策和部署。

执委会设工作领导小组，组织执行执委会各种决策，制定行动计划；按照工作规则，执委会根据工作推进情况，适时成立工作领导小组，组织落实执委会关于各部门、各区参与北京世园会筹办事务部署；推动世园局顺利实施筹办和举办工作，承办执委会交办事项。具体设资金保障组、规划建设组、新闻宣传组、大型活动组、招展组、外事组、交通保障组、环保与生态建设组、旅游会展产业发展组、海关与检验检疫组、卫生与食品安全组、安全与应急保障组、志愿者工作组、通信和信息化工作保障组、运行工作组等15个组。

资金保障组负责统筹北京世园会建设、运营、保障资金安排，组织拟订并实施资金保障方案，协调与北京世园会相关的金融服务。

规划建设组负责统筹北京世园会园区及外围基础设施、配套设施规划建设，土地利用规划，协调办理园区规划和建设前期手续办理，推进北京世园会相关规划建设工作。

新闻宣传组负责统筹推进北京世园会新闻宣传工作，制定北京世园会新闻宣传、舆论管理方案；统筹协调中央和北京新闻媒体开展北京世园会相关宣传工作；组织开展北京世园会舆情监控、舆论引导、舆情处置和危机公关工作；负责境内外媒体注册、采访管理工作；负责北京世园会信息管理和媒体发布工作。

大型活动组负责策划开幕式、闭幕式、中国国家馆日、高峰论坛等重大活动和园区文化活动，制定活动方案并组织实施；协调落实外国国家活动日、国内省区市活动周、企业活动等活动保障。

招展组负责按照"两个100"的目标，制定招展相关政策和行动计划并组织实施；组织国内外招展资源，统筹推进北京世园会招展工作。

外事组负责按照外事活动等级和外事政策，协调北京世园会涉外有关事宜，指导做好北京世园会重大外事接待服务。

交通保障组负责制定北京世园会外部交通组织规划，制定交通保障方案；负责京藏、京新、兴延高速和园区周边延康路、百康路、阜康路建设和改造工作；负责公路、公交、长途汽车、出租车等北京世园会外部交通保障的运营组织和管理工作；负责北京世园会园区周边停车场、接驳站建设工作；协调落实首都机场至北京世园会的机场大巴增开事宜；协调落实市郊铁路 S2 线增开事宜；负责道路沿线的标识指引规划和建设工作。

环保与生态建设组负责组织提出北京世园会相关市政市容、环境保护、水务方面的规划、计划，并组织实施；督促落实北京世园会周边城乡环境建设、环境秩序整治责任；组织拟订并监督实施北京世园会重点区域、重点流域污染防治规划和饮用水水源地环境保护规划。

旅游会展产业发展组负责结合北京世园会筹办提出全市旅游会展产业发展规划、计划并组织实施；推进园区周边旅游会展公共服务体系建设和管理；组织协调周边公共服务设施建设、改造工作，建立健全旅游集散体系、咨询服务体系和旅游公共服务信息网络体系。

海关与检验检疫组负责北京世园会相关进出境运输工具、货物、旅客行李物品和邮递物品的监督管理，实施出入境卫生检疫、传染病监测和卫生监督，口岸传染病的预防与控制工作，出入境人员的预防接种和传染病监测体检的管理；实施入境植物及其产品和其他检疫物的检验检疫与监督管理。

卫生与食品安全组负责北京世园会筹办、举办期间食品安全的综合监督、组织协调和依法监督；负责产品质量安全监督管理工作和食品、食品相关产品生产环节的质量安全监督管理工作；负责北京世园会卫生应急工作；负责北京世园会公共卫生、医疗、餐饮方面的安全工作，并承担监督管理责任。

安全与应急保障组负责统筹管理北京世园会安全保障和应急管理工作；制定北京世园会安保、反恐、维稳、综治、信访、安检、消防管理方案；组织实施北京世园会筹办、举办期间的安全保卫工作；负责承担领导人及重要外宾安全警卫；负责北京世园会证件管理工作；负责管理北京世园会应急工作。

志愿者工作组负责北京世园会园区、城市、社会志愿者的招募、宣传、培训、管理与表彰工作；实施志愿者文明行动；协调落实志愿者保障。

通信和信息化工作保障组负责统筹推进北京世园会信息化建设保障工作，推动智慧世园建设，提升世园游览体验；统筹推进科技世园工作，做好新技术、新理念、新成果的展示和运用；负责园区及周边通信系统、信息化系统建设工作。

运行工作组负责统筹管理北京世园会园区、停车场、世园村及延庆区的各项准备工作；负责北京世园会园区礼宾接待、商业经营、展览展示、游客服务、公共服务、票务管理、物业管理、后勤保障等工作；编制园区运营管理方案，做好园区运营管理工作；编制试运营方案，牵头组织实施试运营工作；负责北京世园会延庆区域的综合保障和氛围营造工作；协调、协助做好其他各领域保障工作；做好北京世园会运营资金保障；负责北京世园会综合协调保障工作。

第四节　北京世园会事务协调局

2014年3月11日，北京市人民政府办公厅决定设立北京世界园艺博览会事务协调局（简称"世园局"）。世园局作为执委会的办事机构，为独立事业法人，根据执委会和市政府授权，承担北京世园会执行委员会的日常工作，行使必要的管理职能。

世园局的主要职责是：负责北京世园会相关法律事务；组织研究北京世园会对区域经济社会发展的影响等问题，提出政策性建议；负责北京世园会园区的规划、建设、运营等组织协调工作；负责北京世园会相关重大基础设施的规划、建设的协调推动工作；组织开展招展及公众宣传工作；负责北京世园会投融资、特许商品经营开发的协调管理；负责与国际展览局、国际园艺生产者协会及北京世园会组委会联络小组办公室、北京世园会执委会专项工作组、延庆区筹备领导小组的联络协调；督促落实组委会议定事项，承担执委会日常工作。

世园局前期设内设机构6个：综合计划部、法律事务部、总体规划部、宣传策划部、联络协调部（延庆工作部）、人力资源部。根据北京世园会筹备工作的具体推进情况，经北京市机构编制委员会批复，世园局内设机构经过三次调整。

2015年2月9日，世园局内设机构从6个增至10个。其中，整合综合计划部和联络协调部（延庆工作部）的部分职能，设置办公室；划出总体规划部承担的部分职责，设置工程部；增设园艺部；划出宣传策划部的部分职责，设置招展和市场开发部；划出综合计划部的部分职责，设置财务（审计）部；撤销联络协调部（延庆工作部）。

2016年1月12日，世园局内设机构从10个增至11个，将招展和市场开发部分设为招展部、市场开发部。

2017年7月12日，世园局内设机构从11个增至21个。其中，招展部分设为招展一部、招展二部，财务（审计）部调整设置为财务部、审计部，增设礼宾接待服务部、运行管理部、交通与安全保障部、游客服务与票务管理部、志愿者管理部、信息化部、大型活动部、党群工作部。

办公室负责文电、会务、机要、档案、信息、接待、后勤等日常运转工作；承担重要事项的组织落实和督查；负责对外联络协调和外事服务工作。

综合计划部负责重大问题的调查研究工作，并提出意见、建议；负责北京世园会重大项目资金计划申报工作；负责北京世园会一级土地开发工作；负责研究拟订北京世园会筹备工作总体方案、重点工作计划及统筹推进工作。

法律事务部负责起草、审核世园局法律法规性文件；维护北京世园会标志权益和世园局权益；协调联络各参展方知识产权及其他权益的维护工作；参与北京世园会筹办相关法律法规文书起草、合同会签审定；提供法律咨询。

总体计划部负责组织研究拟订北京世园会园区、世园村及北京世园会开发总体规划；结合北京世园会，组织研究拟订环境、交通等基础设施、相关产业发展等规划；负责北京世园会园区规划的组织协调；负责北京世园会相关重大基础设施规划的协调推动工作；组织研究制定北京世园会参展方规划参数。

工程部负责园区公共景观、基础设施、场馆及配套设施建设的计划、组织、协调与管理；负责北京世园会相关重大配套基础设施建设的协调推动工作；负责北京世园会工程建设的运营维护工作。

园艺部负责拟订展馆展览展示规划；负责各参展国家、国际组织及国内省市、城市展园、企业建园布展技术规程审定，并组织实施；负责参展国家、国际组织及国内省市、城市展园竞赛评比工作。

宣传策划部负责拟订北京世园会宣传推介总体计划，并组织实施；开展海内外公众宣传；负责北京世园会新闻管理和信息发布工作；负责组织、策划北京世园会宣传推介工作。

市场开发部负责北京世园会相关市场开发的组织、管理与协调工作；负责合作伙伴和高级赞助商的招商、管理和服务；负责活动、项目的商业化运作；负责特许经营的管理。

人力资源部负责世园局内设机构设置调整、干部职数核定工作；负责世园局工作人员借调、招聘、职务任免、学习培训、年度考核等工作；开展人力资源管理工作。

招展一部负责国家、国际组织的招展工作；牵头组织国家、国际组织参展谈判及合同签订工作；协助中国政府总代表工作；组织协调为国家、国际组织参展方提供参展服务。

招展二部负责国内省区市、企业的招展工作；牵头组织国内省区市、企业参展谈判及合同签订工作；组织协调为国内省区市、企业参展方提供参展服务。

礼宾接待服务部负责编制礼宾服务总体计划及工作方案；负责建立健全礼宾服务工作体系、礼仪人员的招募和培训工作；负责国内外贵宾接待服务等工作。

运行管理部负责制订实施园区运行管理、场馆管理总体工作方案；负责园区公共服务以及外部市政配套服务的综合协调工作；负责各场馆、各展园的综合管理工作；负责编制商业服务总体工作方案；负责统筹管理整个园区的商业经营工作；负责制订北京世园会物流运营方案；负责协调北京世园会货物通关、运输和处理等物流服务事项。

交通与安全保障部负责制订和协调落实园区内外道路交通运行总体方案及运营组织方案；负责制订与实施北京世园会安保工作总体方案和阶段性方案、园区内外各类突发事件应急处置预案及安全保障方案；组织实施北京世园会各类安全审核；组织设计、制作、管理各类证照；

统筹管理北京世园会安保工作。

游客服务与票务管理部负责制订游客服务总体方案；建立健全旅游服务体系；受理游客投诉；负责制订票务总体计划；统筹协调票务设计制作、门票销售及检票系统综合管理等工作。

志愿者管理部负责制订北京世园会园区志愿者工作的总体计划；负责统筹协调园区志愿者招募、培训、调配、管理、服务、保障、宣传等工作；配合有关单位开展志愿者相关工作。

信息化部负责统筹智慧世园建设；负责协调推进智慧世园基础设施、园区管理、公共服务、体验服务以及安全管理等各专项系统的建设实施与落地；负责管理北京世园会网站、场馆及世园局内部信息系统建设、维护与技术服务以及各类信息发布工作。

大型活动部负责北京世园会大型活动组织策划；负责北京世园会论坛总体方案策划、组织和实施工作；负责北京世园会开幕式、闭幕式、中国馆日、各国家馆日、国内各省区市活动日（周）以及花车巡游、文艺演出等各类活动；组织协调北京世园会相关活动与演出工作。

党群工作部负责世园局党的组织、纪检、宣传、统战、群众等相关工作；承担世园局机关党委、机关纪委、机关工会、共青团、妇联等日常工作；负责落实局党组党风廉政建设主体责任日常工作；负责指导局属各支部党群工作。

财务部负责编制并执行年度预算；负责项目资金管控，资金财务、资产管理等工作；负责北京世园会援助基金、赞助收入的管理；联络财税政策落实工作。

审计部负责拟定北京世园会项目资金审计计划，制定审计监督实施方案，并组织实施；负责对各部门预算执行情况、财务收支及重大项目、重大经济活动等资金使用情况进行全过程审计监督。

世园局设局长1名，由执委会1名副主任兼任；常务副局长1名，专职副局长3名，总经济师1名，总工程师1名；兼职副局长5名，由相关部门、单位领导兼任。

世园局工作人员由相关部门、单位借调和面向社会公开招聘组成。截至2019年10月1日，世园局正式员工283人，其中向全市46个委办局和区县事业单位、国企单位借调人员201人，面向社会公开招聘人员82人。由相关部门、单位借调到世园局工作的人员，人事关系保留于原单位，其工资、福利等个人待遇经费仍在原单位预算中安排。北京世园会结束后，借调人员按照干部管理权限，由原单位在编制总额和职数范围内妥善安置。面向社会公开招聘人员与北京世园投资发展有限责任公司（简称"世园公司"）签订劳动合同，实行企业化管理。北京世园会结束后，面向社会招聘人员通过就地转企、优先推荐国企、自主择业、合同到期不再续签等方式安置。

第五节 延庆区筹备领导小组

2013 年 7 月 13 日，2019 北京世园会延庆县筹备领导小组（2015 年 11 月，延庆县撤县设区，延庆县筹备领导小组更名为延庆区筹备领导小组）成立。作为议事协调机构，其主要职责是：研究、决定和协调推进组委会、执委会议定事项中涉及延庆区的重大事项；研究审议延庆区在北京世园会筹备、举办过程中的重大事项及相关政策；研究解决延庆区在北京世园会园区内控制违建、征地拆迁以及园区外相关配套设施规划、建设过程中遇到的重大问题。

筹备领导小组下设办公室（简称"延庆区筹备办"），负责组织编写延庆区的筹办战略、行动纲要和相关规划；负责北京世园会园区内控制违建、征地拆迁等相关工作，组织协调园区外相关配套设施的规划、建设工作；负责与世园局的联络协调，组织协调区内相关部门开展工作；督促落实延庆区筹备领导小组议定事项，承担延庆区筹备领导小组的日常工作。

延庆区筹备办设综合处、规划协调处、发展促进处、宣传文化处、服务保障处 5 个内设机构。

综合处负责制定北京世园会延庆区相关的筹备工作计划，撰写阶段性及全年工作总结、报告；组织实施延庆区筹备领导小组议定的相关工作事项；负责与世园局日常事务的沟通协调和参会材料的收集、审核及会后报告工作；统筹延庆区筹备领导小组成员单位涉及北京世园会相关工作需向延庆区筹备领导小组报告的事项；组织协调与北京世园会相关对外联络接待、外事服务工作；负责党务、纪检监督、信访维稳、工青妇、后勤、档案等日常事务工作。

规划协调处负责配合世园局编制世园会园区总体规划、专项规划，参与编制北京世园会园区外相关配套服务设施和基础设施建设规划；组织编制北京世园会延庆区相关的筹办战略、行动纲要；统筹协调北京世园会建设类项目计划落实情况，实施综合项目管理；负责组织制定举办地延庆区园区展示规划设计方案。

发展促进处负责组织编制现代园艺产业集聚区（HBD）综合规划，统筹推进现代园艺产业集聚区（HBD）建设，协调推动园艺产业类项目实施；对接北京世园会园区内外园艺展示需求，组织落实北京世园会园艺资材供给，积极推动园艺资材本地化供应；组织搭建企业参与和服务平台，参与制定产业发展扶持和招商引资政策；组织落实延庆区参与北京世园会展览展示工作；参与北京世园会会后利用规划和项目库建设工作。

宣传文化处负责宣传推介北京世园会及其筹办工作阶段性成果；组织策划并实施北京世园会"绿色生活 美丽家园"主题相关文化活动；协调区相关部门策划并组织实施北京世园会相关的延庆区市民素质提升工程，统筹推进"我为世园做贡献"主题实践活动，营造全社会了解、支持、参与、奉献北京世园会良好氛围；统筹协调世园园艺知识普及培训工作，信息化建设、维护及管理工作，以及相关志愿服务活动；负责北京世园会相关的新闻、图片和音像资料的收集、整理与归档工作。

服务保障处负责为园区建设、运营提供服务保障和监督管理园区内安全生产工作；配合世园局做好北京世园会招展和服务保障工作；统筹协调北京世园会相关建设前期手续办理工作，推进项目审批方式创新；统筹协调园区与周边村镇关系，参与制定并协调推进园区内控制违建、征地拆迁、回迁安置等相关工作；统筹协调交通组织、安保、应急、公共安全、医疗等服务保障工作；负责北京世园会延庆区筹备办（世博园管委会筹备办）财务管理和社会捐赠赞助资金、物资的管理工作，并配合审计、财政等部门的监督和检查工作。

第六节　运营指挥体系

为构建集中统一、层次分明、对接顺畅、高效落地的运营指挥体系，全面做好2019北京世园会运营管理工作，在"一带一路"论坛、世园会、文明对话大会北京市服务保障工作领导小组（简称"市领导小组"）"一局两办十八组"的框架下，结合北京世园会组委会、执委会领导机制和运营期工作实际，建立市级、现场、园区三层指挥体系。

一、市级指挥层

北京世园会涉及市领导小组"一局两办十八组"中的"一局十六组"，"一局"即世园局，"十六组"分别是9个整合组与7个单列组。成立市领导小组秘书组，统筹协调市领导小组会议活动，为市领导同志集中调研检查提供保障服务。北京世园会市级指挥层由北京市副市长卢彦、王红牵头，开展北京世园会市级层面具体工作。

二、现场指挥层

为加强北京世园会运营的全面领导和总体控制，在市级指挥层体系下成立"7+2"现场指挥体系，由王红任现场总指挥，王军、邓乃平任副总指挥，周剑平、穆鹏任常务指挥。其中，7个专项工作组分别在园区或延庆设有前线指挥中心，由各组牵头单位主导各中心工作，世园局安排相关领导和工作人员融入各组。园区运营工作组和延庆保障工作组两个组中，园区运营工作组在园区设有运营指挥中心，由世园局主导，负责指挥协调园区各项运营工作，市级指挥层中与园区运营关系较为密切的6个组在运营指挥中心均设有指挥席位，各组牵头单位主管领导和小组工作人员融入园区运营工作组开展工作；延庆保障工作组设有属地保障指挥部，统筹

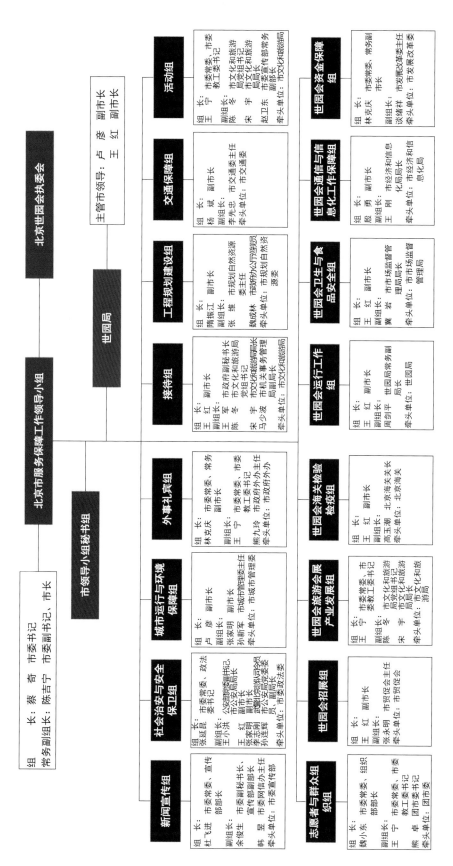

1—1图 北京世园会市级指挥层组织结构图

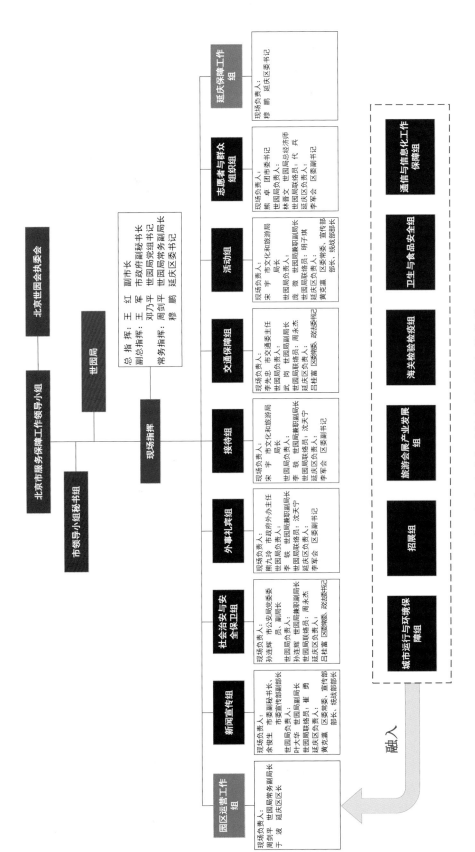

北京世园会执委会

北京市服务保障工作领导小组

世园局

市领导小组秘书组

现场指挥

总指挥：王　红　副市长
副总指挥：王　军　市政府副秘书长
　　　　　邓乃平　世园局党组书记
常务指挥：周剑平　世园局常务副局长
　　　　　穆　鹏　延庆区委副书记

园区运营工作组

现场负责人：
周剑平　世园局常务副局长
于　波　延庆区区长

新闻宣传组

现场负责人：
余俊生　市委副秘书长、
　　　　市委宣传部副部长
世园局负责人：
叶大华　世园局副局长
世园局联络员：崔　勇
延庆区负责人：
黄克瀛　区委常委、宣传部
　　　　部长、统战部部长

社会治安与安全保卫组

现场负责人：
孙连辉　市公安局党委委
　　　　员、副局长
世园局负责人：
孙连辉　世园局兼职副局长
世园局联络员：周永杰
延庆区负责人：
吕桂富　区委常委、政法委书记

外事礼宾组

现场负责人：
熊九玲　市政府外办主任
世园局负责人：
李　狄　世园局兼职副局长
世园局联络员：沈天宁
延庆区负责人：
李军会　区委副书记

接待组

现场负责人：
宋　宇　市文化和旅游局
　　　　副局长
世园局负责人：
李　狄　世园局兼职副局长
世园局联络员：沈天宁
延庆区负责人：
李军会　区委副书记

交通保障组

现场负责人：
李先忠　市交通委主任
世园局负责人：
武　尚　世园局副局长
世园局联络员：周永杰
延庆区负责人：
吕桂富　区委常委、政法委书记

活动组

现场负责人：
宋　宇　市文化和旅游局
　　　　副局长
世园局负责人：
庞　微　世园局兼职副局长
世园局联络员：明子琪
延庆区负责人：
李军会　区委副书记

志愿者与群众组织组

现场负责人：
熊　卓　团市委书记
世园局负责人：
林瑞文　世园局总经济师
世园局联络员：代　兵
延庆区负责人：
李军会　区委副书记

延庆保障工作组

现场负责人：
穆　鹏　延庆区委副书记

城市运行与环境保障组　　招展组　　旅游会展产业发展组　　海关检验检疫组　　卫生与食品安全组　　通信与信息化工作保障组

融入

1—2图　北京世园会现场指挥层组织结构图

延庆相关保障工作。此外，市级指挥层中的工程规划建设组和资金保障组按照原有模式继续开展工作，持续做好工程建设手续和资金等保障工作。

市领导小组秘书组协助统筹各组工作、传达工作指令，世园局全面统筹各项运营工作，统筹管理6个融入工作组，横向协调7个独立工作组和延庆保障工作组，定期召开运营工作会议，解决运营中出现的问题，督促各项工作落实；同时，做好向市领导小组和组委会、执委会的公务信息简报报送工作，保证"7+2"现场指挥体系的顺畅运转。

三、园区指挥层

为加强北京世园局对园区运营工作的全面统筹、专项管理和具体工作的落地，保证北京世园会顺利举办，在考虑世园局组织架构和实际工作的基础上成立园区运营工作组，主要负责北京世园会试运营和运营期间园区内各项运营事务的指挥、管理、协调与落实，由周剑平、于波任组长，叶大华、武岗、王春城、林晋文、张兰年、毛东军、孙连辉、庞微、陈卫东、李轶、李军会、张远、黄克瀛、吕桂富、刘瑞成、罗瀛和吴世江等17位同志任副组长。

园区运营工作组负责统筹管理北京世园会园区和世园村的各项准备工作；编制园区运营管理方案并做好落实；编制试运营方案，牵头组织实施试运营工作；负责北京世园会园区礼宾接待、商业经营、展览展示、参展服务、游客服务、公共服务、票务管理、物业管理、后勤保障、新闻宣传、安保服务、交通保障、信息化保障、基础设施保障、公共景观保障、应急管理等工作；做好北京世园会运营资金保障与综合协调保障工作；完成市领导小组交办的其他工作。

园区运营工作组下设专业条线管理机构14个、场馆片区管理机构10个，形成"条块结合"网状组织结构。其中，专业条线管理机构包括园区保障专班、园区综合管理组、园区展览展示组、园区参展服务组、园区活动组、园区接待组、园区游客服务与票务管理组、园区新闻宣传组、园区安保交通组、园区志愿者管理组、园区市场管理办公室、园区通信与信息化保障组、园区运行与应急保障组、园区基础设施及公共景观保障组；场馆片区管理机构包括中国馆、国际馆、生活体验馆、妫汭剧场、植物馆、A片区、B片区、C片区、D片区、门区。

园区保障专班：负责对接北京世园会其他指挥部，统筹12个园区工作组和园区市场管理办公室，做好北京世园会运营的总体协调工作；负责北京世园会运营期间会议管理和文件管理工作，园区指挥层服务保障工作。世园局分管领导是周剑平，组长是温富贵。

园区综合管理组：负责对接其他11个园区工作组、园区保障专班和园区市场管理办公室，做好园区运营的总体协调工作；负责北京世园会运营期间计划管理、信息管理、质量管理等工作。世园局分管领导是周剑平，延庆区对接领导是李军会，组长是雷蕾。

园区展览展示组：负责组织编制展览展示相关方案，实施布展、换展和撤展，及展品展项日常维护管理；组建竞赛评审委员会，编制国际竞赛方案，开展竞赛宣传管理、活动现场管理、评比与奖励、总结与评价等工作；负责园区出入境植物、货物和其他物品的检验检疫与监督管理。世园局分管领导是王春城，延庆区对接领导是刘瑞成，组长是单宏臣。

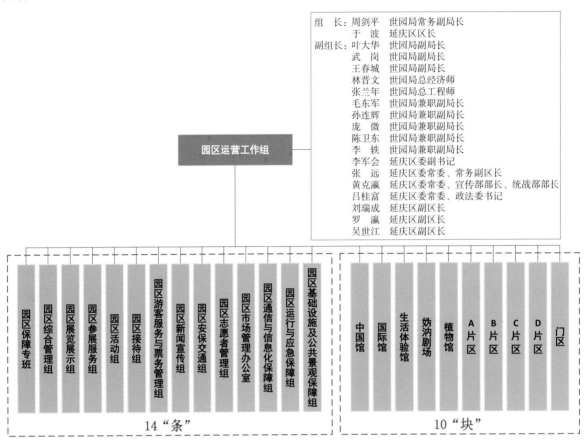

组　长：周剑平　世园局常务副局长
　　　　于　波　延庆区区长
副组长：叶大华　世园局副局长
　　　　武　岗　世园局副局长
　　　　王春城　世园局副局长
　　　　林晋文　世园局总经济师
　　　　张兰年　世园局总工程师
　　　　毛东军　世园局兼职副局长
　　　　孙连辉　世园局兼职副局长
　　　　庞　微　世园局兼职副局长
　　　　陈卫东　世园局兼职副局长
　　　　李　轶　世园局兼职副局长
　　　　李军会　延庆区委副书记
　　　　张　远　延庆区委常委、常务副区长
　　　　黄克瀛　延庆区委常委、宣传部部长、统战部部长
　　　　吕桂富　延庆区委常委、政法委书记
　　　　刘瑞成　延庆区副区长
　　　　罗　瀛　延庆区副区长
　　　　吴世江　延庆区副区长

园区运营工作组

14"条"：园区保障专班、园区综合管理组、园区展览展示组、园区参展服务组、园区活动组、园区接待组、园区游客服务与票务管理组、园区新闻宣传组、园区安保交通组、园区志愿者管理组、园区市场管理办公室、园区通信与信息化保障组、园区运行与应急保障组、园区基础设施及公共景观保障组

10"块"：中国馆、国际馆、生活体验馆、妫汭剧场、植物馆、A片区、B片区、C片区、D片区、门区

1-3图　北京世园会园区指挥层组织结构图

园区参展服务组：负责国内外参展方的组织、协调与管理，协助做好展园、展位运营，提供相关保障工作；组建一站式服务平台，协调海关、检验检疫、保险、金融、物流、安保等相关部门为参展方提供便利和相关的必要服务。世园局分管领导是王春城，延庆区对接领导是吴世江，组长是焦彧童，副组长是卢峰。

园区活动组：负责开幕式、闭幕式、中国国家馆日、高峰论坛等重大活动和园区文化活动的方案制定和组织实施；协调落实参展国家日、荣誉日、省区市日、企业活动等重大活动的场地、技术等保障。世园局分管领导是庞微，延庆区对接领导是黄克瀛，组长是明子琪。

园区接待组：负责根据嘉宾级别制定对应的接待服务方案及工作规范、标准和流程；负责国内外嘉宾在园区内的参观接待工作。世园局分管领导是李轶，延庆区对接领导是李军会，组长是沈天宁。

园区游客服务与票务管理组：负责组织实施和管理游客服务工作，包括问询、物品租赁、物品寄存、失物招领等；负责北京世园会门票的印制、销售和管理，以及现场售票、检票设备、设施的运行管理与维护；协调相关部门做好园区公共卫生和医疗救护工作，协调提供银行、保险、气象等公共服务。世园局分管领导是王春城，延庆区对接领导是罗瀛，组长是刘达。

园区新闻宣传组：负责做好北京世园会宣传策划、信息发布等工作，制作并留存园区重要宣传活动资料，以及北京世园会宣传品的制作；负责新闻媒体注册、管理及宣传内容审核，协调落实记者接待、住宿等相关手续。世园局分管领导是叶大华，延庆区对接领导是黄克瀛，组长是崔勇。

园区安保交通组：负责园区安检工作、物流管理、消防、信访、维稳和反恐等工作；负责园区交通的调度、组织与管理，协调调度园区外部交通。世园局分管领导是孙连辉，延庆区对接领导是吕桂富，组长是周永杰。

园区志愿者管理组：负责北京世园会园区志愿者运行管理工作，园区志愿者配岗与使用管理，协调落实园区志愿者园内相关保障工作。世园局分管领导是林晋文，延庆区对接领导是李军会，组长是代兵。

园区市场管理办公室：负责统筹管理园区商业，做好园区商业经营规范的监督与检查，确保食品和餐饮安全；负责特许生产商、特许零售商、园内经营商户的日常经营管理，园内员工食堂的运营监督与管理工作；协调相关部门办理商业经营手续、开展商业执法等工作。世园局分管领导是林晋文，延庆区对接领导是吴世江，组长是方锡红。

园区通信与信息化保障组：负责园区通信与信息化保障工作，园区指挥通信工具的租赁、分配与培训工作，以及做好新技术、新理念、新成果的展示和运用。世园局分管领导是毛东军，延庆区对接领导是罗瀛，组长是郭子亮。

园区运行与应急保障组：负责北京世园会运营期间的环卫管理、物业管理、后勤保障、应急管理等工作，园区应急管理的统筹协调，以及园区自然灾害、事故灾难、公共卫生、社会安全等突发事件的处置工作。世园局分管领导是张兰年，延庆区对接领导是张远，组长是杨宝利，副组长是史文军、周永杰。

园区基础设施及公共景观保障组：负责北京世园会园区基础设施及公共景观维护工作，做好园区供水、供电、供气等保障工作。世园局分管领导是武岗、陈卫东，延庆区对接领导是吴世江，组长是史文军，副组长是刘建明。

中国馆：负责中国馆整体运营组织与管理，以及馆内各项运营保障工作。负责人是叶大华，执行负责人是杨宝利。

国际馆： 负责国际馆整体运营组织与管理，以及馆内各项运营保障工作。负责人是王春城，执行负责人是焦彧童。

生活体验馆： 负责生活体验馆整体运营组织与管理，以及馆内各项运营保障工作。负责人是林晋文，执行负责人是单宏臣。

妫汭剧场： 负责妫汭剧场整体运营组织与管理，以及馆内各项运营保障工作。负责人是武岗，执行负责人是明子琪。

植物馆： 负责植物馆整体运营组织与管理，以及馆内各项运营保障工作。负责人是张兰年，执行负责人是陆慧。

A片区： 监督协调A片区各项运营保障工作，协调参展方做好展园运营。世园局分管领导是张兰年，片长是卢峰。

B片区： 监督协调B片区各项运营保障工作，协调参展方做好展园运营。世园局分管领导是张兰年，片长是蒋薇。

C片区： 监督协调C片区各项运营保障工作，协调参展方做好展园运营。世园局分管领导是张兰年，片长是史文军。

D片区： 监督协调D片区各项运营保障工作，协调参展方做好展园运营。世园局分管领导是张兰年，片长是董辉。

门区： 监督协调门区各项运营保障工作，协调相关工作组做好门区票证检工作。世园局分管领导是武岗，片长是周永杰。

第二篇 申办

2012 年 8 月 3 日，国务院同意由北京市人民政府代表国家申办 2019 年世园会。8 月 20 日，中国花卉协会向国际园艺生产者协会递交了举办 2019 北京世园会的申请函。经过申办陈述和考察评估，9 月 29 日，国际园艺生产者协会专家考察组现场宣布批准北京举办 2019 年世园会并将会旗赠给中国花卉协会，同日，国际园艺生产者协会新任主席维克·克朗签署了批准北京举办 2019 年世园会的正式书面通知。

2012 年 11 月 21 日至 22 日，中国驻国际展览局首席代表、贸促会副会长王锦珍在法国巴黎召开的国际展览局第 152 次全体代表大会上代表中国政府发表了中国北京申办 2019 年世界园艺博览会的认可声明，正式启动向国际展览局的申请认可工作。经过递交由中国外交部长王毅签署的申请认可官方信函，接待国际展览局官方考察，并完成《一般规章》和《参展合同》的编制工作提交国际展览局执委会和大会审议，2014 年 6 月 11 日，国际展览局第 155 次大会上，168 个成员国一致表决认可 2019 年中国北京世界园艺博览会，国际展览局主席和秘书长向中方代表授予局旗。这标志着北京世园会全面完成国际批准和认可程序，上升为国家行为。

第一章　申请历程

2019北京世园会和1999年昆明世园会类别相同，既属于国际园艺生产者协会管理的A1类大型国际园艺博览会，又属于国际展览局管理的认可类世界博览会，归国际园艺生产者协会和国际展览局双重管理。

根据经修正和增补的1928年《国际展览会公约》以及国际园艺生产者协会有关《国际园艺展览组织规则》的规定，A1类大型国际世界园艺博览会申办时应先经国际园艺生产者协会批准，后提交国际展览局进行认可。北京市申办2019年世界园艺博览会（A1级）的具体步骤是国内审批程序完成后，先由中国花卉协会向国际园艺生产者协会（AIPH）递交申请，获得批准，由中国贸促会向国际展览局递交认可申请，履行认可手续。

第一节　国内审批

2012年3月1日，北京市园林绿化局向北京市政府上报《北京市园林绿化局关于建议北京市申办2019年世界园艺博览会（A1级）有关情况的报告》。3月7日，北京市副市长夏占义批示："报郭市长审定。建议应积极申办。如同意，我们将抓紧工作。"同日，郭金龙市长圈阅批准。随后，北京市园林绿化局、北京花卉协会与中国花卉协会、中国贸促会就北京申办2019年世园会进行座谈，明确了申办工作流程、需递交的申请材料内容及具体负责人等问题。

4月9日，北京市园林绿化局召开16个区县申办2019年世界园艺博览会（A1级）动员会，会议介绍了北京市申办目的、意义及相关规定，动员各区县根据各自的经济社会发展情况，积极做好选址和申办方案编制工作，为北京市政府确定承办地提供决策参考。4月30日，丰台区、房山区、通州区、顺义区、昌平区、怀柔区、密云县和延庆县共8个区县政府向北京市园林绿化局递交了承诺函和《2019年世界园艺博览会（A1级）申办报告简本》，推荐了举办地点。

经5月29日北京市政府专题会议研究和5月30日市委常委会研究，同意北京市代表中国政府申办2019年世界园艺博览会（A1级），同意确定延庆县为举办地。会议指出"延庆县具有独特的地理环境和气候优势，申办工作扎实、独具特色，有利于促进申办成功"。

北京申办2019年世界园艺博览会通过北京市政府审批后，北京市园林绿化局和延庆县政府对接，就申办工作任务及时间安排进行商定。按照中国花卉协会、中国贸促会和国际园艺生产者协会的规定，北京市园林绿化局和延庆县政府编制了北京市申办世园会的《2019年世界园艺博览会（Al级）申请报告》（简称"《申请报告》"）和《长城脚下的世界园艺博览会——2019世界园艺博览会（A1级）举办方案》（简称"《举办方案》"），于6月8日上报北京市政府。6月13日，《申请报告》和《举办方案》获得北京市政府批准，并于6月15日由市政府向中国花卉协会报送。

根据国家林业局和中国花卉协会方面的建议，北京市园林绿化局和延庆县政府对《申请报告》和《举办方案》作了进一步的细化，并于6月18日报送至中国花卉协会。6月25日，国家林业局向中国贸促会报送北京市申办2019世界园艺博览会的推荐函。

6月26日，中国花卉协会、中国贸促会共同组织专家对北京申办世园会工作及承办地延庆县进行了实地考察。在对承办地的自然环境、经济社会发展状况、花卉园艺产业基础等情况进行现场考察，并听取了北京市和延庆县关于申办准备情况和申办方案的汇报后，专家组一致认为北京市完全具备成功举办2019年世园会的条件，有能力将2019年世园会办成一届高水平、有特色的国际园艺盛会，并就完善申办方案、交通服务设施以及提升承办地花卉园艺产业整体水平方面提出了建议。

7月27日，中国贸促会会签财政部、商务部、外交部，向国务院报送北京市申办2019年世园会的请示报告。8月3日，经温家宝总理、李克强副总理、王岐山副总理、回良玉副总理和戴秉国国务委员圈阅，国务院正式批准北京市代表中国政府申办2019年世界园艺博览会（A1类）。至此，北京市申办2019年世界园艺博览会（A1类）工作全面完成了国内审批程序。

第二节　国际园艺生产者协会批准

一、申办陈述

2012年8月20日，中国花卉协会向国际园艺生产者协会（AIPH）提交举办2019北京世园会的申请函，以及由中国花卉协会会长江泽慧、国家林业局局长赵树丛、北京市代市长王安顺共同签署的AIPH世界园艺展览会申办调查表。

2012年9月5日至13日，中国花卉协会、中国贸促会、北京市政府和延庆县组成的中国政府申办代表团参加了在荷兰芬洛召开的国际园艺生产者协会（AIPH）秋季年会，进行申办陈述，同时提交中英文版本的《2019年中国北京世界园艺博览会申办报告》（简称"《申办报告》"）。

《申办报告》由北京市园林绿化局会同延庆县人民政府在《2019年世界园艺博览会举办方案》的基础上，按照申办文件的体例和风格组织起草，并先后征求了中国贸促会、中国花卉协会以及有关专家的意见，经多次修改和完善后形成。《申办报告》具体阐述了中国北京举办世园会的理由与优势，主要涉及2019北京世园会的选址规划、组织机构、财务、推广计划、保障措施、园区后续利用计划等方面。

9月11日上午，中国申办代表团进行申办陈述，内容包括：申办团团长致辞；播放宣传片；申办团秘书长陈述申办报告。申办陈述涉及三方面的解答："为什么在中国北京举办2019世园会？""北京将如何举办2019世园会？""北京世园会将给世界带来什么？"

2-1图　2012年AIPH秋季年会上，中国申办团陈述

国际园艺生产者协会理事会会议进行表决，AIPH与会代表一致认为，中国政府申办代表团陈述非常完美，会议一致通过批准在北京举办2019年世界园艺博览会（A1类）。

二、考察评估

国际园艺生产者协会（AIPH）对北京的考察时间确定在2012年9月27日至9月30日，派出的专家考察组成员由AIPH前主席杜克·法博，副主席、市场委员会主任和田新也，市场委员会副主任钟国成组成。

9月28日，考察组成员全部抵达北京。同日，考察组参观并考察了延庆县市容市貌。9月

29 日，考察组成员考察了万亩滨河森林公园、野鸭湖湿地自然保护区，参观了延庆博物馆、湿地核心区、沈家营镇曹官营村花卉基地、八达岭夜长城，并听取了世园会申委会的汇报。

2-2 图　2012 年 9 月 29 日，AIPH 专家组考察园区选址

2-3 图　2012 年 9 月 29 日，AIPH 专家组将会旗赠给中国花卉协会

专家组对北京世园会选址、花卉园艺生产发展、城市建设状况和接待服务能力等进行了全面考察。经实地考察和认真讨论，9 月 29 日，杜克·法博先生代表考察组宣布正式批准 2019 年中国北京世界园艺博览会（A1 类）。三位专家现场在 AIPH 会旗上签名，并将会旗赠给中国花卉协会。同日，AIPH 新任主席维克·克朗先生签署了向中国花卉协会会长江泽慧发来的正式书面通知，批准中国北京举办 2019 年世界园艺博览会。

第三节 国际展览局认可

按照《国际展览会公约》等有关规定，A1类世园会属于认可类世博会，在获得国际园艺生产者协会（AIPH）批准后，须履行向国际展览局（BIE）申请认可的法定程序。

完成向国际展览局的申请认可工作，是确保将北京世园会提升到世博会范畴和国家行为的重要步骤。根据国际展览会公约和国际展览局相关规章的要求，中方要向国际展览局递交官方申请信函，接待国际展览局官方考察，并完成《一般规章》和《参展合同》的编制工作提交国际展览局执委会和大会审议通过。

一、递交官方申请信函

2012年11月21日至22日，中国驻国际展览局首席代表、贸促会副会长王锦珍率团出席在法国巴黎召开的国际展览局第152次全体代表大会。会上，王锦珍副会长代表中国政府发表了中国北京申办2019年世界园艺博览会的认可声明，正式启动向国际展览局的申请认可工作。

2013年6月12日，中国贸促会王锦珍副会长在率团出席国际展览局第153次全体大会期间，向国际展览局秘书长洛塞泰斯先生正式递交由中国外交部长王毅同志签署的中国北京2019年世园会申请认可官方信函。

二、国际展览局考察评估

根据国际展览会公约和A1类世园会申请认可程序规定，国际展览局官方考察是世界园艺博览会完成认可的重要步骤。对于确保完成北京世园会认可程序，推进2019北京世园会筹备工作的开展，加强我国与国际展览局的联系与合作具有重要意义。

2013年9月1日至7日，国际展览局秘书长洛塞泰斯率领官方考察团来华考察。国际展览局考察期间，国务院副总理汪洋，北京市委书记郭金龙，中国贸促会会长万季飞、副会长王锦珍，中国花卉协会会长江泽慧，北京市市长王安顺，常务副市长、2019北京世园会筹委会主任李士祥，副市长、2019北京世园会筹委会副主任林克庆，党组成员、2019北京世园会筹委会副主任夏占义等领导分别与国际展览局考察团成员进行了会见和交流。

2-4 图　2013 年 9 月 2 日，时任国务院副总理汪洋在中南海会见洛塞泰斯

　　9 月 3 日上午，国际展览局考察团在钓鱼台国宾馆听取了 2019 北京世园会筹备工作官方陈述汇报，了解了 2019 北京世园会筹备工作进展和国际认可文件编制有关情况。会上，中国贸促会副会长王锦珍、国家林业局副局长张永利、中国花卉协会会长江泽慧和北京市政府党组成员夏占义分别代表国家、林业主管部门、北京市表达了对 2019 北京世园会筹办举办工作的支持立场，报告了中国和北京市花卉园艺产业发展情况、举办世园会的优势和前景。中国花卉协会副秘书长彭红明代表世园会组织者就北京世园会的办会理念、主题、目标，规划设想和保障措施，国际认可文件《一般规章》和《参展合同（范本）》的编写与修订等方面工作进行了陈述汇报。

　　国际展览局秘书长洛塞泰斯先生认真听取了相关汇报并给予高度评价。他认为，本次官方陈述会议非常成功，清晰地传达了中国举办 2019 北京世园会的办会理念、目标愿景、筹备进展。他表示，国际展览局愿与中国一道，共同迎接挑战，将 2019 北京世园会办成世博会历史上新的里程碑。

　　9 月 3 日下午，国际展览局秘书长洛塞泰斯和助理科肯塞斯一行来到延庆，就 2019 北京世园会选址情况进行实地考察，并参观了八达岭长城和野鸭湖湿地自然保护区。

　　通过考察，洛塞泰斯秘书长充分肯定了 2019 北京世园会的前期筹备工作，认为 2019 北京世园会的筹备工作和官方陈述汇报非常充分、细致、全面，超出其预期。考察团对 2019 北京世园会的成功举办抱有很高的期望，认为 2019 北京世园会一定会按期通过 BIE 认可，并对下一步筹备工作中北京世园会主题、园区规划、世园会宣传、文件资料准备、招商招展等方面提出了宝贵建议。

三、国际认可法律文件审议通过

根据国际展览局的规则和要求，主办国在筹备世园会的过程中，需要根据筹备工作的进程，编制一系列规章制度，并提交国际展览局批准。在世园会提交认可阶段，需要编制的文件为《一般规章》和《参展合同范本》；通过国际展览局认可后，主办国还需要编制一系列《特殊规章》报国际展览局批准。

《一般规章》《特殊规章》和《参展合同范本》构成严谨完整的法律规则体系，在世园会的筹办中发挥着重要的作用：一是明确了主办国与参展国、组织者与参展者在世园会筹备和举办中相互之间的重要权利和义务，构成了通往世园会顺利开园和成功举办的"路线图"；二是明确了主办国和组织者在世园会筹办中的国际承诺，成为了世园会筹办期间参展者向主办国和组织者主张权利的依据所在；三是上述规章文件涉及世园会筹办中货物通关、检验检疫、人员出入境、税收等重要事项，这些文件的编制过程也成为主办国内部梳理世园会筹办思路、推动制定支持世园会筹办的相关特殊优惠政策的过程。

在上述法律规则体系中，《一般规章》是总纲，涉及对世园会筹办各主要方面内容的总体规定；各份《特殊规章》则分别涉及世园会筹办中的某个重要领域，涵盖主题演绎、参展条件、指导委员会、工程建设、设备安装、人员住宿、货物通关、保险、商业活动、公共服务、知识产权、特权与优惠、入场、评奖等方面内容。《一般规章》和《特殊规章》经国际展览局批准后即成为《参展合同范本》的组成部分，《参展合同范本》在此基础上明确了各参展者在主题演绎、展示方式、展示区域、商业活动、公共服务等方面的具体信息。

北京世园会需要向国际展览局提交的国际认可法律文件主要包括《一般规章》和《参展合同范本》。这两份法律文件获得国际展览局批准，是北京世园会申办程序最终完成的标志。

北京世园会筹委会办公室与专家团队通力合作起草了《一般规章》和《参展合同范本》，在书面征求了16个国家部委和13个北京市相关委办局的意见，并与中国贸促会、中国花卉协会等有关部门多次讨论后，形成了《一般规章》和《参展合同范本》的征求意见稿。在商请北京市政府外事办审核通过后，2013年8月14日，2019北京世园会筹委会于正式将《一般规章》和《参展合同范本》中英版本报送中国贸促会，由中国贸促会牵头征求国际展览局意见并主导认可法律文件征求意见和修订工作。8月21日，国际展览局反馈了两份认可法律文件的修改建议，筹委会办公室组织专家团队，对《一般规章》《参展合同范本》进行了认真修改并起草了修改说明。2014年1月初，国际展览局秘书处将两份法律文件分发至12个执委会成员国征求意见。

2019 北京世园会《一般规章》分为五个部分，共计 39 条，主要涉及的内容有 2019 北京世园会的基本情况，筹备 2019 北京世园会的组织架构，参展者的类型及参展架构，参展形式和参展程序，场地建设的总体安排，参展者的商业活动，主办国的公共服务，及其他方面。

中国国际认可法律文件的编制以国际展览局范本为基础并借鉴了以往世园会的有益实践，在国际展览局规则的基础上体现了对国际园艺生产者协会规则的严格遵守，在遵守国际展览局编制规范的基础上也体现了中国举办世园会的特色。

2014 年 4 月 22 日至 26 日，北京世园会筹委会办公室与中国贸促会展览部、中国花协秘书处共同组成的中国代表团赴法国巴黎参加了 2014 年国际展览局春季执委会会议。代表团由中国贸促会展览部副部长赵振格任团长，中国花卉协会副秘书长彭红明，北京世园会筹委会办公室副主任、北京市园林绿化局副巡视员贲权民任副团长。

4 月 24 日上午 10 时，执委会会议举行，会议由执委会新任主席崔在哲主持，国际展览局秘书长洛塞泰斯和执委会 12 个成员国的代表出席。执委会会议先后听取 2015 米兰世博会、2016 安塔利亚世园会、2017 阿斯塔纳世博会、2019 北京世园会、2020 迪拜世博会及米兰三年展筹备进展汇报，审议 2019 北京世园会《一般规章》和《参展合同范本》。

赵振格在陈述中代表中方向执委会郑重声明中国政府举办 2019 北京世园会的立场。他介绍说，为确保北京世园会成功举办，2019 北京世园会组委会和执委会组织机构已经成立。2019 北京世园会组委会主任、中国国务院副总理汪洋于今年 2 月在中央政府层面主持召开了组委会第一次会议，研究部署相关工作。自 2013 年 9 月国际展览局考察组访华以来，中方根据国展局建议扎实推进各项筹备工作。

中国花卉协会副秘书长彭红明代表组织者围绕组织机构、主题演绎、园区规划、基础设施建设、参展条件等方面向会议详细汇报了 2019 北京世园会筹备进展情况，并就法律认可文件编制工作做了专项说明。

执委会主席崔在哲就成员国共同关注的环境保护和主题演绎等问题向中方提问，希望了解中国各级政府如何治理雾霾环境问题以及中方如何选定 2019 北京世园会主题。赵振格应答说，中国政府重视环境治理和生态文明建设，针对发展中出现的雾霾等环境问题，采取了行之有效的积极措施。中国政府已将京津冀一体化协同发展上升为国家战略、并实施百万亩造林计划、产业转型升级、联防联动治理雾霾等措施。中国筹办 2019 北京世园会的过程也将是倡导绿色低碳生活方式和有效治理环境的过程，将与世界分享环境治理、可持续发展的好经验和案例。针对"绿色生活，美丽家园"主题的选择，他说，2019 北京世园会首次将世园会主题提升到世博会高度，这是中方围绕世园会主题目标和核心理念通过多次组织中外专家论证研究的结果，相信将有助于各参展国做好各自国家馆的展示并进行演绎和深化。当他强调北京世园会主题是第一次非常明确地向世界、向公众发出切实采取行动、倡导绿色低碳生活方式的呼吁时，国展局秘书长和执委会成员国代表纷纷点头示意赞许。

执委会对工作小组的陈述予以肯定，会议审议通过了2019北京世园会的国际认可法律文件《一般规章》和《参展合同范本》。经过讨论，执委会形成一致决议，将北京世园会认可申请提交第155次全体大会审议通过。

2014年6月11日，国际展览局第155次大会在法国巴黎召开。会议由国际展览局主席纳吉主持，其中一项重要议程是审议执行委员会有关提请大会认可2019年中国北京世界园艺博览会的建议。经过表决，国际展览局第155次大会一致通过关于北京世园会的认可建议。在一片热烈的掌声中，国际展览局主席纳吉和秘书长洛塞泰斯向国际展览局中国首席代表、中国贸促会副会长王锦珍，北京市市长特别代表、2019北京世园会执委会副主任夏占义，中国驻法大使馆公使邓励，中国花卉协会会长特别代表、秘书长刘红授予国际展览局局旗。这标志着北京世园会全面完成国际认可程序，正式纳入认可类世博会范畴，上升为国家行为。

2-5图　中国代表团全体成员在BIE第155次大会结束后合影，庆祝北京世园会申办成功

授旗仪式后，王锦珍发表简短讲话，从中国政府层面感谢国展局和各成员国的支持，重申了中国政府全力支持2019北京世园会的立场和态度。他说，中国政府成立了以国务院副总理汪洋领导的强有力的组织机构，将严格遵守《国际展览公约》和《国际园艺展览组织规章》的相关规定，积极兑现承诺，力争举办一届独具特色、精彩纷呈、令人难忘的园艺盛会！他还表示，一个更加开放、包容的中国将坚持以人为本、全面协调可持续发展的理念，将与世界各国一道，以北京世园会为契机，倡导绿色生活方式和生态文明建设，共同推动人类文明进步。他盛情邀请国展局各成员国积极参展。

夏占义代表举办城市在大会上发言，他代表北京市人民政府和 2000 多万北京市民对国展局和各成员国在 2019 北京世园会认可和筹备过程中给予的大力支持和帮助表示衷心感谢。他从举办城市层面表述了北京市举办 2019 年世园会的优势和决心并表示中方将力争为各参展国提供优质的参展服务。

完成认可程序后，中国代表团全体成员手持中国国旗和国展局局旗在国展局大会现场激动地合影留念。继 1999 年昆明世园会和 2010 年上海世博会后，五星红旗再次骄傲地展现在国际展览局大会的现场。

第四节　主题、理念与目标

北京世园会申办委员会办公室在申办主题的基础上，广泛征求有关方面意见，征集筛选了 86 个推荐主题，经专家论证和中国贸促会、中国花卉协会及北京市共同审议，并报国务院批准，确定 2019 北京世园会主题为："绿色生活 美丽家园"（英文：Green Life Beautiful Land；法文：une vie verte Un monde magnifique）。

"绿色生活"是以园艺为媒介，引领人们尊重自然、保护自然、融入自然，牢固树立绿色、低碳、环保的生产生活理念。

"美丽家园"是要全面践行科学发展观，加快资源节约型和环境友好型社会建设，促进世界园艺事业大发展、大繁荣，共同建设多姿多彩的美好家园。

创造绿色生活，构筑美丽家园是人类的神圣责任。只有保护人类赖以生存的自然环境，才能永葆大自然的生机与活力，给自然留下更多修复空间，给农业留下更多良田，给子孙后代留下天蓝、地绿、水净的美好家园，最终实现人与自然的永续和谐发展。

北京世园会的副主题为"绿色发展、生活中的园艺、融合绽放、教育与未来以及心灵家园"。"绿色发展"即为绿色和可持续发展，是当前以及未来数十年全球经济发展的重要理念和追求方向；不仅是指生态文明和环境保护的理念，也是发展模式和生产方式的重大变化。"生活中的园艺"对我们的物质生活、精神生活、文化生活发挥着重要作用，倡导人与园艺、人与自然和谐相处的理念，推动人们生活方式绿色化。"融合绽放"展现出在园艺多元文化的融合中，促进不同民族、不同宗教、不同文化的人走到一起，融糅通汇、共赏共荣，以合作的态度为达成人类共同的目标而努力。"教育与未来"表达出北京世园会对园艺行业在教育、培训和创新方面的推动作用，以期全社会，特别是青少年，培养生态理念，树立尊重自然规律的意识，增强人们对园艺的热爱。"心灵家园"即为美丽的家园要用文化滋养心灵，与环境保持友好和谐的关系。

北京世园会以"让园艺融入自然 让自然感动心灵"作为办会理念，以"世界园艺新境界 生态文明新典范"作为办会目标。北京世园会把园艺作为载体促进人类与自然和谐共处，助推世界各国经济文化的交流融合，推动世界园艺业发展。

第二章　交流与评价

第一节　交流

2019北京世园会在申办、筹办期间，各组织机构负责人员多次组团赴国内外举办过世园会、世博会及大型会议的城市，学习考察申办、筹备和运行经验；不断加强与AIPH、BIE及其成员国的交流和合作，借助其组织体系开展国际宣传、招展工作。

2012年7月13日至15日，北京市园林绿化局、延庆县政府、县园林绿化局等相关人员组团赴上海学习考察2011上海世博会申办及组织经验，通过学习借鉴，深化了办会理念、主题和目标，并对《举办方案》《申办报告》进行梳理和修改。

2012年11月15日至24日，中国贸促会、北京市政府、市园林绿化局、延庆县等相关领导组团赴米兰、罗马和巴黎，出席国际展览局第152次代表大会，学习、观摩世博会和世园会的申办、筹备及大会陈述，考察2015米兰世博会筹办情况，并对2019北京世园会进行了前期宣传推介，明确了国际展览局相关认可程序。

2012年12月14日至20日，中国花卉协会、北京市园林绿化局和延庆县相关领导组团赴昆明、西安、青岛、沈阳进行实地考察，学习、借鉴其世园会组织机构、规划设计、会后利用、区域经济等相关经验。通过认真研究和对比分析四个城市的经验，获得了要进一步深化办会主题、明确办会目标、理清办会模式、研究园区规划和办会策略等启示。

2013年11月8日，北京市筹委会办公室、延庆县筹备办等负责同志到怀柔区与怀柔区委进行APEC会议组织工作方面的交流。怀柔区委负责同志从聚焦任务、全面动员、整合资源、健全机制、细化责任、严格落实等方面详细介绍了筹备APEC会议的经验。双方就APEC会议的相关组织机构、征地拆迁、安置补偿、基础设施建设、招商引资、环境治理、宣传动员等方面进行充分交流。

2013 年 11 月 9 日至 10 日，2016 土耳其安塔利亚世园会组委会秘书长赛拉密·居拉伊一行来北京，就世园会筹办有关工作进行考察交流。中国花卉协会副秘书长彭红明代表筹委会办公室汇报了 2019 北京世园会筹备工作进展。双方代表就 2016 安塔利亚世园会和 2019 北京世园会的办会主题与主题演绎、投融资机制、园区规划、重大基础设施建设、招商招展等内容进行交流。

2014 年 9 月 19 日，国际展览局秘书长特别代表、世园会事务高级专员安卡女士来北京考察 2019 北京世园会筹备进展情况，并指导《特殊规章》编制工作。她实地考察了 2019 北京世园会园区选址，听取了中国贸促会、中国花协、2019 北京世园会筹委会办公室关于北京世园会筹备情况的汇报。安卡女士对 2019 北京世园会筹备工作进展表示认可，期待见到一届里程碑式的世界园艺博览会；同时，她对如何做好筹备工作提出了许多宝贵意见：主题演绎非常重要，必须确保参展者对主题的充分重视；应做好沟通交流工作，充分利用外交渠道，吸引更多的国家和国际组织关注 2019 北京世园会；特殊规章是参展各方的行为规范，要统筹兼顾、深入研究，在国展局指导下提交规则委员会审议。

2015 年 3 月 16 日至 20 日，2019 北京世园会派出了以延庆县委常委、组织部长徐维功为团长的代表团出访法国，参加 AIPH2015 年春季会议。代表团向与会代表汇报 2019 北京世园会筹备进展，与成员单位代表和参与过世园会建设的机构就世园会筹备工作进行交流。拜会 AIPH 主席和秘书长，寻求支持、指导；与参会的国际展览局官员会谈；与土耳其安塔利亚世园会组织者会谈，了解 2016 安塔利亚世园会筹办过程中的国际招展工作经验。

2015 年 10 月 17 日，国际园艺生产者协会主席维克·克朗来北京，考察访问 2019 北京世园会筹备工作。维克·克朗主席听取了 2019 北京世园会的专题汇报会并实地考察了 2019 北京世园会园区规划选址，他充分肯定 2019 北京世园会前期筹备工作，并对下一步工作提出了宝贵建议。他表示对 2019 北京世园会抱有很高的期望，希望以 2019 北京世园会的筹办举办为契机，进一步加强国际园艺生产者协会与中国的合作，携手推进国际园艺事业和展览事业繁荣发展。同时，他认为世园会园区内设置的各个区域不仅要有各自独立的功能，还应该有机联系起来，如非围栏区里种植的花卉供人们免费参观的同时，可以供给围栏区，有效、快速保障展会对花卉的需求量，一定程度上也可以节省运营成本；当地居民或园艺工人可以居住在非围栏区内，在举行大型活动或者出现突发状况时，可以在短时间内组织调动人员，迅速处理、应对，提高工作效率；非围栏区内可以铺设临时管道到围栏区内，展会期间可以向围栏区供水，保障园区正常运转。

2015 年以来，由世园局组团，世园局、北京市发展和改革委员会、市住房和城乡建设委员会、市财政局、市人民政府外事办公室等相关领导、各部门负责同志通过参与每年 AIPH 春季会议、年会，以及 BIE（春季）执委会会议、规则委员会会议、两次大会，汇报了 2019 北京世园会筹办工作进展，开展 2019 北京世园会宣传推介和国际招展工作，学习借鉴其他国家在世园会筹办、举办、会后利用方面的先进经验和即将举办世园会的城市筹备情况。同时，世园局借助 AIPH、BIE 和国际组织平台，出访日本、韩国、匈牙利、德国、英国、西班牙、哈萨克斯坦、俄罗斯、澳大利亚、斐济等国家，学习借鉴大型展会筹备建设经验，了解园艺产业发展的新趋势，深化园艺领域的合作，开展宣传推介和招展工作，积极吸引国际社会广泛关注和参与 2019 北京世园会。

第二节　评价

2012 年 11 月 21 日，国际展览局第 152 次全体代表大会上，中国代表团申办 2019 年世界园艺博览会的声明引起了国际展览局成员国的积极响应。会议期间，许多成员国代表回想起 2010 年上海世博会的美好经历，期待 2019 年再次相聚中国北京。国际展览局主席、副主席以及土耳其、比利时、德国等国代表就中国通过 AIPH 的批准、获得 2019 年世园会举办权纷纷向中国代表团表示祝贺，认为中国北京将给世界园艺博览会注入新的活力。

2014 年国际展览局春季执委会会议上，在执委会通过 2019 北京世园会《一般规章》和《参展合同范本》后，执委会主席崔在哲代表执委会向工作小组表示祝贺，他表示中方的陈述富有感染力和号召力，其专业性和职业素养给他留下了深刻印象，虽然 2019 北京世园会尚处于筹办初期，但相关法律文件详实规范，主题演绎深刻。希望中国政府继续全力推进各项筹备工作，做好提请国展局第 155 次全体大会表决通过的准备。

意大利代表恩格利亚·罗迪表示，听了中方陈述，感到非常振奋，意大利将举办 2015 年米兰世博会，中国馆是第二大外国馆，期待继续看到中国馆的精彩展示，也希望 2019 北京世园会能有所超越，成为一届令人难忘的世园会。

哈萨克斯坦代表雅博尔·萨尔贝科夫对工作小组成功陈述表示祝贺。他说，2017 年阿斯塔纳世博会是首次在中亚国家举办的世博会，主办方从 2010 年上海世博会的成功中吸取了很多经验。中方关于 2019 北京世园会的陈述非常精彩，中方的筹备工作总是那样高效有序，值得哈方学习。

国际展览局第 155 次大会召开后，国展局主席纳吉和秘书长洛塞泰斯高度评价中国对国展局和历届世博会工作给予的支持和贡献，并表示对中国成功举办 2019 北京世园会充满信心。洛塞泰斯秘书长强调，中国不仅是国展局最出色的合作伙伴之一，更已成为全球首屈一指的世博会主办国。由中国主办的历届世博会都取得了巨大成功，并推动了世博会举办工作的革新。他表示，中国通过成功举办 1999 年昆明世园会和 2010 年上海世博会积累了成功的经验；中国北京具有较强的区位优势，拥有丰富的科技和教育产业优势；2019 北京世园会以"绿色生活、美丽家园"为主题，聚焦绿色生活方式和可持续发展，具有重要意义；希望 2019 北京世园会能够成为 Al 类世园会的新典范、新标杆。

2-6 图　BIE 第 155 次大会会前，中国代表团与国展局秘书长洛塞泰斯交流

2017 年 11 月 13 日，北京世园局受国际展览局邀请参加第 162 次全体大会前夕，世园局在法国巴黎举办 2019 北京世园会宣传推介会。推介会上与会嘉宾认真观看 2019 北京世园会宣传片，纷纷表达对北京世园会绿色发展理念与有序推进的各项筹备工作的赞赏与支持。国际展览局副秘书长迪米特里·科肯切斯表达了对 2019 北京世园会的热切期盼，他表示中国人民有种植培育花卉园艺的传统历史，贡献了诸多改变世界园艺进程的伟大成果，在世界园艺之林占据重要位置。马里共和国驻国展局代表表示非常认可北京世园会组织方统筹会期与永续利用的长远规划，高度赞赏北京世园会注重生态环境保护的切实举措，对此次彰显中国园艺特色、融入世界园艺精华的园艺盛会充满期待。

2019 年 11 月 25 日至 29 日，受国际展览局邀请，世园局代表团赴法国出席国际展览局第 166 次全体会议，此次大会是北京世园会最后一次在国际展览局全体大会上做汇报。代表团从绿色发展理念传播、国际社会广泛参与、会期文化活动举办、综合服务、区域发展带动、后续发展利用等各方面，向国际展览局及成员国代表全面汇报北京世园会筹办、举办成果，深入宣传习近平生态文明思想和我国新时代绿色发展理念。

国际展览局主席斯丁·克里斯滕森在听取汇报后，高度评价北京世园会。他表示，北京世园会创下 A1 类世园会新的官方参展者数量记录，是历史上最成功的世园会之一。北京世园会的组织执行高效有力，展览展示和活动举办精彩绝伦，使世园会筹办工作达到了一个前所未有的新高度。国际展览局和各成员国代表称赞北京世园会是一次巨大的成功，为实现人类更加绿色的未来做出了积极贡献，对今后世园会的举办起到了示范引领作用。

第三篇　园区规划

"规划科学是最大的效益，规划失误是最大的浪费，规划折腾是最大的忌讳。"科学规划是北京世园会各项筹办工作的龙头和前提。为办好这场世界性的园艺盛会，2019北京世园会的规划设计团队秉承科学的态度和敬业的精神，以专业的素养和无私奉献的精神，充分借鉴了历届博览会成功的经验，按照"多部门合作、多学科融合、多环节联动、多专项支撑"的工作模式，通过科学地规划建设，将2019北京世园会打造成中国通向世界的一扇绿色之窗，既向世界传递了"绿水青山就是金山银山"的绿色理念，又展示了中国的园艺之美、生态之美和人文之美。

世园局组织了10家国内外顶级规划设计单位，在海内外调动高端设计资源，开展园区概念性规划方案的全球征集工作。2014年12月，由孟兆祯院士、尹伟伦院士领衔的专家团队对应征方案进行了评审，选出3个优胜方案。在此基础上，又组建联合团队，继续优化完善规划方案。在规划编制的过程中，不仅邀请了江泽慧、孟兆祯、尹伟伦、崔恺等专业领域知名专家，还邀请参与过上海世博会、昆明世园会相关规划工作的专家进行指导，同时与举办过同类展会的城市进行探讨和交流。

最终，经过2014年征集规划、2015年综合规划、2016年专项规划、2017年实施规划、2018年实现规划和2019年展现规划，北京世园会规划人员用心设计、用脚丈量，编制规划、坚守规划、实施规划，维护了园区规划的权威性和严肃性，坚持一张蓝图干到底，通过不懈地努力，将规划蓝图变成了园艺美景。

第一章　规划方案

2019 北京世园会园区位于京津冀西北部生态涵养区——延庆区，园区距北京市区约 74 公里，邻近八达岭长城。妫水河从园区中蜿蜒穿过，园区面积 503 公顷。园区以"生态优先、师法自然；传承文化、开放包容；科技智慧、时尚多元；创新办会、永续利用"为规划理念，展现林中万物和山水自然，形成核心景观区、山水园艺轴、世界园艺轴、妫河生态休闲带、园艺生活体验带、园艺产业发展带、世界园艺展示区、中华园艺展示区、教育与未来展示区、生活园艺展示区和自然生态展示区等空间布局，以及中国馆、国际馆、生活体验馆、植物馆、妫汭剧场等主要场馆。形成了包括"永宁瞻盛、海坨天境、隆庆花街、山水颂歌、九州花境、万芳华台、百松云屏、同行广场、千翠流云、丝路花雨、芦汀林樾、世艺花舞"在内的世园十二景。

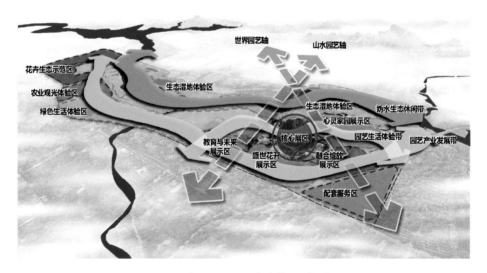

3-1 图　园区规划结构示意图

第一节　选址

2019 北京世园会位于延庆区西南部，距离北京市区约 74 公里，距离昌平新城以及河北怀来、赤城县约 35 公里，东部紧邻延庆新城，西部紧邻官厅水库，横跨妫水河两岸，距离八达岭长城和海坨山约 10 公里。

在范围上，园区位于延庆区妫水河沿岸，总面积 960 公顷。园区划分为围栏区、非围栏区和世园村三部分。其中，围栏区用地面积约 503 公顷，非围栏区用地面积约 399 公顷，世园村用地面积约 58 公顷。

在定位上，2019 北京世园会是向世界展示我国生态文明建设成果、促进绿色产业国际交流与合作的一个重要舞台，是弘扬绿色发展理念、推动经济发展方式和居民生活方式转变的一个重要契机，也是建设美丽中国的一次生动实践。规划提出，力求办出具有时代特色的精彩盛会，展现大国首都新时代的新形象。

3-2 图　市域层面

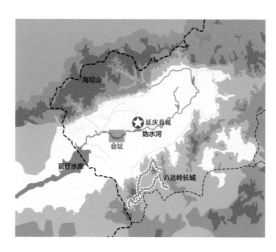

3-3 图　区域层面

一、确定举办地

成功申办和举办 2019 北京世园会，选址是关键。2012 年 3 月 7 日，北京市在确定申办 2019 年世界园艺博览会（A1 类）之后，选址规划工作随即开展。

2012 年 4 月 9 日，北京市园林绿化局召开 16 个区县申办 2019 年世界园艺博览会（A1 类）动员会，会议介绍了北京市申办的目的、意义及相关规定，动员各区县根据自身经济社会发展情况，积极做好选址和申办方案编制工作，为市政府确定承办地提供决策参考。

2012 年 4 月 30 日，丰台区、房山区、通州区、顺义区、昌平区、怀柔区、密云县和延庆县共 8 个区县政府向北京市园林绿化局递交了承诺函和《申办报告简本》，推荐北京世园会举办地点。

在推荐举办地的过程中，延庆县多次与北京市园林绿化局、北京市政府领导、北京市有关部门负责人、中国花卉协会人员及相关专家进行积极沟通，收集了大量关于编制《申办报告》的意见和建议，几易其稿，共形成中间过程版本近 80 个，最终取得了北京市对延庆县作为世园会举办地的认可。

具体过程：2012年4月19日晚，延庆县委、县政府召开紧急会议，责成延庆县园林绿化局成立世园会工作组，立即启动申办工作。4月20日，延庆县园林绿化局世园会工作组到位，联系到8家策划单位召开合作洽谈会，最终与4家单位确定了合作关系，这4家单位分别是国家林业局风景园林与建筑规划设计院、北京市长城企业战略研究所、北京中宏天国际会展有限公司、ATKINS阿特金斯集团，要求4家单位分别编制承诺函和《申办报告简本》，并于4月28日汇报成果。

2012年4月21日，延庆县园林绿化局世园会工作组初步选出7个备选地块。经商讨，会议决定世园会选址地块为县城西3公里处，以妫河为中心，占地总面积为10000亩。

2012年4月22日-27日，延庆县园林绿化局世园会工作组收集相关资料、查证相关数据，及时与4家策划单位对接工作，资源共享。4月28日，4家策划单位在延庆县政府五楼会议室进行成果汇报，会议决定由国家林业局风景园林与建筑规划设计院和ATKINS阿特金斯集团，分别根据延庆县领导意见及其他策划单位的优点，修改完善《申办报告简本》，并于4月30日前递交成果。

2012年4月30日，包括延庆县在内共8个区县政府向北京市园林绿化局递交了承诺函和《申办报告简本》，推荐北京世园会举办地点。

之后，5月1日-20日，延庆县委书记李志军、县长李先忠高度重视申办工作，多次与市政府领导、市有关部门负责人、中国花卉协会人员及相关专家进行沟通，得到了相关领导和专家的支持，并收集了大量关于编制《申办报告国内版本》的意见和建议，在每次沟通之后第一时间召开会议，及时传达领导和专家意见和建议，并与策划单位一同连续加班编制《申办报告国内版本》，共形成中间过程版本近80个。2012年5月19日，延庆县完成报市政府审批的最终版《申办报告国内版本》。

北京市园林绿化局在向北京市政府汇报工作的材料中写到："综合各方面因素，我们倾向于由处于生态涵养发展区的延庆县作为北京市申办2019年世界园艺博览会（A1类）的举办地。"

2012年5月29日，北京市市长郭金龙同志主持召开北京市政府专题会议，北京市园林绿化局就申办2019年世界园艺博览会（A1类）有关工作进行汇报。本次会议原则同意北京市园林绿化局的请示，原则同意由延庆县作为举办地。

2012年5月30日，北京市委书记刘淇同志主持召开市委常委会（十届246次会议），决定建议由北京市人民政府代表国家申办2019年世界园艺博览会，由延庆县作为举办地。会议指出"延庆县具有独特的地理环境和气候优势，申办工作扎实、独具特色，有利于促进申办成功""市各有关部门要密切配合，形成合力，积极支持申办工作，全力争取申办成功"。这也标志着延庆县申办 2019 年世界园艺博览会（A1 类）顺利通过北京市政府审批，第一阶段申办工作圆满完成。2012 年 8 月 3 日，国务院批准北京市申办 2019 年世界园艺博览会。

二、延庆风貌

延庆县位于北京市西北部，新版北京城市总体规划赋予延庆"首都西北部重要生态保育及区域生态治理协作区、生态文明示范区、国际文化体育旅游休闲名区、京西北科技创新特色发展区"的功能定位，承担着涵养首都生态、服务首都人民的重要责任。

2012 年申办世园会时，延庆县不仅在气候、地理、位置、水文、历史传承等方面具备举办世园会的必要条件，同时也适宜群众参观，满足了世园会园区和区域整体规划的严格要求。

便捷的交通网络利于庞大客流快速通达。北京是全国最重要的交通枢纽，拥有亚洲最大的国际机场，密集的铁路和高速公路网络辐射全国各地。首都国际机场距园区 50 分钟车程，首都国际机场与首都第二机场由六环路进入高速路直达延庆，可避开北京中心城区大的交通流量。京张城际高铁建成后，30 分钟即可从北京城区直达世园会园区。京藏、京新两条高速及规划直达园区的高速公路能够充分保证客流 45 分钟从市中心到达园区。除此之外，延庆首航直升机八达岭机场，可作为北京世园会期间应急交通直达通道，发挥空中交通优势。便捷的交通设施完全能够满足 2019 年世界园艺博览会对交通的要求。

良好的园艺基础利于展现世界各地园艺特点。园艺主要分观赏植物园艺、蔬菜园艺和果树园艺，北京气候条件优越，在这三方面均具有独特优势。特别是花卉产业，全市种植面积达 6.4 万亩，年产值 14.1 亿元；直接从事花卉生产的企业 252 家，从业者超过 3 万人，花卉市场 40 个、花卉零售店 1500 家，花卉年消费额达到 100 亿元。北京在园艺新品种选育、引进，产业化研究、推广以及现代园艺设施应用等方面都取得了一系列成果。2009 年，北京成功举办了第七届中国花卉博览会，汇聚了 37.4 万件国内精品花卉和 6 万件国外特色展品，10 天内共接待观众 180 万人次。

作为北京的生态涵养发展区，延庆境内高山、峡谷、平原、湖泊地形多样，植物多样性优势突出。经过多年保护与发展，植物种群数量显著增加，如野鸭湖湿地自然保护区内的高等植物由 2005 年的 381 种增加到 420 种；延庆全县露地花卉 328 个品种，种植面积 3333 公顷，是北京花卉种植面积最大的区县和重要的育种与生产基地；蔬菜品种 260 多种，种植总面积 3000 公顷，是北京重要的无公害蔬菜生产基地；果树品种 1051 种，种植面积达 16000 公顷，苹果、葡萄等特色果品享誉全国。

人文底蕴深厚，有利于彰显中华文明。北京是世界著名的古都，是国务院公布的首批国家历史文化名城。有着3000余年的建城史和850余年的建都史，拥有众多名胜古迹和人文景观，拥有世界文化遗产6处。其中，颐和园是中国现存规模最大、保存最完整的皇家园林；闻名中外的八达岭长城是万里长城的精华。

北京延庆历来是农耕文化与游牧文化、中原文化与北方文化、汉族文化与少数民族文化的融合之地，并逐渐形成了炎黄、妫川、长城等八大文化。据考证，现位于北京延庆的上阪泉村和下阪泉村，是五千年前炎黄二帝交战之地。阪泉之战开启了中华文明史，实现了中华民族第一次大统一。阪泉之野是中华民族发祥地，是中华民族五千年文化之源。

横贯北京世园会园区的妫河，是北京延庆的母亲河，迄今已有五千年历史，是中国最古老的河流之一。"千古之谜"古崖居和春秋时期山戎文化遗存，是延庆浓厚文化底蕴的佐证。延庆特有的"妫"（guī）字即是中国最古老的文字之一，也是延庆文明的渊源。"妫"是中国最古老的文字之一，传说当年尧女娥皇、女英帮助舜制服野象，后人把舜服象而居之地叫作"妫"，现北京延庆母亲河以妫命名，妫河水草丰美、地势开阔、绵延数千年，孕育了独特的妫川文化。

世界七大奇迹之首的万里长城中最雄伟、最壮观的八达岭长城位于北京延庆，国际知名度最高，曾接待各国元首和首脑483位。延庆境内现存长城墙体179公里，敌楼473座，是保存墙体最长、防御体系最为完整的长城段落，呈现出不同时代、不同功能长城并列蜿蜒的独特景象。积淀千年的炎黄历史、凝聚千年的民族精神、传承千年的园艺文明，在长城脚下汇聚。延庆境内还有恐龙足迹化石、硅化木群、冰臼等史前自然地质遗产，沉淀着远古的印记。

显著的绿色成果利于体现中国科学发展成就。延庆冬冷夏凉，素有北京"夏都"之美誉，生态建设成果也十分显著。北京气候为典型的暖温带半湿润大陆性季风气候，年平均气温10℃–12℃，全年无霜期180–200天，年平均降水量644毫米，是华北地区降雨最多的地区之一。温和而中性的气候能够满足世园会植物多样性以及跨季节举办对室外植物生长的要求。

延庆是一个天然生态园。延庆位于北京西北部，县城距市区74公里，属大陆性季风气候，是温带与中温带、半干旱与半湿润带的过渡带，生态环境优良，县域地形多样，平均海拔500米以上。生物多样性优势突出，有植物3000多种。林木绿化率达65.8%，森林覆盖率为57.76%，有松山、玉渡山、野鸭湖等12个国家、市、县级自然保护区，占县域面积的26%。湿地6667公顷，占县域面积的5%。水质优良，93%的地表水水质达到国家二级标准，地下水全部达到国家饮用水标准。延庆空气质量二级和高于二级的天气达到84%，连续多年居北京前列，是市民融入自然、放松心情的理想之地，是首都北京的后花园。

北京延庆是全国知名的旅游大县，拥有八达岭长城、龙庆峡、康西草原、百里山水画廊、四季花海等A级及以上景区24个，2011年游客接待量达1737万人次。

低碳生活方式成为时尚。低碳发展理念深刻地影响着北京延庆各个领域，低碳的生产生活方式成为时尚。在 2012 年申办世园会时，北京延庆预计 2019 年新能源和可再生能源利用率将达到 30%，能源消耗碳排放达到全市最低，并广泛应用太阳能、风能、生物质能源等可再生能源，成为全国低碳生活的示范区。

新能源产业长足发展。积极应用科技创新成果，大力发展新能源产业，以中科院光热发电为代表，北京延庆集聚了一批新能源产业项目，成为北京新能源和可再生能源产业基地，也成为全国循环经济发展示范区。

独特的区位条件利于带动首都经济圈协调发展。国家发改委发布的国家"十二五"规划提出"要打造首都经济圈"。为此北京市"十二五"规划提出，"以首都为核心的城市群及其广大区域正在成为国内发展最具活力的区域之一。在新的发展阶段，北京需要立足于国家首都的职能定位，在更大的区域内发挥功能、配置资源和拓展服务，从注重功能集聚为主向集聚、疏解与辐射并重转变，从注重单方保障为主向双向服务共赢发展转变，更积极地发挥好辐射带动作用，推动区域合作向纵深发展。"

北京延庆作为首都经济圈中连接京冀两地的重要节点，作为北京与山西、内蒙古等地区的经济通廊，承担着首都辐射与带动西北周边地区协调发展的重要功能。2019 年世园会在北京延庆举办，在拓宽发展空间、带动产业发展等方面发挥重要作用，从而推动京冀晋蒙等地区域协调发展，实现优势资源的强强对接，在更大范围、更大空间尺度中谋划首都及周边区域的整体发展。

第二节　规划历程

2019 北京世园会的整体规划历程大致分为三个阶段：申办阶段、综合规划阶段、规划实施阶段。

一、申办阶段（2014 年）

2014 年，北京世界园艺博览会事务协调局组织开展了园区选址规划、交通保障规划、规划方案征集工作。

（一）园区选址规划

2014 年 1 月 9 日，北京市政府专题会议原则同意了园区规划选址方案，并将选址规划的成果纳入申办报告。依据申办报告，园区位于延庆县妫水河沿岸，总面积 960 公顷。选址规划确定园区西边界距康张路 750 米 – 1000 米，北至妫河森林公园北边界—延农路，东至延庆新城规划集中建设用地边界，南至百康路。

（二）交通保障规划

继规划选址纳入申办报告后，交通保障规划的成果也纳入了申办报告，本次交通规划对客流规模进行了预测，承诺以京张城际高铁、京藏高速、京新高速、兴延高速作为对外交通的主要联系通道，并完善周边路网。成为后续规划设计的重要基础依据。

客流规模预测。申报 2019 北京世园会时承诺园会会期客流规模将达到 1600 万人次。本次规划预测 2019 北京世园会会期客流规模将达到 2500 万人次。其中，高峰日客流将达 24 万人次，设计日客流达 19 万人次。服务设施等依据设计日客流进行配套建设。

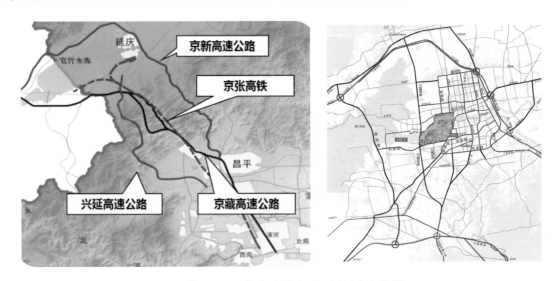

3-4 图　2019 北京世园会交通规划示意图

对外交通保障。为保障 1600 万人次的承诺客流，在现状京藏高速公路的基础上，需加快建设京张城际延庆支线、兴延高速公路、京新高速公路（出京方向）三条对外联系通道。为实现 2500 万人次客流规模，必须通过加大公交力度实现集约出行；在不同圈层设置截流小汽车停车场，改变出行结构；加强交通需求管理，减少极端高峰日与平日客流的级差。通过调整每日客流分布，保证最大客流高峰不超过 24 万人次，各类交通设施按照设计 19 万人次的客流规模设计。

完善园区周边路网。在园区周边新建西玉路、阜康路、圣百街、东姜路及世园路等干路系统，提级改造百康路、康张路、延康路、西外大街及康河路等道路，形成园区与外围三条高速公路联系的网状联络线系统。

（三）概念方案征集

北京世园局按照征集程序组织了 10 家国内外顶级规划设计单位，开展北京世园会园区概念性规划方案全球征集工作。以孟兆祯院士、尹伟伦院士领衔，中国贸促会、中国花卉协会、园林、规划、市政、建筑、水务等 17 名专家共同组成的专家团队，对应征方案进行了评审。

3-5 图　2019 北京世园会概念性规划方案方案评审会

专家团队对征集的 10 个概念性规划方案进行了系统的研究和整理，深度挖掘和梳理出每个方案的亮点，包括北京世园会展览研究、案例借鉴分析、规划理念、场地利用、水面的利用、园区功能分区、园区结构、园艺设计、展览方式创新、游览设计、出入口设置、园区交通组织、智能交通设计、服务设施规划、服务设施规划、竖向设计、生态设计、园艺小镇设计、会后利用等。汲取充分的养分，为园区综合规划方案的设计打下了坚实基础。

2014 年 12 月，专家组从 10 个征集方案中评选出了 3 个优胜方案。之后，进一步深入优化完善规划方案。世园局牵头组建的专家联合团队中，不仅邀请了江泽慧、孟兆祯、尹伟伦、崔恺等专业领域知名专家，也邀请参与过上海世博会、昆明世园会相关规划工作的专家进行指导，同时也与举办过同类展会的城市进行学习和交流。

最终，在历经方案征集、技术咨询、方案综合、专家论证、征求相关委办局意见、联席会审议、市委市政府专题会研究、执委会会议审议、征求 37 家部委意见、组委会审定等阶段，2015 年 12 月完成了全部程序，审批通过了《2019 年中国北京世界园艺博览会园区综合规划及周边基础设施规划方案》这一世园会园区规划建设的纲领性文件。

B02方案（北京建院团队）

3-6 图　2019 北京世园会概念性规划方案 – 优胜方案 B02

B03方案（建设部院团队）

3-7 图　2019 北京世园会概念性规划方案 – 优胜方案 B03

B07方案（园林古建院＋同衡团队）

3-8 图　2019 北京世园会概念性规划方案 – 优胜方案 B07

二、综合规划阶段（2015 年）

2015 年，为了完成《2019 年中国北京世界园艺博览会园区综合规划及周边基础设施规划方案》，由北京世界园艺博览会事务协调局统筹，延庆县配合，中国贸促会、中国花协指导，顾问组、规划组、交通组、建筑组、园林景观组、生态绿化组、水资源组、展览组等专家集体研究，北京市规划设计研究院技术总负责，中国建筑科学研究院、北京市政院等多家规划设计单位参与，共开展了 25 个大项，62 个专项的规划工作。

《2019 年中国北京世界园艺博览会园区综合规划及周边基础设施规划方案》通过建筑方案征集、控制性详细规划、文化景观研究、多媒体介绍短片、园艺小镇规划、非围栏区规划、展览展示规划、建筑意向城市设计、概念性综合规划、围栏区景观规划、世园村规划设计、科技专项规划、园区内道系统规划、交通仿真模拟、市政专项规划、火车站接驳规划等专题的规划与研究，最终汇总而成。

2015 年 6 月 26 日，北京世界园艺博览会事务协调局、北京市规划委、国土局、园林绿化局、延庆县联合上报北京市政府《关于提请审议〈2019 年中国北京世界园艺博览会园区综合规划及周边基础设施规划方案〉的请示》。

2015 年 8 月 5 日，北京市政府专题会议"研究并原则同意北京世园局提出的关于 2019 年中国北京世界园艺博览会筹备工作的请示，由其根据会议意见修改完善后组织实施"。

2015 年 10 月 24 日，北京市委专题会议听取并原则同意《2019 年中国北京世界园艺博览会园区综合方案及周边基础设施规划方案》，并要求进一步修改完善，上报执委会审议。

2015 年 12 月 4 日，2019 北京世园会举行了第一次执委会，会上原则同意《2019 年中国北京世界园艺博览会园区综合方案及周边基础设施规划方案》，并要求 2016 年上半年开工建设。

《2019 年中国北京世界园艺博览会园区综合方案及周边基础设施规划方案》在顺利取得北京市相关部门及组委会 37 个成员单位意见，并通过了北京市委市政府相关会议审议后，于 2015 年 12 月 23 日最终通过了 2019 北京世园会组委会审议。

三、规划实施阶段（2016 年）

更详细的规划设计工作于 2016 年相继完成，包括园区控制性详细规划、围栏区总图设计及报审、专项规划、工程设计以及建筑设计方案等。于 2019 年 3 月完成了园区控制性详细规划报审和世园村控制性详细规划的编制等；4 月完成了围栏区总图设计、园区竖向规划、园区总体种植规划、园区配套服务设施规划、建筑方案请示与报审等；5 月完成了围栏区总图设计方案以及世园村控制性详细规划的报审等；6 月完成了园区内道路定线、展园设计控制导则、园区消防规划、交通道路设计、市政专业工程设计、公共景观工程设计等；9月完成了公共安全与防灾避险规划、园区绿色遮阴系统规划等；12月完成了园区声景系统规划、公益性场馆建筑施工图设计、经营性场馆建筑施工图设计、世园小镇建筑施工图设计、公益性园区配套服务设施规划布局方案、经营性园区配套服务设施建筑设计等。

2019北京世园会的园区规划设计得到了社会的广泛认可，园区综合规划获得了2017年国际风景园林师协会亚太地区分会（IFLA）规划分析类杰出奖（最高奖）。2018年北京世园会成为了北京市绿色生态示范区；2019年中国馆、国际馆、生活体验馆通过了《绿色建筑评价标准》（GB/T 50378-2019）进行评价的绿色建筑三星级（最高级别）的标识认证，是全国第一批正式获得绿色建筑新国标的三星级绿色建筑项目。

3-9 图
2017 年 IFLA 规划分析类

3-10 图
2018 年度北京市绿色生态示范区奖牌杰出奖获奖证书

第三节　园区总体规划

2019北京世园会紧紧围绕生态文明先行示范区和美丽中国展示区的规划目标，力求突出"以人为本、文化多元、科技创新、生态提升、产业发展"五大特色。依据现有山水格局和自然地形地貌特点，综合考虑展览需求、交通流线、市政配套、园林景观等多种因素，最终形成"一心，两轴，三带，多片区"的园区整体结构布局。

一、规划理念

指导思想。贯彻落实党的十八大关于推进生态文明建设的战略部署；贯彻落实党的十八届五中全会提出的创新、协调、绿色、开放、共享的发展理念；贯彻落实习近平总书记视察北京重要讲话精神；贯彻落实京津冀协同发展规划纲要；贯彻落实组委会第一次会议精神。

规划目标。弘扬绿色发展理念、彰显生态文明成果、推动园艺及绿色产业发展；举办一届独具特色、精彩纷呈、令人难忘的世园会；建设生态文明先行示范区和美丽中国展示区。

规划理念。生态优先、师法自然。充分尊重现有生态及景观环境，充分利用现状山水林田肌理，保护提升现有生态系统，使森林、水系、湿地三大系统和谐共生，对园区进行合理布局、优化空间、满足功能、节约成本

传承文化、开放包容。继承传统优秀文化，充分展示中国近三千年园林艺术、园艺文化，弘扬时代精神，创新性地向世界展现中国神韵、中国风格、中国气派。在园区中部西侧打造一条具有东方神韵的山水园艺轴，东侧搭建融和绽放的世界园艺舞台，使现代园艺与丰富多彩的世界文化在这里完美结合。

科技智慧、时尚多元。运用新品种，新工艺，新技术，将园艺与科技融合；在新一代物联网、大规模设备协同控制等技术的基础上，以海量数据为核心，提供全面的智慧手段，保障北京世园会的管理、服务与运营。

创新办会、永续利用。推动园区绿色产业发展，充分利用市场机制搭建区域旅游发展框架。会后园区将发展旅游业、园艺花卉产业、养老休闲度假产业，助推京津冀绿色产业发展。结合周边特色旅游资源发展，将园区打造成为区域性大型生态公园、园艺产业的综合发展区、京北区域旅游体系的重要组成部分，构建完整的旅游服务体系和延庆春、夏、秋、冬"四季旅游"框架。

二、规划特色

北京世园会总体规划方案充分考虑自然环境保护、满足展会需求、合理布局空间、高效节俭办会、统筹会后利用等因素，形成"一心、两轴、三带、多片区"的总体结构布局。紧紧围绕生态文明先行示范区和美丽中国展示区的规划目标，力求突出五个方面的特色。

一是体现以人为本的世园会。北京世园会重点突出绿荫游览体验，设计园艺林荫停车场、林下等候安检区，在主要游线设计林荫景观大道，提供各类遮荫空间。同时规划8公里长的妫河生态休闲带，形成自然的森林氧吧，解决参观者无处可静、无地休息的游览之忧。

二是体现文化多元的世园会。园区规划根植于中国传统文化，传承近三千年园艺精华，展现中国神韵、北京特色、园艺特点；放眼于世界多元文化，以开放包容的姿态汇聚百家之长，为世界各国园艺提供竞相绽放的舞台，满足不少于100个官方参展者（国家和国际组织）、100个非官方参展者（国内省区市及国内外企业）的参展需求。

三是体现科技创新的世园会。发挥首都科技创新中心优势，激发企业科技创新动力，与中关村产业联盟合作，在园区规划中融入智能终端显示、机器人人机交互、全息投影、分子育种等高新科技，丰富展览展示方式，提供独具特色、丰富多样的参与互动体验，实现游、学、乐

相结合；利用"互联网＋"、大数据分析等先进技术手段，打造智慧世园。

四是体现生态提升的世园会。本着未来生态功能发挥最优的原则，采用循环节约型生态水系统、生态湿地净化等先进技术手段，建设海绵园区；科学配置植物种类与数量，形成丰富多样的生物群落，使园区成为市民亲近自然、体验绿色生活的最佳去处。

五是体现产业发展的世园会。立足会后利用，规划园艺产业发展带，将花、果、蔬、茶、药等产业前沿技术和文化集中展示，提供园艺产品交易推广的优质平台，切实推动园艺走进大众日常生活；形成园艺产业的集聚区，结合疏解非首都功能，拉动体育、文化、旅游休闲、生态农业等功能承接；创建一年一度的北京花展品牌，建设万花筒项目，协同冬奥会成功申办带来的群众对冰雪运动的广泛参与，打造全天候京西北黄金旅游带的新热点，带动京津冀园艺、旅游等绿色产业进入跨越发展期。

在规划工作机制上，为了加快推进园区规划设计工作，在前期概念性规划方案征集工作的基础上，制定 2019 北京世园会规划设计工作方案，并通过了北京世界园艺博览会事务协调局局长办公会的审议。

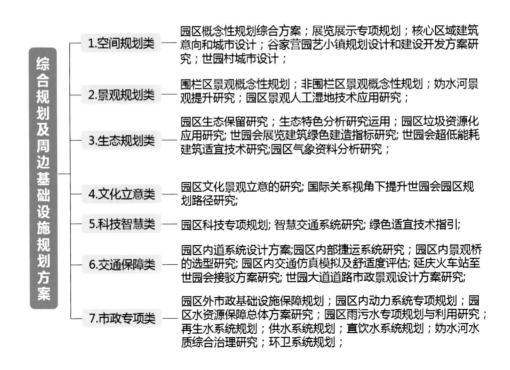

3-11 图　综合规划方案总结

规划工作的理念是由多部门合作，多学科融合，多环节联动，多课题支撑。工作的方法是由政府统筹、专家领衔、多方协调、市民参与、科学规划。具体方式为北京世界园艺博览会事务协调局统筹，延庆县配合，中国贸促会、花协指导，专家集体研究，北京市规划院技术总负责，多家规划设计单位参与。

2019北京世园会规划设计工作方案创新性的将规划项目管理与设计行业监管相融合；政府统筹推进与专家技术把关相融合；项目前期规划与后期建设实施相融合。同时，通过会议推动进度，规划组织方式科学，及时提炼规划成果。仅2015年，全年共组织召开32次规划例会和28次专题会，每周组织召开规划设计单位例会，随时组织召开技术研究专题会，阶段组织召开专家技术评审会，遇重大决策问题上报局长办公会。

三、综合规划

（一）园区规划分区

基于生态保护、环境改善和会后利用的需求，落实围栏区、非围栏区和世园村三大分区。其中，围栏区用地面积约503公顷，集中展示世界园艺文化、园艺科技及绿色生态环境，会期实行收费管理；非围栏区用地面积约399公顷，是绿色生活、绿色产业体验区，展示村庄自然面貌，并为围栏区提供配套设施和交通疏散场地；世园村用地面积约58公顷，是会前、会时参展人员办公及住宿配套服务区，会时指挥管理中心和交通组织中心。

（二）园区功能结构

一心：即核心景观区，它位于围栏区中心位置，是园内最主要的游赏组织区。包括妫汭湖、天田山、永宁阁、中国馆、国际馆以及演艺中心。

两轴：以冠帽山、海坨山为对景，形成正南北向的山水园艺轴和近东西向的世界园艺轴；

三带：沿妫河的生态休闲带、串联各大场馆的园艺生活体验带、绿色园艺科技产业发展带；

多片区：围栏区内的融和绽放展示区（世界园艺展园）、盛世花开展示区（中国园艺展园）、心灵家园展示区（自然生态展园）、生活园艺展示区（世界园艺小镇＋人文园艺展园）、教育与未来展示区（园艺科技展园＋儿童园艺展园）；非围栏区的花卉生态示范区、农业观光体验区、绿色生活体验区、生态湿地体验区、生活园艺展示区等。

（三）园区总体设计方案

总体园区规划设计方案呈现"园艺盛会，世界舞台"的主题。

1.围栏区。围栏区设10个入口，包括1个主入口，8个次入口和1个VIP入口。

围栏区内规划五大场馆（包括中国馆、国际馆、植物馆、生活体验馆和演艺中心）和一处园艺小镇。其中，中国馆是展示中国园艺发展史和高新品种及园艺技术的室内展览场馆，建筑面积约2万平方米；国际馆是围绕"绿色生活，美丽家园"主题的国际室内展览场馆，建筑面积约2万平方米；植物馆是集中展现各气候带的特色植被以及稀有濒危植物的国际室内展览场馆，建筑面积约 2 万平方米；生活体验馆是利用高科技手段展示世界园艺发展历史以及园艺改变生活等主题的室内展览场馆，建筑面积约 2 万平方米；演艺中心是可封闭的临时建筑，用于北京世园会开幕式、闭幕式以及各种形式的演出活动，建筑面积约 0.6 万平方米；园艺小镇在现状谷家营村的村舍基础上改造提升而成，建筑面积约 6 万平方米。

3-12 图　园区鸟瞰图

围栏区内包括：一个核心景观区、两条园艺景观轴、三条园艺景观带和五个园艺景观展示区。

核心景观区：凤衔牡丹，花开妫河。核心景观区位于围栏区中心位置，是园内最主要的游赏组织区。核心景观区包括中国馆、国际馆、演艺中心、草坪剧场、妫汭湖等重要景观节点。天田山、永宁阁画龙点睛，形成核心景观区的标志性景观。草坪剧场滨临妫汭湖，搭建了一座融合绽放的园艺世界舞台；妫汭湖与妫水河串联，形成一片连绵水泽。

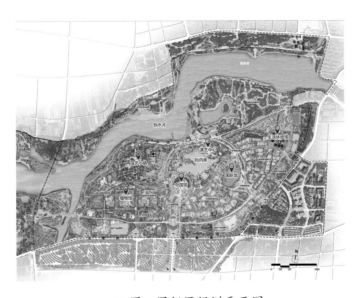

3-13 图　围栏区规划平面图

山水园艺轴：一首东方神韵的山水园艺诗篇。山水园艺轴位于核心景观区西侧，全长1.2公里，南起主入口，北眺冠帽山，以风、雅、颂为题，谱写一首东方神韵的山水园艺诗篇。风，即山水农耕，以诗经国风体现民情；雅，即山水比德，以自然来比喻人的仁德功绩；颂，即山水颂，寓意感恩自然，歌颂自然。轴线上的山水林田湖组成了生命共同体。

世界园艺轴：一幅绚丽多彩的世界风情画卷。世界园艺轴位于核心景观区东侧，全长1.4公里，南临延康路，北至妫水河，远眺海坨山，通过蝶恋花理念与流动线条的蝴蝶铺装表达国际风情，引种各国花卉，打造绚丽国际的园艺景观；提取蝴蝶元素，展现花引蝶舞的设计理念；抬高部分地形，营造层花叠现的画面意境；增加趣味小品，完善丰富多样的功能需求。

妫河生态休闲带：自然野趣的生态休闲水岸。妫河生态休闲带沿妫河布局，全长约8公里，规划保护生态水源地，构建景观生态网络，加强生态廊道的连通性，增加生物多样性，营造全生境的生态链，增强生态安全防护，提升自然生态环境的同时提供观赏价值。

园艺生活体验带：丰富多彩的游园体验带。园艺生活体验带串联了五大场馆、一个园艺小镇、两个次要入口和各大功能展园，全长约4公里。沿途设置三大景观段落，分别讲述了植物的萌发与生长，东西方植物的传播，自然界中的人、动物与植物的故事。

园艺产业发展带：绿色科技的产业发展带。园艺产业发展带沿园区与城市建设区衔接之处布局，全长约9公里，沿途设置企业展园、园艺超市和植物温室等设施，规划贯彻市场化、国际化和节俭创新理念，旨在促进园艺产业发展。

五大园艺景观展示区：包括融和绽放展示区（世界园艺展园）、盛世花开展示区（中国园艺展园）、心灵家园展示区（自然生态展园）、生活园艺展示区（世界园艺小镇+人文园艺展园）、教育与未来展示区（园艺科技展园+儿童园艺展园）等五个展示区。

2. 世园村

世园村内布局园区管理中心、世园酒店、公寓式酒店、世园村公寓、休闲商业带、交通枢纽、广场与停车场和中心绿地。

园区管理中心承担会时园区应急指挥中心和交通指挥中心等功能；世园酒店、公寓式酒店、世园村公寓、休闲商业带用于满足会前会时参展人员办公、住宿及相关服务配套的需求；交通枢纽、广场与停车场主要服务于会时交通组织需求；中心绿地主要为现状林地保留而成。

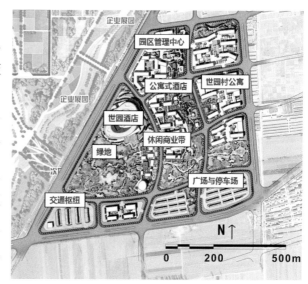

3-14图 世园村规划平面图

3. 非围栏区

3-15 图　非围栏区规划平面图

非围栏区是展示美丽乡村建设典范的重要景观区，在自然生态基底上，布局花卉生态示范展区、观光农业体验区、绿色生活体验区和生态湿地体验区等四类展示区。

非围栏区内保留大丰营村、小大丰营村、大路村三个村庄的村庄居住用地，通过提升环境品质、改善生活配套水平、促进产业升级，在会时会后展示村庄特色风貌。

（四）园区建设规模

参照历届各类世园会园区建设案例，本着节俭办会，统筹考虑会后永续利用的原则，围栏区建筑面积约 26 万－35 万平方米，其中：展馆建筑规模 8 万－12 万平方米，包括中国馆、国际馆、生活体验馆、植物馆、演艺中心，按照国际承诺和惯例，承担室内园艺展览和北京世园会开闭幕式、演出活动等功能；配套服务设施 8 万平方米，包括门区票务、餐饮、厕所、零售、医疗服务等功能；园艺小镇 5 万－8 万平方米，紧扣"绿色生活　美丽家园"的办会主题，主要承担展示家庭生活中的园艺功能；园艺产业配套商业建筑 5 万－7 万平方米，主要承担园艺展示产品商业交易功能。

世园村保留现状林地 7.2 公顷，配套设施用地 22.3 公顷，建筑面积约 35 万平方米，按照国际承诺要求，预计官方参展者（含国家和国际组织）数量不少于 100 个，其他参展者（国内各省、市、自治区参展）数量不少于 100 个。世园村为了满足北京世园会各个参展国家和地区工作人员的办公和生活需要，设有办公、住宿、酒店、应急指挥中心、交通枢纽等功能。

（五）园区村庄利用

李四官庄村位于核心景观区，计划对村庄进行整体搬迁，在园区外围择地安置，在园区内安排村民的就业，使村民共享举办盛会的果实。谷家营村位于围栏区内的妫水河南岸，计划将村民迁出安置，对其原址进行适度整理和改造提升，包括改善设施水平和提升整体环境品质，并植入功能，在北京世园会期间作为园艺村，塑造园艺生活的空间特色，演绎中国乡村的诗意情怀。大丰营村、大路村、小大丰营村三个村庄位于非围栏区，计划保留村庄原址，就地提升环境品质，改善生活配套水平，促进产业升级，为村民提供更多就业选择。将三个村庄打造成为生态、生活、生产联动发展的范本，塑造美丽乡村建设典范。

（六）会后可持续利用

会后，园区将转型为区域性大型生态公园，成为京津冀西北部地区旅游体系的重要组成部分，连同八达岭长城、崇礼、承德，打造多日黄金游线。加强与崇礼的联系，构建冬奥旅游环线，打通北部旅游线路，延拓到河北、内蒙古，与木兰围场、承德共同构建北京北部黄金旅游环线，使延庆城区完成旅游提档升级，成为延庆的旅游集散中心。同时，创建一年一度的北京花展品牌，连同周边地区，成为园艺产业的集聚区，承担园艺科研、生产、展示、交易等功能。实践新型运营管理模式，为冬奥会预留空间。

园艺小镇，将成为设计师创作、展示的聚集地；兼具养老、休闲等功能，成为最专业最全面的园艺疗法体验地，吸引不同年龄层的园艺爱好者。

植物馆，将结合现有地热资源利用，吸引企业投资，建设展览温室，丰富冬季北京旅游资源；中国馆作为北京花展的主展馆，保留论坛、新闻发布、会展等功能；国际馆建设成为中国园艺交易中心，搭建园艺产品研发、培育、交易平台；生活体验馆作为市民环保意识的园艺体验中心。

（七）园区专项规划

1. 园内交通规划

依托先进技术和智能管理，打造以人为本的复合交通系统，并充分展现园艺特色元素，为游客提供安全、舒适、便捷的交通服务。

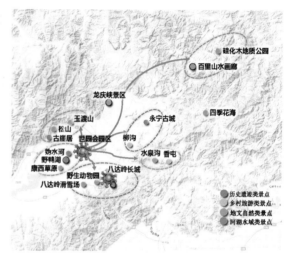

3-16 图　会后延庆旅游资源空间体系示意图

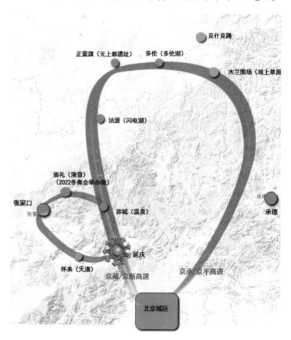

3-17 图　会后延庆旅游资源空间体系示意图

87

打造"一心、一环、四圈"的交通组织结构。其中，"一心"为环绕核心展区的交通环，串联了中国馆、国际馆、演艺中心以及中华展园和国际展园；"一环"在现状环湖南路的基础上，形成环绕整个围栏区的交通干线，串联诸多展园和场馆；"四圈"主要承担各大展示区内部的交通组织，在每个"圈"内形成与用地功能布局相适应的网络化步行系统。

3-18图　围栏区交通组织方案

合理组织园区人行、车行和货运交通，针对不同游客的游览需求，组织"3小时 – 7小时 – 两天"三类精品园艺游览线路。

结合园艺展示设置特色交通工具。如在核心区设置花车巡游等。

结合人性化的需求在主要交通流线和停留区设置遮阳设施。如沿园艺生活体验带设置遮阳廊架，在环湖南路保留现有林地设置林下休憩区等。

2. 配套设施规划

通过人性化、精细化、智能化、与园艺展示一体化的配套服务设施建设，为游客提供安全、舒适、便捷、美观的观展体验。

根据以往办会经验和相关规范，以2019北京世园会展会期间的空间布局、功能与建设规模、交通组织、游客量等情况为基础，以"按需定量，适度集中"，"兼顾平峰，弹性应对"，"便捷服务，满足客流需求"，"集约复合，分级建设单元"，"统筹会后，兼顾运营"，"特色突出，强化园艺主题"六大原则，对配套服务设施的需求进行科学测算，并预留弹性，确保展会期间与会后运营顺利进行。

北京世园会作为大型展会的接待规模和行为特点，同时充分理解配套服务设施的使用需求。规划在进行餐饮、购物等一般性服务设施，以及咨询导览、医疗救护等，根据设计客流19万人次/天的标准进行测算。在进行厕所设施规划，考虑到这项需求具有较强的特殊性，按照高峰客流24万人/天的标准进行配置与规划。

规划包括集中固定设施，分散固定设施和临时设施（含移动式补充设施）三类。其中，集中固定设施：分布在四大场馆（植物馆、中国馆、国际馆、生活体验馆）、园艺小镇和产业带，总建筑面积1.7万平方米；分散固定设施：分布在园林绿地范围内，总建筑面积1.7万平方米；临时设施：总建筑面积约2.9万平方米。

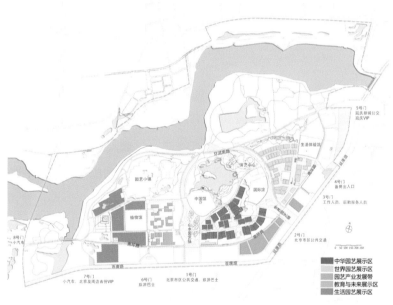

3-19 图　北京世园会客流空间分布预测

3-20 图　展园布局图

3.展园规划

根据对国际组织的办会承诺，"2019北京世园会办会期间，官方参展者数量不少于100个（包括国家和国际组织）；非官方参展者数量不少于100个（包括国内各省、区、市参展者，国内外参展企业和个人）"，规划设置了世界园艺展示区（国际展园50余个），中华园艺展示区（中华展园34个），园艺产业发展带（企业展园5个），教育与未来展示区（大师园5个，儿童园和企业园等），生活园艺展示区（百果园，百草园，百蔬园等），并预留了弹性场地。

4.山形水系规划

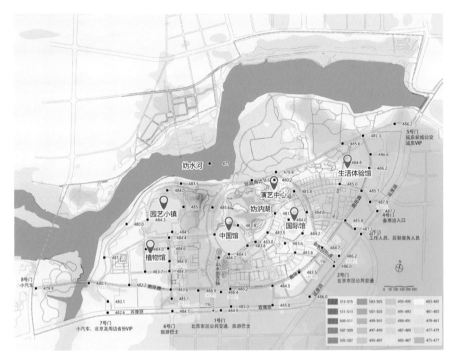

3-21 图　竖向规划图

规划传承中国传统叠山理水艺术，借鉴以往办会经验和优秀园林实践，依托延庆优良的大山大水格局，充分利用园区竖向条件、植被和水文地质资源，提出了北京世园会园区竖向规划的总体理念、原则："充分尊重现状""借景远山近水""注重景面文心""山水气脉贯通"。规划最大限度保留现状大树和场地原状高程，尽量减少场地扰动，局部挖湖堆山，塑造天田山和妫汭湖，形成核心山水景观，借景大山大水，将海坨山、冠帽山引入园区，形成内外联动的景观层次。场地文脉与北京世园会文化有机融合，主湖妫汭湖围绕"舜居妫汭"的场地故事展开，讲述了古时"百谷时熟，百姓亲和，凤凰来翔"的尧舜时代，如今，"百果千花，万国齐聚，把酒欢歌、融合共庆"的园艺盛会，古今对话，文脉传承。主山天田山采用梯田的形式，将中国传统山水文化与中国园艺农耕文化结合，是北京世园会特色的体现，并将成为宝贵的世园遗产。

5.种植总体规划

植物景观与园艺展示规划从场地现状出发，保护现状植被群落，紧紧围绕"绿色生活 美丽家园"的办会主题，打造绿色林荫空间，建设美丽家园。紧紧抓住"让园艺融入自然 让自然感动心灵"的办会理念，以艺术手法表达园艺内容，营造自然气息的山水园艺大花园。努力实现"世界园艺新境界 生态文明新典"的办会目标。以最新园艺植物材料展示高精尖世界园艺水平。以中国园艺植物回归，展现中国园艺文化，以高科技园艺展示，引领园艺未来发展方向。

（1）生态策略

充分利用现状植被资源，构建绿色生态大本底。保留大树和林带，构建生态安全格局，同时留住乡愁记忆。园区内共保留约5万株乔木，5公里林荫大道。形成大面积林地景观和绿色背景，并提供了绿荫游赏骨架。

充分利用乡土植物，丰富物种多样性。构建稳定的植物群落，营造四季分明、特色突出的绿色园区。共计栽植乔木41932株，灌木354545株，一二年生花卉61522平方米，宿根花卉210322平方米，乡土地被544935平方米，草坪433143平方米。

其中，乡土乔木共有50多种，主要有油松、国槐、元宝枫等，背景林带主要采用乔灌草复层搭配模式，以北京乡土植物群落为准则，构建以高大乡土树种为主、结构自然、地带性群落特点突出的林地景观。运用异龄、复层、混交的种植手法营建近自然异龄林、近自然混交林、近自然复层林，形成物种丰富多样的生态林景观。乡土灌木约25多种，主要有黄栌、文冠果、丁香等。灌木多采用大面积片植，植于路缘、林缘，形成连片、壮阔的植物群落，在观赏期为游人提供大尺度的景观效果。少量组团式植于花境、特色花园，充当地被花卉的背景。乡土地被有苔草、结缕草、委陵菜等节水耐旱型乡土草本植物，形成易维护的自然生态景观。

适当选用延庆地区生长良好的新优植物品种。坚持适地适树原则，贯彻落实增彩延绿理念，展示国际最新、最高的园艺水平。园区共使用70多种新优乔木，槭树类银红槭"秋艳"表现最好，成活率高、长势旺盛，金叶复叶槭、金叶榆、金叶国槐、北美海棠类长势优良，表现良好。

（2）绿色空间

从四大策略构建绿色空间。结合总体规划结构和空间特征，构建背景林；突出绿荫游赏体验，建立主要道路广场林荫体系；演绎展区主题，塑造各区特色植物景观风貌；展示特色园艺，突出主题花卉景观。总体形成轴线树阵统领气势，开阔花海舒展空间，背景密林构筑骨架，疏林草地奠定底景，园艺花园感动心灵。

在两轴三带、主入口广场、展馆入口广场等规划林荫景观大道和林荫集散广场。适当选择大规格、发芽早、冠大荫浓的乔木，形成园区绿色走廊，达到绿荫游赏的景观要求。结合园区游客聚集地，两轴、各展示区等规划大尺度的园艺主题空间。

山水园艺轴，营造出百松云屏、万芳华台、国槐大道、银杏步道、元宝枫林等绿荫空间。

世界园艺轴，世界园艺轴保留国槐、毛白杨等树60余棵，形成50多米长的林荫大道、搭配种植彩叶植物营造出夏季绿荫、秋季炫彩的特色景观轴线。

妫河生态休闲带，保留现状毛白杨林、旱柳林、刺槐林，形成绿色背景和骨架，打造生态自然的林荫空间。在道路两侧大量种植海棠，形成缤纷多彩的游赏廊道。

园艺生活体验带，主要选择金叶榆、金叶复叶槭等金色叶大乔木，形成一条金色飘带。林下主要搭配丁香等耐荫开花灌木，营造休闲放松、明亮芬芳的游赏廊道。

园艺产业体验带，种植国槐、油松大乔木搭建绿色骨架，提供绿荫游赏。在路缘种植月季，形成市树、市花绿荫匝地，多彩浪漫的游赏廊道。

妫汭湖核心景观区，保留现状毛白杨，营造青杨洲景点，环湖绿地主要选择元宝枫、银红槭、银白槭、金叶榆，成组团配置，营造彩色林和滨水花境，打造精致、恬静的滨水景观。

3-22 图　总体种植规划图

中华园艺展示区，展园公共区是展园的重要的交通枢纽，通过种植元宝枫、银杏等形成多条绿色通廊，提供绿色休闲空间。

世界园艺展示区，保留现状单棵乔木 110 余株，片林 12950 平方米，保留现状林荫路长达300 多米。通过植物与铺装紧密结合，既满足交通又保证绿荫需求，打造重要的展园枢纽绿色空间。

生活园艺展示区，利用现状毛白杨林、刺槐林等大树，结合种植茶条槭、丁香、山桃、太平花等植物丰富背景林带，为果林、菜园、花田以及展园搭建绿色背景，营造中国田园风光。

自然生态展示区，整体保留大部分的现状乔木、灌木。结合现状水系展示生态自然的水景景观。

（3）园艺展示

2019 北京世园会以"世界园艺新境界、生态文明新典范"为目标，打造一届国际性的园艺盛会。汇集 2000 多年来中国传到世界各地的各类植物品种，重点体现中国名花的展示和应用、世界名花的展示和应用、"一带一路"园艺文化传播，"增彩延绿"植物的展示和应用。北京世园会园区以园艺植物为载体体现国家社交礼仪文化、民族文化、市花市树文化、饮食起居文化、诗词歌赋园艺文化、园艺产业文化等，同时促进园艺科技的发展。

山水园艺轴以中国传统名花为特色，突出牡丹、芍药等，以北京市市花月季，菊花为主，采用"花田"的形式，打造震撼的花卉景观，

世界园艺轴引种各国花卉，打造绚丽国际的园艺景观；提取蝴蝶元素，展现"花引蝶舞"的设计理念；抬高部分地形，营造层花叠现的画面意境。

妫汭湖核心区的九州花境景点以牡丹、月季等中国十大名花为主题植物展示中华名花文化，世界芳华景点以世界名花为主题，展示世界园艺最新科技水平。"一带一路"花园以沿线 65 个国家的特色花卉为主，展示中国同世界各国文化的融合与交流。

天田山核心区建设"五谷丰登、山花烂漫"的梯田式花田景观，传承与展现农耕文明的生态智慧。

中华园艺展示区通过梅兰竹菊四个入口及同行广场特色花卉配置，展现我国悠久浓厚的花文化。

世界园艺展示区，应用银红槭、银白槭、北美海棠、欧洲丁香、日本绣线菊、大叶绣球等引进品种，营造世界园艺氛围。结合国际展园营造国际风情，展示世界特色园艺文化。

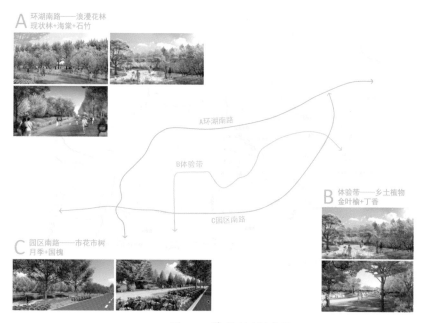

3-23 图 三带种植规划图

生活园艺展示区，保持现有的杨树林荫效果，增加宿根花卉山桃草＋松果菊组合的野趣花卉，营造自然花带的道路景观。

自然生态展示区，主要通过湿地景观的营造，打造返璞归真的休闲场所，展示生态文明建设的理念。

（4）工程实施

世园局相关部门、各设计单位开展苗木调研，世园局协调各部门、各单位与延庆区相关部门举办苗木会议，对接种植工作。同时引进北京世园会苗木服务商，如乡土植物企业、新优植物、"增彩延绿"苗木研发企业和科研机构。开展各项课题研究，为工程企业顺利进场施工和后期绿化效果提供技术保障。

第四节　园区布局及特色

园区规划最终结构布局为：一心（核心景观区），两轴（山水园艺轴、世界园艺轴），三带（妫河生态休闲带、园艺生活体验带、园艺产业发展带），多片区（世界园艺展示区、中华园艺展示区、教育与未来展示区、生活园艺展示区、自然生态展示区等）。

一、一心

妫汭湖。妫汭湖得名于"尧舜治理妫水、开创华夏盛世文明"的典故。立意"人间仙境，妫汭花园"，利用原有废弃鱼塘，营造景观水面，保留湖面中心几十株参天杨树形成湖心岛——"青杨洲"。

3-24 图　妫汭湖夜景

妫汭湖汇聚中国馆、妫汭剧场、国际馆三大场馆及天田山景区，包含飞凤谷、千翠池、百花坡三个线性入口空间，分别以"林入洞天""水入洞天"和"花入洞天"三种方式进入湖区，以及九州花境、丝路花雨、一色台、花林芳甸和世界芳华五个主要区域。同时，妫汭湖还承担着雨水汇集等生态功能，践行了海绵园区理念。

中国馆 Ⓐ
国际馆 Ⓑ
演艺中心 Ⓒ
永宁阁 Ⓓ
飞凤谷（林入洞天）①
千翠池（水入洞天）②
百花坡（花入洞天）③
九州花境 ④
丝路花雨 ⑤
一色台 ⑥
花林芳甸 ⑦
世界芳华 ⑧

3-25图 妫汭湖平面图

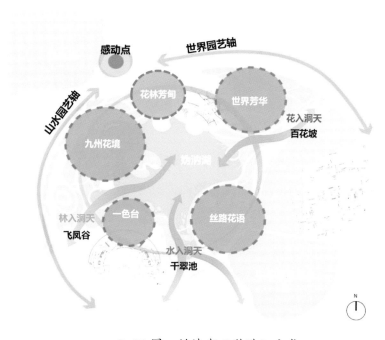

3-26图 妫汭湖三种进入方式

天田山。天田山是全园最高点，山高25米，山体由开挖妫汭湖时产生的土方堆筑而成。天田园总面积12.22公顷，由山顶的永宁阁、文人园和花田三部分组成。设计以"回归自然"为主题，运用中国古典园林掇山理水的造园手法，营造出"高阁临妫水，瑞湖映天田"的盛世景象。

为契合北京世园会的主题，天田园的设计以植物景观为主，一方面以花田景观对中国园艺的起源进行追溯；另一方面则通过梅、兰、竹、菊等植物主题的景点，将中国传统文化中的诗、画、园林艺术与植物文化融合，在诗情画意的空间中展现特色植物，寄情山水，以树言志，以花比德。

永宁阁。 永宁阁在山水园艺轴两侧，如果说位于东侧的妫汭湖好像是面向未来的蓬莱仙境，那么位于西侧的天田山就好比隐藏在历史深处的昆仑悬圃，而永宁阁就是伫立于昆仑山顶的金台玉楼了。在中国人的心目中，一座好的园林不仅要有山有水，有琪花瑶草，也要有琼楼玉宇，方称完美，掩映于青山绿水间的亭台楼阁早已成为国人心中人间仙境的象征。

永宁阁是一座中国传统形式的楼阁建筑，阁高 27.6 米，加山体总高 52.6 米，为园区制高点。基于北京建都始于辽金两朝的历史事实，永宁阁采用中国中古时期的建筑风格。在对辽金及两宋楼阁加以综合研究的基础上，以《营造法式》为依据，进行了适合项目特点的再创作。按照中国山水式宫苑建筑传统，采用"高台阁院"式布局，总体意象可以概括为："花田错落，重台参差，高阁耸峙，回廊环绕。"依据天田山的体量和走势，将承台置于山顶靠南一侧，消防车可由东西两侧抵达承台北侧，再经游廊豁口进院。在山的南侧，从山脚下的文人园沿溪流拾级而上，即到达山腰处的承台起点。台分两级，低台高度近 8 米，台面 T 字形，南北进深40 米，游人可沿两侧台阶上至台面，于此稍作停留以便拍照留影。通往高台的台阶位于低台北端，上下高差近 7 米。高台正方形，64 米见方。居中高阁耸立，四周廊庑拱卫，台边白石护栏。四面门庑分别悬挂海晏、河清、风调、雨顺匾额。楼阁四面，院落四方，象征四海升平，国泰民安。

永宁阁建筑形象源自对中古楼阁的系统研究，体现了阁式建筑的两个关键特征，即"平坐上建屋"和"四阿开四牖"。阁主体地下一层，地面以上明两层，暗一层，建筑面积 2025 平方米。自上而下，屋顶重檐歇山十字脊，"永宁阁"斗匾放置于南侧上下檐之间，匾高 2.7 米。二层平面正方形，殿身面阔进深各三间，副阶周匝深半间。室内九宫格式平面，明间面阔 5.4 米，次间面阔 3.6 米，中央十字为开放空间，四面开门通往外廊，四个角隅分别为两部楼梯、一步电梯和管理用房。室内净高 9.5 米，半空高悬"其宁惟永"匾额，匾长 3.6 米。顶棚以斗栱、月梁承托平棊，天花贴金，熠熠生辉。副阶廊深 1.8 米，平坐木勾栏。平坐楼面比园区主路高约 37 米，游人在此不仅可以俯瞰全园，更可近览妫水，远眺群山，为全园观景最胜之地。平坐以下为暗层，包含展览空间和设备用房。首层底座为 1.2 米高的青白石须弥座，台边护以白石单勾栏。廊深 3.6 米，上覆腰檐，四面添加龟头式抱厦。

3-27 图　永宁阁实景

二、两轴

山水园艺轴。园艺轴描绘一首东方神韵的山水园艺诗篇。该区作为展现中国园艺风采的轴线，以山、水、林、田、花为设计构成要素，勾勒出一幅诗意的山水田园画卷。

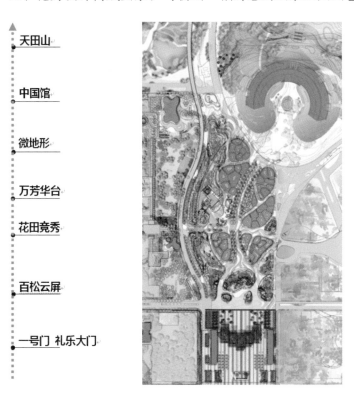

天田山

中国馆

微地形

万芳华台

花田竞秀

百松云屏

一号门　礼乐大门

3-28 图　山水园艺轴平面图

山水园艺轴的起点处为"礼乐大门",展现大国礼仪与风范。进门后"百松云屏"开启通往花田和展馆的画卷,继承前人的造园手法(框景、借景等)通过造景要素的剪裁和艺术加工组织成一幅展开的卷轴式山水画卷再现传统园艺精髓。

万芳华台位于整个轴线的中段,灵感源于北京先农坛观耕台,通过此台近可观花田景观,远可向东北遥望中国馆,周边围绕花台和花坡,空间层次丰富,并提供休息与停留的广场空间。

世界园艺轴。世界园艺轴通过蝶恋花理念与流动线条的蝴蝶铺装表达出一幅绚丽多彩的世界风情画卷。设计理念:蝶恋花,世界花卉,引蝶而来,百花争艳,蝶飞凤舞。设计策略:引种各国花卉,打造绚丽国际的园艺景观;提取蝴蝶元素,展现花引蝶舞的设计理念;抬高部分地形,营造层花叠现的画面意境;增加趣味小品,完善丰富多样的功能需求。

总平面图

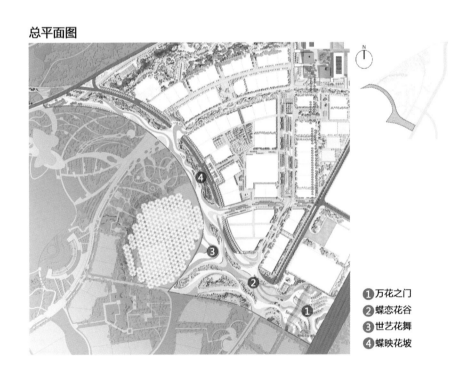

①万花之门
②蝶恋花谷
③世艺花舞
④蝶映花坡

3-29 图　世界园艺轴平面图

三、三带

妫河生态休闲带。目前为止,2019北京世园会是历届世园会中唯一有自然河流从园区穿过的一届世园会。妫水河穿园区向西蜿蜒流过,两畔绿树繁花,鸟鸣啾啾,远山和近水遥相映衬,形成了"三面环山一水中流"的大山水格局。在规划中,通过对滨河空间以及景观通廊进行建设高度、建设强度等层面的设计优化,借助北京世园会的举办,营造城市边的自然滨河景观，形成一条以滨水休闲为主题的、以感受自然园艺为特色的精神栖息家园。

3-30 图 妫河生态休闲带鸟瞰图

通过对妫水河的生态治理，堆筑浅水湾 25.66 万平方米，种植水生植物 36.99 万平方米，建设生态浮岛 1600 平方米等；根据河岸高差，打造自然驳岸，现状水岸两侧陡坡驳岸结合护坡工程措施增加胡枝子、荆条等护坡植物，控制水土流失，缓坡驳岸则保留现状芦苇、香蒲、薰草、鹅绒委陵菜等水生植物及地被植物，裸露驳岸补植芦苇、香蒲、野青茅、狼尾花、水芹等水生及地被植物；同时，在原妫河森林公园滨水空间的基础上进行低开发强度地并能够满足办会需求的景观提升，选取观山望水视廊俱佳的位置设置观景平台，修建景观栈道，全面提升园区的水生态环境，为北京世园会的成果举办提供优质的滨水景观。

沿妫河南岸，加强对原有坑塘、水渠和功能湿地等水体自然形态的保护和恢复，维护其自然循环、净化的生态途径；同时优化种植设计，改善结构单一的植被群落，增加蒙古栎、元宝枫、油松、云杉、胡桃楸、胡枝子、小花溲疏、三桠绣线菊、大叶铁线莲等乡土树种，提高林地的生态功能，将妫水河滨河景观作为绿色发展的载体，对生态环境进行修复，提升区域，为改善区域生态环境和景观质量搭建生态文明建设的良好平台。同时，在设计中结合园艺展览与旅游体验的需求，融入多业态的思路，体现北京世园会"生态优先，师法自然；创新办会，永续利用"的规划理念。发挥生态保障、水源涵养、旅游休闲、绿色产品供给等功能，体现"绿色生活，美丽家园"的办会主题，打造示范性生态世园。

妫河北岸与北京世园会核心展示区域隔河相望，依托北京世园会建设，在充分保留植被的同时，丰富种植层次，补充完善设施。营造尺度宜人的阳光草坪和滨水步道，可以看到不时有水鸟从芦苇丛中飞起，感受自然的魅力；利用现状杨树林高大挺拔的优势，为对岸北京世园会核心展示区域提供了良好的绿色背景，而金秋时节它们更如一道金黄的飘带舞动在妫河岸边，在杨树周边种植秋色叶树种如银红槭、银白槭、元宝枫、红瑞木、黄栌等，与大杨树呼应，形成绚丽的秋色叶景观，层林尽染，落叶纷飞，与如画般的山水融为一体，为园区增绿添彩。

园艺生活体验带。园艺生活体验带，串联园区主要展馆，以闻得见花香，听得见鸟鸣的游览体验为特色，使游客感受着自然界万物生长的奇妙过程，配合设置特色休闲廊架及林荫步道，营造宜人的游赏空间。

从生活体验馆至国际馆沿线，重点展现植物萌发与生长的过程，通过融合地雕等景观设计手法表达种子的生长足迹，展示其生长过程中必不可少的土壤因子、风因子和阳光因子。土壤因子展示台，展示种子赖以生存的生长基质，种子的足迹由此展开，开始萌发生根，继而感受阳光因子，种子破土之后，在阳光滋润下茁壮成长，成熟后受到风因子的影响，以风媒作为种子的传播方式之一，继续繁衍，完成生命周期。

从国际馆至园艺小镇沿线，重点展现植物的传播，融入一带一路设计思想，设计长约1.4公里丝路驿站，以"丝路花雨"为主题，讲述了七种中国原生植物在世界传播和生长的故事，包括：有一千多年栽培历史的杜鹃，相传神农时代就开始栽植的月季，中国原生种占世界品种60%的萱草，西元十七世纪传入欧洲的菊花，象征国家繁荣、富贵的"花中之王"牡丹，从甘肃传播到地中海的桃树，代表真善美的荷花等。

从园艺小镇至植物馆沿线，重点展示植物与动物与人息息相关的紧密联系，以华北地区乡土植物茎、叶、花和华北地区常见昆虫为主题的标本墙表现自然之美和区域的生物多样性，结合废旧材料和其他材料制作的动物雕塑，营造色彩多样造型卡通的趣味性景观场景。游赏之余，通过云朵状遮阴廊架形成舒适的游览空间，在科普的同时，描述植物、动物与人之间的和谐关系，形成"一径春烟间百卉"的景色。

园艺产业发展带。园艺产业发展带，是集中展示园艺新品种、新技术、新工艺，提供园艺产品交易推广的产业发展平台，推广知识创新，为北京世园会会后利用和区域产业发展预留空间。

为满足会时配套商业服务功能，在园艺产业发展带建设花卉商超，以山丘和溪谷为原形，借助传统屋架形制演绎而来的曲线屋廊，串联起舒展流畅和高低起伏的脊线，形成一幅层层叠嶂、交错纵横的山水丘陵画卷，营造出一个集体验与观赏、实用与现代的特色商业建筑，为人们提供一个亲近宜人，舒适愉悦的绿色集市。在满足主要商业功能的基础上，增加游览趣味性，融入多样化的娱乐、展示空间。同时，天光、绿化、花卉充盈着建筑的每一处空间与缝隙，既丰富了商业活力，也让人们多方位体验到绿色生活的愉悦，感受到浓厚的传统文化氛围。

四、多片区

园艺小镇。园艺小镇位于北京世园会围栏区西北部，毗邻妫水河，背靠永宁阁、曲径通幽、花海环抱，总占地 8 公顷，地上总建筑面积 6.4 万平方米，会时建设约 2 万平方米。按照北京世园会总体规划要求，园艺小镇紧扣"绿色生活、美丽家园"的办会主题，会时主要承担展示家庭生活中的园艺功能。小镇建设遵循"尊重自然、产业主导、地域特色、节约资源"的设计理念，打造包括产业小镇、美丽小镇、宜游小镇、绿色小镇、智慧小镇在内的五位一体特色小镇，让居民"望得见山、看得见水、记得住乡愁"，实现人与自然和谐共生、永续发展。园艺小镇北区为接待服务中心，南区涵盖主题艺术馆、大师工坊、隆庆花街、文创中心、访客中心、原乡居民体验馆、Trial Garden（花田）等区域。

园艺小镇内的建筑和景观均展现出淳朴敦厚的原乡风貌，从传统中式戏台汲取灵感的主题艺术馆、延续了四合院格局的大师工坊、以"山房互成"为意向的文创中心……青砖灰瓦的房前屋后是家乡的槐树枫树、牵牛鸡冠，蜿蜒的溪水诉说着悠远的历史，自然与文化交汇融合。

世界园艺展示区公共区。国际展园核心轴以讲述种子与水的故事为设计及景点命名思路，自南向北分别为雪中孕育、破土而出和田连阡陌。水是万物生长之源，水为种子的发育带来养分，同时也为种子的输送提供媒介。水在冬季化成冰雪，确保种子萌发孕育所需要的温度。植物在水分的滋养下茁壮生长，光合、蒸腾作用都需要水的参与。植物在索取水分生长的同时也涵养保护水源，减少地表径流，维持生态循环。

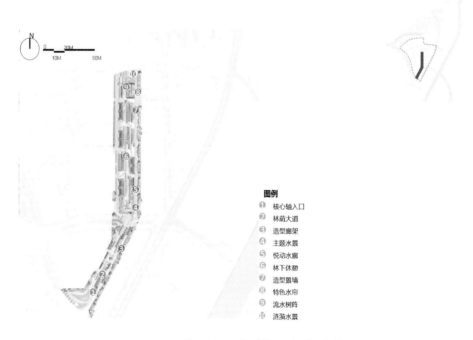

图例

① 核心轴入口
② 林荫大道
③ 造型廊架
④ 主题水景
⑤ 悦动水廊
⑥ 林下休憩
⑦ 造型景墙
⑧ 特色水帘
⑨ 流水树阵
⑩ 涟漪水景

3-31 图　国际展园核心轴平面图

中华园艺展示区公共区。中华园艺展示区公共空间以"君子之道·园艺客厅"为设计理念，以"花中四君子"为文化符号进行演绎，突出文化特质，营造大树上盖、自然休闲、导向明确、功能和景观兼备的、具有中国特质的公共景观空间。公共空间的核心区还设有"同行广场"，寓意"同心同德，同向同行；砥砺奋进，筑梦中华"。

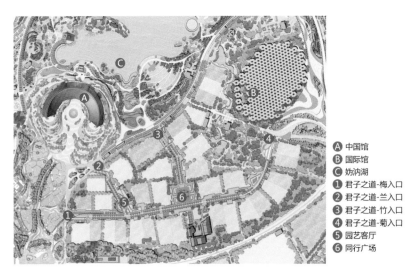

A 中国馆
B 国际馆
C 妫汭湖
1 君子之道-梅入口
2 君子之道-兰入口
3 君子之道-竹入口
4 君子之道-菊入口
5 园艺客厅
6 同行广场

3-32 图　中华园艺展示区平面图

3-33 图　自然生态展示区鸟瞰图

自然生态展示区。本区域位于北京世园会园区北部，是以妫水河森林公园为基础进行景观改造提升的休闲体验区，整体沿妫水河布局，是园区总体规划"一心两轴三带"中妫河生态休闲带的重要组成部分，面积约为 113.86 公顷。自然生态展示区以顺应自然为设计原则，通过保护现状植被，同时选择适地的品种进行补植，形成与核心区的软隔离，塑造静谧的休闲空间，为游客提供滨河、湿地、森林等丰富的游览活动和园艺体验空间；通过生境营造，丰富场地内生物多样性，为沿妫水河迁徙与栖息的水鸟、鱼类和昆虫保留和营造栖息环境；恢复现状池塘湿地净化功能，打造湿地净化展示区、湿地恢复区和自然湿地引鸟区，成为园区湿地科普教育示范点；结合场地优势，展示将本土文化与现代科技相融合的"奇幻光影森林"夜间景观，为游客提供全新的互动式极致体验。

第二章　生态世园

北京世园会作为大型国际盛会，可以充分展示中国文化和延庆特色，带动区域协调发展，形成生态产业发展新模式。对北京世园会进行合理的生态规划，不仅能充分利用现状自然资源，整治现状环境，还能对生态环境进行修复，全面实施生态文明发展战略，打造示范性生态世园。

2019北京世园会坚持生态优先，绿色低碳：坚持生态优先，有效保护水资源、湿地资源和生物多样性，大力推进节能减排，广泛利用太阳能、风能、生物质能源等绿色能源和技术，实现园区内部资源循环利用。

第一节　生态保留

为尊重园区场地已有的自然生态环境，防止建设性破坏，避免重复性建设，节约环境资源，减少投资，使生态系统有效循环、稳定运行，同时提升园区景观，形成了《生态特色分析研究》和《现状生态保留研究》。

一、现状总体分析和评价

现状生态景观机理相对较好，有大片的林地、水系、农田等。通过对植被、水系、土壤、生物等进行分析，认为规划前园区景观丰富度相对不足，景观生态安全格局需要加强。

二、生态保留总体策略

在生态环境信息调查研究的基础上，通过植入生态斑块、廊道、基质等生态理念，划定园区现状保留的区域范围并针对该区域的物种类型情况，进行统计研究。现状保留的范围要保证全园生态系统完整性，使全园生态系统能有效地循环运行，能够做到自我调节、自我修复、自我完善。

三、保留和完善植被系统

现状条件：园区内已有植被生长良好，姿态优美，场地北侧妫水河森林公园内主要分布有密林，以杨树、杏树为主，间以种植柳树、松树和桃树等树种，同时辅以经济果林；北侧以密林、湿地为主，南侧以农田为主，同时部分道路上分布着株型优美的行道树。妫水河绿化带分布有连片林地，大部分为杨树林，作为妫河森林公园的景观园林绿化；妫水河两岸分布有大片水生植物，主要为芦苇；妫水河、三里河两岸拥有天然湿地景观，河水蜿蜒，农田作物主要有玉米等；行道树多以槐树、杨树、杏树为主。

优势：园区片状分布有一些林地植被，生长较好，形成一定的生态群落关系。

不足：一方面生态系统完整性不够，园区植被主要以片状、线状、点状分布，没有形成统一的整体，另一方面生态系统稳定性不够，园区植被主要以毛白杨、国槐等人工林为主，形式单一，林相匮乏，没有形成多层次的生态群落结构。湿地水生植物主要以芦苇为主，自我净化功能较弱，生态效益较差。

保留策略：保留现状植被资源不被破坏，保留现状树木约5万棵；保留现状植被群落不被干扰；保护现状大树、古树名木不被砍伐；完善植被生态系统，创造绿色生态本底，新增乔木约5万棵，新增灌木约13万棵。

3-34 图　现状植被保留策略　　　　3-35 图　生活馆前柳树保留

四、保留和构建生态水脉

现状条件：园区内水域总面积为273.74公顷，有妫水河、三里河、鱼塘、水渠和湿地等；水利设施有污水厂和提水站。园区内妫水河水域面积为189.2公顷，河岸两侧保留有原有林地、植被等；园区北侧有三里河，三里河水域面积为26.6公顷，蜿蜒曲折，自然风貌保留完好，水质优良；园区内鱼塘主要分布于场地西侧，鱼塘面积为 46 公顷；园区水渠面积为 11.94 公顷，水渠长度为 530 米。园区内东侧为污水处理厂，妫水河两岸分布着多处提水站，供农田灌溉。

优势：水体分布广泛，类型丰富。

不足：水域生态系统不够完善，除妫水河外，其他水系多是鱼塘和水渠，没有形成整体水系脉络和骨架。

保留策略：保护生态水域面积不减少、生态水系驳岸不破坏、生态水系水质不污染，构建湿地缓冲区，保护妫河两岸湿地，同时营造滨水物种栖息环境，设置雨水花园、植草沟等，建立农业面源污染控制带。

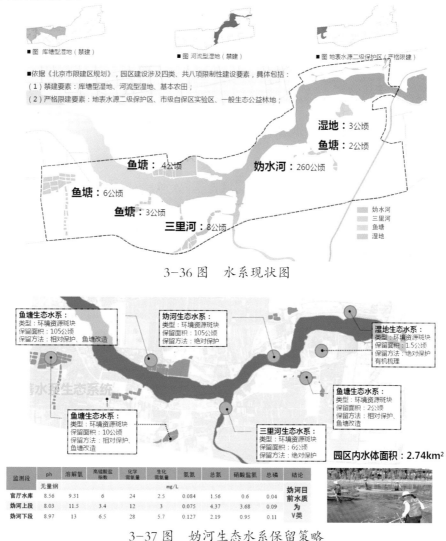

3-36 图 水系现状图

3-37 图 妫河生态水系保留策略

五、土壤保持与改良

现状条件：现状土壤主要是沙性土壤为主，妫河驳岸局部有一些石砾土，其特点是矿物质丰富、质地适中，疏松多孔，但是稳肥性差，土壤PH值大体在6-7左右。

优势：大面积土层较厚，为植物生长提供了基础。

不足：现状土壤质地条件较差，大部分花灌木种植区域需要改良。

保留策略：截留污染源，避免土壤受到水系、农药、化肥等污染；测定土壤的肥力和PH值，在不同的生境布置若干点位，各生境不少于5个，取0-20cm、20-40cm两层土壤，进行检测。同时，保护并增加园区自然肥力，防止水土流失，增加人工肥力，对贫瘠的土地进行人工土壤改良。

第二节 生物多样性

规划基于对区域不同生物的栖息地选择研究，筛选合适的目标物种，结合场地特征与景观功能分区，选择适宜的区域，遵循低扰动开发策略、以近自然化改造的方式来丰富区域物种，提升区域生态系统的稳定性，同时增加游园趣味，实现科普宣教的功能目标，打造生动的生态世园景观，营造多样化的生物生境。达到低扰动开发、近自然化改造和丰富生物多样性，提升科普宣教功能的目标。

一、生境营造目标与依据

目标一：物种的重要生境保护与优化——低扰动开发。根据调研结果显示，场地现状的环境质量本底较好，需要注重保护三叶黄丝螅、长叶异痣螅等对生境质量要求较高且城区绿地罕见的物种，部分区域实施低扰动开发，同时更新绿地管理模式。

目标二：单一人工林的病虫害风险规避——近自然化改造。场地内大面积杨树林，存在植被物种单一，生物多样性水平较低，病虫害风险较高的问题，急需通过近自然化改造，改善和提升林地自我修复的能力，实现场地可持续发展。

目标三：丰富生物多样性，提升科普宣教功能。区域良好的自然本底与生物多样性为场地提供生境营造的潜力，与展园及城市绿地在空间上的距离，是生境营造场地与生物多样性科普宣教展示区的最优选择。

二、营造思路

首先，结合当地生物及场地特征，调查现有的生物群落、生物种类及数量。根据调研结果，筛选当地常见鸟类、鱼类、蝴蝶、蜻蜓、蜜蜂及青蛙等生物作为生境营造的目标物种，划定保护区域不被破坏，禁止人为干扰，通过植物的配置与主要环境因素的优化或改造，为目标物种提供觅食、庇护以及繁衍的场所，满足其栖息与生存的环境需求。从而创建多样化生物生境，丰富生物群落，完善生物循环系统。

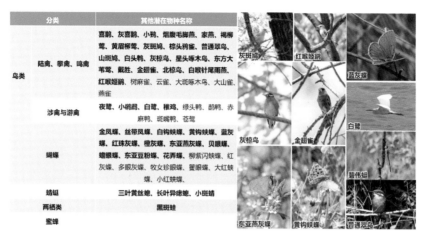

3-38 图　目标物种筛选

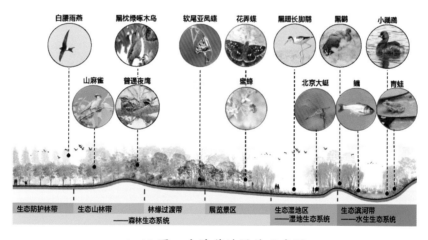

3-39 图　生境营造设计示意图

三、营造策略

丰富鸟类生境类型：多层次多物种的植被群落结构，为当地鸟类提供更适宜更丰富的栖息环境；

科普宣教展示区：通过相应的科普展示方式，依托林窗创建的区域，形象、直观、生动地向公众展示林窗创建的方法、功能、目的和意义；

改善人工单一林群落结构：逐步将原有人工林单一树种的群落结构，演替成为符合当地生态环境的近自然状态的林地生态系统；

近自然改造模块化示范：该区域作为如何开设林窗进行人工林近自然改造的模块示范点与监测点，进行长期监测与效果示范。

在人工林中采用打开林窗的方式，提升该片区的作为鸟类生境的质量。优先选择片区内生长质量不佳的杨树进行采伐；采伐后，空间较大的区，适当补植榆树、白蜡、国槐等结种树木，吸引鸟类觅食；公园绿化管理时，避免清理绿地上的落叶。

第三节　海绵园区

园区现状雨水部分自然下渗，部分以地面径流形式排入妫水河与西拨子河中。为尽量减少地表径流对地表河道水体带来较大的污染负荷，区域建设采取了绿色生态型雨水系统，对自然水文状态的干扰降至最低。

通过低影响开发措施、水质保障及径流污染控制策略的实施，将自然途径与人工措施相结合，在确保城市排水防涝安全的前提下，最大限度地实现雨水在园区的自然积存、渗透和净化，建设"海绵园区"。同时，采取雨水控制与利用措施，减少雨水外排量，降低径流污染，加强雨水回用，并采用设置沉砂池等初效过滤方式，保障水体水质。规划园区内雨水年径流总量控制率不低于90%（对应的控制设计降雨量40.9毫米），道路非市政道路、广场的透水铺装率不小于70%，重现期采用五年一遇标准。

一、低影响开发

按照海绵园区建设标准，贯彻低影响开发理念，构建生态雨水控制利用系统：在全项目周期中关注和强调维持与恢复场地自然水文过程和功能，通过充分利用场地的自然特征和合理应用人工技术措施，使开发后的雨水径流的峰值、径流总量以及污染物负荷尽可能接近开发前，实现控制雨水径流污染、回补地下水、高效利用雨水资源等多重目标组合实现。主要措施包括：保存场地内原有的重要的自然资源（沟渠、湿地及坑塘），并加以优化设计，使其兼具游赏与汇水功能；设置雨水生态处理措施，使径流中所含污染物得到充分的预处理。采用植草沟等生态沟渠排水方式，将雨水通过草沟、旱溪、砾石沟、线性收水沟等不同收集方式排入汇水终端（水体），在人行道路、广场等部位采用透水铺装，减少不透水地面所带来的环境冲击结果。同时，也避免不透水地面区域雨水直接进入景观水体，最大限度利用场地特征产生自然下渗；使用乡土植物材料作为生态缓冲过滤带的种植物种；园区内100%采用生态岸线；在主要场馆建筑中采用立体绿化。

二、水质保障及径流污染控制

通过内部污染源全控制，污水全收集全处理的措施，使园区雨水由地表水劣 V 类水质标准，提升至地表水 III 类水质标准。

第四节 生态水脉

生态水脉是在尊重自然、顺应自然的理念指引下，坚持最小扰动的原则，将现状鱼塘、水渠、湿地最大程度的保留下来，并结合新的规划思路与布局合理增补水域面积和设置部位，从而在园区构建一条"融于景观、控上保下、多效复合、贯穿园区"的水系主脉，集汇水、蓄水、净化、传输、供水等多种功能于一身。

人工湿地为生态水脉的起端和源头，通过承纳污水处理厂再生水来水，经过湿地净化处理后实现园区水体水质不低于地表水 III 类水质，维系园区的优质非传统水源用水需求，保障非传统水源用水安全。同时，为了构建人水和谐、品质一流的生态水系，制定了《世园会园区雨污水专项规划》，完成了《世园会水资源保障总体方案》《园区内雨水再利用》《园区内污水再利用》等研究报告。

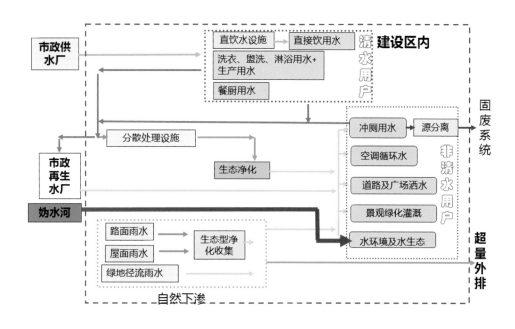

3-40 图 水系统规划图

通过分质供水、节水灌溉、加强非传统水资源利用等措施，构建多元节约型供水保障体系。统筹低影响开发雨水系统、雨水排除系统及排涝系统，构建海绵型雨水管理体系。充分考虑园区内建筑分布及地形特点，以分散与集中相结合为原则构建经济高效型污水处理体系。结合供水、雨水、污水、再生水体系的建设，通过对水体生态链的调控，构建具备净化能力的综合型水环境及水生态体系。

"生态水脉"由动脉和静脉组成。动脉负责水体循环，包括灌溉、景观补水供给，应急供水传输，消防联动供水以及特殊用水需求的用水传输等功能，由输水管道、泵站等组成。静脉主要指区域内相对静止的可见水体，起到水景观效果、水再生净化、污水及雨水过程水的调蓄、季节性灌溉用水的储备、冬季特色水景观营造平台等作用。"生态水脉"的所有功能由水资源智能化控制系统保障。

园区内污水产生量约120万立方米／年，再生水回用量约425万立方米／年。污水处理率100%，回用率100%。园区内冲厕用水、绿化灌溉（除特殊参展植物）用水、道路浇洒用水、景观水体用水全部使用非传统水资源，园区非传统水源利用率不低于70%。

第五节　绿色建筑

制定了《世园会展览绿色建造指标》和《2019世园会绿色适宜技术指引》，并根据这些指标体系和技术路线，进行园区内的规划建筑设计，大型公共建筑（>2万平方米）100%达到绿色（博览）建筑三星标准。

一、制定《世园会展览建筑绿色建造指标》

根据突出特点、因地制宜、标准协调、鼓励创新的原则，结合国家《绿色建筑评价标准》《绿色博览建筑评价标准》、北京市《绿色建筑评价标准》，最终建立了由3大类、20个指标构成的指标体系。

二、制定《2019世园会绿色适宜技术指引》

围绕北京世园会"以人为本"的建设要求，提出北京世园会"以人为本"的绿色理念需求"人性化观览"需求和"环境资源可持续性"需求构成，并据此展开相关绿色适宜技术的研究。

针对"人性化观览"的绿色需求，创新性地将IT等先进技术引入研究，以问题为导向，研发北京世园会空气质量信息推送、预约购票、停车引导、排队分配、就餐引导等服务信息对称方面的系列创新科技手段，有助于提升北京世园会保障服务系统科技创新度。

针对"环境资源可持续性"的绿色需求，梳理研究适宜的绿色技术，包括可再生能源利用、海绵城市技术体系、绿色交通、低能耗建筑、能耗监测平台、垃圾管理及处理、空气环境及声环境等方面相关的绿色先进技术，为北京世园会提供与"以人为本"理念相适宜的绿色技术指引。

三、主要大型公共建筑 100% 绿色（博览）建筑三星

会时，大型公共建筑（>2 万平方米）100% 达到绿色（博览）建筑三星标准，包括中国馆、国际馆和生活体验馆。

中国馆：用地面积 48000 平方米，总建筑面积 23000 平方米。中国馆引入地道风技术，在夏季进行空气冷却、冬季利用浅层土壤的蓄热能力进行空气加热的通风节能措施，能大幅缩短空调开启时间，有效降低建筑使用能耗。

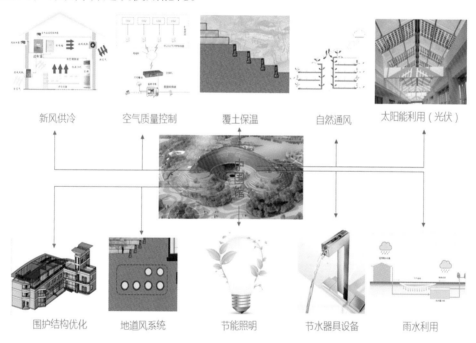

新风供冷　空气质量控制　覆土保温　自然通风　太阳能利用（光伏）

围护结构优化　地道风系统　节能照明　节水器具设备　雨水利用

3-41 图　中国馆设计示意图

国际馆：用地面积 36000 平方米，建筑规模 22000 平方米。国际馆屋面由 94 把花伞构成，如同一片花海飘落在园区里。花伞设计不只美观，还具备了遮阳、太阳能光伏一体化和雨水收集作用，有效地改善了室内采光条件，室内自然采光和光环境舒适度大幅提高，还可实现节能与节水的目标。

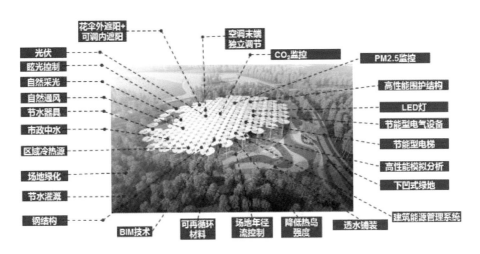

3-42图 国际馆采用绿色建筑技术示意图

第六节 可再生能源

对 2019 北京世园会园区内的能源供应进行合理规划，统筹考虑多种能源形式，北京世园会可以利用的可再生能源种类主要是太阳能、浅层地热能、生物质能等，从园区内可再生能源资源、技术适宜性、相关政策等方面考虑，着眼于北京世园会可再生能源运用的技术可行性，通过对北京世园会可再生能源资源情况、世园会建筑特点、应用技术、经济效益等进行分析研究，确定北京世园会可再生能源利用的技术可行性，提出技术应用方案。北京世园会园区的可再生能源替代率指标：温室 100%、中国馆 60%、国际馆 40%。

一、地源热泵

地源热泵是高效、节能、环保的可再生资源，在冬季作为热泵供暖的热源。采用梯级利用的手段，通过输入少量的高品位能源（如电能），实现低品位热能向高品位热能的转移。

二、多能互补

北京世园会园区采用多能互补的能源方案。其中，冬季供暖采用深层地热、浅层地温、水蓄能和调峰燃气真空锅炉的技术，夏季制冷采用浅层地温、水蓄能和调峰电制冷冷水机组的技术。

第三章　可持续世园

第一节　会后利用

为贯彻"创新办会，永续利用"理念，北京世园会开展了一系列会后利用规划与研究工作，主要考虑四个方向。

一是打造生态文明好课堂。在园区获得"北京市绿色生态文明示范区"的基础上，进一步将园区打造成生态文明教育体验基地和生态文明展示窗口，给社会各界人士提供一处感受自然力量、感受中国传统园艺文化和最新生态文明发展成果的场所。会后中国馆可转型为国家级生态博物馆，与北京世园会园区整体共同成为休闲好去处，教育好课堂。植物馆可继续作为北京世园会核心场馆之一提供青少年教育基地、展览等对外服务功能。

二是铸就绿色发展新引擎。依托园艺产业带，集聚花、果、药、蔬、茶等产业前沿技术和文化元素，建设世界级园艺文化功能区，推动园艺产业发展。

三是2019北京世园会的举办将助力冬奥，并辐射带动延庆新城和京津冀西北部地区园艺及旅游绿色产业的发展。北京世园会园区配套服务设施及相关场馆的建设，为2022年冬奥会的举办增强服务保障。世园酒店会后将作为服务冬奥会和延庆旅游休闲产业的重要载体，打造具有中国特色、彰显世园形象的新中式国际五星级园艺主题度假酒店。世园商务酒店将打造成立足延庆、辐射京津冀及周边区域的康养特色酒店。安保指挥中心会后将把部分区域改造成为冬奥会提供必要服务的具有鲜明特色的酒店。

四是构建生态旅游新景观。立足生态涵养区功能定位，将园区发展成为市民的休闲游憩基地，结合八达岭、张家口区域构建一条成熟的、内容丰富的生态旅游带。园艺小镇，建设以园艺

3-43 图　带动区域旅游辐射图

为特色的美丽小镇，以园艺为主导的文旅产业，成为园艺景观的创作天堂，设计师创作、展示的聚集地，鼓励专业人士在此创作创业，放松心情的完美乐园，兼具度假、养老等功能，体验园艺养生的最佳去处，最专业最全面的园艺疗法体验地。

会时商业配套依据园区会后整体经营思路的变化转化为主题商业体进行经营，其业态将涵盖主题餐饮、主题零售、娱乐休闲等内容。

第二节　低碳生活

北京世园会展区大量的植被和绿色生态廊道，具有保护生态多样性和碳汇的功能，可缓解热岛效应、改变风速风向、防风沙、涵养水源等。课题研究基于物联网技术，研究对园区生物多样性等信息进行实时展示和相关数据发布的技术，同时对植物集群及代表植物分类碳汇作用进行相关数据统计，研究碳汇即时显示平台和植物展品碳汇作用信息推动技术。

碳汇统计：园区基于物联网技术，对园区生物多样性等信息进行实时展示和相关数据发布的技术，同时对植物集群及代表植物分类碳汇作用进行相关数据统计。

绿色交通：园区内交通采用100%绿色出行方式，主要交通工具为自行车以及电动摆渡车。

个人"碳足迹"：园区引入以人为单位的国际"碳足迹"评测方法，可针对参观人员在园区内的行为，进行即时统计，研究北京世园会游客"碳足迹"信息系统和应用，统计游客交通、饮食和垃圾等方面的碳排放数据，建立绿色规划和人行为模式之间的数据联系，计算游客一天观览活动所产生的碳排放量化，描述"碳足迹"，统计生态积分，通过积分评定进行社区评比，将个人碳排放统计数据推送给参观者，并提供减碳行为建议，引导人们低碳生活方式。统计游客交通、饮食和垃圾等方面的碳排放数据，提供减碳行为建议。

建立碳排放统计模型：园区引入绿色设计模拟展示技术，利用相关信息化技术，研究北京世园会建筑节能、水资源利用、可再生能源利用、园区交通、景观道路照明等园区绿色建筑技术的原理模拟及动态展示系统，同时涵盖园区水质监测和情况分布实时展示，并进行相关能耗和碳减排数据展示发布系统。

第四篇　园区建设

在《2019 年中国北京世界园艺博览会园区综合规划及周边基础设施规划方案》确定之后，北京世园会建设区域的法定规划编制和报审、场馆建筑方案设计和报审、园区工程勘察设计工作也相继完成，为工程建设提供了有力的基础保障。在建设层面，世园公司、工程部这两个世园局的下设部门完成了园区大部分建设工作。

工程部紧紧围绕北京世园会园区建设核心任务，对所负责的围栏区内公益类项目，包括公共绿化景观一期和二期、园区基础设施工程、中国馆、国际馆、生活体验馆、外电源等 7 项建设工作，从立项招标、工程建设、维保等三大环节开展工作，各项工程建设项目于 2019 年 4 月全部完成交付使用。

世园公司推进完成了园区内园艺小镇、产业带（一期）、配套商服、植物馆（一期），世园村内世园酒店、参展人员公寓、综合数字中心、综合管理中心、市政基础设施和北京世园会园区外围 5 个临时停车场等项目的规划设计、施工建设等工作。

第一章　土地开发与拆迁

第一节　一级土地开发

根据北京市政府相关会议纪要和文件要求，2019北京世园会土地一级开发项目在整体报批的基础上，由世园公司作为主体分9个地块实施，分为A、B、C、D、E、F、G、H和I地块，涉及延庆镇谷家营、李四官庄、民主村、民主街、南辛堡、百眼泉、中屯和康庄镇大路村8个村的集体土地373.64公顷，建设用地面积113.24公顷，经营性建设用地面积53.28公顷。

一、前期手续

2015年9月，世园公司取得北京市市政府批准意见后分期推进土地开发工作。C、F地块于2015年9月21日取得主体授权文件，2015年11月11日取得立项文件。围栏区其他6个地块后续分期办理前期手续，于2016年7月28日，所有地块办理完成全部前期手续。世园村I地块因地块控规原因较晚启动前期手续，于2016年10月19日取得授权批复，2017年1月4日取得立项批复。

二、征地工作

土地征收是园区建设的重要前提，延庆相关部门和属地乡镇主动配合世园局、世园公司，协同推进北京世园会征地工作。李四官庄村、谷家营村进行了整建制转非安置，其他6个村进行部分征转。转非征地按"逢征必转"的原则，使征地农民得到妥善安置，切实享受到就业、医疗、社保等各项福利。

2016年8月份，北京世园会园区的征地工作正式启动。2016年9月1日，北京世园会围栏区实现封闭管理，正式交付世园局。2016年9月份完成全部地块的钉桩测绘、权属审核、勘测定界等征地准备工作。2016年12月底，C、E、F三个地块完成征地申报并通过征地五人小组会审核。2017年2月底，世园公司推动完成全部村征地协议签订及征地公示，5月取得C、E、F、H四个地块征地批复，完成征地公告，6月取得A、B、D、I四个地块征地批复，6月底完成上述 8 个地块征地结案。8 个地块征地结案的完成，标志的北京世园会一级开发正式进入供地阶段，8 个地块一级开发周期最长 22 个月，最短 8 个月，创造了"世园速度"。

三、拆迁安置

围栏区拆迁腾退是北京世园会各项筹办工作的基础，也是加快延庆县城镇化发展的重要契机。2015 年 4 月 30 日，延庆县住建委、世园办和延庆镇政府共同组织召开谷家营和李四官庄两村第一次村民代表会，村两委成员和村民代表全员出席。会议顺利完成了需要议定的事项，出席代表经票决，100% 同意本村搬迁支持举办北京世园会，同意以协议拆迁的方式进行本村拆迁工作。以此为标志，北京世园会园区拆迁腾退工作进入实质性推进阶段，为大会的成功召开奠定了坚实基础。

由北京市委市政府统一领导，世园局及北京市相关部门密切配合，延庆县委县政府全力推进，截至 2015 年 10 月 4 日，北京世园会围栏区内谷家营、李四官庄两村住宅的协议拆迁签约工作顺利完成，为北京世园会围栏区建设及各项筹办工作的深入推进奠定了坚实基础。

北京世园会围栏区拆迁涉及延庆县延庆镇谷家营村和李四官庄村两个村，共有 712 处宅院、1034 户。两村村庄占地面积共 39 公顷，其中宅基地 25 公顷，非宅基地 14 公顷。两村住宅建筑面积共 21.1 万平方米，非住宅建筑面积共 2.8 万平方米。两个村的协议拆迁率 100%。选房安置工作于 2018 年 1 月 31 日正式启动，已选住宅 2257 套、商业 46 套、地下仓储间 708 套，非住宅 62 户并已全部完成补偿工作。北京世园会地上物补偿工作涉及延庆镇、康庄镇 8 个村及公产补偿，已签订协议 383 个，补偿金额 2.02 亿元。整个拆迁签约工作平稳、安全、有序，实现了阳光拆迁、和谐拆迁的预定目标。

为加快围栏区拆迁进度，为园区建设争取更多时间，此次拆迁采取协议拆迁衔接许可证拆迁的工作模式。

为保障给两个村的村民建设新的家园，让人们过上更幸福的新生活，自北京世园会拆迁工作启动后，延庆在征地、资金支付、回迁房建设等各个环节积极配合世园公司开展各项工作，最大程度的保障涉迁居民的利益。

为了支持北京世园会建设，李四官庄村和谷家营村村民服从规划、舍弃小家、顾全大局，离开家园搬离故土为北京世园会选址让路，为后续的园区建设留足时间。两村原址作为展示全国乃至全世界园艺成果大舞台的一部分，向世界展现延庆生态文明建设新成果。谷家营、李四官庄两村整体搬迁后，异地安置于北京世园会园区东南侧。这里离原村较近，利于安置，村民可以见证园区的建设发展。更重要的是，他们有的成为园区的建设者，有的成为园艺工人，有的成为服务园区保障建设的护航人，不仅增加了收入，更亲身参与了建设美好家园。

4-1图　2015年9月5日，党员带头　　　　　4-2图　村民搬迁
签订拆迁补偿安置协议

北京世园会安置房建设2016年7月开工，总占地29公顷，总建筑面积43万平方米。共40栋楼房，充分尊重回迁居民意愿，设计建设60、75、90、105平方米四类面积的户型，切实改善居住生活条件的同时，村民可以利用闲置房屋进行租赁，切实增加收入。

4-3图　审计公司全程跟踪搬迁　　　　　4-4图　拆迁村民领取到选房号

整个拆迁过程中，坚持公开、公平、公正的拆迁原则，坚持拆迁补偿安置政策一致性、做到一把尺子量到底，践行群众路线，发扬"三严三实"作风，通过大量耐心细致的群众工作，及时解决困难和问题，有力促进了工作的顺利推进。

制定科学合理的拆迁政策是拆迁顺利推进的重要前提。一是提前开展了大量摸底调查工作。在启动拆迁工作之前，针对谷家营、李四官庄两村经济发展、人口现状、社情民意、风土人情、历史沿革等，开展了大量的摸底调查工作。同时对以往的拆迁政策进行了全面梳理，并与其他区县的政策进行了对比研究，做到了底数清、情况明、数字准。二是明确拆迁政策制定原则。拆迁政策制定时，既兼顾延庆政策的历史延续性，保证村民合法权益，确保拆迁政策可实施性，又兼顾延庆后续拆迁的可持续性，合理控制拆迁成本。三是吸纳群众合理意见。本次拆迁首先采用协议拆迁方式，协议拆迁政策制定过程中，经过了两次村民代表会，根据实际情况，吸纳了群众合理意见，确保了政策全面性。四是科学确定安置房配售政策。统筹考虑多种因素，确定了以标准宅基地面积为基础按比例配售安置房的基本政策，有效防止了村民临时新建扩建房屋，避免了短期集中迁入户口，同时村庄违建不予认定，多措并举切实降低了此次拆迁成本。

信息公开透明是实现阳光拆迁的根本保证。一是服务机构公开招标。北京世园会项目属于国家工程，要求高，难度大。为此，前线指挥部面向社会公开招标，确定了 7 家在业内具有较高的技术能力和工作水平、无不良经营记录的服务公司，承担项目的测绘、评估、拆迁、拆除工作，并且要求所有工作人员均挂牌上岗。二是群众参与政策制订。协议拆迁衔接行政许可拆迁的拆迁模式，在充分动员和深入沟通的基础上，经村民代表大会讨论决定。调查摸底过程中，基础数据统计工作与收集村民诉求同步进行，制订政策时尽可能吸纳村民的合理化建议。拆迁政策拟定后，交由村民代表大会最终讨论通过。三是工作流程公开透明。在拆迁工作现场，张贴拆迁工作流程、工作纪律，约束拆迁工作人员行为。通过张贴政策文件、发放宣传手册、村内喇叭广播、专人解答等多种方式公开拆迁政策，帮助村民算清自己的利益帐。四是广泛接受各方监督。测量、评估、签约等各个环节由审计公司全程跟踪，前线拆迁指挥部公布举报纪委监督电话，接受群众监督。

耐心细致的群众工作是和谐拆迁的关键所在。延庆县委县政府深刻认识到北京世园会拆迁社会关注度高，敏感度强，必须全力走群众路线，做好群众工作，用真诚换理解，用贴心换支持，实现和谐拆迁，消除后续隐患，对北京世园会后续筹办、会时运营和会后利用等一系列工作意义重大。一是积极回应群众关切，持续深入宣传拆迁安置政策。针对群众关心的宅基地认定、房屋评估、补偿安置等切身利益问题，编印了详细的问答式宣传材料，发放到所有农户当中。充分发挥村级广播的宣传功能，用通俗易懂的语言滚动宣讲解读拆迁政策，让村民对所有政策做到家喻户晓、尽人皆知。二是主动了解民生诉求，想方设法解决群众后顾之忧。针对每一次入户收集到的养老、就业、子女入学等群众诉求，凡符合政策的，责成相关部门及时予以解决。同时抽调人力社保、教委、住建、规划等部门群众经验丰富的干部组成工作组，驻村现场接受村民的咨询，及时研究解决村民的实际困难。三是全方位提供服务，用贴心服务换取理解支持。延庆镇为每户都提供了拆迁前全家福拍照服务，对于拆迁后不便存放的农具由镇里统一存放管理，帮助调解家庭纠纷、必要时提供法律援助，帮助年老、疾病、残疾等租房困难户协调周转住房，为搬家有困难的村民及时提供搬家服务，通过一系列的贴心服务，赢得了村民对北京世园会拆迁的广泛理解和支持。四是党员干部以身作则，给群众做签约表率。村两委成员、村党员、村民代表以身作则，率先签约，发挥带头作用，李四官庄村主任刘卫民带头全村第一个签约，起到了良好的示范带动作用。部分已经签约的党员干部和群众主动做未签约亲朋好友的工作，起到了良好的促签效果。

拆迁过程的综合施策是拆迁顺利推进的重要保证。延庆县世园会园区征地拆迁腾退指挥部认为拆迁是个系统工程，顺利拆迁需要综合施策。一是实施全程舆论引导。宣传部门及时发布正面信息引导舆情，避免歪曲政策和事实的言论充斥网络。二是营造浓厚的签约氛围。通过在村庄内普遍悬挂"支持世园拆迁、共建美好家园""先签先搬先选房、早搬早建早受益""自家算好自家帐、莫听谣言莫上当"等系列宣传标语、大喇叭及时播报签约情况、及时广播和张贴群众关心的问题等多种方式，在两个村庄内营造浓厚的签约氛围。三是确保村庄秩序和安全。安排警力维护签约和答疑现场秩序，并安排保安实施安全巡查，对村内企图串联组织的个别人及时进行谈话提醒，打消其串联意图，确保了签约期间村庄秩序良好，没有发生各种安全事件。四是针对部分村民开展全方位的攻坚工作。在坚持拆迁政策一致性、确保一把尺子量到底的前提下，针对奖励期中后期没有签约的每家农户，县委主要领导亲自调度，多次召开专题会，综合研究对策，成立专门工作小组，按照一户一个工作方案的原则，制定有针对性的工作对策，讲透政策、算清补偿，打消其不切实际的补偿期望；同时针对其家庭社会关系，整合各类相关社会资源，开展耐心细致的说服教育工作，最大限度地促成协议拆迁签约。五是有效控制社会稳定风险。根据重大决策实施社会稳定风险评估的工作要求，及时开展了北京世园会园区拆迁腾退社会稳定风险评估工作，在拆迁工程中及时采取有针对性的应对措施，做到风险可控，为顺利推进园区拆迁工作起到了很好的保障作用。

作为延庆县的重大决策，本项目属于直接关系人民群众切身利益，且涉及面广、容易引发社会稳定风险问题的重大决策事项。北京市工程咨询公司（以下简称"北咨公司"）受北京世界园艺博览会延庆筹备领导小组办公室的委托，对本项目实施过程中可能产生的社会稳定风险进行研究论证。在现场踏勘，并征求了相关委办局、基层单位的意见或建议的基础上，对拆迁安置工作存在的主要风险因素、风险发生概率及产生的后果等级、化解措施等进行论证，并编制完成《世园会围栏区征地拆迁安置工作社会稳定风险评估报告》。

干部的优良作风是拆迁顺利推进的根本保障。延庆县世园会园区征地拆迁腾退指挥部要求全体拆迁干部，发扬践行群众路线和落实"三严三实"的优良作风，全力推动拆迁工作。一是拆迁干部队伍培训教育工作扎实。参与本次拆迁工作的干部队伍规模大、来源广，为确保干部队伍在拆迁工作中以优良的工作作风统一行动、统一口径，征地拆迁分指挥部对拆迁干部队伍进行了拆迁政策集中培训，并邀请县纪检委、县检察院、县法院等单位领导分别进行了拆迁廉政教育。二是征地拆迁分指挥部决策不过夜。签约启动后，征地拆迁分指挥部的两位县领导和延庆镇主要领导本着决策不过夜的原则，综合每天发生的各种新情况新信息，针对拆迁不同时期群众心理变化，及时召开会议研究，加班加点，综合研判，有针对性的采取对策和措施，牢牢掌握工作主动权，千方百计化解矛盾，想方设法解决问题，确保了协议拆迁的顺利推进。三是北京市相关单位领导加强指导。市政府相关副秘书长、世园局、市住建委、发改委、财政局、国土局、规划委、城乡办等相关部门领导多次参与拆迁方案的研讨，多次调度拆迁许可证办理，用拆迁许可证办理促协议拆迁，为拆迁工作的依法有序推进提供了强有力的支持。

在顺利完成两村住宅协议拆迁的基础上，又启动两村非住宅的地上物补偿工作，完成两村38处、合计2.8万平方米的非住宅的拆迁工作。启动两个村土地征用的办理工作，完成围栏区征地相关的一系列工作，为围栏区建设争取了时间。

四、土地入市

在入市前置工作方面，除G地块（该地块在北京世园会举办期间仅作为临时停车场）外其余8个地块在办理征地、拆迁手续过程中，陆续完成了环评、交评、水评、未压覆矿证明等评价或意见，并完成考古勘探及发掘、耕作层表土剥离、成本审计等入市的前置工作。

北京世园会一级开发项目8个地块经营性用地分两期入市。其中，一期经营性项目为北京世园会重点保障项目，总用地面积41.91公顷，规划建筑面积40.76万平方米。世园公司仅用1个多月完成供地规划条件、地价审核、现场验收、权属审查等入市准备工作，并于2017年8月10日采用挂牌方式上市交易，9月13日以39亿元价格拿地。二期经营性项目总用地面积12.37公顷，总建筑面积19.79万平方米。2018年3月通过北京世园会一级开发成本审核会，明确地上物处理原则，实现地上物验收并缴纳相关入市费用，于2018年3月16日正式挂牌交易，2018年4月20日完成入市交易。

第二节　土地二级开发

世园公司按照"质量、安全、进度、成本"四统一的原则，加强经营性项目总体造价成本监控，对项目招标、合同、付款的合理合规性进行审核，加强对项目现场进度、质量、安全生产及文明施工情况的统筹管理，严格按照工期计划和工程进展启动项目预警和"亮红灯"机制，加快推进并完成了11个建设项目，包括9个经营性配套项目、1个一级开发项目和1个代建项目。

世园公司主要负责园区内园艺小镇、产业带（一期）、配套商服、植物馆（一期），世园村内世园酒店、参展人员公寓、综合数字中心、综合管理中心、市政基础设施和北京世园会园区外围5个临时停车场等项目的规划设计、施工建设；世园公司投资建设的酒店、商业、办公等项目的运营管理工作；会时园区自持物业管理、世园村物业管理和运行保障、拓展物业增值服务等工作。

工程部主要负责围栏区内公益类项目，包括公共绿化景观一期、园区基础设施工程、中国馆、国际馆、生活体验馆、公共绿化景观二期、外电源等七项建设工作，从立项招标、工程建设、维保等三大环节开展工作，各项工程建设项目于2019年4月全部完成交付。

2015年底，在园区综合规划的基础上，全面启动了园区展馆建筑单体征集工作，邀请了包括院士、国家级建筑大师等全国多家知名建筑设计机构参与应征。主要场馆建筑作为园区的重要标志，是时代和文化的象征；北京市规划委员会、北京市财政局，本着高标准、高质量、高效率的原则，采用公开征集的方式进行北京世园会主要场馆建筑设计方案征集工作，力争创造出展现中国特色、北京特征、园艺特点的优秀场馆建筑，体现我国一流的建筑设计水平。

园区场馆建设包括"四馆一心"——中国馆、国际馆、生活体验馆、植物馆和演艺中心妫汭剧场，建筑设计方案受到社会各方高度关注。在完成建筑方案公开征集工作的基础上，北京世园局同北京市规划国土委等有关部门多次研究，共同组织行业顶尖专家对设计方案进行评议，并要求设计单位按照专家意见进行修改和完善。

2016年5月，北京世园局与北京市规划国土委联合向市政府报送了《关于提请市政府专题会审议2019北京世园会主要场馆建筑设计方案的请示》，经北京市政府专题会和市委专题会研究审议通过后，2016年10月将中国馆建筑方案上报组委会，并以联络小组名义征求了中国贸促会、国家林业局、外交部、环境保护部、交通运输部、中国花卉协会等部门意见，2016年12月组委会主任委员汪洋副总理最终确定了中国馆方案，完成了北京世园会场馆方案建筑的报审和确定工作。

2016年到2017年，世园局工程部统筹设计单位推进园区工程设计工作，完成了公共景观一期、二期、市政基础设施、中国馆、国际馆、生活体验馆等建设项目的施工图设计。建设项目立项批复为个项目开工建设提供了前提条件：公共绿化景观一期工程项目立项批复投资额179147万元；园区基础设施项目立项批复投资额60602万元；中国馆、国际馆、生活体验馆项目立项批复投资额分别为：34027万元、37554万元、25647万元；园区公共绿化景观二期工程立项批复投资额23842万元。

此后，完成建设项目招标工作，包括公共绿化景观一期、园区基础设施工程、中国馆、国际馆、生活体验馆、公共绿化景观二期、外电源等七项可研编制单位（1宗）、招标代理机构（1宗）、全过程造价服务（7宗）、水评环评能评交评（10宗）、施工单位（29宗）、监理单位（14宗）的全部招标工作，共计62宗；其中施工项目招标控制价金额300860.29万元，中标金额299539.56万元，配合总包单位完成暂估价项目招标7宗统筹监督与服务。

第二章　场馆建设

第一节　中国馆

中国馆项目用地面积 48000 平方米，总建筑面积 23000 平方米，建筑高 30 米。其中，地上建筑面积为 14902 平方米，地下建筑面积为 8098 平方米。项目由序厅、展厅、多功能厅、办公、贵宾接待、观景平台、地下人防库房、设备机房、室外梯田等构成。

中国馆由中国建筑设计院有限公司设计，北京世界园艺博览会事务协调局建设，北京城建集团有限公司施工。会期承担展示中国 31 个省区市和港澳台地区园艺成果的功能。2017 年 8 月开工，2019 年 4 月 18 日竣工验收。

一、设计理念

中国馆的设计灵感来自于古老的华夏智慧，致力于展现梯田农耕文化，场馆中大部分展厅和通风系统覆盖在梯田之下，利用土壤的保温性能，可以冬暖夏凉。这种覆土建筑的手法，也使建筑设计与景观设计一体化，将主体建筑包围在五彩梯田之中。建筑首层中部架空，架空部分与北侧的妫汭湖贯通，人群能从广场直接到达北侧的景观湖畔亲水空间。

其建筑融合了梯田造型之美、中国古建筑抱月弧形之美和秀丽山水之美。建筑整体呈"C"形环抱之势，围合出前广场，作为集散空间。参观者首先经过开敞的半围合式前广场，在树荫下排队入场，避免暴晒。进入展馆后沿单一流线依次参观各展厅，最后引导至北侧人工湖边。利用场地天然高差，使入口和出口位于不同方向、不同标高，避免人流交叉。

展馆内部空间开敞，具有高度的适宜性，便于灵活布展，使用率达 80%。中部为展览空间，边缘为交通空间和辅助空间，与中间高、边缘低的建筑空间形态相吻合。

在剖面设计中，主要展厅层高 10 米，这主要考虑到首层中部架空空间向园区开放，观众可穿过建筑到达湖畔的亲水空间。此外层高 10 米也考虑到展品尺寸的不确定性和展馆的节能，避免过于高大的展厅带来巨大的空调能耗。

4-5图　中国馆鸟瞰图

整个建筑立面设计简洁大气、手法统一。巨型屋架从花木扶疏的梯田升腾而起，恢宏舒展，承汉唐遗风，启盛世形制。局部可开启的太阳能瓦隐现其间，随光影而变，气韵生动。大气磅礴的屋顶隐喻着中国传统建筑的印象。屋脊微微弯曲，形成舒展而优美的曲线，仿佛一柄精美的如意，蜿蜒在延庆的大地上，与长城雄姿交相辉映。

中国馆充分挖掘场所精神和地域文脉，从延庆古崖居抽象出基本空间格局。屋架与笼罩其中的山形建筑形成层次丰富、连续流动的开放空间。建筑包围在绿意盎然的环境之中，周边绿化延续梯田肌理，与建筑主体造型相统一，并与西北侧的天田融为一体，同时体现了农耕文明与园艺文化的主题。集散广场中央为水院，为建筑地下部分带来良好的采光。水院两侧为树院，为会时排队等候的人群提供遮阴，在炎炎夏日，水池还能提供喷雾，为室外等候的人群加湿降温。建筑南侧结合人流方向设置导流绿岛，地面铺装采用流线形线型，形成独特的广场景观，灯具、垃圾箱采用独特的设计表现园艺主题，与园区整体风格协调一致。

二、建筑亮点

中国馆建筑选择耐久性好、生产加工技术成熟的建筑材料。屋架采用转印木纹铝板，保证效果，节省造价，且具备自洁性，便于后期清洁维护。建筑基座的梯田部分，垂直面使用石笼墙，既具有自然生态的效果，又让人联想到长城砖，体现延庆特色。同时，采用先进的非晶硅薄膜发电、地道风等绿色建筑技术，成为一座绿色环保的可持续建筑。

上部屋盖采用双层围护，外部为光伏太阳能板和中空夹层玻璃，内为ETFE膜，达到节能标准。利用入口大厅南向屋顶幕墙安装太阳能光伏发电系统，采用"自发自用，余量上网"的模式，为中国馆的正常运营提供电力。在南向屋面上布置的上百块太阳能光伏板，凸显环保理念与现代性。融入钢构架与绿植系统，和谐共生，相得益彰。太阳能光伏板为半透明的金黄色，颜色在同一色系下有微弱差别变化，在展厅内洒下斑驳的光斑，如梦如幻。在斜构架下的室内加装 ETFE 膜，作为植物保温层，以适应延庆冬季长、气候寒冷的特点，减少建筑能耗，达到节能减排的目标。幕墙与内层膜之间的空气层在夏季及过渡季通过开启幕墙的可开启扇，进行通风，防止幕墙内表面的结露。冬季关闭可开启扇，并保持中间空气层密闭，设置独立的除湿通风系统，对空气层的空气进行循环除湿，防止因内部空气湿度过大出现结露。

4-6 图　中国馆室内实景图

展厅下部采用钢筋混凝土结构，上部屋架则采用钢结构，中部结合电梯筒设置树状钢支撑，解决中间跨度大的结构问题。

项目室外场地风环境控制优化的重点在于冬季场地风速的控制。建筑主体采用环抱布局，营造北方经典庭院环境，从而达到冬季的避风效果。而在过渡季、夏季强调在地上展览室内空间采用自然通风，利用专用自然通风系统，满足人员舒适度要求。

大部分展馆置于梯田之下，采用覆土被动房技术，利用梯田大型覆土建筑结构的保湿隔热性能，降低建筑物采暖降温能耗。

另外一个技术亮点是引入地道风技术，利用浅层土壤的蓄热能力，在夏季进行空气冷却、冬季利用浅层土壤的蓄热能力进行空气加热的通风节能措施。过渡季则直接利用新风。空调开启时间大幅缩短，有效降低建筑使用能耗。本项目采用地道风对展区的新风进行预处理。地道风的供给区域为一层展览空间，其通风量为该区域的最小新风量，总通风量为 5.06 万 m³/h。并根据新风系统的划分方式进行地道风的系统划分。

为与山水建筑理念充分融合，彰显项目在低环境影响、天然水资源梯级利用方面的示范效应，设有雨水微灌系统，充分降低微灌溉用水成本。在屋顶设置雨水收集系统，场地采用透水铺装，地下设雨水调蓄池。降落在屋顶或地面上的雨水，经梯田绿地渗透、粗过滤后，进入雨水收集调蓄池。经回收处理后的雨水将用于梯田灌溉和展览植物的滴灌、微灌，形成生态微循环。

建筑方案充分考虑了会后利用的各种可能性，灵活的大空间便于灵活分隔、改造利用，二层屋盖下方空间采光良好，会后可举办高端园艺展览，亦可举办园艺创意工坊，传播普及园艺文化。临湖空间景观视野绝佳，可改造为景观餐厅、茶室、特色商业等。

第二节　国际馆

国际馆项目用地面积 36000 平方米，建筑规模 22000 平方米，其中展厅面积 10754.3 平方米。地下一层为登录厅和前厅、多功能厅、库房及后勤机房区。首层为国际竞赛展厅和国家地区展厅，二层为国际组织展厅和国际高新技术展厅。国际馆与临近的中国馆和演艺中心环湖而立，共同组成园区的核心建筑群。北京世园会期间，国际馆承担世界各国、国际组织室内展览以及举办国际园艺竞赛的功能。以"融和绽放"的展陈理念，展现了世界各国及地区、国际组织及相关国际企业在园艺方面的成果与贡献。

4-7 图　国际馆鸟瞰图

国际馆由北京市建筑设计研究院设计，北京世界园艺博览会事务协调局建设，北京市第五建筑工程集团施工。会期主要承担世界各国家（地区）和国际组织的室内展览展示和举办国际竞赛活动的功能。2017 年 8 月 15 日开工，2019 年 4 月 18 日竣工验收。

国际馆由 94 把"花伞"簇拥在一起，如同一片花海飘落在园区里，"花伞"设有雨水管、光伏膜，使国际馆具备光伏发电、夜间照明、清凉避暑等多种功能。每当夜幕降临，花伞叶片上的投射灯会为场馆营造出多姿多彩的夜景。

北京世园会开园以后，国际馆成为最热的"打卡地"之一，每天等待进入参观的游客都排成长队。国际馆总图布局是开放式的分散布局，观众的主要进入方向为正对园区 2 号门的开敞室外广场，通过下沉庭院进入国际馆地下层的登录厅、前厅开始参观，然后依次上到首层和二层。待观展完毕，回到地下一层登录厅，通过西侧的两个小下沉庭院疏散至首层室外广场。

一、设计理念

国际馆的设计立意为"花海"，充分契合了北京世园会的主题，以对环境的最小干扰，低姿态地与周围山水格局相融合。"花海"范围几乎覆盖整个用地，西南至东北向为 229 米（长轴方向），西北至东南向为 157.9 米（短轴方向）。展馆和室外公共空间均被覆盖在这一片"花海"之下，自然而然地完成了从室外到室内的过渡。

4-8 图　国际馆施工实景

展馆的设计从最具适应性和灵活性的矩形大空间出发，综合考虑用地、南北重要公共空间的关系、规模、交通流线等多种因素，方案采用分开的两组矩形空间，整合所有的展厅。建筑布局采用南北贯通的总图布局，建筑立面四个方向匀质，没有明显的正面和背面，营造出相对模糊的建筑世界，既巧妙地融入自然环境之中，又恰如其分地与中国馆和演艺中心相协调。

考虑到大会会期是北京 4 月 –10 月的气候状况，花伞状顶棚像个巨大的城市遮阳伞，形成一个有顶的开放室外公共空间，为人们提供了一个舒适的驻足停留、休憩区域。其界定的空间范围，既可在会时布置展会相关的市集、展卖等衍生功能，也可在会后注入新内容新活力，进行多功能利用。

"花伞"覆盖下的室外广场地面通过铺地材质变化，呈现"曲水流觞"图案，赋予了这个面向世界的现代建筑以明确的"中国性"。

整片"花海"共有94朵"花伞"，通过柱、主梁、次级结构连接成整体。花海的整体结构为钢结构，每枝花伞为一个单元式结构，由形似花瓣的钢框架组合而成，集雨水收集、光伏、采光、遮阳等众多绿色技术于一体。而且，这种模数化的单元构件，加工方便，有效地降低了造价。

花伞和玻璃天窗组成展厅屋顶，改善了室内采光条件，使得室内自然采光和光环境舒适度大幅提高。到了黄昏和夜间，通过照明设计，让人们仿佛置身一片色彩斑斓的花海之中。建筑形态与其所营造的空间在此以最直接的方式向世人传达国际馆作为一个事件性建筑的永恒记忆和影响力。

二、建筑亮点

国际馆利用建筑遮阳、自然通风、太阳能光伏发电、蒸发冷却降温、滴灌技术和雨水回收利用等可持续技术，成为一座绿色、环保的低能耗建筑。外立面采用玻璃幕墙，并在顶面设计了天窗，最大限度保证场馆的自然采光和通透性。花伞的立柱可收集屋面雨水，使其渗入蓄水池，当雨水过多时，将会流入排水沟，用于景观用水、绿化用水、路面冲洗等。花伞上方采用新型光伏发电材料，用于整个建筑的内照明、动力等用能需求。

花伞作为第一道防水屏障，采用每朵花伞单元自排水方式。落到花伞及屋面天窗上的雨水，由金属屋面系统汇入屋面天沟系统，由天沟排入每单元中心的立柱内的雨水管，向下排出。屋面和下沉庭院等的雨水一起收集后，用于景观用水、绿化用水、路面冲洗等。

由于国际馆要展陈很多种类的植物，需要提供一个大的空间，并尽可能提供光、热、通风等自然条件，为此馆内设计有大量天窗采光，还有大面积的玻璃幕墙，为植物营造好的生长环境，同时也使建筑更加绿色节能。花心部分为透光自然采光窗，花瓣则是自然采光窗上的遮阳设施。经过模拟：平面布局合理，立面透明面积充分，展厅自然采光系数达标面积比可达81.3%，展厅内区自然采光系数达标面积比可达75.9%。而且在顶部设置的大面积花伞也合理有效地控制了室外的眩光。可靠、适宜的围护结构与高效的"花瓣"遮阳设施相结合，能够良好的改善室内热舒适性和减小空调能耗。高效的外围护结构有效地减小夏季室内辐射热，大幅减少阳光直射产生的炫光，改善室内光环境。

展厅内部采用热压通风为主，风压通风为辅的自然通风方式，主要通过外幕墙上金属条带位置的开启扇进行自然通风。最大程度降低能源消耗，降低室内温度，带走潮湿气体保证室内人员舒适性，并且可以提供新鲜、清洁的自然空气。

花伞单元内铺设太阳能光伏系统，充分利用可再生能源。花伞的骨架为钢结构，也是可循环利用的材料。可以说，在设计过程中，最大限度的使用了各种绿色建筑技术。

94把"花伞"貌似相同，但其实每一把花伞从高低到弧度都不相同，最高的一把"花伞"约23米，最低的一把约17米。在施工时要把这么多巨型"花伞"安装到位难度很大。一把"花伞"的安装，需要经历从制作操作平台、"花伞"柱定位、主梁拼装到次构件拼装、焊接、"花伞"吊装等8个步骤，相当于1个小型钢结构的工作量。

"花伞"是由钢柱和悬挑钢梁构成的纯钢结构，最重的一把"花伞"有33.7吨重，最轻的一把也能达到25吨重，常规塔吊无法完成安装。为了将"花伞"精确吊装到不同位置，工人们在现场对5000个测量点位测量了上万次；"花伞"龙骨的焊接点位共有15万个，焊接时长接近3.5万小时。

由于"花伞"的造型特别，使得组成屋面的幕墙铝板在形状和弧度上也各不相同。国际馆建设共使用约2.1万块幕墙铝板。为了贴合每一把"花伞"的造型，工人们在拼装之前，需将预制构件进行二次加工，切割成特定形状。一把"花伞"的幕墙铝板装修，平均就需100个工人。

4-9图　国际馆外景

为了最大限度利用自然光线，节约人工光源使用，国际馆主体铺设了透光性能良好的玻璃幕墙，总面积达8000平方米，超过工程幕墙总体面积的60%。据悉，这使得国际馆相比同等体量的钢结构建筑物，能源消耗可降低一半。

针对延庆地区冬季寒冷多降雪、易结冰的气候特点，每朵"花伞"的顶部还设置有融雪电缆，每个"花伞"柱内都设置雨水管线，与地下集水池和地面雨水收集井连通，使雪水或雨水能顺着"花伞"柱内的水管导流贮存，再用于园林浇灌和建筑日常运行。此外，"花伞"顶部还铺设了光伏膜，可以通过太阳能蓄电，为建筑夜间运行提供辅助供电。有了"花伞"的庇护，白天人走在馆内，不会感到炎热，柔和的光线透过"星芒"造型的玻璃天窗照射进展示大厅，让人仿佛置身于繁星之下。融合园艺特色，绽放四海风情，凝聚中国匠心。在这片"花海"下漫步，来自世界各地的游客能通过地面水系动态投影、大型透景画壁、数字景窗等多种科技手段，多维度体验繁荣的世界园艺文化，也能在这里尽赏各国各地的花卉新品与优秀的园艺作品，领略多民族的文化魅力。

第三节　生活体验馆

生活体验馆用地面积 36000 平方米，总建筑面积 21000 平方米，其中地上建筑面积 17987.70 平方米，地下建筑面积 3012.30 平方米。设计依托一条现状的柳荫路，把生活体验馆营造成一座属于这里的美丽村落。这个"村落"与这里的山水格局、气候条件、人文风土，甚至于质感和味道都妥帖在一起。

生活体验馆由中国建筑设计院有限公司设计，北京世界园艺博览会事务协调局建设，北京城建集团有限责任公司施工，北京华建项目管理有限公司监理。会期承担历史文化展示和产品体验、科普教育等功能。2017 年 8 月开工，2019 年 4 月 18 日竣工验收。

生活体验馆不仅是体验园艺产品的趣味乐园，更是树立全民环保意识的园艺体验中心。生活体验馆的建筑理念为"纵横阡陌的山水田园，多样融合的生活村落"，带有"田园市集"风貌，纵横交错的建筑形式将园艺与生活相融合。这里可以体验本草文化、茶与咖啡文化，了解举办地延庆的地域特色和产业成果，交互体验气象、航空航天与园艺生活的相互联系，亲自动手设计属于自己的园艺生活空间。

远山近水、果树麦田、街巷纵横、房舍人家。让城市里的人重新回归田园，体验乡村的美景，品味园艺作物的醇香。项目由 7 个建筑单体组成，分别是 1# 主展馆，2# 多功能厅，3# 分展馆，4# 分展馆，5# 分展馆，6# 分展馆，7# 员工餐厅。1# 主展馆位于用地东北部，体量最大，高度最高，其余 6 个小馆均匀围绕分布在主展馆的西侧和南侧。建筑最大层数为地上 2 层，地下 1 层。

4-10图　生活体验馆鸟瞰图

建筑群的主参观流线由地块西南角进入，结合景观和展陈设计，营造出一条自西南到东北的主题文化轴线：麦田—种子—灌溉—果实。在1#主展馆二层设置了四个以果菜药茶为主题的屋顶花园，作为室外展场，丰富展陈内容和游览空间。另外，建筑群中部和周边作为广场，作为人群集散空间。

一、设计理念

生活体验馆设计的出发点是把生活体验馆营造成一座属于这里的美丽村落，一座热闹的集市。丰富的展品，奇妙的体验，欢乐的人群，都成为展览的一部分。游客们能愉快地体验本土园艺文化的生动与活力，体验中华传统文化的精髓。因此设计从规划布局、空间形态、功能组织、材料质感、景观小品、氛围塑造等各方面都向这个目标努力。

人们在这里感受到生态环保理念的重要，从而树立起生态优先的观念；感受中国传统园艺文化的伟大，从而在文化上更加自信；体验创新科技的奇妙和轻松，从而开启绿色健康的生活；参与到快乐的交往中去，给我们日常的生产、生活或多或少地带来一些启迪和改变。

二、建筑亮点

生活体验馆采用格网状的街巷式布局，模块化的建筑单元和高大而方正的内部空间，在使用上具有很强的可变性与适用性，特别适合根据会时与会后的功能需要进行灵活的调整。同时，为了满足展览空间大跨度的需求，设计采用装配式钢框架结构系统。而且，钢结构也是可循环利用材料，达到了绿色节材的目的。

场地原来是李四官庄村的村址，一条南北走向的柳荫路穿过场地，路两边多是 11 年树龄、高约 15 米的旱柳，为场地增添了许多生气。设计依托柳荫路，参考传统北方村落的尺度，建立起一个纵横交织的街巷网络，青砖铺地，尺度宜人。将游园的人群自然引向这里，16 个 27 米见方的建筑模块，营造出一片开放的生活聚落。为了顺应整个园区的空间态势，把建筑体量处理成东北高西南低的态势，面对园区打开，形成了高低起伏、错落有致的空间形态。外围被田地果园、池塘湿地等乡土景观所包裹。

建筑组群外实内虚：外界面选用比较厚重、拙朴的，能够反映延庆地区建筑特征的材料：从妫河里捞出来的石头垒成石笼墙、用青砖砌成的花格墙、木格栅墙、就地取土由老工匠筑成的夯土墙，以及有一些美妙色差的灰瓦屋面。就像是从延庆当地的村落里截取的一段段场景和片段，非常有地域特色，同时又非常环保与生态。组群内界面通透、开放，选用可灵活开启的玻璃幕墙，让室内丰富的公共展示能够与街巷中人的活动不受阻隔地融为一体。一层以上界面则被印刷玻璃所包裹。玻璃表面通过三维打印技术模拟缥缈、流动的云层，需要呈现内部展品与活动的地方通透，需要遮挡构件和设备的地方朦胧。外界面自然、乡土，内界面现代且富有艺术气质，两者巧妙地组合在一起，令人感受到别样的美。

斜向轴线，把麦田景观、主入口广场、景观中庭和休息区串联了起来，又为这四个空间赋予了意义，形成了一条生动的景观文化轴。

建筑的前区以"播种"为主题。一片开阔的麦田，一垄垄、一行行，让游人感受作物的四时变化，体验春耕秋收。主入口广场以"生长"为主题，一片果树林，为广场上的集散的游客提供一丝阴凉。青砖铺砌的地面，青青的小草会从砖缝间生发出来。这片广场是室外活动的核心，会经常性地为游客举办愉快的节庆活动，充满勃勃生机。

景观中庭的主题是"灌溉"。在 27 米见方的空间里设置了一条连接一层和二层的坡道，蜿蜒曲折。成片的茶田和花海遍布坡道两侧，阳光从侧天窗透过格栅漫射下来，使得中庭五彩斑斓。一条小溪顺着坡道缓缓流下，汇到一层的景观池中。它是一套自动控制的可循环灌溉系统，为植物提供水分和养料。中庭四周的墙壁是镜面玻璃，将这个美伦美奂的空间映射成一个没有边际的超现实场景。轴线的收束是以"丰收"为主题的餐饮休息区。空间的焦点是一个巨大的谷仓形状的装置，表面被各种果实所覆盖。谷仓底部的一个机器展示将果实变成饮料的过程。

主展馆是最大的一个室内展馆。分为自然园艺、生活园艺、智慧园艺三个部分。三者在空间上可以灵活划分，设计上采用装配式隔墙系统来实现。展览方式上突出体验和互动，让人们直接参与到果、菜、药、茶这些中国传统园艺作物从种植采摘、加工制作、文化推广、交易食用的各个环节中去。比如茶道体验、采茶舞、酿果酒、中医大讲堂、高科技栽培有机蔬菜等等。在主展馆的局部屋面还设置了四个以果、菜、药、茶为主题的空中园林，人们在其中体验小型温室、集约栽培、微缩山林等先进科技的同时，也能感受到中国农耕文化的意境美。

众创馆是分布在主展馆西、南侧的六个单层独立单元。它们作为配套功能为游客提供服务。有餐厅、咖啡馆、影院、书店、艺术馆、工作坊、多功能厅和接待室。充满活力的功能，开放而友好的界面，和尺度宜人的街巷空间融合在一起，为人们提供了舒适的公共交往空间。

第四节　植物馆

植物馆占地 39000 平方米，（一期）项目展厅及配套用房总建筑面积 9669 ㎡，建设地点为延庆新城世园会一期用地 YQ00-0300-0004 地块内。由北京世园投资发展有限责任公司建设，北京市建筑设计研究院有限公司设计。2015 年 11 月万科集团与北京世园公司签约，成为 2019 北京世园会全球战略伙伴，建造和运营"植物馆"项目。植物馆采用了雨水循环利用系统、高压喷雾降温系统、还运用了 CFD 光模拟和自然通风模拟。

植物馆由北京市建筑设计研究院有限公司设计，北京世园投资发展有限责任公司建设，赤峰宏基建筑（集团）有限公司施工。会期主要承担植物温室、科技服务、科普教育、国际交流、游览体验等功能。该项目 2017 年 10 月 31 日开工，2019 年 4 月 18 日竣工。

4-11 图　植物馆鸟瞰图

植物馆建筑地上四层，首层设有 teamlab 数字展厅和主题温室，分别占地 880 平方米和 2850 平方米，其中主题温室汇聚 1001 种、20000 余株珍贵植物。二层为 X 空间展厅，会期将陆续举行各类展览、科普教育和沙龙论坛等分主题活动。三层为品牌展厅，展示植物馆建成背后的故事。屋顶层局部设置自然书店、观景台和长颈鹿枯木艺术装置。从一层沿着展厅东部的空中盘旋步道路径向二、三层攀爬时，能够享受到从高空俯视温室植物冠部的极致美景。

一、设计理念

植物馆的建筑设计理念为"升起的地平"，建筑表面机理以植物根系为灵感，庞大的垂坠根系向下不断蔓延，将植物原本隐藏于地下的强大生命力直观呈现给参观者，不仅产生强烈的视觉冲击，更带领参观者踏上一场以感受植物根系力量为起点的奇妙植物世界之旅。

此外，植物馆屋顶设计也是一大亮点，屋顶观景平台设有自然书店、休息区艺术装置品，驻足远眺，还可以将妫水河、东奥海坨赛场以及中国馆、国际馆等北京世园会园区美景尽收眼底。

二、建筑亮点

植物馆采用了雨水循环利用系统、高压喷雾降温系统、还运用了 CFD 光模拟和自然通风模拟。

植物馆的结构类型为钢框架体系，基础类型为钢筋混凝土筏板基础、钢筋混凝土独立基础。植物馆有地下一层 1265 平方米，地上四层 8404 平方米，总占地面积：39000 平方米。建筑高度 23.40 米，抗震设防烈度为八度。

4-12 图　2018 年 4 月 20 日主体封顶完成

建筑外墙立面装修以幕墙为主；西立面、南立面大跨度明框玻璃幕墙系统；北立面及西立面北侧外为纤维增强硅酸钙板；东立面为锈钢板；沿屋面周圈 15 米高处安装向下钢管、铝合金根须 3168 根。地下室顶板厚 220 毫米；首层至四层板厚均为 120 毫米。

内墙装饰以乳涂料为主；卫生间墙面为陶瓷砖墙面；消防泵房、冷热源接入机房、通讯机房、网络机房、配电室、消防中控室为珍珠岩吸音板，2F 多功能厅为深棕色钢板墙面和软包吸声板墙面；四层走廊、4F 植物书店为竹木地板。

楼地面装饰以水泥固化地坪为主；地下室通讯机房、地下室网络机房、首层消防中控室为防静电地板；卫生间、茶水间、西侧电梯厅（首层至四层）、后勤及仓库均为防滑地砖。

在屋面构造方面，保温层（憎水削朱保温砂浆）、细石混凝土找平层、本工程屋面防水等级为 I 级，设防做法为 4 厚铜复合胎基 SBS 改性沥青耐根刺防水卷材（铜复合胎厚 1.2）+3 厚聚酯胎 SBS 改性沥青防水卷材。

在防火设备方面，地下一层防火等级为一级、地上防火等级为二级，各防火分区以钢制防火门隔开。消火栓给水系统共设置 2 套地下式消防水泵结合器，每套流量为 10L/s；地下一层设有 396 立方米消防水池一座，内存 2h 室内消火栓灭火用水，1h 自动喷水灭火剂固定消防水泡用水；屋顶水箱间内设置一个 18 立方米消防水箱保证平时管道压力及火灾初期用水。

室外景观部分。 2019 北京世园会植物馆室外景观工程占地面积 39000 平方米，涵盖了绿化地造型，室外景观苗木种植，室外景观铺装，室外景观广场、花园、剧场建造，室外景观家具安装，屋顶绿化施工，电气工程，给排水工程等多个方面。

植物馆室外景观绿化地形面积约为 16973.5 平方米，约占总绿化面积的 90%，地形面积及范围较大，总土方填方量达到 40000 余方，地形起伏较大，以形成不同的微气候。绿化地形造型整理 21035.5 平方米：其中屋顶绿化 2500 平方米，以多种景观花卉及地被组合种植；乔木种植 13 种，共 353 株；地被及水生植物栽植共计 30 余种，栽植面积约 18535.5 平方米。

植物馆的室外景观水系分为旱喷广场、水景花园、广场反射池、生态湿地四个部分。其中，旱喷广场面积约 669 平方米，由三个旱喷池组成，其中每个水池都由直流、玉柱、冷雾三种喷头以不同的方式组合布置，为游客带来不同的视觉效果；水景花园水系面积约 514 平方米，设置月牙形跌水池，周边辅以碎石带、木平台以及水洗石园路共同组成，跌水池配备单独的泵坑及水循环系统；广场反射池面积 461 平方米，整体形状似弓弩，分为一大一小两个水池，池底铺设黑色碎石，配有独立的泵坑及水循环系统；生态湿地面积 1960 平方米，主要由人工湖及湖心小岛组成，湖中栽植多种水生植物，与岸上植物相互交映，形成了植物馆室外一道靓丽的风景线。

在室外景观照明方面，安装庭院灯 75 套；射树灯 80 套；水景灯 205 套；龟壳灯 231 套；

线型台阶灯带 1150 米，配电箱 3 个。

植物馆室外景观铺装分为定制 PC 砖铺装、水洗石铺装、胶粘石铺装、碎石散铺、竹木铺装、小弹石铺装、花岗岩铺装等。其中以定制 PC 砖铺装面积最大，为场馆室外景观主要铺装材料，面积达到约 9400 平方米，约占植物馆总面积的 25%，约占总铺装面积的 50%。

4-13 图　2018 年 5 月 20 日室外景观开始施工至 2019 年 3 月 20 日完成

植物馆的室外景观小品分为平台广场、阶梯花园、露天剧场、雨水花园和屋顶木平台五部分。其中，平台广场面积 1416.6 平方米，采用竹木地板铺设，平台之上设有汉白玉座凳及不锈钢栏杆，可供游客休憩、观景，台阶及悬挑梁处配备灯带，夜晚散发的灯光可以为夜游的行人照亮道路。阶梯花园面积 1085.44 平方米，由花岗岩台阶、座凳与胶粘石园路组成。露天剧场面积 880.6 平方米，主要以花岗岩座凳为主，草坪铺设为辅，其间种有白蜡、国槐等树木，可供行人游玩休憩。雨水花园面积 812 平方米，由文化石景墙与水生植物种植池所组成，周边设有临水木栈道可供观景。屋顶木平台面积 1200 平方米，由多个圆形组合而成，铺设棕色竹木地板，是观众驻足拍照的绝佳位置，向东可以鸟瞰国家馆、国际馆等核心场馆，向西可以将妫水河、海坨山尽收眼底。

温室景观部分。 2019 北京世园会植物馆室内景观工程占地面积约 3000 平方米，主要有五大分区："逆境求生""植物大战""万里长征""亿年足迹"以及"变身大法区"。涵盖绿化地造型，苗木种植，景观铺装，景观广场、小品、灯具安装，电气工程，给排水工程等多个方面。

植物馆温室景观绿化地形更换土方约 4500 方，约占总绿化面积的 90%，地形面积及范围较大。绿化地形造型整理 2600 平方米；汇聚 1001 种、两万余株珍贵植物。通过红树林、热带雨林、蕨类、棕榈、多浆植物、食虫植物、苔藓等展现植物王国的多样性以及植物生存和适应环境的智慧。

在景观水系方面，红树林区泄水、溢水系统泄水井 2 座、瀑布循环泵 2 台、食虫岛循环泵 1 台、植物大战泄水井 1 台、排盐层系统强排井 2 座、强排泵 4 台；植物灌溉系统电磁阀 12 套、取水阀 5 套、根灌器 143 套；喷雾系统户外防雨机柜 4 套；过滤器 4 个、高压防滴漏喷头 689 个。

4-14 图　2018 年 8 月 8 日温室景观开始施工至 2019 年 4 月 10 日完成

在景观照明方面，安装投光灯 152 套、龟壳灯 142 套、水下射灯 25 套、水下灯 16 套、射灯 6 套、光束灯 3 套、洗墙灯 16 套、补光灯 45 套触屏控制器模块 2 套、总配电箱 1 台、马道控制配电箱 1 台、马道配电箱 1 台、控制模块 1 套、水循环控制配电箱 1 台、排盐层控制配电箱 2 台、自动化控制系统 1 套。

在景观铺装方面，植物馆景观铺装分为火山岩规则及不规格碎拼铺装、砂岩铺装、汀步铺装、页岩石台阶安装、假山及塑石地面施工等。

植物馆的景观小品包括食虫岛布置、整石坐凳、原木座椅、锦屏廊架、茅草亭、镂空锈钢板挡墙及锈钢板幕墙山势施工、恐龙安装、坡道扶手安装、亚克力施工等。

幕墙部分。幕墙开启扇主要安装在温室西、南玻璃幕墙上下双层，温室东立面幕墙 1- 幕墙 5 所有开启窗，全部采用电动开启，同时进行温湿度、雨雪监控，平时开启窗设分级、分区控制，火灾时自动关闭。所有幕墙整体耐火极限 ≥1 小时。玻璃面板采用 8mm+12Ar+6mmLOW-E 中空防火玻璃，龙骨及开启部分龙骨均采用钢型材，表面氟碳喷涂处理，涂膜厚度不小于35μm；扣盖、压板采用铝合金型材，外露可视部位采用氟碳喷涂处理，平均涂膜厚度不小于40μm，不可视部分采用阳极氧化处理。

植物馆建筑的根须系统主要分布在植物馆四周及东侧灰色空间下端，总计3168根，根须分为三种颜色呈不均匀分布。根须排布分为规律区及加密区。根须主要连接方式为2种，分别为铝制根须转接件焊接龙骨上，铝制套箍与转接件螺栓连接，钢制根须转接件焊接龙骨上，钢制套箍分别焊接根须及转接件上。

精装修部分。首层序厅、咨询台功能为进入teamlab展厅问询、排队等候区，附以展厅文字简介及投影介绍；墙面：幕墙外围护结构腻子打底、刷灰色艺术涂料，地面为自流坪地面，射灯投光至布展墙面（展厅文字简介，东、西墙各1处）；门窗外围护结构为幕墙门窗，楼梯间双开木门通往序厅逃生方向开启。

首层teamlab展厅由日本专业布展团队设计、制作，涵盖了生命的诞生、繁衍，蕴意着生命生生不息；墙面为轻钢龙骨隔墙刷白色乳胶漆，部分墙面安装银镜反射，提升布展影像效果，地面为固化地坪，灯光设备布置于顶面。

二层X空间，功能满足各种大中型会议、布展需求，南侧观景平台亲近温室景观，北侧观景平台远眺永宁阁，美景一览无余，西侧广播室、管理用房作为X空间服务保障场所；墙面东西侧为70工字钢结构外挂挤塑混凝土板内墙面，南北侧为10毫米厚耐候钢板，吊顶为600毫米高玻纤悬挂吸音垂片，地面为固化地坪地面；南北两侧为外围护结构幕墙落地门窗，东侧为12扇双开胡桃木实木门，西侧为通往公区双开实木子母门。

二层前厅：功能从屋顶沿着旋转楼梯进入X空间主动线之一。

二层VIP室功能：兼具会议、会谈功能的，贵宾室内含备餐间、专卫；墙面轻钢龙骨隔墙刷暗纹理灰色艺术涂料，吊顶为石膏板，地面为固化地坪地面；备餐间、专卫墙地面贴砖，吊顶为石膏板，外装饰板为外贴胡桃木实木板，胡桃木实木单开门；门窗：外部为幕墙落地门窗；室内北侧为暗门，南侧双开实木门（白色烤漆）。

三层企业展厅功能为万科企业文化及植物馆介绍，从屋顶沿着旋转楼梯进入该房间，供游客驻足参观；墙面：轻钢龙骨隔墙刷白色乳胶漆，吊顶为石膏板吊顶，地面为固化地坪地面。

四层中信书店给游客小憩，驻足于知识的海洋配以茶点带来全方位满足感，同时，该部位为屋顶花园观赏及室内游览重要主动线场所；墙面：东西侧轻钢龙骨隔墙刷白色乳胶漆，南北侧为幕墙落地透明维拉门，吊顶为石膏板吊顶，地面为木地板；门窗东、西侧为甲级防火门，南北侧为幕墙落地透明维拉门。

4-15 图　2018 年 8 月 20 日精装修开始施工至 2019 年 4 月 5 日完成

东侧电梯厅功能游客乘坐电梯至各层展区，西侧为水暖电井墙面，装饰暗门；墙面轻钢龙骨隔墙刷米黄色艺术涂料，吊顶为石膏板吊顶，地面为固化地坪地面；门窗：东侧为双开木门，室内一侧开启；西侧为水暖电井墙面，装饰暗门（12 毫米厚双层石膏板内衬 18 毫米厚阻燃板）。

旋转楼梯功能从四层中信书店沿着旋转楼梯至三层企业展厅；重钢结构骨架主体，墙面为轻钢龙骨隔墙刷白色乳胶漆，扶手为 25 毫米厚白色人造石；地面为 25 毫米厚白色人造石；外筒壁整体刷米黄色艺术涂料。

ETFE 膜部分。植物馆 ETFE 膜部分的结构形式是气枕式膜结构，模材采用德国进口 Nowofol 品牌。供气系统由一台德国进口 elnic 400 型供气机提供供气，输入电压 220 伏，输出功率 1.65 千瓦。

4-16 图　2018 年 6 月 6 日 ETFE 膜开始施工至 2018 年 10 月 21 日完成

第五节 妫汭剧场

2019 年中国北京世界园艺博览会演艺广场项目位于园区核心区妫汭湖东北侧、国际馆北侧，与中国馆隔湖相望。项目总建筑面积 6335 平方米，建筑高度 20 米，主体钢结构屋面翼展跨度约 120 米 × 115 米。

妫汭剧场由中国建筑设计院有限公司设计，北京世界园艺博览会事务协调局建设。2017 年 10 月 1 日开工，2019 年 4 月 17 日竣工。

展会期间，演艺广场承担北京世园会开幕式、闭幕式演出，并作为展览期间重要国家日、国际论坛及演艺活动的主要舞台。

演艺广场外形如一只展翅欲飞的彩蝶，被这盛世春色，绿意盎然的湖景画卷所吸引，停驻在妫汭湖边，遥望永宁塔，尽享山湖致景。轻盈灵动的建筑造型置于山水格局之中，融于自然，感动心灵。夜晚，华光蝶影，舞琴筝柱，共享盛世太平。

一、设计理念

雅俗共赏的建筑——从空中看似彩蝶，从两端看似展翅大鹏，人身在其中又仿佛置身大树下，似像似不像，品味真诚与高雅；较大尺度的建筑足以支撑国家级文化盛事的开展，是大众雅俗文化的进步。

4-17 图 妫汭剧场鸟瞰图

流光溢彩的建筑——当夜色降临，ETFE 薄膜透如蝶翼，白色的结构筋骨被灯光的照射的溢彩纷呈。

开放自在的建筑——彩色遮阳屋顶下是半开放多功能舞台、座席区和集散休憩活动平台，欢迎四面八方的游人到来，在这里人们可以自由自在地听风看雨闻香赏花品茗，享受戏剧人生，绿色又环保，满足了人们的功能需求。

4-18图　妫汭剧场建设中的工程实景

4-19图　妫汭剧场夜景

轻盈美丽的建筑——向四周放射状排列大伸臂悬挑结构极具韵律又富张力，如同双人舞拉手般平衡的中心平衡环和地拉索金属结构，既柔又刚，挑战了地心引力呈现力之美，同时也展现出高超的动态平衡之美，巧妙有趣地诠释了建筑是凝固的音乐。

灵动体验的建筑——建筑如同花园中彩蝶飞舞，让人放松心情、心花怒放，让人放飞梦想、展翅飞翔，不同寻常的体验满足了人非常的诗意的精神体验需求。

二、功能布局

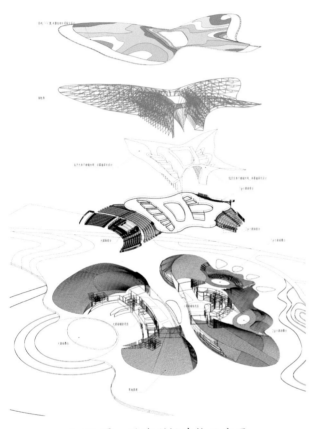

4-20图　妫汭剧场建构示意图

南北向的双层道路系统将演艺中心分为东西两个部分，西侧临湖布置半室外大剧场，以大自然的青山绿水为舞台布景，利用屋顶钢结构配置灯光设备，可举办北京世园会的开闭幕式、国家日等活动。东侧布置两个半室外小剧场，可举办小型发布会、小型演出等活动，无围护结构的半室外剧场能够有效地节约能源消耗和运营费用。下层车行道东西两侧分别布置有辅助用房，包括公共卫生间、化妆间、机房及 VIP 室等，后勤用房通过天井和室外庭院获得自然通风和采光。

舞台工程分为台仓和辅助用房两部分。台仓部分位于椭圆形舞台下方与景观叠水之间，主要功能为台仓、升降台基坑、LED 升降柱基坑及检修应急通道，面向叠水侧预留演员临时转场通行空间，直通室外。台仓区域非人员停留区，禁止堆放可燃物品等；辅助用房位于椭圆形舞台与大剧场观众席之间的消防车道下方，主要功能为供舞台使用的配电柜集中放置区及空调室外机放置区、液压泵房、临时使用的卫生间等。

三、建筑亮点

演艺广场主体钢结构由 26 榀钢桁架构成，主体悬挑最大达到 47 米。构架通过高低错落模拟出蝴蝶轻盈、飘逸的双翅。屋面采用彩色 ETFE 彩色膜，悬挑屋面吊顶采用银灰色铝合金丝勾花网，在阳光下，呈现出色彩斑斓的效果，在湖水之畔熠熠生辉。

演艺广场突出绿色、节能、环保、可持续发展理念，大小剧场主体空间采用半室外建筑策略，有效解决了会期遮阳、避雨、通风需求的同时，也满足会期的舒适性需求；辅助用房采用覆土建筑策略，冬暖夏凉，有效降低能耗，节能环保；建筑主体采用钢结构，使用钢材作为建筑主材，可循环利用，实现了快速环保装配式建造。

第三章　非场馆建设

第一节　景观建设

一、永宁阁

永宁阁为辽金时期仿古建筑，总高 28.8 米，建筑面积 2025 平方米。由北京市园林古建设计研究院有限公司设计，北京世界园艺博览会事务协调局建设，中咨工程建设监理有限公司监理。工程自 2017 年 12 月 20 日开工建设，2018 年 6 月实现结构封顶，同年 11 月整体亮相。至 2019 年 4 月 1 日竣工验收，并于当月投入运营。永宁阁的功能在于承担景观营造和文化表征作用。

（一）设计理念

永宁阁建于由回填土堆筑的天田山上，海拔 514.35 米，北临妫河，远眺燕山，俯瞰妫汭湖，是整个园区的制高点和标志性建筑。设计者认为对于占地面积约 503 公顷的北京世园会园区来说，一个地标性建筑是必要的，符合中国古人登高望远的习俗，其存在可以供人远眺、辨别方位、度量远近，也可标示一座园林的文化精神。

挖湖堆山，是造园通用手法。园区建设者运用中国传统叠山理水手法，拓展废弃鱼塘，营造湖面景观，湖名妫汭，约 100 亩。挖湖产生的土方，就近堆筑山体，建成天田山，两者构成山水相依的风景组合。天田山南向坡度较缓，山脚下曲水潆洄，园亭点缀，是通往永宁阁的主入口。山体其余三面为陡坡，顺势修整为层层跌落的梯田花海，展现农耕文明的生态智慧。

作为永宁阁的"地基"，需要保证堆筑的天田山稳固。筑山之始，施工团队采用了强夯结合震动压实的方法，山体外围五米用震动冲击碾碾压，内部由各种设备自重初压，一米一层、五米一个台地，之后用18吨重锤强夯机对台地强夯复压。

4-21图　永宁阁

按照中国山水式宫苑建筑传统，永宁阁采用"高台阁院"式布局，整体意象可以概括为：花田错落，重台参差，回廊环绕，高阁耸峙。游人从山脚下的文人园沿溪流拾级而上，即到达山腰处的承台起点，沿着阶梯一路上山，即可抵达高台之上。

永宁阁位居高台中央，从高平台到吻兽高28.8米，为四面两层三重檐建筑，"永宁阁"斗匾放置于南侧上下檐之间。楼阁四面，院落四方，象征四海升平、国泰民安。

（二）建筑亮点

该项目共划分为十个分部工程，分别为地基与基础、主体结构、建筑装饰装修、建筑屋面、建筑给排水及采暖、建筑电气、通风与空调、建筑节能、电梯工程、智能建筑。

主要建设内容为：地基处理采用CFG桩基施工（1941根），结构为钢筋混凝土，屋面采用古建传统琉璃瓦施工，装饰斗拱、椽采用红松加工而成，地仗采用古建传统一麻五灰（捉缝灰—通灰—压麻灰—中灰—细灰）。阁内柱子188根，采用钢筋混凝土结构，以油饰饰面。高平台168根柱子，采用落叶松木结构，一麻五灰做法，以油饰饰面。（其中廊120根、四角亭16根、门庑32根）。地面铺装为花岗岩石材，总共4300平方米，约700吨。永宁阁包含阁主体、高平台周围廊、低平台观景平台，自上而下共492阶台阶，其中永宁阁主阁188阶，高平台132阶，低平台172阶。外挂石材饰面为高粱红花岗岩，总共2100平方米，约176吨。扶手栏杆为青白石跟传统木栏杆，其中青白石栏杆710米，传统木栏杆76米。吊顶为平闇吊顶、铝条板吊顶、纸面石膏板吊顶，总共约1550平方米。阁主体内设1部电梯、两部楼梯。

永宁阁地下一层主要为展厅，并附带卫生间与设备间。地下室包含40根柱子。首层主要为观光大厅，包含4个出入口，2个无障碍坡道，大厅里包含1部电梯，2个室内楼梯，首层包含 60 根圆柱。永宁阁夹层主要包含展厅及送风、排风机房，夹层包含 36 根圆柱。永宁阁二层主要是平坐回廊，用于观光整个北京世园会，包括 1 部电梯、2 部楼梯，二层包含 36 根圆柱。永宁阁顶层主要为水箱间，无观光用途，包含 16 根柱子。

永宁阁工程先后被北京市住房和城乡建设委员会、北京市优质工程评审委员会评为"北京市绿色安全工地""建筑（结构）长城杯金质奖""和建筑（竣工）长城杯金质奖"。

二、绿化带

世园局工程部负责园区的绿化建设工作。其中，公共绿化一期、二期建设周期 700 日历天，共完成 100 余种乔木种植 4.1 万棵；各色花卉种植面积 97 万平方米；地被花卉 47 万平方米，草坪铺装 60.7 万平方米，园林铺装面积 46.2 万平方米，沥青铺装总长度 10110.12 米，总面积 80182.49 平方米。

该项目于 2017 年初开始正式进场施工。项目内容包括园区的世界园艺轴、企业展园区域、国际展园区域、生态水系铺装区域、仓储管理区域、电瓶车停靠场区域以及 2 号、3 号、4 号、5 号四个门区等重要景观节点。

4-22 图　前期进场前踏勘

为保证工期，工程建设在 2017 年全年见缝插针施工，2018 年工作面打开后全面抢工，2019 上半年最后的攻坚之战全园区进入抢工状态。最终，在开园前顺利完成各项工作。其间，项目建设经历了前期现场土地流转、文勘、地勘阶段，与管廊单位施工、市政单位市政建设同时交叉进行。整体景观项目通过整体协调调度，推进各项工作的实施进展。施工过程中定期组织召开工程调度会、设计协调会来落实现场存在的一些问题，合理安排与各方施工单位进行施工配合。

北京世园会项目苗木品种多，数量多，养护难度大。为保证施工质量和景观效果，世园局工程部、设计部门、监理单位对苗源地定期考察，严格依据图纸和施工规范要求对进场苗木监管验收，以保证苗木质量，确保施工进度。

在资金管理方面，施工单位每月上报月进度款，现场负责人、现场预算负责人、监理单位人员、全过程造价咨询单位人员现场进行工程量复核，并出具复核意见，有效管理国有投资资金。

4-23图　施工完成后

在现场安全管理方面，园区施工企业众多，园林项目施工范围大，为保证施工安全，全园区统一参照房建安全标准执行。世园局工程部要求每个园林施工标段配备一名专职安全员，同时成立安全存查小组每周对所有在施园林项目进行一次现场安全巡检，隐患排查。通过各单位联合检查，加强对施工现场的大树吊装、高空作业、特种工作、深基坑作业、现场用电、绿色施工等的操作管理。所有项目无一例安全事故发生，达到了安全管理的目的。

第二节　配套与基础设施

一、园艺小镇南区

本工程为公共展览型建筑，会时主要作为园区配套提供展览展示、商业、餐饮等服务，由北京世园投资发展有限责任公司建设，由清华大学建筑设计研究院有限公司、中国建筑设计院有限公司设计。小镇南区属于低层建筑，总建筑面积为 11649 平方米，共包括 12 个单体 22 个子单体，最高为 11.305 米，地上局部 2 层，地下为局部地下 1 层，地上为框架、剪力墙结构，基础为独立基础、条形基础、筏板基础。该项目 2018 年 7 月 20 日开工，2019 年 3 月 20 日工程竣工。

4-24 图　园艺小镇

二、园艺小镇北区（接待中心）

本项目是园区接待服务中心，由北京世园投资发展有限责任公司建设，上海现代建筑装饰环境设计研究院有限公司设计。项目包括接待服务中心 A1# 至接待服务中心 A11#、接待服务中心地下室工程，总建筑面积为 25851.00 平方米，共包含 12 个单体。结构类型为现浇混凝土框架结构，地下一层，建筑高度为 3.8 米 –7.0 米。地上二层，建筑高度为 3.85 米 –10 米。结构设计使用年限 50 年。建筑耐火等级为一级，结构安全等级为二级，抗震设防烈度为 8 度，工程于 2019 年 5 月 31 日开工，2019 年 4 月 18 日完工。

三、产业带（一期）

工程概况：工程位于 2019 年中国北京世界园艺博览会园区内，为园区附属综合配套服务项目，为园区及产业带提供相关餐饮、购物等服务配套设施及交流平台。工程总建筑面积 10000 平方米，地上 8200 平方米，地下 1800 平方米。地上 2 层，地下 1 层。建筑高度 10.8 米，屋面最高点高度 15.90 米，± 0.00=484.7 米。地下一层 5.1 米，首层 5.7 米，二层 5.1 米。

结构形式为钢框架结构，地下室为现浇钢筋混凝土结构。地下室部分采用天然地基，非地下室部分采用 CFG 桩复合地基。基础为筏板基础，无地下室部分基础为独立基础。楼板和屋盖均采用钢梁以及现浇钢筋桁架楼承板结构。主要建筑功能为商业，其中首层为体验式花卉主题商超，二层为花园主题餐厅，地下一层为厨房、设备机房等辅助用房。

四、公共景观配套建筑

北京世园会公共景观工程配套工程由世元局工程部负责建设，配套服务建筑包括 7 个门房建筑、3 个餐厅建筑、9 个配套服务建筑（公共卫生间等）、1 个大门构筑物（2# 大门）。景观配套建筑包括 2 个大门构筑物（1# 大门和 6# 大门）、1 个功能性建筑（音乐喷泉控制室）、1 个游览性建筑。共 24 个单体建筑，总建筑面积为 11767.51 平方米，于 2018 年 3 月 9 动工建设，先后组织了 5 次验收，于 2019 年 4 月 8 日完成项目五方竣工验收，并陆续移交给使用方。

该工程由中国建筑设计研究院有限公司、北京市园林古建设计研究院有限公司、北京山水心源景观设计院有限公司、中国中元国际工程有限公司等设计，北京市第五建筑工程集团有限公司负责施工。

五、世园酒店及参展人员公寓项目

世园凯悦酒店：世园凯悦酒店总建筑面积 52995 平方米，其中地上 33056 平方米，地下 19939 平方米，客房 284 间，设有宴会厅、会议区、中餐厅、全日餐厅、泳池健身区等服务设施，为新中式风格的五星级度假酒店。283 间宽敞舒适的客房及套房分布在三栋楼宇之中，独立的阳台为客人营造出欣赏延庆美景的休闲空间。拥有 1370 平方米的无柱大宴会厅及宴会前厅，六间 67 平方米 –138 平方米可灵活组合的多功能会议室，露天草坪等宴会会议场地，适合举办各种规模的商业或私人活动。

世园海泉湾商务酒店：世园海泉湾商务酒店正对 2019 北京世园会展区 2 号门，总建筑面积 28559 平方米，其中地上 13986 平方米，地下 14573 平方米，客房 109 间，设有自助餐厅、特色餐厅、会议室、亲水区等服务设施，为四星级亲水特色酒店。其中，亲水区域分为六个部分，分别为特色馆、瑶池庭院、儿童馆、旱泉广场、欧洲水疗馆、药浴馆。集会议、宴会等多形式活动于一体的多功能厅位于酒店二层最大容纳 100 人。

北京世园隆庆酒店：北京世园隆庆酒店会期承担国宴，位于北京延庆 2019 世界园艺博览会公园内，素有北京"夏都"之称的延庆区，山水环绕，拥有丰富的历史文化底蕴，20 分钟车程到八达岭长城及延庆主要景点，是一个新休闲和会展目的地。

北京世园隆庆酒店是北京世园资产运营管理有限责任公司在中国开幕的第一家古建酒店，

78 间宽敞舒适的客房分布于江南古代建筑群中，蜿蜒的连廊将建筑连为一体，置身其中，移步异景。酒店以江南第一官厅"五凤楼"为核心，旨在为客人提供别具一格的绝妙体验。

4. 参展人员公寓：总建筑面积 43478 平方米，其中地上 29263 平方米，地下 14215 平方米，共有 3 栋 7-9 层住宅楼，157 户，会时满足参展人员的住宿需求，会后作为商品房销售。

4-25 图　参展人员公寓

六、综合管理中心、综合数字中心项目

（一）综合管理中心：

总建筑面积 29790 平方米，其中地上 16290 平方米，地下 13500 平方米，会时作为园区和世园村总体运营指挥、交通调度和安全保卫中心，同时承担相应的行政办公和住宿功能，会后改造为商业及酒店项目。

（二）综合数字中心、新闻中心：

综合数字中心：综合数字中心总建筑面积 13622 平方米，其中地上 6000 平方米，地下 7622 平方米，会时承担重大新闻发布、通讯保障等任务，会后作为北京世园投资发展有限责任公司办公地点。

新闻中心：2019 年中国北京世界园艺博览会设立新闻中心，作为信息发布、公共信号提供和注册记者工作的主要场所。新闻中心位于北京世园会管理中心的数字中心内，使用数字中心一层至三层。新闻中心空间布局将分为综合服务区、媒体公共工作区、媒体专用工作区、新闻发布区、MCR运行区、运行保障区、办公区、园艺互动展示区、媒体餐饮和茶歇区以及场外区域等十项功能区。

其中，综合服务区位于新闻中心一层，包含咨询服务台、公共服务台、预订服务台3个服务区域。咨询服务台（A 01）提供中英文信息咨询、失物招领、物品借用、资料发放等服务。预订服务台（A02）提供媒体专用工作间、直播间、采访室办公设备设施、公共信号及卫星传输、音频耳机、无人机拍摄等预订租赁服务。公共服务台（A03）提供邮政、通信等公共服务。

园艺互动展示区在新闻中心一层至二层设多个园艺互动展示区，摆放宣传品，与注册记者进行互动。

媒体餐饮区位于海泉湾酒店内，在开幕式期间（4月27日–5月4日）为注册记者提供免费餐饮服务。茶歇区（G01-G04）位于新闻中心一层至三层，免费为记者提供冷餐茶歇服务。

场外区域媒体集结区位于新闻中心主入口处，为记者提供采访集结及引导服务。位于新闻中心一层预订服务台是媒体取证处，为注册记者提供证件领取服务。

媒体专用工作区位于新闻中心一层及三层，包含媒体专用工作间若干（C03-C15），及可供预订使用的采访室（C01）和直播间（C02）。专用工作间配备电源接口、宽带网络接口、公共信号、无偿提供电话机、多功能一体机、笔记本电脑、电视机、信号格式转换器、桌椅、储物柜等办公设施。

直播间（41平方米）配备电源、灯光、背景板、家具等设备设施。

采访室（28平方米）配备电源、灯光、背景板、宽带网络接口、家具等设备设施。

新闻发布区位于新闻中心一层，包含可容纳150人的新闻发布厅（D01）1间，VIP贵宾室（D02）1间，发布厅内配备音响、灯光、同声传译系统、会议桌、媒体椅等设备设施，提供桌签制作和饮用水等会议服务。

媒体公共工作区位于新闻中心一层至二层（B01-B04），设有204个工位供记者免费使用，所有工委配有高速网络接口、国际标准电源接口、16通道数字音频接口；其中85个工位配有中英双语系统笔记本电脑。

公共工作区内设LED大屏及高清电视，即时播放公共信号画面及各类信息和通知；同时配备高速复印机、多功能一体机、储物柜等设备设施，供记者免费使用。

MCR运行区位于新闻中心二层及三层，包含总控室、卫星传送室、公共信号收录室及官方图片中心提供公共信号收录、传输、卫星传送等广播电视服务及官方图片服务。

七、世园村基础设施与市政设施项目

2019北京世界园艺博览会世园村基础设施与市政设施项目位于北京市延庆区延庆新城西南部世园村内，建设总规模为20994.34米，合同总造价为10987.8万元，合同工期为387日历天，共包括14个工程单体。

4-26 图
规划二路雨污水合槽施工
2018.6.5

4-27 图
规划二路面层沥青摊铺车
2019.3.7

4-28 图
北京特检中心对现场热力管
线检查 2018.8.29

4-29 图　世园村七条路通车 2018.11.14

本项目为"一会三函"项目，包括世园村内7条市政专业管线及7条市政道路，为世园村内其他办会保障项目和会时运营工作奠定坚实基础。建设内容主要包括雨水管线、污水管线、给水管线、再生水管线、燃气管线、热力管线、电力管线（地埋）、城市道路及附属工程。项目于2017年12月开工建设，2018年11月，7条市政道路具备通车条件，2019年4月底全部完工并投入运营。

八、园区外围临时停车场项目

（一）园区外围临时停车场项目 P3、P4

北京世园会园区外围临时停车场项目占地面积 401826.71 平方米，共计 4969 个停车位。2018 年 9 月开始 P3、P4、P5、P6 停车场和 BH3 公交枢纽施工代建，先后完成土方翻晒、固化土施工、碎石摊铺、沥青混凝土摊铺等工作，并于 2018 年底顺利完工，2019 年 4 月正式运营。

本项目为"世园会园区外围临时停车场项目 P3、P4 停车场"标段，P3、P4 停车场位于百康路以南，圣百街以北，东临延康路。P3 为公交车停车场，设有停车位 327 个，上下客站台 30 个，停车管理用房及临时厕所位置预留；箱变设施设置在绿化带内适宜位置。P4 为小汽车停车场，设有停车位 2328 个，其中无障碍停车位 56 个，设置在 P4 西北侧，紧邻园区 6 号门，预留 40 个充电桩停车位，位于 P4 西北侧，紧邻园区 1 号门；停车管理用房及临时厕所位置预留；箱变设施设置在绿化带内适宜位置。合同工期 45 天。

本项目建设内容主要包括排水管线、给水管线、停车场、道路工程、交通工程、照明工程、交通监控系统、绿化工程。北京世园投资发展有限责任公司建设，北京市市政工程设计研究总院有限公司设计，北京磐石建设监理有限责任公司监理，北京城建道桥建设集团有限公司施工。

（二）北京世园会园区 P5 停车场

北京世园会园区外围临时停车场项目 P5 停车场位于位于百康路以南，圣百街以北，东临延康路，建设规模 138290.64 平方米，合同总造价为 2673.386637 万元，合同工期 45 天，本项目建设内容包含停车场工程、临时道路工程、交通工程、给、排水工程、电气工程、绿化和景观工程。

（三）园区外围临时停车场项目 BH3、P6 停车场

BH3 公交枢纽和 P6 停车场，位于百康路以北，规划五路以南，西邻延康路。占地规模 52003.18 平方米，规划总泊位 868 个，其中大车车位 59 个，小车车位 809 个，合同总造价为 982.0027 万元，合同工期为 45 日历天。

本项目建设内容主要包括停车场进出口、停车场路面、给排水、强弱电管线、照明、交通、绿化及附属设施工程。项目由北京世园投资发展有限责任公司建设，北京市市政工程设计研究总院有限公司设计，北京市广厦房地产开发公司负责项目管理，北京磐石监理有限责任公司监理，北京市政建设集团有限责任公司施工。

第三节 展园建设

为保证展园的顺利建设，世园局招展部编制施工期服务手册、物流手册等工作实操手册，并派驻人员常驻园区，监督建设生产情况，世园局招展部、规划部、工程部协同配合，随时解决出现的问题。受世园局委托，北京市勘察设计研究院有限公司承担了北京世园会中华展园工程以及国际展园工程的岩土工程初步勘察工作。

一、中华展园工程

2017 年 4 月，规划部、工程部、园艺部协同，组织省区市踏勘、认领地块。5 月–7 月，各省区市完成《主题陈述》，展馆展园设计方案编制工作。11 月 2 日，2019 北京世园会省区市方案专家评审工作会在延庆举办，参加北京世园会中华园艺展示区省区市园艺展示的第一批展园方案首次公开亮相。北京世园会执委会副主任兼秘书长、北京市政府党组成员夏占义，国家林业局、中国贸促会、中国花卉协会、北京世园局、延庆区有关领导，以及参评省区市相关领导、评审专家等出席大会。本次评审会标志着 2019 北京世园会的户外展区中华展园的筹备进展工作取得了阶段性成果。

在展园建设期间为做好 31 个省区市及港澳台展区施工期协调服务工作，确保中华展园施工安全。负责国内参展服务工作的世园局招展二部制定了展园施工管理办法，明确参展者、施工单位质量、安全、环保相关工作主体责任。每周施工工作例会及时传达市区有关安全生产、环境保护方面最新指示。在室外展园施工入场阶段，招展二部会同北京世园会延庆筹备办组织安全监管工作培训会，对各参展方明确监管要求，解答参展方在施工作业中遇到的具体问题。联合延庆各监管部门建立联合执法服务工作机制，定期进行现场服务，最大程度减少对展园施工的影响，发现问题及时提出整改意见并督促落实，确保展园施工平稳有序进行。从 2018 年 8 月建立机制至开园前共组织例行检查和联合检查约 20 次，为室外展园绿色施工、文明施工、安全施工奠定了坚实的基础。

加大现场协调力度，确保展园建设如期完工。为协助国内参展者完成室外展园建设工作，进一步加大现场协调力度，世园局将工作重心前移，安排专人每天驻场服务。在展园建设过程中，针对各展园与公共区域交叉作业、临时占用场地、施工用电用水不能保障、调整门区设计方案等一系列问题。

对此，招展部工作包括：

一是积极协调交通安保部、工程部、园艺部为展园建设所需物料、树木以及施工机械的入场提供运输通道保障；据不完全统计，2019 年 2 月至 4 月期间累计协调人、车、物、路、设备设施等五项工作 2000 余次。

二是积极追加财政预算，为参展方敷设临时电缆、租赁发电机和水车；同时，招展二部与规划、工程部门相互沟通，合理调配园区水电用量，对用电需求较大的展园进行增容，配合国内参展方完成水、电、道路等基础设施建设，为展园建设运营提供基础保障。

三是协调调整部分展园门区原有的地面铺装方案、移植树木，保证各室外展园的展览展示效果。四是组织现场垃圾清理，保证园区干净整洁。通过大量的协调工作，国内各省区市、港澳台地区以及国内企业 51 个室外展园在开幕式前全部高标准完成建设布展工作，同行广场 34 块展石全部到位，为综合演练、压力测试、开幕式等重大活动成功举行、北京世园会精彩亮相奠定了坚实的基础。

二、国际展园工程

2018 年 6 月 25 日至 26 日，北京世园会第一次国际参展方会议在京召开，进一步推进了国际展园展馆的施工建设工作。展园展馆建设期间，世园局招展部牵头组建了国际参展服务现场指挥部，配备经验丰富的工程技术人员和外语翻译，常驻园区办公，协助国际参展方办理各项入园施工手续。2018 年全年，世园局招展部接待国家和国际组织来访、磋商、探勘延庆园区 105 次，对接选址建园工作，有力推动了参展落地。

按照北京世园会规章和政策，负责国外参展服务工作的世园局招展一部牵头对所有国际参展方的室内外展馆展园设计和施工方案进行审核，在不违反限制性规定的前提下，尽量尊重方案的设计创意和理念，让国际参展方各具特色的园艺和文化成果原汁原味地呈现在北京世园会。世园局累计组织审核了 41 个室外展园和 18 个室内展馆的设计方案，反馈意见 198 条，在各国际参展方的密切配合下，为国际展园展馆的精彩亮相奠定基础。北京世园会举办期间，卡塔尔、日本、德国、土耳其等国际展园成为园区热点，吸引大量游客参观。

4-1表　建设项目一览表

	建设项目	开工时间	竣工时间	场馆功能	建设单位	设计单位	勘察单位	监理单位	施工单位
场馆建设	中国馆	2017年8月	2019年4月18日	展示中国31个省区市和港澳台地区的园艺成果	北京世界园艺博览会事务协调局	中国建筑设计院有限公司	北京市勘察设计研究院有限公司	北京方恒基业工程咨询有限公司	北京城建集团有限责任公司
	国际馆	2017年8月15日	2019年4月18日	承担世界各国家（地区）和国际组织的室内展览展示和国际竞赛等活动	北京世界园艺博览会事务协调局	北京市建筑设计研究院有限责任公司	北京市地质工程勘察院	北京中联环建设工程监理有限公司	北京市第五建筑工程集团有限公司
	生活体验馆	2017年8月	2019年4月18日	承担历史文化展示和产品体验、科普教育等功能	北京世界园艺博览会事务协调局	中国建筑设计院有限公司	北京市地质工程勘察院	北京华建项目管理有限公司	北京城建集团有限责任公司
	植物馆	2017年10月31日	2019年04月18日	集植物温室、科技服务、科普教育、国际交流、游览体验等功能于一体	北京世园投资发展有限公司	北京市建筑设计研究院有限公司	北京京岩工程有限公司	沈阳市振东建设工程监理股份有限公司	赤峰宏基建筑（集团）有限公司
	妫汭剧场	2017年10月1日	2019年4月17日	主要承担2019北京世园博览会开闭幕式活动及参展国国家日等重大活动	北京世界园艺博览会事务协调局	中国建筑设计院有限公司	北京市勘察设计研究院有限公司	北京华建项目管理有限公司	北京市第五建筑工程集团有限公司
景观建设	永宁阁	2017年12月20日	2019年4月1日	仿古景观建筑	北京世界园艺博览会事务协调局	北京市园林古建设计研究院有限公司、北京市勘察设计研究院有限公司	北京市勘察设计研究院有限公司	中冶工程建设监理有限公司	北京市园林古建工程有限公司

续表

建设项目		开工时间	竣工时间	场馆功能	建设单位	设计单位	勘察单位	监理单位	施工单位
配套与基础设施	园艺小镇南区	2018年07月20日	2019年03月20日	会时主要作为园区配套提供展览展示、商业、餐饮等服务	北京世园投资发展有限责任公司	清华大学建筑设计研究院有限公司；中国建筑设计院有限公司	北京城建勘测设计研究院有限责任公司	中冶工程建设监理有限公司	北京城建八建设发展有限责任公司
	园艺小镇北区	2018年05月30日	2019年04月18日	接待中心	北京世园投资发展有限责任公司	上海现代建筑装饰环境设计研究院有限公司	北京城建勘测设计研究院有限责任公司	中冶工程建设监理有限公司	北京城建集团有限责任公司
	产业带	2018年7月4日	2019年3月31日	为园区及产业带提供相关餐饮等	北京世园投资发展有限责任公司	中国建筑设计院有限公司		北京华城建设监理有限责任公司	北京城建集团有限责任公司
	配套商服	2018年7月1日	2019年2月25日	会时主要为游客提供餐饮等配套服务	北京世园投资发展有限责任公司	中国建筑设计院有限公司	北京城建勘测设计研究院有限责任公司	中冶工程建设监理有限公司	北京顺鑫天宇建设工程有限公司
	世园酒店及参展人员公寓	2017年9月16日	2019年4月4日	会时与会后人员及游客住宿	北京世园投资发展有限责任公司	北京市建筑设计研究院有限公司		北京华城建设监理有限责任公司	北京城建集团有限责任公司
	综合管理中心、综合数字中心	2018年4月29日	2019年4月19日	会时作为园区和世园村总体运营指挥、交通调度和安全保卫中心，同时承担相应的行政办公和住宿功能。会后改造为商业及酒店项目	北京世园投资发展有限责任公司	北京建院约翰马丁国际建筑设计有限公司	北京城建勘测设计研究院有限责任公司	北京华城建设监理有限责任公司	北京城建集团有限责任公司
	世园村基础设施与市政配套项目	2017年12月	2019年4月	道路交通工程及基础设施配套工程	北京世园投资发展有限责任公司	北京市市政工程设计研究总院有限公司，北京市煤气热力工程设计院有限公司，北京金电联供用电咨询有限公司	北京城建勘测设计研究院有限责任公司	北京华城建设监理有限责任公司	北京城建道桥建设集团有限公司

第五篇　招展

2019 北京世园会是迄今展出规模最大、参展国家最多的一届世界园艺博览会，共有 110 个国家和国际组织、120 余个非官方参展者、中国 31 个省区市和港澳台地区参展。自 2010 年 4 月 28 日开幕以后，北京世园会期间共举办 3284 场活动，吸引 934 万中外观众前往参观。

在国内招展方面，2019 北京世园会集萃创新，展示了我国生态文明建设新成就。各省区市和港澳台地区利用北京世园会这个舞台展示地域文化、旅游资源、特色产品，交流生态文明建设的成功经验、推介产业发展的丰硕成果，打出各自亮丽的名片，达到"以会兴业、以会富民、以会促发展"的参展目标。

在国际招展方面，结合 2019 北京世园会的办会目标和实际情况，北京世园会组委会提供 2 亿元人民币的援助资金为符合条件的参展者提供援助，促进国际园艺交流。资金来源为北京市政府出资。会后，各国际参展方普遍认为，北京世园会筹办运营专业高效、规则体系健全完善，必将在世界园艺史上留下深刻的"中国印记"，成为办好今后 A1 类世园会的标杆。

第一章　总体招展目标

2012 年申办世园会时，确定了"两个 100"的招展目标，即包括国家和政府间国际组织在内的官方参展者不少于 100 个；包括非政府间国际组织、国内外企业、个人参展者和国内各省区市等在内的非官方参展者不少于 100 个。

在国际招展方面，2015 年 12 月，世园局组委会第二次会议审议通过《2019 年中国北京世界园艺博览会国际招展工作总体方案》。该总体方案确定重点招展国家（地区）163 个，其中，亚洲 44 个、非洲 51 个，欧洲 38 个，美洲 16 个，大洋洲 14 个。

在国内招展方面，从 2017 年 3 月开始，世园局陆续向内陆 31 个省区市、港澳台地区、各大高校和科研院所以及优秀企业发出参展邀请函。

2018 年 6 月，世园局发布《2019 中国北京世界园艺博览会参展指南》。从参展程序、展园建设、海关监管和检验检疫、住宿与后勤服务、竞赛与评比、知识产权保护等十九个方面为参展者提供参展指导。

做好招展、参展服务工作是 2019 北京世园会顺利召开的重要保障。招展和参展服务工作包括：面向国内以及其他国家和地区推介北京世园会，吸引参展方前来参展，并对接所有参展方落实完成展园展馆建设、布展、活动表演、文化展示等一切服务工作。2019 北京世园会招展和参展服务工作分设国际和国内两大体系，特别组建招展一部负责国际招展和参展服务体系，招展二部负责国内招展和参展服务体系。

最终，110 个国家和国际组织，国内省区市、港澳台及企业、高校、科研院所等 120 多个非官方参展者参展北京世园会，圆满完成"双 100"招展目标，创下世园会参展数量之最。

会期，招展部门主动提高服务意识，提供"一对一"参展服务，累计完成签证居留申请 1230 件、人员及车辆证件办理 4970 个，协调解决展品物资入园、经营执照申办、人员餐饮住宿等各类问题 425 件。安排专人做好展区管理和维护，保证最佳展览展示效果，充分发挥国际平台作用，助推省区市形象展示和资源推介。

第二章 国内招展工作

2019北京世园会成为我国推动新时代生态文明建设的又一次生动实践，有力推动了绿色发展理念传导至世界各个角落。在整个展会期间，生动展示了全国31个省区市和港澳台地区生态文明建设成果，生动展示了科研院所和企业的最新园艺新技术、新产品、新理念，彰显了中国人民践行"绿水青山就是金山银山"理念、建设美丽中国的决心和信心，突显了全国人民热爱自然亲近自然、遵循人与自然和谐共生、构建人类命运共同体的美好愿望。

2017年，世园局招展二部成立，按照北京世园会整体筹办工作部署，以服务好国内参展者为核心，推进国内招展工作。

国内招展和参展服务工作包括向全国各地区推介北京世园会，邀请内陆省区市、港澳台地区及优秀企业参展；研究拟订国内工作方案、建立国内招展工作机制，落实北京世园会国内招展目标；制订各类参展合同、参展援助合同、参展指南等法律文本；研究起草参展援助政策和援助资金管理使用办法；协调规划部门审核国内参展方提交的展园展馆设计方案；协调推进国内展园展馆施工建设；组织国内省区市及港澳台地区和企业代表参加开闭幕式和举办"省区市"等各类活动；接待国内外政要及省区市及港澳台地区参展主责单位领导参访北京世园会；组建"一站式"参展服务中心和"一对一"服务保障团队，构建并完善国内参展服务体系，为国内展园展馆的会前筹建、会期运营和会后安排提供指导支持和服务保障，协调解决国内省区市及港澳台地区和参展企业人员车辆证件办理、展园展馆维护维修、展品物资出入园、经营执照申办、人员餐饮住宿交通安排等各类问题。

2017年3月3日，世园局招展部以2019北京世园会执委会和北京市政府名义发函邀请31个省区市政府参加2019北京世园会，31个省区市全部反馈了信息，明确表达了参展意向。4月15日，世园局招展部以2019北京世园会组委会联络小组名义向全国31个省区市发出了参展通知和工作方案，进一步明确了各省区市参加2019北京世园会的主责部门和联系人，参展工作进入实质阶段。

2017年6月15日，世园局招展部以2019北京世园会组委会联络小组名义向港澳特别行政区政府发出了参展邀请函，香港和澳门特别行政区政府迅速明确反馈明确表示参展，并确定了主责部门和联系人，双方建立了有效的沟通机制。同日，世园局招展部以北京世界园艺博览会事务协调局名义向国内各大高校和科研院所发出了参加北京世园会的邀请函，2017年11月底前就获得了中国农林科学院、中国传媒大学、北京林业大学、北京农学院、北京农业职业学院、北京市农林科学院6家单位回函确认参展。2018年3月，经过多轮磋商，17家企业确认参展，并签订参展合同。

2018年4月初，经北京市台办协调并报国台办同意，世园局向台湾花协发出邀请函，邀请其代表台湾地区参展2019北京世园会。4月10日，台湾花协正式复函同意参展。5月19日至22日，应世园局邀请，台湾花协相关负责人来京就台湾展园建设等事宜进行了磋商并踏勘2019北京世园会园区，确定了方案设计单位、建设施工及监理单位。11月30日至12月4日，台湾花协高管再次来京踏勘室外展园，审核工程进展和施工质量。台湾地区的参展标志着北京世园会圆满完成了全部国内招展任务，顺利进入参展服务阶段。通过成功招展和服务保障，国内各省区市，包括港澳台地区在内，紧扣2019北京世园会"绿色生活 美丽家园"的办会主题，深入挖掘区域园艺文化底蕴，充分展示地方生态文明建设成果和园艺特色，开展展园设计工作，体现了较高的设计水准。

5-1图　2019年5月16日，北京世园会内蒙古馆日开幕式上精彩演出

第一节　工作体系

为确保各省区市及港澳台地区和企业各项参展工作的顺利开展，更好更有序地完成参展服务工作，世园局招展部从北京世园会国内参展服务的实际出发，边实践边总结，通过制定一系列方案和办法，建立了完善的工作体系。

招展部在2018年编制完成了《2019北京世园会国内参展一对一服务工作方案》，方案落实了一对一服务的具体工作内容和工作要求；完成《2019 北京世园会参展者施工期参展工作例会方案》，方案以确保室外展园高质量、高效率、高规范的如期完工为目的，确定了例会原则、内容、形式、适用范围和组织流程；《2019 北京世园会室外展园施工管理办法》明确了即将入场施工的各参展者要履行的内容和对应的服务；《国内参展者赞助车辆使用管理办法》对世园局给各省区市提供的赞助车辆使用提出了具体要求；《参展服务联合执法方案》提出联合延庆区相关单位建立联合执法的组织结构、确定各部门职责分工、完善工作内容、制定服务流程。《参展企业合同范本》对参展北京世园会相关企业的责任和义务做出了明确的约束。

工作体系的建立使得部门参展服务工作开展有据可依，国内各省区市参展者展园建设有章可循，企业参展活动有条款约束。整个体系设计可操作，易执行，为展园施工期间各项事务协调奠定了坚实的基础，全面保证了各省区市、港澳台地区和企业参展工作的顺利进行。

2019 年开园前，为国内参展者提供便利条件，招展部结合运营期实际工作特点，编制了《2019 北京世园会国内参展者住宿用房使用管理办法》《国内参展服务应急响应和处置预案》和《运营期临时工作人员入园管理办法》，进一步充实完善国内参展服务工作体系，实现了国内参展服务工作从前期施工建设向正式运营期的过渡，解决了国内参展者住宿管理、活动演职人员、临时布展换展、展园植物花卉养护人员的入园问题，为国内参展者提供便利条件。

2017 年年底前，世园局先后组织"2019 北京世园会中华展园设计方案专家评审会"及"2019 北京世园会第二次中华园艺展示区省区市展园方案专家评审工作会"，审核中华园艺展示区 51 个室外展园和中国馆 31 个室内展区的设计方案，保证了国内室外展园和室内展区的参展效果。

第二节　招展历程

为顺利开展招展工作，世园局相关部门多次赴内陆省区市及港澳台地区开展北京世园会宣传推介工作。

2017 年 9 月初，世园局组织相关领导和工作人员赴宁夏银川第九届花博会学习考察，并利用此平台开展有针对性的专项招展宣传推介活动。

2017 年 9 月，世园局赴台湾参加 AIPH 第 69 届年会，拜会了 AIPH 主席和秘书长、与台湾地区花卉协会负责人就台湾地区花卉协会代表台湾地区参加 2019 北京世园会进行充分交流，台湾地区花卉协会表达了积极的参展意愿。

2016 年 10 月 20 日，世园局常务副局长周剑平、北京市外办共同参加第 21 届"澳门国际贸易投资展览会"，借助该平台对 2019 年北京世界会进行宣传推介，邀请澳门企业、葡语国家在北京世园会建园参展，共同为深化北京和澳门、葡语国家在经济贸易、文化创意产业等领域交往与合作而努力。

2018 年 3 月，世园局副局长武岗带队赴约参加香港花展，借此机会对 2019 北京世园会进行了宣传推广，发放世园宣传材料、宣传品 1000 余份，现场吸引众多游客驻足参观，气氛热烈，宣传效果显著。此次参展扩大了北京世园会知晓度和美誉度，有效调动了香港市民参观 2019 北京世园会热情。同时，代表团借助此次参加香港花展的契机，分别与香港、澳门特别行政区参展主责部门就 2019 北京世园会筹办进展，香港、澳门展园建设有关情况进行了广泛接触和深入沟通，进一步确认了香港、澳门参展北京世园会的相关工作细节，为后续参展服务工作顺利开展奠定了基础。

2018 年 8 月，世园局招展二部赴青海省西宁市参加了青海省参展北京世园会交流座谈会；9 月赴江西南昌参加"秋之恋"世园花卉艺术节；10 月赴江苏调研学习；11 月底赴上海与世博会举行座谈。通过与各地相关部门的深入交流，一方面进一步扩大 2019 北京世园会影响力，另一方面学习借鉴其他省市举办大型会展活动、园艺竞赛、运行管理等方面的成熟做法，为全面推动 2019 北京世园会筹办工作积累工作经验。

2019 年 3 月，为进一步做好北京世园会面向中国香港地区和海外的宣传推介，同时为一个半月后正式开园的北京世园会运营管理工作借鉴经验，应香港花展组委会邀请，世园局代表团出访 2019 香港花展。与香港主办方就园艺展览活动策划、宣传营销、交通安保、游客服务与票务管理等事项进行了深入交流。为了保证国内参展工作高效有序进行，结合不同时段的参展工作特点，世园局招展二部定期举办省区市参展工作磋商，高效推进参展工作，分别于 2017 年 6 月 5 日，2018 年 3 月 30 日、7 月 31 日、12 月 5 日，2019 年 3 月 1 日、6 月 25 日定期组织召开了 6 次省区市工作磋商。

2017 年 6 月 5 日，北京世园会省区市参展工作第一次会议在延庆召开。此次会议的召开意味着北京世园会国内参展工作进入实质阶段。2018 年 3 月 30 日工作磋商，组织各省区市入园施工，解决各省区市的入园疑虑，有效推动省区市展园和企业展园建设工作。2018 年 7 月 31 日工作磋商，与国家林草局共同组织，明确各省区市室外室内布展、省区市日、同行广场展石等工作任务、标准及时间，推动中华展园整体建设进度。2018 年 12 月 5 日工作磋商，就展园建设、展馆布展、会期运营等存在的问题充分交流沟通，收集汇总国内参展工作问题，出台解决方案。2019 年 3 月 1 日工作磋商，对开园前建设收尾、开幕式和开园仪式相关工作安排进行部署动员。2019 年 6 月 25 日工作磋商，对正式运营期存在问题进行汇总梳理分析和整改。

借助磋商平台，北京世园会组织方与各省区市参展者深入沟通，明确工作进度，发现和解决问题，有效提升了省区市参展方与北京世园会组织方的互相信任、互相体谅和协同默契。

5-2 图　2019 年 8 月 1 日，北京世园会同行广场多功能厅四川日开幕式表演

第三节　参展服务

为履行办会承诺，保障国内参展方顺利参展，世园局组建了一支 25 人的专业团队，坚持以参展服务为重点，以首问责任制为准绳，积极协调世园局相关部门、延庆区世园等筹备办和一对一服务单位，帮助国内参展者解决实际困难。

在正式运营期高标准完成省区市参展布展和活动人员物资设备出入园协调工作。随着园区全面进入正式运营阶段，国内各省区市、港澳台地区等参展人员赴园区布展、换展及活动日外临时增加其他文化活动人员等需求量迅速上升，考虑到工作证件制证存在一定周期，世园局方面通过及时沟通，迅速明确了省区市参展布展及活动入园一系列临时性安排，解决了国内参展者临时工作人员的入园问题。

为国内参展者提供人文关怀。从国内参展工作方便角度出发，为国内参展者提供工作住宿用房、赞助用车，有效解决国内参展者运营期生活起居和交通出行问题，在传统节日、暑期组织开展慰问参展者活动。

做好运营期间参展单位换展保障工作。运营期历经三次专家评审，31 家省区市及港澳台地区累计大规模换展 102 次，小规模换展 200 余次，协助施工进出车辆 1000 余车次，施工进出人员 4000 余人次。

做好运营期间展园安全检查督促和环境卫生保障等相关工作。世园局工程部、运行管理部、招展二部和相关行业主责单位联合开展安全巡查检查5次，排查发现安全隐患100余项，及时跟进落实整改，保证中华园艺展示区整体运行的安全稳定有序；为保障北京世园会整体环境和游客参观氛围，世园局实施从开园至闭幕每日两次巡查制度，累计巡查324次，及时解决生活垃圾和绿化垃圾问题150余项。

做好省区市日、各省区市下属地级市州（盟）主题活动日及企业活动日相关统筹协调工作。因展台搭建、活动设施设备入园所需物流运输、活动人员彩排均在夜间，经常出现物流车辆和人员需要协调入场的突发情况，对此，世园局工作人员积极协调解决。正式运营期间，共统筹协调省区市及港澳台活动日活动331场，市州（盟）主题活动日并其他宣传推介活动100多场，协助活动期间人员出入24000余人次、车辆进出500余车次。

中国馆参展服务组积极做好各省区市室内展区参展服务工作，运营期间共对接协调落实省区市参展者合理需求2431条，及时解决参展者配餐、日常饮水问题；理顺各项物流报备、证件办理、临时人员入园等事宜；配合做好重要嘉宾礼宾接待工作；认真开展馆内志愿者管理工作，累计完成156次志愿者岗前培训和岗位管理工作，协助展厅完成志愿服务1972次；捡拾游客遗留垃圾4000余次。参展服务工作开展有力、有序、有效，赢得了各省区参展者们的肯定和赞扬。

组织国内参展方代表参加开闭幕式，配合做好中央和省区市及港澳台领导接待工作。世园局组织邀请31个省区市和港澳台地区及参展企业等国内参展方代表参加开闭幕式活动，共汇集制作嘉宾证件约500个，车辆证件51个，与北京市机关事务管理局沟通对接国内嘉宾日程及各项接待细节，确定嘉宾顺利参加开闭幕式。

北京世园会在建设期间得到各省区市、港澳台地区政府的高度重视，各省区市主管领导以及主管部门厅级领导多次赴现场指导建设布展工作。世园局办公室、礼宾部、招展二部等相关部门相互配合，建立快速响应机制和工作程序，制定详细的接待方案，科学规划接待路线，使得接待工作顺利、有序、高效。

建设期间，世园局组织完成约103次合计1660余人的国内各省区市、港澳台地区和企业的现场踏勘接待任务，其中省部级领导、厅局级领导带队的踏勘接待约35次，合计525人。据不完全统计，2019年以来，共接待省区市及港澳台来园参观调研、督导布展换展领导并配合礼宾接待入园参观领导，累计930多批次、2.5万多人次。

第三章　国际招展工作

2019北京世园会是有史以来国际参展方数量最多的A1类国际园艺博览会，共有114个国家和国际组织参展，俄、英、法、德、日、印等主要经济体和比利时、新加坡、荷兰等园艺发达国家在园艺方面均有精彩呈现。2019北京世园会得到了BIE、AIPH的高度认可和国际参展方的广泛赞誉，促进了中国与世界各国及国际组织的交流和务实合作，进一步扩大了朋友圈和影响力，是践行习近平生态文明建设思想的具体实践和重要的主场外交活动。

2019北京世园会承载着中国对生态文明建设的展示，美丽家园的示范，绿色产业发展的引领等作用。按照组委会的要求，遵循国际展览局和国际园艺生产者协会有关规定，围绕"绿色生活 美丽家园"的办会主题，以世界眼光、国家高度、专业水准，创新理念、科学设计，精心实施，在全面展示世界花卉园艺发展成就的同时，充分彰显中国文化传统和建设美丽中国的战略思想，充分展示我国生态文明建设的丰硕成果。

在国际展览局第165次全体大会上，与会各国代表充分肯定北京世园会体现了"绿色生活 美丽家园"的办会主题，表示希望与中国继续深化交流合作，共同建设美好家园。这次参展的64个"一带一路"沿线国家一致感谢中国对各国参展提供的大力支持，高度认同北京世园会及其展现的绿色发展理念为推动共建"一带一路"高质量发展注入强劲动力。

国际招展工作，是2019北京世园会筹办工作的重要组成部分，也是成功举办北京世园会的重要保障。通过开展有效的国际招展工作，让更多的国家、国际组织和企业参加2019北京世园会，不仅是履行申办时的国际承诺，体现中国负责任大国、展示美丽中国良好形象的需要，也是提升2019北京世园会的国际影响力，推动世界园艺产业蓬勃发展的需要，意义重大、影响深远。

世园局特别成立招展一部，负责国际招展和参展服务工作。

国际招展和参展服务工作包括向世界各个国家和国际组织推介北京世园会，邀请官方参展者参展；研究拟订国际招展总体工作方案，建立国际招展工作机制，落实北京世园会国际招展目标；对接外交部和中国贸促会等组委会成员单位、北京市相关部委办局、各国驻华使馆和国际组织代表处，多层次、多渠道、全方位开展国际招展工作；研究起草参展援助政策和援助资金管理使用办法；制定各类参展合同、参展援助合同、参展指南、展园捐赠协议等法律文本；组织审核国际参展方提交的展园展馆设计方案；协调推进国际展园展馆施工建设；组织国际参展方代表参加开幕式和举办"国家日""荣誉日"等各类活动；接待国内外政要参访北京世园会；为北京世园会提供各类口译和笔译服务。组建"一站式"参展服务中心和"一对一"服务保障团队，为国际参展方的会前展园展馆筹建、会期运营和会后安排提供指导支持和服务保障。

为保障国际招展工作的顺利开展，世园局研究起草多项国际参展服务文件。结合近年来世博会和昆明世园会等同类大型展会参展援助的实际情况，充分调研参展对象和援助的具体内容和方式，形成参展援助政策和方案。包括援助资金使用原则、援助对象的确定、援助项目的设置、资金使用和支付等方面的内容；同时考虑外交工作大局和部分国际参展方的实际情况，适时调整援助政策，鼓励更多国家，特别是发展中国家积极参与，进一步扩大北京世园会的参与度和影响力。

出台《参展援助资金使用管理办法》，规范管理援助资金运作；制订受援国、非受援国、国际组织参展合同和相关的参展援助合同、展园捐赠协议等法律文本。

以《一般规章》和《特殊规章》规定内容为基础，编制《参展指南》以及服务手册、物流手册、保险手册等文件，为国际参展方在参展、建设、布展、运营、组织活动以及人员保障等各方面的权利和义务提供指导和支持。

第一节　招展方案

2015 年，在中国贸促会、中国花卉协会的指导下，世园局通过与国际展览局、国际园艺生产者协会的反复磋商，与专家工作团队深入探索，在调研昆明世园会、上海世博会等同类型活动招展工作的基础上，分析近五届 A1 类世园会世界各国的参与情况，按照 2019 北京世园会招展总体目标，对潜在参展者进行分类研究，根据招展对象、性质和流程不同，形成了 2019 北京世园会国际招展工作总体方案。

2015 年 12 月，世园局组委会第二次会议审议通过《2019 年中国北京世界园艺博览会国际招展工作总体方案》。这一总体方案包括国际招展的目的和意义、招展目标和类别、招展工作流程、国际招展工作机制、国际招展工作计划五部分，同时包含附件《国际招展领导机制职能及运行方案》。

一、国际招展对象

2012 年申办世园会时，确定了"两个100"的招展目标，即官方参展者不少于 100 个，包括国家和政府间国际组织；非官方参展者不少于 100 个，包括非政府间国际组织、国内外企业、个人参展者和国内各省区市等。

根据总体方案，2019 北京世园会向所有国家发出参展邀请，综合考虑各国园艺产业发展水平以及与我国的外交关系等情况，按照各国参加前5届A1类世园会的情况，确定重点招展国家（地区）163个。其中，亚洲44个、非洲51个，欧洲38个，美洲16个，大洋洲14个。

亚洲（44个）：日本、韩国、巴基斯坦、印度、也门、尼泊尔、朝鲜、泰国、印度尼西亚、越南、孟加拉国、土耳其、柬埔寨、斯里兰卡、马来西亚、菲律宾、老挝、文莱、不丹、阿富汗、以色列、巴林、塔吉克斯坦、新加坡、伊朗、伊拉克、阿拉伯联合酋长国、卡塔尔、缅甸、巴勒斯坦、阿塞拜疆、亚美尼亚、哈萨克斯坦、乌兹别克斯坦、黎巴嫩、阿曼、蒙古、土库曼斯坦、吉尔吉斯斯坦、叙利亚、约旦、沙特阿拉伯、科威特、格鲁吉亚。

5-3图　缅甸园区展示

5-4图　阿塞拜疆展园

非洲（51个）：肯尼亚、苏丹、毛里塔尼亚、南非、坦桑尼亚、加蓬、布隆迪、突尼斯、摩洛哥、几内亚、喀麦隆、埃塞俄比亚、埃及、阿尔及利亚、多哥、赤道几内亚、尼日利亚、贝宁、津巴布韦、马达加斯加、吉布提、冈比亚、塞舌尔、尼日尔、布基纳法索、厄立特里亚、刚果（布）、刚果（金）、莱索托、马里、中非共和国、科特迪瓦、安哥拉、塞内加尔、纳米比亚、卢旺达、塞拉利昂、乌干达、毛里求斯、莫桑比克、几内亚比绍、利比里亚、加纳、利比亚、乍得、赞比亚、南苏丹、博茨瓦纳、马拉维、佛得角、科摩罗。

欧洲（38个）：保加利亚、荷兰、西班牙、德国、比利时、斯洛伐克、法国、意大利、匈牙利、波兰、俄罗斯、芬兰、希腊、奥地利、丹麦、瑞士、瑞典、爱沙尼亚、乌克兰、英国、摩尔多瓦、捷克、罗马尼亚、拉脱维亚、克罗地亚、卢森堡、阿尔巴尼亚、立陶宛、黑山、白俄罗斯、塞尔维亚、爱尔兰、马耳他、斯洛文尼亚、摩纳哥、葡萄牙、马其顿、波黑。

美洲（16个）：玻利维亚、加拿大、秘鲁、哥伦比亚、美国、智利、墨西哥、巴西、厄瓜多尔、古巴、特立尼达和多巴哥、阿根廷、乌拉圭、牙买加、哥斯达黎加、委内瑞拉。

大洋洲（14个）：澳大利亚、新西兰、萨摩亚、所罗门群岛、瓦努阿图、图瓦卢、基里巴斯、马绍尔群岛、瑙鲁、斐济、汤加、帕劳、巴布亚新几内亚、密克罗尼西亚联邦。

除了163个重点招展国家，根据国际组织的特点及其与2019北京世园会的相关性，还确定重点招展政府间国际组织28个，如联合国、阿拉伯国家联盟、欧洲联盟、东南亚国家联盟、非洲联盟、拉美和加勒比国家共同体、联合国环境规划署、联合国气候变化框架公约、联合国人居署、世界贸易组织、世界知识产权组织、世界气象组织、世界旅游组织、国际农业发展基金、联合国开发计划署、世界粮食计划署、联合国粮食及农业组织、国际原子能机构、国际植物新品种保护联盟、国际林业研究中心、联合国可持续发展高级别政治论坛、联合国教科文组织、国际竹藤组织、上海合作组织、太平洋岛国论坛、加勒比共同体、世界卫生组织、世界动物卫生组织等。

此外，非官方参展者包括世界自然保护同盟、环境保护协会、世界动物保护基金会等非政府间国际组织，与世园会相关国际企业、北京市友好城市、个人参展者等。

二、国际招展工作流程

按照国际展览局和国际园艺生产者协会的办会指南，《2019年中国北京世界园艺博览会国际招展工作总体方案》确定了基本的国际招展工作流程为：

建立国际招展工作机制（5+1）
↓
任命政府总代表
↓
发出邀请函
↓
接受邀请，确认参展
↓
任命展区总代表
↓
提交《主题陈述》、《展区申请表》和援助申请
↓
与参展者进行参展条件的技术磋商
↓
签署《参展合同》、《援助合同》
↓
参展服务

5-5 图　国际招展工作流程

以上招展工作流程主要针对官方参展者招展，国际非官方参展者招展工作流程可以对照适度调整。

三、国际招展工作机制

（一）招展工作领导机制

根据国际展览局的要求，官方邀请函应由国家领导人签发，并通过正式的外交渠道送达。因此，在世园局组委会的统一领导下，建立由北京市牵头的"5+1"国际招展工作机制，即：外交部、国家林业局、中国贸促会、中国花卉协会、北京市政府和 2019 北京世园会政府总代表。"5+1"招展工作领导机制以政府总代表和分管北京世园会工作的市领导共同协调组织，主要职责是就国际招展工作进行统一规划、统一指导、统一实施。

（二）招展工作推进机制

世园局作为 2019 北京世园会国际招展的具体实施单位，代表北京市政府承担相关秘书处的工作，负责制定具体的国际招展方案，并建立分管局长负责，招展一部牵头，局相关部门共同参与的跨部门招展工作推进机制，主要职责是根据领导机制的决策部署，协调推进国际招展工作，具体任务包括：

1. 制订招展工作执行计划及进度安排;

2. 定期组织召开国际参展方会议,规模化开展国际招展工作;

3. 组织安排与目标参展国的游说沟通和技术磋商;

4. 就招展中遇到的关键问题,协调制定招展口径;

5. 协调政府部门制定支持招展和参展工作的相关政策;

6. 协调解决参展方在参展中遇到的困难和问题。

四、国际招展工作计划

(一)2015年12月前建立国际招展工作机制

由北京世园局向组委会联络小组提请机制构成单位的建议名单,联络小组发函征求意见,外交部、国家林业局、中国贸促会、中国花卉协会和北京市政府将确定牵头领导和相关司局,与国际招展工作具体对接。

(二)2016年上半年任命政府总代表

根据《国际展览公约》和2019北京世园会《一般规章》的规定,中国政府应任命一名政府总代表,代表中国政府与各国政府和国际组织就北京世园会参展等事宜进行沟通和联系,负责将参展国确认参展、签订《参展合同》的情况及时与国际展览局通报。

(三)2016年上半年分类发出邀请函

1. 建交国家邀请函由总理签发,我驻外使领馆送达;

2. 未建交国家由我驻联合国使团发出邀请;

3. 政府间国际组织邀请函由外交部长签发;

4. 非政府间国际组织邀请函由北京市政府发出;

5. 企业、个人邀请函由北京世园局发出。

(四)2016年-2018年,全面开展招展工作

1. 根据邀请函发出后各国的反馈情况,全方位、多渠道、分层次、有重点地开展参展游说和沟通工作。

(1)将2019北京世园会列入国家领导人外事活动的谈参中,充分利用国家外交渠道,邀请各国参加2019北京世园会;

(2)通过全国人大、政协和各种群众团体,做好国际招展的对接游说工作,除依靠官方半官方渠道外,同时利用公关和商业合作等方面进行招展,通过多种渠道推介2019北京世园会;

(3)利用好联合国、阿盟、非盟等全球和区域性国际组织,推动各国参展;

（4）与国际展览局和国际园艺生产者协会紧密合作，充分发挥其在成员国的影响力促成有关国家参与。国际展览局现有 169 个成员国，国际园艺生产者协会现有成员国 22 个，通过每年国际展览局和国际园艺生产者协会的全体大会、执行委员会会议，规则委员会会议等向各成员国代表推介 2019 北京世园会；

（5）利用好近期举办的世博会和世园会平台，抓住 2015 意大利米兰世博会、2016 土耳其安塔利亚世园会和 2017 哈萨克斯坦阿斯塔纳世博会的机会，一方面加强与组织者的沟通协作，借鉴学习；一方面利用这些平台，与各个参展方建立联系沟通的渠道，推动国际招展工作。

2. 参展国确认参展。

根据往届世博会和世园会的经验，参展邀请函发出的两年内，是确认参展的高峰，也是做好 2019 北京世园会招展工作的重要时间窗口。总体方案确定了要牢牢抓住 2016-2017 年参展游说工作的关键期争取更多国家和国际组织尽早确认参展，为参展者的高质量参展预留时间。截至 2018 年年底，争取确认参展的国家和政府间国际组织达到 100 个，基本完成招展工作。

（五）2017-2018 年，签订参展合同、援助合同

官方参展者确认参展后，工作重点是要将参展国家的政治意愿转化为其法律义务，此阶段的工作以"巩固成果、重点扩展、加强服务、防止退展"为基本方针。

在沟通协商的基础上实现三个确定，从而实现《参展合同》的签订：一是确定和任命展区总代表。作为参展者负责其参展事务并代表参展者签订《参展合同》的负责人；二是确定参展主题。协助参展者充分理解 2019 北京世园会的主题含义，协助参展者进行主题演绎；三是确定参展方式和位置。协商确定参展者以展园或室内展示方式参展，并确定展区位置和面积等。

《参展合同》把参展者的参展主题、参展方式、展区位置、商业活动、时间进度等关键信息以法律文本形式固化确认。对于受援参展者，还会同步签订《援助合同》。

（六）2017-2019 年，全面启动参展服务工作

2017 年进入展园建设工作阶段，在完成大部分招展工作后，工作重心逐步转入参展服务工作，确保参展质量，确保建园布展工作顺利进行。一是重要工作内容是牵头指导委员会工作，团结利用友好国家力量，减少工作中的阻力，推进园区建设；二是为了便于参展者参展方案落地，通过《参展指南》、网站、办事大厅等方式为参展者提供全面周到的服务；三是围绕参展方案的落地，本阶段工作内容涉及展园和展区的建设、布展、参展者的活动（重点是参展者馆日活动）、论坛、商业活动、展品的通关和检验检疫、人员进出关、食宿、物流、安保、公共服务、参展成本、援助资金使用等方面。

建立参展服务团队。参展者签订参展合同后，组织方建立服务团队，对官方参展者进行一对一的服务工作，负责展园展馆建设、运营、管理等具体对接工作。

第二节　招展历程

国际招展工作以实现"两个100"招展目标为核心，逐步推进。

一、落实工作机制，逐步推进国际招展工作

（一）完成邀请函签发

2016年7月8日，李克强总理代表中国政府签发邀请函，盛邀197个国家和国际组织参加北京世园会，国际招展工作正式启动。

2016年8月8日，王毅外长签发对外招展邀请函。邀请函提出：中国政府任命王锦珍担任2019北京世园会的政府总代表，代表中国政府与各国政府、有关国际组织就参展等事宜进行沟通和联系。

8月11日，外交部通过我驻外使领馆及驻联合国使团向172个建交国与23个未建交国发出邀请函。8月25日，由外交部向25个政府间国际组织发出了官方邀请函，同时启动国际非官方参展邀请函发出程序。9月1日，圭亚那合作共和国正式确认参加北京世园会，成为第一个确认参展的国际参展方。

（二）召开"5+1"机制会议

2016年2月1日，北京世园会国际招展工作机制第一次工作会议召开，启动了"5+1"工作机制，明确了职责分工。8月2日，召开第二次工作会议，针对邀请函发出后续事宜，建立了"5+1"国际招展信息反馈机制，建立了专报制度，并明确了各成员单位职责，多渠道多形式整合并处理国际招展信息，加强各部门信息联络沟通。

（三）组建工作团队

基于国际招展工作的特殊性和外事工作涉密要求，国际招展工作需要政治觉悟高、熟悉外事工作、人员相对稳定的团队。世园局采取从大学挂职、社会招聘、合作单位派驻等形式，引进外语专业人员。同时，协商外交部聘请退休外交官，组建国际招展工作团队。对工作团队进行了大量外交外事、领保、保密、工程、园艺等专业知识方面的培训，使团队更好地胜任工作。

二、加大国际联络力度

为筹备北京世园会，世园局招展一部利用外交主渠道和国际招展工作机制，通过拜访使领馆、高层互访、工作交流、全球推介等形式，调动各方资源宣传北京世园会，协力推进国际招展工作：累计拜访175个国家使领馆和国际组织代表处308次；接待来访、磋商、踏勘和参观92国240次，会见驻华大使及副部长以上官员244人次，举办国家日、荣誉日活动和文化、技

术交流活动 79 场次，吸引国际友人 11000 余人次。

借助国际园艺生产者协会（AIPH）春季和秋季会议、国际展览局（BIE）年会、中国—中东欧国家首都市长 16+1 论坛等平台推广北京世园会，举办使节吹风会、非政府间国际组织推介会、上海合作组织推介会、东非共同体推介会、国际竹藤组织推介会等专场推介。

2016 年 3 月，世园局招展一部赴加拿大参加 2016 年 AIPH 春季，汇报 2019 北京世园会筹备进展，开展推介和先期国际招展有关工作。

2016 年 5 月 24 日－6 月 2 日，中国方面组团参加土耳其安塔利亚世园会，开展北京世园会宣传推介和国际招展工作。期间走访了 49 个国家展园展馆及台北展园和香港展园，并发放北京世园会宣传材料和招展手册，与 21 名国家政府总代表或国家展区负责人进行了接洽，并介绍了北京世园会的基本情况，北京世园会积极开展邀展促展工作。

2017 年 4 月 13 日，2019 北京世园会驻华使节吹风会召开，来自 80 多个国家和国际组织的 100 余名驻华使节和国际组织驻华代表应邀出席。会议全景展现了我国政府和北京市积极推动北京世园会各项工作的生动实践和显著成效，促进各国使节会后加强工作，推动本国参加北京世园会事宜。本次使节吹风会是北京世园会第一次面对国外使节的推介与亮相，对于国际招展工作有着十分重要的推动作用。

2018 年 6 月 25 日－26 日，北京世园会第一次国际参展方会议在北京饭店召开，来自 88 个国家和国际组织的 180 余名代表应邀出席。会议详细介绍了园区规划、工程进展、延庆属地保障等筹备工作进展情况，并就新闻宣传、活动组织、签证居留、检疫通关、入场施工、展览展示、商业活动、参展服务等进行详细讲解并对各国际参展方提出明确要求。此次会议标志着北京世园会国际参展工作由招展阶段转入建设布展阶段，对于国际招展参展工作有着十分重要的推动作用。

2018 年 8 月 14 日，80 个国家和 20 个国际组织确认参展北京世园会，100 个国际参展方的国际招展目标顺利达成。最终，北京世园会共计吸引 110 个国家和国际组织参展，创历届世园会之最，超额完成了"100 个官方参展者"的国际招展目标。

2019 年 4 月 28 日，国家主席习近平主持北京世园会开幕式，11 国元首和 110 个国家和国际组织的代表一同参加开幕式。

在 2019 北京世园会期间，有 86 个国家、24 个国际组织参展，众多的官方参展者举办了国家日和国际组织荣誉日活动，集中展示五彩缤纷的园林植被、自然景观和人文风情，重点宣介各具特色的优势产业、营商环境和经贸平台，促进了各国人民友好交流和双边经贸关系发展。

2019 年 6 月 6 日，国务院副总理、北京世园会组委会主任委员胡春华出席在妫汭剧场举行的中国国家馆日活动并致辞。

2019年10月9日，国务院总理李克强在北京世园会闭幕式上致辞，提出将不断加强生态文明领域交流合作，推动成果分享。

第三节 参展服务

2018年6月25日至26日，北京世园会第一次国际参展方会议在京召开。国际展览局（BIE）副秘书长迪米特里·科肯特斯，国际园艺生产者协会（AIPH）秘书长提姆·布莱尔克里夫，82个国家和6个国际组织共180多名代表（包含37位总代表、14位大使），国家、北京市各相关单位领导出席会议。会上，20个国际参展方集中签署《参展合同》，并组织参会代表现场答疑，开展未确认参展国家和国际组织专场推介活动。大会通过会议宣讲、现场答疑和实地考察等形式，向国际参展方详细介绍了园区规划、工程进展、延庆属地保障等筹备工作进展情况，并就新闻宣传、活动组织、签证居留、检疫通关、入场施工、展览展示、商业活动、参展服务等进行详细讲解，会议期间还组织了非洲国家、南太平洋岛国、加勒比共同体国家和中美洲国家的四场专场说明会，详细讲解联合参展政策，与各国就上述问题基本达成一致，为下一步工作的顺利进行奠定基础。

成功组织国际参展方代表参加开闭幕式活动。组织邀请了110个国际参展方代表参加开闭幕式活动，同时接待国际交流团组参访北京世园会；累计接待99个外国参观访问团组，总计迎接1900余人次贵宾，包括11个元首团组，加纳外长博奇伟、土耳其贸易部长佩克詹等部长级以上官员49人次，法国驻华大使黎想、德国驻华大使葛策等大使级官员108人次。

成功举办100余场国家日、荣誉日活动。北京世园会举办期间，举办100余场国家日、荣誉日活动和文化、技术交流活动，吸引国际友人12000余人次，同时组织外方人员参与国内省区市推介活动20余场，促进了双边交流和务实合作。德国、荷兰、联合国粮农组织等多个国家和国际组织书面致谢，对北京世园会的组织工作表示赞赏，对给予国际参展方的支持和协作表示感谢。

特别组建一支50人的专业团队，根据各国家和国际组织特点及其参展规模，采取大国带小国、一对多的方式统筹开展国际参展服务，为各国际参展方提供便捷高效的参展服务。

与此同时，北京世园局还专门建立了总建筑面积近2500平方米的参展服务中心，内设检验检疫、物流仓储、工商税务、网络通信、信息咨询等服务柜台，服务内容涵盖参展事务办理、商业服务预订、信息资讯发布等诸多领域，提供集中、高效的"一站式"服务。北京世园会筹备和举办期间，世园局招展一部积极配合国际展园展馆开展运营和管理工作，累计完成签证拘留申请

1230件，人车证件办理4970个，协调解决展园展馆维修、展品物资入园、经营执照申办、人员餐饮住宿等各类问题累计425件。

在国际招展和参展服务过程中，世园局招展一部承担了对外联络中的大部分笔译和口译工作。累计参与国际参展方往来邮件25361封，电话、传真及各类非现场磋商累计19854次，起草工作洽谈商单254份，协调解决国际参展方各类问题900余次；累计完成外文翻译72万余字，口译840小时（英语534小时，法语136小时，西语30小时，阿语60小时，俄语48小时，德语32小时），为北京世园会成功举办发挥了重要作用。

第四节　援助方案

根据世园会的传统，为了鼓励更多的国家，尤其是发展中国家参展，鼓励参展国展出精品，提高世园会展览展示质量，主办国对发展中国家都会提供一定金额的资金援助。北京世园会在2014年6月11日国际展览局第155次大会上通过的《一般规章》中也对参展援助作出了承诺。

为实现北京世园会不少于100个国家和政府间国际组织的招展目标，兑现申办承诺，让更多的国家、国际组织参与北京世园会，参考1999昆明世园会、2010上海世博会等同类展会的成功经验，结合2019北京世园会的办会目标和实际情况，北京世园会组委会将提供2亿元人民币的援助资金为符合条件的参展者提供援助，资金来源为北京市政府出资。

2019北京世园会参展援助对象为：依照联合国贸易和发展委员会最新《最不发达国家报告》所确定的最不发达国家；依照世界银行最新《世界发展指数》的低中收入国家；作为官方参展者的国际组织。

为规范、明确援助资金的受援对象、申请程序、使用途径和支付方式，世园局特别制订了《2019年中国北京世界园艺博览会参展援助方案》（以下简称援助方案）。

在援助方案中，北京世界园艺博览会事务协调局依据北京世园会组委会、执委会的授权，具体负责参展援助资金规则的制定，资金的使用和管理。

依照援助方案，凡符合条件的发展中国家的参展，均可向组织者申请参展援助。参展援助资金的支付方式以转账支付为主。在援助资金范围内，受援方只能选择主办方指定的供应商。受援方在签订《援助合同》后，如果确有必要对援助项目和项目金额进行调整的，经组织者批准，可以在组织者规定的项目范围和条件下进行适当调剂，但对受援方的援助总额不变。

根据北京世园会《特殊规章第2号》，符合下列标准之一的，即属于参展援助资金的受援对象。

1. 第一类：依照联合国贸易和发展委员会《最不发达国家报告》所确定的最不发达国家；

2. 第二类：依照世界银行《世界发展指数》，低中收入国家。

3. 国际组织

在根据国民收入判断一个国家是否符合援助条件时，应以其签订《参展合同》前一年世界银行公布的该国国民收入数据为准。一个国家在签订《参展合同》后，其国家分类不再变动。根据国际惯例，组织者将对作为官方参展者的国际组织予以参展援助，援助标准参照对受援国家的援助标准执行。

对于符合援助条件的参展者，提供建设展园援助金额不超过 300 万人民币；只参加室内展的参展者，提供不超过 200 万元人民币的援助。组织者与官方参展者将在双方确定的援助方案基础上签订《援助合同》。《援助合同》将作为组织者对官方参展者实施援助的重要依据。

参展援助资金将主要用于下列项目：官方参展者编制参展方案的咨询费用；官方参展者展示区域的设计、布展和拆卸等费用；官方参展者展示区域的运营费用；官方参展者展品的通关、运输、仓储和保险费用；官方参展者在中国进行相关沟通和推介的费用；官方参展者组织相关活动中所产生的费用；官方参展者贵宾携配偶来北京参加相关活动的费用；官方参展者记者团在北京的部分活动费用；对官方参展者工作人员进行的关于展馆运营方面的培训费用；官方参展者工作人员布展与参展期间产生的相关费用。

第六篇　活动

　　北京世园会各项文化活动紧紧围绕"绿色生活 美丽家园"主题，分为会前活动和会期活动两大部分。会前活动包括会徽、吉祥物和会歌征集活动，以及倒计时两周年、倒计时一周年、倒计时 200 天、倒计时 100 天等倒计时活动，服务于北京世园会筹办过程中鼓舞士气、宣传推广的目标，展示了北京世园会筹办过程中各项工作紧张有序推进的阶段性目标和任务完成情况。

　　北京世园会会期共举办 3284 场中西交融、精彩纷呈的文化活动。会期文化活动分为五大版块：一是重点活动，包括开幕式、开园活动、中国国家馆日、闭幕式，充分彰显大国风范，展现新时代风貌；二是日常活动，包括"国家日""荣誉日""省区市日"、花车巡游活动，展示了世界园艺成果和艺术精粹。180 场花车巡游表演活动，通过十辆由鲜活植物打造的"生态花车"讲述了"一车一故事 十车一长卷"的中华民族文化故事；三是专业论坛和国际竞赛活动，为观众呈现了一场场紧张激烈而又美轮美奂的花艺盛典；四是世界民族民间文化荟萃及优秀品牌文化活动，每天为观众呈现充满异域风情、形式多样的各类表演，充分展示了国内外艺术的多元性魅力；五是科技版块"科技之光 创新画卷"，包括"奇幻光影森林""音乐喷泉表演""灯光秀表演""驻场秀表演""机器人表演"等具有科技内容的表演，汇集最新视听科技，充分运用园区自然景观，通过现代化舞台技术呈现了一幅幅展示生态文明成果的唯美画卷。

第一章　重点活动

第一节　北京世园会开幕式

为高质量、高标准地做好北京世园会开幕式活动，世园局同北京市文化和旅游局对北京世园会开幕式活动的活动方式和形式内容进行深入研究，对活动场地及设施条件进行具体分析，学习借鉴昆明世园会、上海世博会的成功做法。经过了2018年4月至12月为期九个月的创意策划阶段，北京世园会开幕式活动方案最终于12月29日在执委会专题会议上被审议通过。2019年1月，开幕式进入全面筹备阶段。

2019年4月28日19时15分，中华人民共和国主席习近平和外方领导在中国馆前共同出席"共培友谊绿洲"仪式。在装扮成北京世园会吉祥物"小萌花""小萌芽"的青少年的簇拥下，习近平和夫人彭丽媛同外方领导人夫妇走向户外草坪，习近平和缅甸、尼泊尔、巴基斯坦、吉布提、柬埔寨、吉尔吉斯斯坦、新加坡、塔吉克斯坦、日本、捷克领导人走到草坪中央的一棵棵海棠树前，拿起铁锹，弯腰培土，并拎起木桶为树苗浇水，共同植下"友谊绿洲"。

当晚20时，由开幕仪式和文艺演出两部分组成的开幕式活动开始。开幕仪式由国务院副总理、北京世园会组委会主任委员胡春华同志主持，仪式流程包括升旗仪式、领导致辞和宣布开幕。

伴随着国际展览局局曲、国际园艺生产者协会会曲和北京世园会会歌的旋律声，国际展览局局旗、国际园艺生产者协会会旗、北京世园会会旗依次升起。升旗仪式后，国际展览局主席斯丁·克里斯滕森、国际园艺生产者协会主席伯纳德·欧斯特罗姆先后致辞。

中华人民共和国主席习近平发表了题为《共谋绿色生活，共建美丽家园》的重要讲话，并宣布2019北京世园会开幕。

6-1图　2019年4月28日，习近平在北京世园会开幕式上发表讲话（新华社）

随后，文艺演出开始。演出主题为"我们的家园"，以"人与自然的关系"为主线，邀请来自世界各地的人们来到中国、来到北京、来到北京世园会，携手播种，共建生命与共的美丽家园。演出集朗诵、演唱、交响乐、芭蕾舞、钢琴演奏、声乐、中国民乐和各国舞蹈等形式于一体，中西融合，由八个相对独立的节目组成：

《心底的天籁》。作品以演唱与朗诵的方式，完成人与自然的对话：向星辰大海致意，向山林田水问候，邀自然界中一切美好的生命共舞，同享蔚蓝的星球、绿色的家园。

6-2图　心底的天籁

《绮丽的田园》。选取贝多芬《田园交响曲》的经典旋律，全新创排一段表现田园四季的芭蕾舞段，将芭蕾舞表演与钢琴演奏巧妙融合。芭蕾舞演员高技巧的旋转，带动四季色彩的更替，形成"春的绿意、夏的缤纷、秋的金黄、冬的晶莹"四种绝美的视觉意境，营造四季轮回、生命往复的自然盛景。

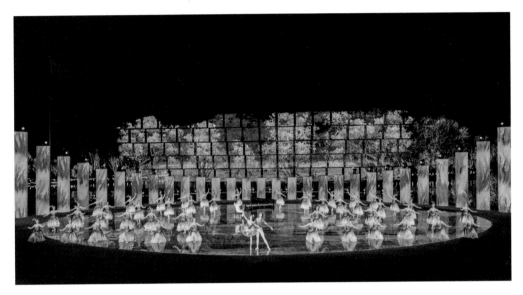

6-3图　绮丽的田园

《东方的墨韵》。将中国经典古曲《梅花三弄》与《流水》进行全新的交响化编配，以琵琶与古筝、古琴、箫的对弈，展现中国民族乐器鲜明的个性与情感。在多维的视觉空间内，以不同介质的视频技术，展现中国水墨画远山近水、翠竹清泉、花香鸟语、泼墨恣意的纵情与豪情，呈现中国传统画作中的唯美自然。

6-4图　东方的墨韵

《彩翼的国度》。来自世界各地的舞者同台竞舞，各国代表性舞蹈弗拉明戈、探戈、踢踏、非洲鼓舞、中国扇子舞等轮番登场。不同的舞步、不同的节奏，跳出了人类共同的欢乐，释放着生命的热望。人类只有一个地球，各国共处一个世界，大家共享一个家园，这是对"人类命运共同体"最生动的诠释。

6-5图 彩翼的国度

《月影的深情》。将中国经典民歌《小河淌水》以新世纪音乐的独特样式，进行电子音乐与古典音乐相结合的创新诠释，使曲风更为空灵缥缈。在灯光和地面影像技术共同营造的清流月影下，演绎一场镜花水月、月地云阶的唯美画境。

6-6图 月影的深情

《彩蝶的虹桥》。融合中国昆曲与国粹京剧的审美意象，借由全息影像的高科技手段，为中国古典舞赋予前所未见的惊艳表达，传达科技融于艺术、科技融于自然、科技改变思维的主题意象。

6-7 图　彩蝶的虹桥

《绵长的芬芳》。90 名中外模特身着"一带一路"沿线国家和各参展国名花的造型服饰款款而行。海陆丝路、路路相通，全球一体化交织成繁荣的脉络。人与花辉映，路与心相接，传递全球共进的美好气息。

6-8 图　绵长的芬芳

《美丽的家园》。地面与空中的影像相接，形成一棵参天的生命之树，枝叶繁盛地屹立于天地之间，营造开幕式演出最为震撼的视觉印象。北京世园会开幕式主题歌《美丽的家园》唱出对家园的赞美、对自然的热爱、对未来的希冀、对绿色的承诺。

开幕式尾声，在《美丽的家园》高扬的旋律中，焰火表演将气氛烘托至高潮。焰火表演主题为"百花齐放春满园"，以夜空为画布，五光十色的焰火为画笔，在春日的北京世园会上空描绘了一幅明媚缤纷的灿烂图景；结合中国传统园林建造理论，以艺术的表现手法把演出现场转化成一个焰火营造的中国式传统园林空间，传递中国文化在当代山水园林中所寄托的高贵审美品性。

6-9图　美丽的家园

　　焰火燃放设置高空和中空两个阵地。高空燃放主要表现"百花齐放"的主题场景，意在向全世界展现一幅盛世中国的时代画卷；全程共使用了 110 个焰火产品种类，对应着此次参加北京世园会的 110 个国家和国际组织，寓意在全球化时代中，世界文化的和谐共生且相互交融。中空焰火借用四幅著名经典水墨画：八大山人的《梅花》、赵孟坚的《墨兰图》、倪瓒的《墨竹》、齐白石的《菊花图》，转化为白、蓝、绿、金四幅单色焰火画，表现花中四君子"梅、兰、竹、菊"所象征的"傲、幽、澹、逸"精神内涵，作为此次燃放表演的观念核心。高、中空阵地配合，表达中国人民在这繁华时代里，怀有崇高审美的精神理想和对内在品性修养的追求。

第二节　开园活动

　　2019 年 4 月 29 日，以"锦绣世园"为主题的 2019 北京世园会开园活动在北京世园会园区举行。开园活动包括开园仪式和游园活动两部分。开园仪式于上午 8 时在北京世园会一号门"礼乐大门"内举行。北京市委书记蔡奇宣布 2019 北京世园会开园。开园仪式上，七位世园人代表，包括园区设计者代表、工程建设者代表、国际参展者代表、国内参展者代表、延庆市民代表、志愿者代表、北京世园会形象代言人等共同见证北京世园会向全世界敞开大门。

6-10 图　蔡奇宣布 2019 北京世园会开园

仪式后，嘉宾们开始巡园活动，从中国馆开始，到中华园艺展示区、国际馆前广场、世界园艺展示区、永宁阁、园艺小镇，沿途与游客处处互动，共同感受北京世园会开园邀约四海宾朋的喜悦。

第三节　中国国家馆日活动

2019 年 6 月 9 日，中国国家馆日活动在妫汭剧场举行，活动以"锦绣中国"为主题，分为仪式、演出、巡馆三个部分。国务院副总理、北京世园会组委会主任委员胡春华出席并致辞。

6-11 图　欢乐中国

6-12图　胡春华在中国国家馆日活动上致辞

国际展览局主席斯丁·克里斯滕森、国际园艺生产者协会秘书长提姆·布莱尔克里夫先后在活动上致辞。国内外各参展方代表，国际组织负责人、外国驻华使节，各省区市和中央国家机关有关部门负责人，园艺界知名专家、国内外工商界代表，北京市负责人、园区建设者和志愿者等950多名代表出席中国馆日活动开幕式并观看了文艺演出。

文艺演出共有六个节目，分别为开场舞《欢乐中国》、无伴奏合唱《好山水新家园》、交响京剧芭蕾《梨花颂》、箜篌花仙与插花表演《花团锦簇》、纯民乐演奏《端午龙舟》以及北京世园会主题曲演唱，充分展现了"绿色生活 美丽家园"的主题，将花艺、文艺表演与中国古典文化相结合，描绘了一幅人与自然和谐共生的美好愿景。开幕式结束，嘉宾们参观了中国馆和室外展园。

第四节　北京世园会闭幕式

2019年10月9日，北京世园会闭幕式在北京世园会园区举行。闭幕式以"收获的礼赞"为主题，寓意金秋时节闭幕的北京世园会春华秋实，礼赞收获，也寓意着中华人民共和国砥砺奋进、春华秋实的辉煌历程。

17时，国务院总理李克强在北京世园会园区中国馆一层序厅迎接出席2019年中国北京世界园艺博览会闭幕式的外方领导人，同他们一一亲切握手，并在世园会主题墙前集体合影。李克强同外宾们共同观看了北京世园会回顾短片。随后，大家来到位于中国馆二层的云南、西藏、广东展区，观赏特色植物和精美园艺。19时38分，在欢快的乐曲声中，李克强同巴基斯坦总理伊姆兰·汗、所罗门群岛总理索加瓦雷、柬埔寨副首相贺南洪、吉尔吉斯斯坦第一副总理博罗诺夫、阿塞拜疆副总理阿布塔利博夫等外方领导人共同步入会场，向观众挥手致意。李克强同与会外方嘉宾共同观看精彩纷呈的文艺演出。文艺表演包括六个节目：

《天籁欢歌》。以天籁之声歌咏天地自然，以守望之光致敬生命家园，自然天籁之中，悠扬动人的无伴奏和声响起，三百名各民族歌手组成的合唱团以歌声展现中华优秀传统文化。环绕璀璨的妫汭湖，熊熊的火把次第点亮，升腾着爱与力量。浩瀚的天际之上，一座开放着生命之花的吊桥横跨天际，在人们的欢呼声中，飞瀑从空中倾流而下，滋养生生不息的山林田园。山高水长，四海同欢，共同传扬对世园精彩的欢欣，表达对四海宾朋的致意。

6-13 图　天籁欢歌

《绿野漫游》。"找呀找呀找朋友，找到一个好朋友……"童谣响起，小萌花、小萌芽唤醒了沉睡的森林，美丽的北京女孩在森林精灵引领下，开启了一次奇幻的漫游。花朵开放、动物嬉戏、植物精灵，一条生机盎然的绿色廊道，一本本奇妙的园艺立体书渐次打开。大自然的朋友们穿越奇境，从奇幻森林进入西式园林，穿越神奇的绿色迷宫来到东方园林的意境胜景，传递"世界各国人民都生活在同一片蓝天下、拥有同一个家园，应该是一家人"的主题。

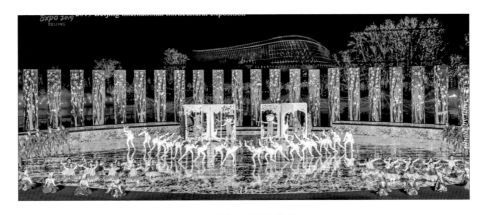

6-14 图　绿野漫游

《花开无界》。"一花独放不是春，百花齐放春满园"，舞蹈演员以组合造型展现花朵盛开的美丽奇观，花瓣绽放、聚合、飞扬，展现生命的美好历程，艺术体操表演表现风中跳动的花蕊和花瓣的舞动，歌手唱响展现生命灵性与家园梦想的歌曲，表达生命共享，美丽绽放。

6-15 图　花开无界

《交响和鸣》。"五色交辉，相得益彰；八音合奏，终和且平"，"建设美丽家园是人类的共同梦想"。一曲深情表达对自然礼赞、对家园热爱的经典歌曲《我们的田野》悠扬唱响，"我们的田野，美丽的田野，碧绿的河水，流过无边的稻田……"乐音、哼鸣、吟唱，抒怀，曾经在国际乐坛获得最高奖励的中国音乐人吴彤与丝路乐队联袂，中国传统乐器与各国乐器音乐组合，以极具穿透力的声音演绎着绿色生活、美丽家园这样一个跨越时空的主题，各国音乐人和音乐元素的组合也寓意文明交流互鉴的理念。

6-16 图　交响和鸣

《生命律动》。一群快乐的园艺师敲击着水桶、花洒、花铲、方锄，节奏动感，由弱渐强。在节拍的召唤中，视频中一粒粒彩色的粒子跳动、汇聚，组成一个个跃动的舞者。在明快热烈的节拍中，身着北京世园会 logo 主基色的园艺精灵从四面八方奔涌而来，跳起传递快乐、传动力量的激情舞蹈。手持花束的北京世园会志愿者也加入其中，共同欢乐起舞，唱起欢乐的乐曲，全场观众随着节拍鼓掌，台上台下活力澎湃，热烈震撼。

6-17图　生命律动

《收获礼赞》。神奇的地球有如神奇的万花筒，色彩斑斓，异彩变幻。舞者挥舞彩翼，展现着地球家园之上海洋蔚蓝、森林葱绿、冰原雪白等不同的地理地貌与生命勃发。色彩聚合、流动，奔涌，汇聚成天地间浩瀚无垠的五彩云霞。一座由藤蔓构成的生命之桥出现在舞台之中，寓意北京世园会是一座弘扬可持续发展理念、共同建设美丽地球家园、共同构建人类命运共同体的绿色桥梁，追求人与自然和谐，向往绿色发展繁荣、共建全球生态文明之路。

6-18图　收获礼赞

随后，全场共同唱响会歌，参与世园建设的建设者和工作者也走上舞台，共同欢庆，漫天的金黄银杏叶从天而降，洒满全场，祝福生命，礼赞收获，礼赞未来。

文艺表演结束后，国际展览局秘书长洛塞泰斯、国际园艺生产者协会主席欧斯特罗姆先后致辞。

6-19图 2019年10月9日，李克强在北京世园会闭幕式上致辞（新华社）

国务院总理李克强发表致辞并宣布2019北京世园会闭幕。

伴随着悠扬的乐曲旋律，国际展览局局旗、国际园艺生产者协会会旗、北京世园会会旗依次徐徐降下。随后，举行了局旗、会旗交接仪式。

第二章 日常活动

一、"国家日""荣誉日"

按照国际惯例，北京世园会期间参展国家和国际组织可自行选择一天作为官方庆祝日开展活动，活动形式有参观游园、文艺演出、展览展示、旅游推介、区域特色文化活动等，即为"国家日""荣誉日"活动。

北京世园会期间，共举办国家日95场、荣誉日8场。在北京世园会这一舞台，各参展方尽展自身特色，品鉴全球植物与园艺精品，互通发展经验，探讨人与自然和谐共生的重要意义，共筑生态文明之基，同走绿色发展之路。同时北京世园会让参展的外方人员和外国游客充分感受到中国的园艺文化和绿色发展成果。

二、"省区市日"

"省区市日"指参展的省区市及港澳台地区，每个参展单位选择三天作为活动日，通过北京世园会开展游园互动、展览展示、文艺演出、经济推广、特色文化交流等活动，全面展现各地区、各少数民族文化，深化交流与合作。

北京世园会期间，共举办省区市日活动400余场，各省区市及港澳台地区充分利用北京世园会这一国际交往平台，向世界全面、立体地展示了多姿多彩的地方、民族文化，以及各具特色的生态文明建设成果，同时把握相关产业发展机遇，实现机遇共抓、资源共享、合作共赢的目标。

三、花车巡游

花车巡游表演活动贯穿会期每日举行，共表演180场，接待游客近300万人次，旨在彰显北京世园会绿色生态办会主题、烘托园区喜庆热烈的游览氛围、促进中外文化交流融和。

6-20图　花车巡游

10辆精心打造的生态花车（中国请柬、逐梦时代、丝路传奇、喜乐年丰、天宇之约、王者归来、快乐熊猫、京韵情深、和平翔羽、融和绽放），由俄罗斯、乌克兰、古巴等地的专业演员和北京吉利大学的艺术专业学生组成的近220名演员，与北京各区传统文化表演相结合，在园区进行定点、巡游行进表演。

花车巡游表演活动讲述了历史悠久文化璀璨、科技创新高速发展、物富年丰国泰民安、山清水秀天地人和的中国故事，展现了我国以构建人类命运共同体为己任的博大胸怀和大国形象。

四、世园消夏音乐美食节

2019 年 7 月 18 日至 8 月 31 日，"世园消夏音乐美食节"在北京世园会园区园艺小镇举办。每日 18 时至 22 时，来自国内外的著名乐队、音乐人、舞者在园艺小镇上演精彩演出，游客可欣赏到摇滚、爵士、蓝调、民谣等各类音乐风格。

园艺小镇引进各地特色美食，拓展餐饮空间。游客们除了可以观赏歌舞表演，还可以开怀畅饮德国啤酒、品尝法式美餐，特别是夏季群众喜爱的平价烧烤、海鲜类小吃种类俱全。

第三章　文化系列活动

除了重点活动、日常活动，北京世园会在会前和会期举办的一系列特色文化活动，使北京世园会成为多元文化交流互鉴的重要平台。

第一节　国际竞赛和专业论坛

一、国际竞赛

北京世园会国际竞赛主要分为室外展园竞赛、室内展区竞赛、中国各省区市室内展品竞赛、室内专项花卉植物竞赛四大类。

室内外展园展区竞赛由 2019 北京世园会国际竞赛总评审团进行三次评审工作，总评审团由国内外有较高知名度和影响力的 11 位花卉园艺专家组成。评委会从整体效果、设计协调性、主题演绎、创新性、植物材料配置、实用参考价值等方面依次对各个展园和展区进行评分。每次评审结束后，由北京世园会国际竞赛组委会收集、统计评分结果，最终结果由总评审团主席提姆·布莱尔克里夫及所有评委、监委签字确认后封存，三次评分情况汇总后得出最终评审结果。

6-21 图　评审现场

室内外展园展区竞赛评审出北京世园会组委会奖项大奖 14 项，特等奖 28 项，金奖 43 项，银奖 56 项；AIPH 大奖 5 项；最佳贡献奖 3 项，最佳创意奖 3 项，最佳特色奖 5 项，特别贡献奖 2 项。

6-22 图　评审现场

中国省区市室内展品竞赛共进行 4 次评审工作，每次评比邀请 12 位业内各领域专家担任评委。评委及监委会成员走进中国馆内的 31 个省区市展区，分别对每个展区内的切花、盆栽、盆景、插花花艺和干花 5 大类展品仔细评比，按照每类展品的评分标准一一评分。全国 31 个省区市室内展区近万件展品参与评审。四次评审均评选出相应的特等奖、金奖、银奖和铜奖。

室内专项花卉植物竞赛也称花卉专项竞赛，共分为牡丹芍药、月季、组合盆栽、盆景、兰花、菊花国际竞赛以及世界花艺大赛 7 个专项竞赛。竞赛均由业内专业评委及监委组成评审委员会及监督委员会，依照参赛作品编号，进行实地查看、评分。不同的专项竞赛均有相应的奖项评出。

二、专业论坛

北京世园会专业论坛活动积极促进世界各国园艺科技产品文化交流，构建系列专业论坛平台，以合作或嫁接的形式开展各项论坛活动，积极倡导绿色发展理念，系列论坛活动包含北京国际友好商协会大会（2019）会议、"我的绿色生活，我的绿色家园"六一国际儿童论坛、2019北京世园会立体绿化高峰论坛、第71届AIPH年会、世界花卉大会、科技文旅智慧创新高峰论坛、北京世园会企业发展国际论坛、中国东盟国际油茶产业发展论坛、"与世界同行""与祖国同行""与我同行""与延庆同行"延庆系列论坛、贵州省生态家园建设与乡村振兴论坛、湖北武汉日城市可持续发展论坛、2019世界花艺大赛等。

第二节　世界民族文化荟萃及品牌活动

北京世园会会期内，世界民族文化荟萃活动以每月一个主题的形式，在园区内打造一场全天候、全布局的系列文化嘉年华活动，累计演出850余场。包括五月的"民族花开"文化大联欢活动、六月的"世界之花"各国民间艺术荟萃、七月的"京韵炫彩"北京民间艺术荟萃、八月的"六个北京"北京市品牌文化活动展演、九月的"延庆特色文化月"系列活动和十月的"舞动世园"国庆特别活动周系列活动。

6-23图　青海省玉树藏族自治州歌舞团演出

"民族花开"文化大联欢活动邀请了黔东南歌舞团、凉山歌舞团、榆林市民间艺术研究院、青海省玉树藏族自治州歌舞团、北京昆曲剧院等全国各地具有地方特色的演出团队进行了50余场演出，同时在妫汭剧场、草坪剧场举行了"中国—中东欧国家文化艺术嘉年华"、《我的梦》专场大型公益演出等一系列优秀品牌活动34余场。

6-24 图　中国—中东欧国家文化艺术嘉年华演出活动

"世界之花"各国民间艺术荟萃邀请来自智利、墨西哥、爱沙尼亚、韩国、波兰、意大利、匈牙利等多个国家的11个优秀演出团体，在妫汭剧场、草坪剧场、百果园、西非园为游客奉上百场精彩演出。期间举办了第十一届北京端午文化节开幕式、中医中药中国行等20余场优秀品牌活动。

6-25 图　拉美风情专场演出

"京韵炫彩"北京民间艺术荟萃活动由北京市各区进园区开展了魅力西城、文化东城、科技海淀、绝活朝阳等约150场具有浓郁北京历史文化特色的节目展演。

"六个北京"北京市品牌文化活动展演邀请了北京市 12 个区的优秀演出团体，进行了百余场极具地方特色的民间艺术展示。同时约 76 场各类品牌活动入园，涉及第二十四届全国中小学生绘画书法作品比赛颁奖典礼、第八届"欢动北京"国际青少年艺术节、第十二届中国国际青少年艺术周国际管乐节展演及闭幕式、首都科普剧团优秀科普剧展演等活动。

以"妫水璀璨 长城聚首"为主题的"延庆特色文化月"系列活动由北京世园会举办地延庆区策划，包含大型原创歌舞剧《妫川颂》、呼吁大家保护生态环境的儿童剧《妫河仙子》、融合传统曲艺与故事讲述的《妫川故事堂》等 197 场主题演出，以"走进世园、奔向冬奥"为主旨，向世界人民展示了举办地优秀的传统文化。同时，"文明旅游 为中国加分——出行有礼"2019 年北京市文明旅游主题宣传活动启动仪式、"北京力量"北京市职工文学艺术专场演出、"地球之上的绿水青山 长城脚下的绿色倡议"地质公园主题活动日开幕式、北京市中秋文化节暨第三届独山夜月文化体验周等北京市品牌活动入园展演，演出共计 10 余场。

6-26 图　妫川颂

十一期间，北京世园会各展园共同开展盛装巡游系列活动，以隆重、热烈、喜庆的气氛和国际化、艺术性、互动性的近百场表演，于国庆节日期间为游客奉上一道文化旅游盛宴；10 月 1 日在草坪剧场通过大屏幕转播天安门国庆活动，游客置身世园绿水青山中，内心升腾起因祖国强大产生的自豪感和幸福感；邀请品牌艺术团、民间花会，协同北京世园会花车巡游表演在园区开展"为祖国庆生"系列文化演出活动；引进第二十一届北京国际旅游节以及第二届"一带一路"国际合作高峰论坛系列活动，邀请来自"一带一路"沿线代表国家、亚洲国家、北京世园会参展国家及国内省区市的 20 余支国际国内表演团队，献礼中华人民共和国 70 周年大庆。

第三节　科技版块活动

一、奇幻光影森林

奇幻光影森林以中国传统文化经典《山海经》为创意主题，利用 AR、大数据、人工智能、5G 等前沿技术，通过虚拟视觉、人机交互、新媒体艺术装置，综合运用声、光、电、影等手段，展现了《山海经》的奇花异草、珍禽异兽，带领游客们穿越时空开启一场奇幻光影世界的互动体验。

由十处交互景点组成的奇幻光影森林里，光影可以伴随游客的行为动作而变化，不经意间，或有山海巨兽乘着山风而来，或有瑰丽的神兽从身边擦肩而过，或有植物感受到人的到来，用流光发来问候。

6-27 图　奇幻光影森林

北京世园会会期内，"奇幻光影森林"在园区 5 号门附近的自然生态展示区展示，于每晚 7 时开始，至 9 时闭园结束，持续滚动播放。9 月 14 日中秋假期，奇幻光影森林以 6300 ㎡ 的占地面积、1500 ㎡ 的游览空间迎来一个半小时接纳游客 11052 人次的记录，成为北京世园会夜间游园的热门景点。

二、"世园之心"灯光秀

"世园之心"驻场光影秀运用立体光影技术复排北京世园会开幕式。整场表演，没有舞者，舞台之上，利用现代光影技术展现了一颗种子如何变成整个大自然，展示了人与自然和谐共生的理念。

演出现场，随着颜色变换，春的绿意、夏的缤纷、秋的金黄、冬的晶莹，四季轮回，生命往复的自然胜景，都通过光影展现出来。环妫汭湖的树木披上总长 10 万米的灯带，形成特别背景；舞台对面是园区标志性建筑永宁阁和中国馆，真实的山水配合着花鸟虫鱼的声音，给游客一种融入山水的"沉浸式"体验。

6-28 图　"世园之心"灯光秀

"世园之心"灯光秀演出于节假日以外的每周日至周四晚在妫汭剧场上演。利用开幕式地屏、灯光、音响、升降柱等原设施，制造震撼、科技、绚丽的美学氛围。演出分大地之子的漫游、生命之花的绽放、绿色生活的家园、我心中你的模样四个篇章。累计演出 89 场。

三、"美丽家园"驻场演出

2019 北京世园会开幕式文艺晚会上，高科技打造的园林情景光影艺术表演精彩绝伦，一开场的"湖光山色"就惊艳了中外观众。为了让更多观众能欣赏这场山水林田湖光影盛宴，北京世园会从 6 月 21 日至 9 月 21 日，每周五、周六晚及重大节假日于妫汭剧场进行"美丽家园"驻场演出。

"美丽家园"驻场演出保留了开幕式文艺演出的六个节目，演出时长 30 分钟。复排了北京世园会开幕式文艺演出部分节目，围绕"绿色生活、美丽家园"的办会主题，体现人与自然的和谐共生，凸显自然与人的生命张力，形成人与自然共演，自然与人同艳的奇绝景观。演出累计 27 场。

四、音乐喷泉表演

位于妫汭湖的音乐喷泉，被中国馆、永宁阁、妫汭剧场、国际馆紧紧相拥，借助现代化的技术装置，结合北京世园会主题音乐，每日定时向游客呈现系列表演。时而波光鳞巡、时而冲天骇浪、结合水幕光影变幻，带给园区清爽凉意。与灯光秀及驻场秀演出交相融合，共展示 200 余场。

6-29图　音乐喷泉表演

五、机器人表演

北京世园会上，机器人这一新时代科技产物以互动方式亮相，生活体验馆1层展厅内开展的机器人互动表演；装扮成萌花、萌芽的机器人参与花车迎宾互动表演，花车"天宇之约"中融入机器人互动表演；机器人集体广场舞《世园一家人》；园艺展厅的机器人识别花草植物，与花艺大师现场互动插花表演等。机器人走进北京世园会，走近游客，体现了科技与园艺、服务与艺术相结合的理念。

第四章　会前活动

第一节　会徽、吉祥物征集活动

北京世园局从2015年4月27日开始面向全国及海外公开征集2019年中国北京世界园艺博览会会徽、吉祥物设计方案，公开邀请有意向参加本次征集的个人、法人和其他组织提交应征作品。

参选会徽作品要求设计理念明确，主题突出，形象鲜明、识别性强、内涵深刻；具有突出的视觉冲击力和整体美感；便于宣传推广和制作运用。参选吉祥物作品要求设计形象鲜明，园艺特点突出，便于记忆和识别，整体效果具有较强的美感和艺术感染力；应征作品表现形式不限，要求简洁明快、活泼灵动，具有表意性和可塑性。对于参选会徽、吉祥物作品，设计要紧扣"绿色生活 美丽家园"主题，富有园艺特点，具有中国风格、国际意识；便于在多种载体上设计转化，适用于应用系统的设计制作和市场开发。

截至 2015 年 5 月 31 日 16 时，会徽征集活动共收到应征作品 1669 个。截至 2015 年 6 月 14 日 16 时，吉祥物征集活动收到应征作品 262 个。

2015 年 7 月 4 日，2019 北京世园会会徽、吉祥物应征作品评审会召开。由原中央工艺美术学院院长、中国美术家协会顾问常沙娜女士领衔，来自清华大学美术学院、中央美术学院等单位的五位专家，与中国贸促会、中国花卉协会、北京世园局、北京世园会延庆区筹备办的代表共同组成了评审委员会，对 1669 个会徽应征作品和 262 个吉祥物应征作品分别进行了评选。

评委听取了主办单位关于项目背景及征集组织情况的介绍，审阅、研究了各应征作品，认真讨论、分析了各应征作品的优缺点。对会徽和吉祥物应征作品分别进行了五轮投票。最终，经评审委员会评定，共评选出会徽获奖作品 121 个，其中，一等奖 1 名，二等奖 2 名，三等奖 3 名，入围奖 15 名，纪念奖 100 名，组织机构奖 10 名；共评选出吉祥物获奖作品 112 个，其中，一等奖 1 名，二等奖 2 名，三等奖 3 名，入围奖 15 名，纪念奖 91 名，组织机构奖 10 名。

在会徽和吉祥物一、二等奖作品基础上，世园局组织曾参与北京奥运会、残奥会景观设计的清华美术学院和参与 APEC、水立方、国航会徽设计的东道品牌创意集团等单位共同组成专业联合团队，对会徽和吉祥物开展了深化设计。

深化设计作品完成后，征求了中国贸促会、中国花卉协会的意见，通过了专家评审委员会的评审。评委们一致认为，会徽设计方案《长城之花》既有中国风格，也有时尚气息，符合当代设计潮流，主题性、包容性和传播性强；造型新颖、色彩亮丽，具有较强的视觉冲击力；融合了传统文化、地域特征和园艺元素，有较强的解读性。吉祥物设计方案《小萌芽小萌花》极具中国风格，同时突出园艺特点和时尚气息，符合大众审美习惯，包容性较强，易于被大众接受和文化衍生品开发；方案主体形象鲜明、热烈、喜庆、吉祥、可爱，富有艺术美感，体现积极、健康、乐观的理念。为形象地传播北京世园会生态文明理念，拟定《长城之花》为会徽推荐方案，《小萌芽小萌花》为吉祥物推荐方案，另外各备两套备选方案。

北京世园会会徽、吉祥物历时十个月的深化创作，先后多次征询了北京世园会执委会成员单位和包括国家工商总局在内的组委会成员单位的意见，结合有关意见，北京世园局对推荐方案进行了完善和优化，并报国务院最终审定。

2016 年 9 月 19 日，"在长城脚下绽放"——2019 年中国北京世界园艺博览会会徽、吉祥物发布会在八达岭长城望京广场举行，会徽"长城之花"、吉祥物"小萌芽、小萌花"正式面向海内外发布。

北京世园会会徽，取名"长城之花"，设计风格端庄大气。六片不同颜色的花瓣围绕长城翩翩起舞，生动地呈现"长城脚下的世园会"的特色，也象征世界各国共赴园艺盛会，在世界舞台上交流分享；三色花瓣的和平花，承载着中国哲学观念：六合，六合常用于指上下和四方，泛指天地或宇宙，象征着世界和平，和谐相处，构建美丽家园。

6-30 图　北京世园会会徽

北京世园会吉祥物"小萌芽　小萌花"是一对代表着生命与希望，勤劳与美好，活泼可爱的园艺小兄妹。小萌芽、小萌花兄妹的造型创意来自于东方文化中的"吉祥娃娃"和百子图，展现出人们对于美好事物的憧憬与期盼。哥哥小萌芽勇敢、健康、乐观、充满力量，而妹妹小萌花勤劳、积极、美丽，充满智慧。

小萌芽、小萌花身穿工作装、民族传统服装，搭配具有行业代表性的传统工具水壶、水桶、园艺剪刀，可应用于多个场景，展现出北京世园会主题的同时也充分考虑了北京世园会宣传推广与市场开发的基本需求。

小萌芽、小萌花形象表情充满喜悦之感，头戴国槐帽圈和月季花环，身穿工作装，脚踩工作靴体现出园艺特色，是民族文化与活动主题的巧妙结合。人物动态展现出北京世园会构建"绿色生活 美丽家园"的美好畅想。

6-31 图　北京世园会吉祥物

为加强对北京世园会会徽和吉祥物的知识产权保护，世园局分别于 2016 年 4 月 6 日、7 日和 4 月 27 日、28 日向国家工商行政管理总局商标局提交了北京世园会会徽和吉祥物推荐方案的商标注册申请。在会徽和吉祥物最终确定后，世园局于 2016 年 8 月 3 日至 8 日期间再次提交了经国务院审定的会徽和吉祥物在全部 45 个类别上的商标注册申请。

在与国家工商行政管理总局商标局前期多次沟通的基础上，世园局对北京世园会会徽和吉祥物实行特殊标志和普通商标交叉保护。2017 年，会徽和吉祥物在国内外 107 个国家和地区完成注册申请，在招商招展中起到了宣传推介作用。2018 年至 2019 年，世园局在会徽和吉祥物上获得香港、澳门、台湾、沙特、马耳他、加拿大等的纸质商标登记证书 32 件，获得 41 个国家的电子商标授权保护文件 99 件。

知识产权保护方面，世园局法律事务部依据编制的《2019 年北京世界园艺博览会知识产权保护工作方案》，对北京世园会特殊标志、商标注册、版权登记、外观设计专利、域名网址和企业名称等进行全方位保护，先后注册以及续展保护各类知识产权共计 2093 件，其中获得 40 个特殊标志的共计 1785 件登记证书。世园局法律事务部强化知识产权监测工作，累计发现侵权线索 800 多条；维护世园会知识产权及市场秩序，共开展资信调查约 440 次，发送律师函 267 份，形成各类报告 31 份，积极与国家知识产权局、北京市知识产权投诉处理中心、延庆区市场监督管理局等相关单位沟通协调，主动进行谈判、和解、调解，制止隐性市场行为，协助打击侵犯世园会知识产权行为，促使 160 家侵权企业、网站、自媒体运营商停止侵权，有效维护了北京世园会的合法权益。

第二节　会歌征集与创作

2019 北京世园会会歌征集活动于 2015 年 10 月启动，活动参与面广，参与度高，共征集到三千多位不同年龄、不同工种、不同地域的创作者创作的 2551 件作品。

在世园局与北京音乐家协会的通力合作下，经过征集、初评、复评、终评等环节，选出 2019 北京世园会"十大金曲""十首优秀歌曲"、五首"优秀歌词"。获选歌曲风格多样，旋律上，有的清新悦耳、有的活泼轻快；歌词上，有的细腻抒情、有的热情奔放。其中，词作家潘月剑与作曲家孟庆云共同创作的歌曲《幸福永远》以纯净、清新的表达，让人们对长城脚下的世园会充满期待；作曲家印青创作、白雪和蔡国庆演唱的《绿色北京》凸显北京世园会专业级国际盛会的特点；词作家车帅与作曲家李昕共同创作的歌曲《三原色》以独特的视角、流畅的音乐从众多作品中脱颖而出。

6-1 表　十大金曲一览表

歌曲	作词	作曲
《幸福永远》	潘月剑	孟庆云
《三原色》	车　帅	李　昕
《请把我的绿色带回你的家》	熙明朝鲁	何沐阳
《为美丽安家》	宋青松	伍嘉冀
《约定世界的花期》	孙义勇	付　林

《北京花语》	曲　波	尹铁良
《世园一家人》	段庆民	段庆民
《绿色北京》	郑纳鲁	印　青
《万紫千红有约定》	刘少华	陈卫东
《绿色的风》	任志萍	张大力

在面向全球开展会歌征集活动的同时，北京世园局邀请著名作曲家印青、作词家王晓岭、歌唱家雷佳、总政歌舞团合唱团等组成创作团队，为北京世园会打造一首会歌。创作团队对北京世园会深入调研采风，充分了解2019北京世园会的办会理念、办会主题、办会目标以及筹办工作进展情况，吸收众多征集歌曲的长处，立足国际元素、易于传唱且不失庄严感等特点，为北京世园会打造了《爱我的家园》这首歌曲。歌曲采用美好、温暖的表达方式，用音乐向全世界传递人类只有一个地球、绿色生活将是时代潮流的理念，打造出建设美丽家园、共享和平友谊的美好愿景。

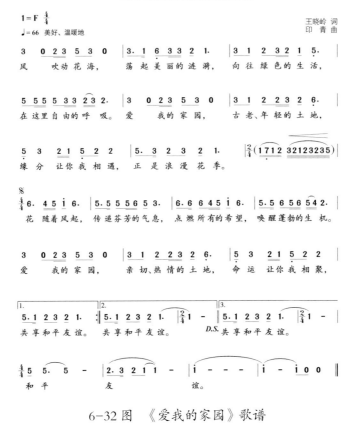

6-32 图　《爱我的家园》歌谱

第三节 倒计时活动

一、北京世园会倒计时两周年活动

2017 年 4 月 28 日，2019 北京世园会倒计时两周年计时牌揭幕暨优秀世园歌曲发布会在八达岭长城关城广场举行。

傍晚，巍峨的八达岭长城在落日余晖的映衬下显得雄伟壮观。由红色纱幔覆盖着的倒计时牌矗立在关城广场一侧。17 时许，揭幕嘉宾各持一束连接着牡丹花的六色彩绸，将红色纱幔缓缓拉下，以北京世园会会徽为造型的倒计时牌正式亮相，计时牌上 730 天的两周年倒计时清晰地呈现在观众面前，北京世园会倒计时两周年计时牌正式揭幕。活动上，北京世园会十大金曲对外发布。

二、北京世园会倒计时一周年活动

北京世园会倒计时一周年系列活动包括一个主场活动和八场系列活动，这些活动进一步推动北京世园会宣传推介热潮的升温，促进北京世园会影响力的提升。

2018 年 4 月 28 日，"花开新时代"——2019 北京世园会倒计时一周年活动在北京八达岭国际会展中心举行。2019 北京世园会执委会各成员单位、北京世园局干部职工、北京世园会全球合作伙伴、各省区市、施工建设者、志愿者代表、延庆区各界代表等共同参与。这一主场活动包含北京世园会大事记视频回顾、世园金曲歌舞联唱、诗歌朗诵、"世园号"飞机模型展示、特许商品及招展方案展示等多种文艺形式。多位领导把源自世界各地的代表性花种送给了来自北京 16 个区的儿童代表，希望孩子们种下花朵，种下希望和期待。

八场系列活动包括首架"世园号"国航客机体验之旅、北京世园会第二批赞助企业签约活动、2018 "走近世园花卉"展览展示活动、国内省区市开园建设、北京园设计方案发布、北京世园会优质旅游产品首次推介活动、北京世园会特许商品线上旗舰店开通、植物馆开馆倒计时一周年发布会。

三、北京世园会倒计时 200 天活动

2018 年 10 月 11 日上午 10 点，中国花卉协会、中国贸促会国际展览中心、北京市直机关工委、市园林绿化局、世园局、市文联、延庆区、冬奥组委等单位领导、北京世园会建设者及社会各界群众近千人在延庆区夏都公园参加了倒计时 200 天节点活动，向社会大力宣传北京世

园会筹备成果并作北京世园会倒计时筹备工作大动员。

北京世园会倒计时200天活动由系列活动组成，包含2018年8月至11月向执委会成员单位及北京市民发起的"放歌新时代"万人传唱世园歌曲活动，组织著名词作家王晓岭、作曲家印青、歌唱家雷佳共同创作完成世园会歌《爱我的家园》活动，世园金曲《幸福永远》和《我爱你中国》合唱快闪活动，世园歌曲传唱系列音乐会活动，赴园区慰问一线建设者活动等。

四、北京世园会倒计时100天动员大会

2019年1月20日，北京市召开2019北京世园会倒计时100天动员大会，对筹办工作进行再动员、再部署。北京市委书记、北京世园会执委会主任蔡奇强调，要坚持以习近平新时代中国特色社会主义思想为指导，进一步增强责任感、使命感、紧迫感、争分夺秒、真抓实干，确保北京世园会筹办任务圆满完成，兑现向国际社会的庄严承诺，向党和人民交出一份满意的答卷。北京市委副书记、市长、北京世园会执委会执行主任陈吉宁，市人大常委会主任李伟，市政协主席吉林出席。

动员大会通报了北京世园会筹备进展。中国贸促会会长、北京世园会组委会副主任委员、执委会执行主任高燕对筹备工作提出要求。北京市文化和旅游局、参展省区市代表、志愿者代表分别发言，表达了全力做好筹备工作的信心和决心。

第七篇 展览展示

2019 年中国北京世界园艺博览会是园艺领域的国际奥林匹克盛会，全球 5 大洲 86 个国家和 24 个国际组织、中国 31 个省区市和港澳台地区，以及专业机构和企事业单位，通过 100 多个室外展园和室内展区，展示各国各地区园艺新理念、新品种、新技术、新产品和特色文化，汇聚了各国花卉园艺精品。室内外展览展示的各类展品超过 200 万株（件），推出的新品种、新产品超过 2 万件。

作为本届世园会的东道国，各省区市和港澳台地区充分利用这一舞台，集中展示我国花卉产业发展成就和生态文明建设成果，彰显了中国智慧和中国力量。一大批自主培育的具有知识产权的园艺新品种在 2019 北京世园会精彩亮相。

此外，2019 北京世园会举办的专项花卉国际竞赛，为参观者奉献了一场又一场的园艺视觉盛宴，累计参观人数达 380 多万人。北京世园会期间的国际竞赛项目，是历届世界园艺博览会内容最为丰富、项目最多的一次，多项国际竞赛提高了北京世园会专业质量和展示的水准，充分发挥了中国优势，展示了世界花卉园艺精品力作。

第一章　总体方案

本届世园会园艺展览展示综合考虑满足展会需求、合理布局空间、统筹会后利用等因素，突出"生活、生产、生态相映成趣，科技、人文相互融合"的特色。花卉园艺展览展示主题突出、亮点纷呈，有力地提升了 2019 北京世园会专业水准和展示效果。

2019 北京世园会按照"理念先进、文化多元，内容精彩、布展精细，游览舒适、绿色低碳"的原则，从大园艺、全产业链出发，采取实物展示与互动体验相结合、传统展示与数字技术相结合的展示手段，展示生态文明建设成果，展示各国园艺新产品、新技术、新工艺、新理念，举办专项竞赛与展示，传承创新全球园艺历史文化，真正体现全球园艺发展水平以及世界各国对于绿色生活的共同向往。

第一节　基础文件

《2019 年中国北京世界园艺博览会展览展示总体方案》（以下简称《展览展示总体方案》）是北京世园会筹备的指导性方案，是宣传推介、国内外招展、室内外展示等工作的重要依据，对做好园艺展览展示、确保北京世园会取得预期效果具有重要的指导意义。世园局协同专家团队、专业部门坚持"理念先进、文化多元，内容精彩、布展精细，游览舒适、绿色低碳"的编制原则，按照"专业、开放、精细"的编制要求，立足中华优秀园艺文化、融合世界文明成果，全方位统筹智力资源，完成了《展览展示总体方案》编制及汇报视频制作。

为完成方案编制，世园局组建了园艺、规划、会展、数字科技等多方面的联合团队，在广泛调研国内外同类型活动，相关领域专家深入研讨的基础上，不断整合完善展览展示的总体思路、内容和形式。编制过程中，反复深化、不断完善，全面提升展览展示总体方案质量，先后征求并吸纳了国家林业局、中国贸促会、中国花卉协会及执委会 31 个相关成员单位意见，方案通过了国际著名花卉专家、原北京林业大学副校长、国际园艺生产者协会副主席张启翔教授任组长的专家评审。

2018 年 8 月 16 日，国务院副总理、北京世园会组委会主任委员胡春华主持召开 2019 北京世园会组委会第三次会议。会上，《展览展示总体方案》获得组委会通过。

会议认为，《展览展示总体方案》充分尊重国际规则，综合考虑满足展会需求、合理布局空间、统筹会后利用等因素，突出"生活、生产、生态相映成趣，科技、人文相互融合"的特色。充分弘扬全球园艺历史文化，真正体现了全球园艺发展水平以及世界各国对于绿色生活的共同向往。

一、编制宗旨

坚持"专业"编方案。发挥专家团队和专业部门的优势开展研究工作，夯实科学办会的基础。方案编制前期，立足北京世园会办会需求，世园局组建了园艺、规划、会展、咨询等方面10余人的专家团队，在国家林业局、中国贸促会、中国花卉协会等单位的指导下，认真研究国际展览局、国际园艺生产者协会的办会规则，紧密对接《2019年中国北京世界园艺博览会行动纲要》等成果，积极开展展示内容梳理工作，初步拟定了展览展示框架内容。

整个过程中，充分发挥了首都科研院所和北京市行业主管部门优势，由北京林业大学、农业部规划设计院等5家单位牵头，就花卉、盆景赏石、茶饮等展览展示进行了专题研究；由北京市园林绿化局、北京市农业局、北京市中医局组织实施，分别对果树、蔬菜、药用植物展示提出了相关思路与要求，为《展览展示总体方案》编制提供了重要支撑。

坚持"开放"编方案。面向社会公开招标，多方吸取国内外成功办会的先进经验，拓宽办会思路、优化展示设计。世园局园艺部按照前期梳理及研究的初步成果，认真制定征集方案，采用公开招标的形式并经专家组评审，选择了由园艺、会展、数字科技等优秀展陈策划设计单位参与组成的联合团队。在中标方案基础上，兼收其他征集方案的优点，学习借鉴世界各国先进办会经验和园艺理念。此外，世园局邀请了园艺、园林、会展、建筑、美术等领域资深从业者，以及上海世博会、昆明世园会、荷兰芬洛世园会等大型展会的筹办参与人员现场交流、座谈指导，不断整合完善室内外展览展示的总体思路、内容和形式等。

坚持"精致"编方案。反复修改、不断完善，全面提升展览展示总体方案质量。多次组织知名专家进行指导交流，扎实做好方案论证和优化完善工作。编制完成后，先后征求并吸纳了国家林业局、中国贸促会、中国花卉协会及执委会相关成员单位意见。专家组一致认为："北京世园会工作基础扎实，研究分析透彻，方案指导思想正确，目标明确，展览展示体系清晰，内容翔实丰富，亮点特色突出，展览展示形式多样，展项布局合理，具有很强的可操作性，为北京世园会展览展示方案深化实施奠定了重要基础。"根据评审反馈意见，《展览展示总体方案》相关章节涉及的内容作了进一步修改完善。

二、方案组成

《展览展示总体方案》由三个部分组成：一是总体思路；二是展览展示特色；三是展览展示方案。展览展示分为室内展示与专类主题园两部分。其中，室内展示包括中国馆、国际馆、生活体验馆、植物馆。室外展示除国际展园、中华展园等，还包括百果园、百蔬园、百草园这一专类主题园。通过室内外展示，北京世园会全面展示生活园艺，推广绿色生活方式；展示生产园艺，促进园艺产业发展；展示生态园艺，诠释和谐发展理念；展示科技园艺，突出创新成果运用；展示人文园艺，弘扬开放包容文明。

在室内展示方面，涉及中国馆、国际馆、生活体验馆、植物馆。中国馆打造生态文明建设成就的展示窗口，展示我国园艺产业、生态文明建设成果、汇集中国原创的园艺产业高科技成果，弘扬中国园艺的辉煌历史文化，体现中国园艺特色及对世界的贡献。国际馆构筑国际交流合作共赢的平台，演绎"一带一路"沿线等世界园艺历史文化，各官方参展者展示各自独特的园艺产品、园艺技术以及园艺成就。生活体验馆通过不同形式展示园艺科普、生活园艺产业链、茗茶与咖啡文化等，体验无处不在的园艺，引领绿色生活方式。

在室外展示方面，除打造国际展园、中华展园外，还着力建设百蔬园、百果园、百草园三个专类主题园。百蔬园全方面展现蔬菜有滋有味、多姿多彩的特点，场景化地展示历史长河与生态空间中蔬菜与人的故事、展示前瞻性的城市和家庭农场，展示以蔬菜为载体的新的生活方式。百果园构建丰富多样、具有趣味的果林景观，展示推广果树产业先进技术，彰显果树丰富的文化内涵，组织果树园艺知识科普互动活动，打造汇集百果多品种多元化展陈的景观式展园。百草园通过药用植物与景观、人文的结合展示中医药的应用，带领游客感知草药的发展及演变，弘扬中华民族传统文化，让中草药走进生活。

国际竞赛是国际园艺生产者协会（AIPH）和国际展览局（BIE）对世界园艺博览会规定的专业性项目，是保证展览展示效果的重要手段和措施之一，2019北京世园会国际竞赛设室外展园和室内展区评审两大部分。其中，室外展园包括国际展园、中华展园、企业等其他展园；室内展区包括国际展区、省区市展区等，室内展区同时举办室内花卉专项竞赛、室内展品竞赛等。同时，成立国际竞赛组织机构，负责组织开展并统筹协调各项竞赛活动。

第二节　筹备工作

北京世园会园艺展览展示工作需要做好前期筹备。按照北京世园会筹办工作安排，世园局牵头编制完成展览展示总体方案；完成中国馆、国际馆、生活体验馆的室内展陈方案、布展施工、展项运行维护、展品更新维护、撤展；完成国际竞赛布展、评审、颁奖等工作；统筹协调百果园、百蔬园、百草园的园区建设、运营维护；完成园区植物检验检疫及生物防控工作；完成国外设计师创意展园建设及养护管理工作；完成植物检疫隔离与园艺技术服务区建设、专业展示及运行维护。

具体来看，展览展示筹备工作包括：

连续三年举办"走近世园花卉"系列展示活动。2016年、2017年、2018年，世园局分别在北京植物园、延庆区妫河半山湖、延庆世界葡萄博览园、顺义鲜花港等地完成了"走近世园花卉"系列展示推介活动，全方位、多角度开展世园花卉测试、评价和展示演练，为北京世园会会期在植物花卉选材、布展、组织等方面积累经验。2016年在北京植物园、延庆区妫河半山湖共展示了2000余种花卉品种、15种新设备、30余项新技术，举办了27位花艺师创作的插花展、家庭园艺专类展览、15场家庭园艺主题活动、2场专业论坛，吸引游客50万人次。

2017年在延庆世界葡萄博览园分为室内展示和室外展示两部分进行测试展示，面积20000余平方米。其中室内展示面积约2000平方米，举办室内特色植物、花艺园艺装饰、中医药植物、蔬菜及花艺企业精品展示，并组织相关园艺活动，针对会期长等重点探索了不同室内组展、布展、活动组织形式，积累园艺展览展示经验。室外展在测试植物品种适应性的同时，更加着重检测花期调控等繁育技术、创新植物应用展示形式，从植物品种、生产技术、应用方式等方面做足"功课"迎世园。另外，以2016年大众参与创意展园征集方案的部分获奖作品作为蓝本，园艺企业投资建设了8个精品花园展区。

2018年，在总结前两年"走近世园花卉"活动成果基础上，丰富了展示内容，创新了组展模式，拓宽了展示形式，延长了展示周期，更加贴近百姓生活。从2018年4月底开始，持续到2018年秋季，主要包括在世界花卉大观园举办"花开北京，绽放世园"世园会北京展区春季和秋季预展征集展品；在北京植物园举办"栖春理云裳，红药寄良辰"芍药主题展；在顺义鲜花港北京市花木有限公司研发中心举办"新花绽放新时代"室内春季画展；在延庆区举办2018国际（延庆）植物新品种保护和维权论坛，进行世园花卉实地测试和展示。

完成北京市重大科技项目《北京世园会观赏园艺技术集成应用与科技示范工程》。经过3年的研究与示范，项目成果保障了2019北京世园会园艺展览展示，同时又有力促进北京地区花卉产业化发展。一是从近5000个植物品种中筛选出适宜在北京世园会展示的花卉品种2000余个。其中，1000余个花卉品种在园区不同区域进行展示，其中516个耐冷凉的优良植物品种进行了集中展示应用，在2019北京世园会期间与游客见面，增加了观赏植物的丰富度和多样性。二是建立了近200种观赏植物繁育与观赏品质调控技术体系，通过组培快繁技术、花期控制技术、生长期管理等，保证北京世园会展示品种花期的一致性和周年生产品质的稳定性。三是不断创新花卉应用形式。经过多次应用测试，研发了适宜延庆地区的可持续混合花境、模块化产品、新型立体美化技术、拟自然花甸的营建及维护技术，并在园区进行应用展示示范。四是举办了成果展示会8场次，建立品种示范区10个，2016年－2018年连续三年在延庆进行了测试与展示示范，确保会期内的花卉展示最佳状态，避免"水土不服"。

做好展项运行维护及展示活动组织工作。一是编制完成中国馆、国际馆、生活体验馆布展及运行管理手册，指导布展、撤换展及运行维护相关工作，为各方做好参展服务。二是做好日常养护，及时更新展品。展览展示组对展品进行维护近2000次。三是定期推陈出新，完成大规模换展。统筹协调中国馆31个省区市及5个高校科研院所对切花、盆栽、盆景、插花花艺、干花等展品进行大规模换展4次。百蔬园、百草园完成5次大规模换展。四是组织工美大师进世园、中医药文化科普传播等各种寓教于乐的互动体验活动600余场次。

本届世园会园区室内外共展示植物品种8000多种，31个省区市室外展园、室内展区总计展示了2367622株（盆）展品，其中新品种展品数量总计28939株。首次集中展示了12个树种、180个品种、6000余株果树，按不同的分类，涵盖了水果、干果、核果类、仁果类、浆果类、砧木类、观赏类等北方主要落叶果树。首次集中展示了20余个品类，236个品种，200余万株蔬菜。首次集中展示了药用植物500多种中草药，将药用植物以园艺化形式向国内外宾客进行了展示。

举办国际竞赛与展示。北京世园会国际竞赛是世界园艺博览会的规定项目，是北京世园会的重要组成部分，是世界各园艺组织和个人展示园艺技术、交流园艺文化的舞台。北京世园会国际竞赛主要分为室外展园竞赛、室内展区竞赛、中国各省区市室内展品竞赛、室内专项花卉植物竞赛四大类。北京世园会国际竞赛展示受到游客、专业技术人员等各界人士的一致认可，彰显专业水平，影响力强。

根据《国际园艺展览组织规则》相关规定和要求，完成《国际竞赛总体方案》，2018年8月16日该方案获得2019北京世园会组委会通过。结合北京世园会筹办工作实际，成立2019北京世园会国际竞赛组织委员会和评审委员会，组织开展并统筹协调各项竞赛评比活动，同时完成评审细则、颁奖方案等专项方案。通过邀请11位国内外知名度高和影响力大的花卉园艺专家，对室外92个展园、室内54个展区进行了3次集中评审，评出5个AIPH大奖，14个组委会大奖，27个组委会特等奖等。省区市、高校科研院所的切花等5大类近万件展品进行了4轮集中评审，评出特等奖600余个，金奖1300余个，银奖1900余个。2018年7月31日至8月1日，2019北京世园会中国馆省市区及科研院校室内展区展示方案第一次专家评审工作会举行。此外，7档国际竞赛在国际竞赛展厅内展示，来自40余个国家和地区的800多个单位及个人参赛展示，评出金奖 300 余个。

国际竞赛的参赛展品数量超过 2 万余件，其中中国省区市展品竞赛四次总展品数量近万件，包括鲜切花、盆栽、盆景、插花艺术等，充分展现我国园艺产业发展成就。

北京世园会国际竞赛是历届世园会内容最为丰富、项目最多、参赛方最多、参赛展品最多的一次。其中，2019 世界花艺大赛是首次在国际园艺生产者协会批准的 A1 级世园会期间组织开展的国际性花艺大赛，也是中国境内第一次举办的最大规模、最高水准、最有影响力的国际花艺赛事。

完成植物检疫隔离与设施园艺高科技示范区建设、专业展示及运行维护。 植物检疫隔离与园艺技术服务区（简称世园温室）位于 2019 北京世园会生活园艺展示区，占地面积近 3.1 万平方米，建筑面积约 2.5 万平方米。

世园温室是国内历届世园会中第一次在围栏区内建设的具有多重服务保障与展示功能的综合性温室。一是服务保障功能。保障北京世园会展会期间进口植物材料的检疫隔离与养护复壮需求。二是设施蔬菜现代化栽培技术展示功能。在温室内向大众展示设施蔬菜栽培的新技术、新理念、新方法。三是设施园艺新技术展示示范，引领设施园艺发展方向。高保温高透光的温室结构、新一代温室正压送风环控系统、节能为核心的能源解决方案、自动化生产解决方案等集中展示。四是统筹考虑会后利用。温室建设之初便充分考虑了北京世园会结束后温室的利用问题，现有设施可满足现代化高档盆花和无性母本生产。通过温室结构、内部系统和能源系统的优化，温室运行后与国内智能温室相比，透光率可提高 10%，结构材料减少 10%，在冬季采暖时期可节约能源 30%，是国内高效节能的现代化智能温室新标杆。

世园温室植物检疫隔离区根据新加坡、俄罗斯、印度、朝鲜、德国、法国、联合国教科文组织、国际马铃薯中心等多个国家和地区的需求，累计提供超过 4000 平方米的检疫隔离与养护场所。新技术展示区累计进行盆花展示 50 多万盆，世园局园艺部组织 20 多批次专业人士参观，积极进行了先进技术展示示范与推广。

完成国外设计师创意展园建设及养护管理工作。 会期，世园局园艺部邀请由美国乔治·哈格里夫斯（George Hargreaves）、英国詹姆斯·希契莫夫（James Hitchmough）及汤姆·斯图尔特 – 史密斯（Tom Stuart-Smith）、荷兰 West8 城市规划与景观设计事务所、丹麦斯蒂格·L·安德森（Stig L. Andersson）、日本石原和幸组成的国外著名设计师团队围绕现代科技应用与场所创意体验、自然情趣与意境塑造等新技术、新理念与新材料进行展园设计，诠释世界花园设计的先进水平，完成 5 个各具特色的创意展园方案。根据创意展园的设计方案，完成 5 个创意展园的施工建设，面积共 7800 平方米。其中，美国设计师展园“东西园”，通过对中美全球空间环境分析，探索中国本地植物如何影响美国乃至世界各地的公共空间设计，并尝试寻找东方与西方园艺空间的"和而不同";英国设计师展园"新丝绸之路"在生态纬度诠释园艺的意义和价值，示范"拟自然干草甸"景观，展示引进及野生植物 80 余种，利用植物群落的演替特征，阐释场所的生态性及可持续发展的构建途径，在生机盎然的植物材料中体现生态意义，提供新的园艺植物的应用理念、视角和思路；荷兰设计师展园"时光园"，以多样的植物搭配营造出的氛围迥异的庭院寓意人生不同阶段，带领游人脱离周遭的喧嚣，沉浸入森林的光影和气息，经历一场象征性的时光之旅；丹麦设计师展园"Yuan"，在解读中国传统哲学及审美的基础上，通过构建新的设计语言，探索科学发展的新时代下，人与自然的关系，从而定义新的园林；日本设计师展园"桃源乡"，将日式门坊、亭子、篷椅、石墙等元素与中国古典文学相结合，搭配丰富的植物层次与水系，追寻城市里的"乡愁感"，诠释"无国界"绿色空间。

2019 北京世园会期间举办的"引领·传播·共荣"主题专业论坛，现场观众 400 余人，线上观众逾 15 万人。

完成海关、检验检疫及园区生物防控及检验检疫工作。世园局与国家林业和草原局有关部门沟通协调，完成"普及型国外引种试种苗圃"材料申报及专家评审，获得国家林业和草原局颁发的"普及型国外引种试种苗圃"资格，为引进植物栽植和会期结束后继续保留创造条件；制定了《2019 年中国北京世界园艺博览会境外植物及其产品检验检疫工作方案》，明确境外植物及其产品参展入境程序；办理展览品暂时进口相关备案手续，经与北京海关沟通，采用银行保函的形式为北京世园会展览品暂时进口提供税款担保，以免除国外展览品暂时进口所需交纳的关税。

针对国内外入园苗木的事前、事中和事后监管，世园局通过建立溯源追踪系统、加强定期疫情检测、监测、防治和除害处理，以第一时间发现潜在的疫情风险，提前采取预防措施，确保生物安全。完成 3.5 万株大型苗木和 15 万株盆栽的追踪标识悬挂，安装了昆虫旅馆，大型 3 个、小型 10 个。在园区内设置 80 个监测点、500 余套有害生物诱捕装置，并且每周进行 2 次有害生物巡查监测，每月开展不少于 1 次检疫性有害生物普查，以第一时间发现潜在的疫情风险，提前采取预防措施，避免有害生物发生。在园区内设置了现场实验室，可以现场第一时间开展有害生物初筛和应急鉴定工作。对入园植物和监测有害生物进行种类鉴定，累计完成 3500 余份样品鉴定。应用生物防治、物理防治和化学防治等多种手段，累计预防病虫害作业面积 2000 余公顷。

组织实施北京世园会大众参与创意展园方案征集大赛。为了让大众参与 2019 北京世园会的筹办，充分体现开放办会的理念，提升和激发广大民众对园艺的认知和兴趣，拓展园艺展览展示思路和理念，由北京世界园艺博览会事务协调局、中国风景园林学会主办，北京园林学会、北京林业大学园林学院承办，共同策划组织了"2019 北京世园会大众参与创意展园方案征集大赛"，大赛紧紧围绕 2019 北京世园会"绿色生活美丽家园"的主题，体现"让回艺融入自然、让自然感动心灵"的办会理念。以园艺为媒介，引领人们尊重自然、保护自然、融入自然。充分发挥创造力和想象力，探索人类和谐的生活方式，打造世界园艺新境界、生态文明新典范。

大赛公告于 2016 年 8 月 15 日在相关网站上发布，公开征集具有原创性的各类园艺展园创意方案。要求以花园设计为依托，以植物材料（含果、菜等）为主要展示对象，考虑植物景观的延续性，并且创意独特、设计理念明确遵循生态、节约、可持续的原则，提倡使用新材料、新技术、新工艺，场地面积为 100 平方米左右，形状自定。

大赛分成专业组和学生组两组进行，在前期充分宣传、动员的基础上，国内专业设计团体和个人设计师、园艺爱好者及达人组共收到来自北京、上海、苏州、广州等 14 个省市的 177 项作品，参赛人员包括政府机构、企事业单位专业技术人员、高校教师、园艺爱好者和达人等。国内园林、风景园林及相关专业在校学生组共收到全国 45 所高校的 321 项作品。经初评，入围作品进入为期 15 天的网络投票阶段，数百万观众参与其中，热闹非凡。最后经终评，国内专业设计团体和个人设计师、园艺爱好者及达人组共有 71 项作品获奖，其中一等奖 2 项、二等奖 6 项、三等奖 14 项、优秀奖 49 项。国内园林、风景园林及相关专业在校学生组共有 52 项作品获奖，其中一等奖 3 项、二等奖 5 项、三等奖 14 项、优秀奖 30 项。同时编辑出版了《百虹初晖——2019 北京世园会大众参与创意展园方案征集大赛获奖作品集》。

第二章　室内展馆及亮点

花卉、园艺是世园会展览展示的主要方面。2019 年北京世界园艺博览会花卉园艺展览展示主题突出，亮点纷呈。全球 5 大洲的 86 个国家、24 个国际组织与中国 31 个省区市、港澳台地区，以及专业机构和企事业单位，通过 100 多个室外展园和室内展陈，展示各国各地区园艺新理念、新品种、新技术、新产品和特色文化，汇聚了各国花卉园艺精品。

北京世园会园艺展览展示突出生活生产生态相映成趣，科技人文相互融合的特色。例如，在中国馆，集中展示中国生态文化，弘扬中国插花花艺的博大精深和非物质文化遗产的民族精神；在生活体验馆，非遗大师与游客现场互动，表演工艺美术"燕京八绝"和"京城九珍"；在国际馆采用"实物加多媒体加互动加氛围"的多维方式，精彩讲述"一带一路"沿线等全球园艺文化故事，世界各国名花名树，汇聚世界各地独特的园艺特色和地域文化；在植物馆以真实生态造景方式，展现热带植物群落，让游客在植物温室中零距离感知真实红树林植物群落以及其他热带植物的风貌。

<h1 style="text-align:center">第一节　中国馆</h1>

名为"锦绣如意"的中国馆位于世园会园区的核心景观区，是本届世界园艺博览会的标志性建筑，总建筑面积2.3万平方米。中国馆地处山水园艺轴中部，北侧为妫汭湖及演艺中心，西侧为山水园艺轴及植物馆、东侧为中国展园及国际路，南侧为园区主入口。展厅以展示中国园艺为主，集中国31个省区市和港澳台地区的花卉园艺精华于一馆之中。

中国馆的展览部分，以"生生不息，锦绣中华"为展示理念，展览形式综合运用实物展陈与场景再现、传统园艺手法与数字新媒体相结合的形式，全方位、多角度地展示我国生态文明建设理念、成就、地域特色和世界影响。

中国馆展览面积15000平方米，展览涵盖四大展区：包括中国生态文化展区、中国省区市园艺产业成就展区、中国园艺类高校及科研单位科研成果展区和中国非物质文化遗产插花艺术展区。通过四大展区，展示生态文化，共谋全球生态文明建设；展示各省区市园艺产业发展、园艺科技创新以及高新成果；展示科研单位代表国际领先水平的技术、与百姓生活紧密相关的绿色发展成果、中国原创的园艺产业科技成果等；展示中国传统插花经典作品、传承与创新中国传统文化。

中国生态文化展区展览面积3500平方米，以园艺为载体，围绕"天地人和""惠风和畅""山水和鸣""祥和逸居""和而共生"，依次布局。

7-1图　中国馆中国生态文化展区——山水和鸣展厅

7-2 图　中国馆中国生态文化展区——天地人和展厅

中国省区市园艺产业成就展示区展览面积 8590 平方米。在各省区市展区内，将展示各地园艺历史文化、园艺产业发展、园艺科技创新以及生态文明建设等方面特色内容。

7-3 图　中国馆室内北京展区　　7-4 图　中国馆室内福建展区

7-5 图　中国馆室内广西展区　　7-6 图　中国馆室内江苏展区

中国园艺高新科技成果展区展览面积 1130 平方米，主要面向与园艺相关的国内高校、科研院所，汇集代表国际领先水平的、中国原创的园艺产业科技成果，展示与百姓生活紧密相关的绿色发展技术成果，为促进科技成果转化创造机会与条件，促进园艺产业自主创新能力，以研发创新为动力，倡导绿色发展方式和生活方式。

7-7 图

7-8 图

7-9 图

7-10 图

7-7 图　豹子花—珍稀植物，中国馆地下一层神州奇珍展区

7-8 图　橘红灯台报春—珍稀植物，中国馆地下一层神州奇珍展区

7-9 图　绿绒蒿—珍稀植物，中国馆地下一层神州奇珍展区

7-10 图　珍稀植物中国馆地下一层神州奇珍展区

　　中国非物质文化遗产插花艺术展区展览面积 1780 平方米，分为"识花""赏花""品花"三部分。通过花材花器、古籍书画，配合品花观花的定制装置，向公众展现中国非物质文化遗产传统插花艺术的魅力，展示中国传统插花经典作品、传承与创新中国传统文化，弘扬中国插花花艺的博大精深和非物质文化遗产的民族精神。

其中，重点展示代表中国的、有自主知识产权、国际有影响力的观赏园艺产业链产品、技术、材料，以及相关绿色生态技术。通过对中国前沿技术节点的科普，来体现中国现代观赏园艺技术的先进以及未来发展方向。

另外，还以甲骨文、《诗经》中的植物等为素材，结合现代科技手段，展示天然质朴的人与自然和谐共生的科学自然观；借助《富春山居图》大型长卷展墙与镜面装置，以精美的押花、插花等工艺，结合现代多媒体互动技术，展现秀丽多姿的绿水青山；以影像与图文交织辉映效果，阐释我国新时代推进生态文明建设的方向。

北京世园会期间，在中国馆共展出了 300 余种中国特有的珍稀植物。其中活体植物有 200余种，分别来自北京植物园以及中国科学院植物研究所、厦门市园林植物园、中国科学院华南植物园、深圳市中国科学院仙湖植物园等十余家单位，多数为国家一、二级珍稀植物，还有许多是濒危品种。此次北京世园会的举办，让厦门植物园的华盖木、华南植物园的虎颜花、西双版纳的版纳西番莲等，总计 50 余个品种首次落户北京，也促成了近年来北京植物园内最大的一次珍稀植物引进，同时使大温室珍稀植物种类一下增加了 10%。

中国馆会后将继续作为大型园艺展览馆，并成为"北京花展"的主展馆，将"北京花展"打造成和英国切尔西花展齐名的世界级花展。

第二节　国际馆

2019 北京世园会的主要场馆之一的国际馆位于世界园艺轴中部，紧邻中国馆和演绎中心，国际展园、中国展园环绕其间，西侧面向草坪剧场和湖区。正对海坨山的规划轴线，处于妫水河南岸，生态环境优美。在建筑外观上，国际馆的 94 把钢结构"花伞"开拓出 12770 平方米的占地面积，"花伞"张开的"花瓣"象征各个国家一同在世界大家园"融和绽放"，创造绿色和谐未来。

国际馆围绕"绿色生活，美丽家园"的主题进行室内展园布展。秉承"融和绽放"的展示理念，展示国家（地区）、国际组织在园艺方面的成果与贡献，举办室内花卉专项国际竞赛与展示，推动园艺产业创新与发展。

国际馆展览面积 12770 平方米。分为四大展区，包括下沉广场、序厅、国家（地区）与国际组织展区、室内花卉专项国际竞赛展示区。

下沉广场展览面积 860 平方米，作为参观者进入国际馆的入口，位于地下一层，结合下沉广场的功能和结构特点，通过世园台阶、主题生态绿墙、主造型，可移动花园等共同演绎万紫千红"百花园"，以园艺为媒，盛邀四方宾客。

7-11 图　国际馆—下沉广场

　　序厅展览面积 1260 平方米，位于地下一层，作为观众由登录空间上升至展场的中转空间，在保障开敞和良好通过性的基础上，采用"实物＋多媒体＋互动＋氛围"多维体验方式，在立面与地面展示"植物起源中心""一带一路物种传播交流"及"世界名花名树"等园艺文化内容，多维度体验欣赏多样繁荣的全球园艺文化，凝聚各国友谊。以园艺传情，共建开放包容、共同繁荣、合作共赢的美好未来。

7-12 图　国际馆—序厅

　　国家（地区）与国际组织展区展览面积 7100 平方米，结合国际馆展览展示空间及相关展会经验，规划布局国家（地区）、国际组织展区。其中，以洲际为组团，按照亚洲、欧洲、美洲、大洋洲来划分国家（地区）展位。

7-13 图　国际馆专项竞赛——兰花组图

7-14 图　国际馆专项竞赛——菊花组图

　　室内花卉专项国际竞赛展示区面积 3550 平方米，根据 AIPH 规则，充分考虑不同花卉的花期、产业发展引领等因素，采取换展闭馆模式，举办牡丹、芍药、兰花、月季、组合盆栽、盆景、菊花六类专项国际竞赛及 2019 世界花艺大赛。游客以多种体验方式感受全球园艺文化，观看 7 场国际园艺巅峰之战。

7-15图　国际馆专项竞赛——盆栽组图

　　会后国际馆可以作为中国园艺交易中心，搭建园艺产品研发培育交易平台或作为其他多功能场馆再利用。

第三节　生活体验馆

　　生活体验馆位于北京世园会园区的东北隅，是整个园区距离延庆城区最近的一座展馆，因此它成为衔接城市生活与田园风光的重要节点。生活体验馆南面和西面，在展会期间是国际展区。

　　生活体验馆按照"爱园艺、爱生活"的展陈理念，综合运用静态展示、动态展示、视觉、听觉、互动体验等多种方式，展示贴近百姓的园艺生活。围绕植物多样性、咖啡、茗茶、传统工艺品等，体验园艺在衣、食、住、用、娱、健康等方面的应用，让游客切身体验园艺让生活更美好。

　　生活体验馆展览面积9400平方米。分为四大展区，包括序厅、科普园艺展区、生活园艺展区、专题园艺展区。

　　序厅展览面积680平方米，巧妙运用场馆入口及序厅空间，利用"之"字形道路打造一条园艺景观坡道，参观者自一楼沿坡道徐徐漫步至二楼，欣赏沿途不同主题植物，增强对园艺的深刻印象。

科普园艺展区展览面积 1910 平方米，位于生活体验馆二层，展区将以中华本草数千年在人们生活中的应用为主线，结合现代化多媒体手段，全景体验百草景观、虚实对照了解道地药材、场景再现本草炮制等本草文化与药用植物应用展示示范。

生活园艺展区展览面积 3120 平方米，组织相关企业，采取轮展形式，通过生活空间意境的营造、企业展品的景观式表现，展示全球新优的园艺品种与产品、最前沿的园艺技术与理念，展示举办地延庆的地域特色和产业成果，交互体验气象、航空航天与园艺、生活与园艺的相互联系。

7-16 图　生活体验馆内延庆展区　　7-17 图　生活体验馆内气象展厅

7-18 图　生活体验馆内国航展区　　7-19 图　生活体验馆内园艺市集展厅

专题园艺展区展览面积 3690 平方米，设置"工艺美术""茗茶四海""咖啡生活""绿意未来"四个专题展。100 余家茶、咖啡等相关企业参与展示。

"工艺美术"专题展以社会众筹的方式，采取实物展示、现场表演、体验互动形式，征集国家级工美大师作品、与园林园艺相关的瓷器、雕刻、漆器等传统及现代工艺品，让参观者近距离感知各种园艺手工艺品和创意作品，感受非物质文化遗产的魅力，体验传统工艺传承的文化价值。

另外一个重点展项"茗茶四海"专题展，则以图文、影像等方式展示茗茶历史文化，以互动体验的方式，向参观者展示饮茶的习惯及礼仪，让参观者感受茶深厚的历史文化内涵。同时组织多轮不同形式的体验活动。

"绿意未来"专题，是通过仿生机器人、3D打印、智能装备、虚拟现实等前沿技术与园艺相结合，超越物理空间的局限，创造无限互动体验，感受最新奇的园艺跨界产品体验。在生活体验馆内还组织了工美大师进世园、中医药文化科普传播等各种寓教于乐的互动体验活动500余场次。

第四节　植物馆

植物馆的策展主题是"植物：不可思议的智慧"，通过一系列手法，向参观者充分展示植物的生存和繁衍智慧，呼唤人类保护植物，关爱地球。2019年7月29日，历时三年，中国第一部全面展现植物世界的自然类纪录片——《影响世界的中国植物》发布会在北京世园会园区植物馆举行。

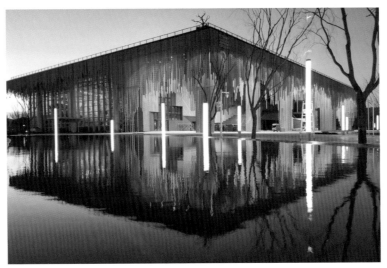

7-20图　植物馆夜景

一、展区布置

植物馆内汇聚了上千个植物品种，是一座神奇的"植物王国"。植物馆以"植物：不可思议的智慧"为主线，集植物温室、科技服务、科普教育、国际交流、游览休闲等功能于一体，打造出如"万花筒"般多彩奇妙的植物世界。

7-21 图　植物馆内游人如织

作为本届世园会的四大核心场馆之一，植物馆位于园区的核心位置，占地 39000 平方米，建筑面积 9660 平方米。植物馆不仅在建筑设计上有很多惊喜之处，同时也是北京世园会唯一拥有温室展区的展馆、唯一能上升到屋顶的室内展馆。

植物馆的建筑设计理念为"升起的地平"，建筑表面机理以植物根系为灵感，庞大的垂坠根系向下不断蔓延，将植物原本隐藏于地下的强大生命力直观呈现给参观者，不仅产生强烈的视觉冲击，更带领参观者踏上一场以感受植物根系力量为起点的奇妙植物世界之旅。3156 支金属根须是模拟植物在人类不可见的地底的庞大生命系统，游客进入植物馆，犹如进入土壤以下的灰色空间。这个阴影下的空间设置也是出于人性化的考虑，使排队观众避免了阳光曝晒，同时让这个迷幻的空间减少等候的烦躁。随着游览深入，从一层沿着展厅东部的空中盘旋步道途经二、三层逐步攀爬上行，能够享受从高空俯视红树林植物冠部的极致美景，直至抵达植物馆屋顶平面，仿佛穿梭到地平线以上。

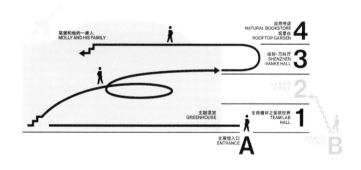

7-22 图　展览流线

植物馆建筑分为三层，一层设有 teamlab 数字展厅和主题温室，分别占地 880 平方米和 2850 平方米，其中，数字艺术沉浸式主题展以红树林植物群落作为出发点，从红树植物生存的基础环境"潮间带"，红树植物的根、种子和叶片等自身智慧以及红树林大生态系统这三个层面来叙述植物如何运用自身的智慧来适应环境，与候鸟及水生动植物形成一个生态体系，以一种超越平常的观察视角去理解植物。

主题温室汇聚 1001 种、20000 余株珍贵植物主要展示多纬度地区的植物，集中展现各气候带的特色植被，以及稀有濒危植物保存和展览。通过红树林、热带雨林、蕨类、棕榈、多浆植物、食虫植物、苔藓等展现植物王国的多样性以及植物生存和适应环境的智慧，设有 5 大展区 12 个景点。5 大展区分别为"逆境求生区""植物大战区""万里长征区""亿年足迹区"和"变身大法区"。

展馆通过一系列高科技创意手法，向参观者充分展示"植物的智慧"，呼唤人类保护植物，关爱地球，关注人类的未来。其中，人工红树林，再现红树林适应海潮涨落演化出的胎生、支柱根、泌盐等特征，彰显海岸卫士的生态功能；热带雨林着力展现植物与植物、植物与动物之间竞争、协同的关系，如空中花园、独木成林、老茎生花、滴水叶尖、巨叶现象、绞杀现象等；棕榈科植物和蕨类植物展示其卓越的传播繁衍智慧；多浆植物通过茎叶的变态进化出适应干旱环境的能力；食虫植物靠食肉来摄取营养；植物王国的小矮人苔藓如何找到适合自己的生存空间。

7-23 图　植物馆内的植物

建筑二层为 480 平方米的绿色多功能报告厅，会期陆续举行红树林、植物科学画等分主题展览、科普教育和沙龙论坛等公共活动。围绕"世界画家笔下的中国植物"这一鲜明主题，通过古今中外植物科学艺术画作的展示和科普，全面呈现植物科学艺术画这一鲜为人知的科学艺术绘画领域。从植物衍生出生态系统相关延展知识，以多媒体信息／艺术装置展示形式，历代名画穿插展出。英国皇家邱园植物园和中科院植物研究所也参与其中，共同讲述人与植物的故事。

三层为品牌展厅，展示万科企业文化和植物馆建成背后的故事。此外，植物馆屋顶设计也是一大亮点，屋顶层设有中信植物主题咖啡书店和纪念品商店，屋顶观景台和长颈鹿枯木艺术装置"莫莉和她的一家人"（Molly and her family）。站在这里登高远眺，可以将妫水河、海坨山以及中国馆、天田山等北京世园美景尽收眼底。

7-24 图　植物馆顶层中信植物主题咖啡书店

二、动物明星

长颈鹿枯木艺术装置"莫莉和她的一家人"来自遥远的非洲，起初，她们还不是现在的模样，经过詹姆斯·多兰·韦伯（James Doran-Webb）位于菲律宾宿务工作室的打磨后，长途跋涉来到中国，并最终出现在植物馆的屋顶观景台上。

这个作品采用钢筋龙骨架，外层包裹枯木，整体装置全部安装在一个焊接在屋顶地面下的金属框架，金属框架尺寸为1200厘米（长）x 450厘米（宽）x 45厘米（高），重约2200千克。

"莫莉和她的一家人"创作者詹姆斯来自英国，他成年后移居菲律宾生活和工作，一生都在与植物打交道，他以全新的角度，用枯木为语言进行艺术创作，成了世界领先的枯木动物装置艺术家，让大家用心倾听"植物的语言"。同时他还倡导生态环境保护，用独特的方法，使不朽的枯木雕塑能够抵御户外几十年的天气状况。詹姆斯每年都会参加切尔西花展，他的作品遍布世界各地公共和私人空间。

"莫莉和她的一家人"是由再生木材和不锈钢制成的，其中回收的木材来自小花牡荆（英文：Molave，又为 Vitex Parviflora）。小花牡荆是菲律宾的国树。它曾经生长在菲律宾中部。它的木材因其经久耐用的品质而备受推崇，就连被称为树木克星的昆虫也不能轻易钻进它，再加上它退化的速度非常慢。因此菲律宾人用小花牡荆的树干来支撑他们的房屋，以达到坚固稳定的效果，也正是因为这个特点，小花牡荆在20世纪过程中被砍伐到了灭绝的边缘。

7-25图　莫莉和她的一家人

詹姆斯从英国来到菲律宾，偶然间发现了小花牡荆木材可用于他的艺术创作，为此他专门收集小花牡荆，这些木材是植物死去50年以上的枯木。

在过去的30年里，詹姆斯一直在收集这些木材，现在他已经收集了100多吨再生的小花牡荆木材，也正是因为他，才使这些枯死的植物以一种新的方式进行生命的延续。

詹姆斯之所以选择以长颈鹿的形态进行创作，是因为长颈鹿是世界上最大的食草动物之一。詹姆斯希望通过用枯死的木头制作这种特殊的动物，使灭绝的植物经过艺术创作重获新生，同时又别出心裁地传递环保理念。

这充分表达了北京世园会"绿色生活 美丽家园"的理念。让人们注意到植物与人类生存休戚相关，从而能够重视废弃材料的使用和对森林的保护。他以艺术为语言进行表达，呼吁大家行动起来，珍视森林和植物、爱惜地球资源。

长颈鹿艺术装置从2018年7月开始创作，到2019年1月完工，历时7个月。2019年2月初，装载长颈鹿的4个大型集装箱从菲律宾宿务岛运出，从天津港入关，3月1日凌晨最终到达北京世园会现场。

第三章　展园

展园是 2019 北京世园会的重要组成部分，能够直接展现来自世界各国、地区的地域文化与园林景观。

从地理位置来看，整个北京世园会园区横跨妫水河，与万亩森林公园交合相融，与北京第二高峰海坨山、国家湿地公园野鸭湖、世界级地质遗迹龙庆峡、四季花海等自然美景融为一体，一派"城在园中、园绕城区、城景交融"的园林美景。

同时，展园也是 2019 北京世园会向世界展示我国生态文明建设、美丽中国建设的重要窗口，向世界传递了"绿水青山就是金山银山"的绿色理念。具体体现出以人为本、文化多元、科技创新、生态提升、产业发展等五方面的特色。

北京世园会的园区面积共 503 公顷，设计建设了 40 个国际展园、34 个中华展园、3 个专类展园、5 个设计师展园、17 个企业展园。同时，还建设了儿童展园、北京市属 16 区立体花坛等展览展示场地。展园将人与自然和谐相处落实在每一个细节，不仅展示了多国的异域风情和地域文化，也展示了中国近三千年的园林艺术和园艺文化，更是创新性地向世界展现了中国神韵、中国风格、中国气派。

此外，北京世园会获得了国际展览局的肯定，国际展览局称赞中国筹办北京世园会专业性强、效率高，为其他国家举办世园会树立了榜样。

第一节　国际展园

国际展园是 2019 北京世园会的特色之一，来自世界各地的参与者，都借此机会展示了他们的绿色方案，唤起了人们对自然的关注，提升了全球生态环境保护意识，为实现人类更加绿色的未来做出贡献。

现有 110 个国家和国际组织参展 2019 北京世园会，包括 86 个国家和 24 个国际组织。室外参展国家和国际组织包含俄罗斯、英国、德国、荷兰、阿联酋、卡塔尔、日本、新加坡、澳大利亚、苏丹等国以及联合国教科文组织、国际竹藤组织、世界气象组织、上海合作组织等国际组织。在国际展园，人们不出国门就能够观赏到充满异域风情的园林园艺，各具特色的展园吸引大量游客驻足停留。

7-26 图　国际展园总平面图

阿富汗展园

　　阿富汗展园以"丰收的希望"为主题，展园面积1050平方米。室外空间是阿富汗著名园艺产品的植物和花卉所装饰的公共景观。展馆是一个现代和传统相结合的建筑，展区内有150平方米－200平方米的室内展示空间用于小型展览，展示园艺和传统产品。展馆是一个现代和传统相结合的建筑，室内展示空间用于小型展览，展示园艺和传统产品，再辅以阿富汗音乐和本土美食的本国庆典活动。所有园艺领域的信息都通过印刷品和数码交流来展示，使展馆更具互动性。

7-27 图　阿富汗展园

阿联酋展园

阿联酋展园以"沙漠绿化——谢赫·扎伊德的遗产"为主题，展园面积2100平方米。阿联酋展园以阿尔艾因的沙漠绿洲和湿地为基础，来展示阿联酋农业的进步以及文明发展进程。通过展示在椰枣树荫下生长的各种作物，呈现了阿联酋人民围绕农业发展而演进发展的文化。

7-28图　阿联酋展园

展区的主入口设在园区主干道旁，入口处为阿联酋展馆建筑。入口设计为参观者提供了关于展园的基本信息和简单介绍。而展馆主要包含三个功能区，有分开设置的主要入口和出口，以避免参观人流拥堵。其中一个功能区为观影厅，用于放映介绍短片，向参观者讲述其独特传奇故事。另外一个功能区为阿拉伯客厅，用于接待客人，最后则是室外翠色欲滴的花园，以向参观者展示其绚丽多彩的自然风光。整个展园可以让参观者体验到阿联酋民族热情好客的风俗文化，也可让其充分了解阿联酋特有的沙漠绿洲故事。阿联酋展馆具有强烈的视觉冲击和民族特色，从未踏足于阿联酋的参观者也能对此展馆留下深刻的印象。

阿塞拜疆展园

阿塞拜疆展园以"保护自然母亲"为主题，展园面积1050平方米，充分展示了阿塞拜疆传统文化以及艺术与自然的密切联系。阿塞拜疆的特色水果——石榴，作为点缀园区的装饰。展园建筑以螺旋式表现持续运动的发展和所有事物的内在秩序。

室内展示体现了阿塞拜疆四大地毯产地及其典型的植物染料的颜色。游客可欣赏到来自四大产地的具有代表性的各两幅古代地毯。通过符号、描述、视频材料、放大镜、声效及大型显示屏的帮助，这些地毯及它们的历史被一一呈现出来供游客去体验和探索。

7-29图　阿塞拜疆展园

澳大利亚展园

澳大利亚展园以"来自自然的金色礼物"为主题，展园面积1050平方米。园内建筑外观以烧焦木头的那份冷峻为灵感，成为澳洲景观园中"火"文化的代表。在游客游览的过程中，澳大利亚展园希望他们能够停下来，而不是不停地行走着，以此强调展园的理念：我们常常过得太过匆忙，而忘了停下脚步，看看身边的美丽事物。

道路铺装全部采用可渗透性处理，使雨水能灌溉植物根部，形成自然的水循环，契合绿色发展的时代要求。

澳大利亚展园将中澳两国文化符号和意向元素融合在一起，以极具感染力的艺术设计手法来表达两国友谊关系和共同之处，让所有访客都能驻足停留，并沉浸其中。

7-30图　澳大利亚展园

巴基斯坦展园

巴基斯坦展园以"绿色生活，美丽家园"为主题，展园面积 1050 平方米，引用了次大陆地区的园林与景观概念，融合了夏利玛尔花园、哈苏里（音）花园、希兰（音）光塔、萨希（音）花园等各类花园与景观的精髓。莫卧儿花园的丰厚底蕴，让拉合尔（巴基斯坦第二大城市）成了花园城市。展园将莫卧儿花园的丰富元素融入其中，展示巴基斯坦丰厚的传统文化。莫卧儿花园的灵感源于波斯花园，原型是古兰经中提及的天堂花园，是一种精神象征。

莫卧儿花园的小路，体现着几何设计，宗教和黄道带元素也在花园中有所体现。巴基斯坦园的展示内容包含传统莫卧儿花园的基本元素。整个展园呈几何形态，分为多个部分。园内还包含莫卧儿花园中常见的观景平台、贯穿展园的水流等元素。展园层次丰富，并呈对称形态，规则且和谐。

7-31 图　巴基斯坦展园

巴勒斯坦展园

巴勒斯坦展园以"和平与绿色生活"为主题，展园面积 1050 平方米，展园为规整的正方形，正前边缘为石砌矮墙，墙体平滑，实现了线面的巧妙结合，墙体前后和上下设计均凹凸有致。其他三边是由低矮灌木修剪而成的绿植墙，几棵水杉点缀于绿植墙边，错落有致，给人以美感。

展园主入口设置在石砌墙与其中一面绿植墙相交之处，门外右侧挺立着中国和巴勒斯坦的国旗，象征着中国和巴勒斯坦友好和睦的关系。巴勒斯坦展园入口的设计灵感主要来源于耶路撒冷最主要进出口通道——大马士革门。与主入口相对的一端，则是以耶路撒冷为雏形而建成的室内展示区，此建筑顶端为黄色圆形屋顶，充分体现巴勒斯坦的特色建筑风格以及宗教信仰，彰显着巴勒斯坦深厚的历史文化。展园内部摆置的各色植物和花卉充分体现了巴勒斯坦人民渴望实现人与自然和谐共处，可持续发展的生态文化理念。

7-32 图　巴勒斯坦展园

比利时展园

比利时展园以"多样文化的创新与融合"为主题，展园面积 1050 平方米。展园通过地形、植物、家具小品、构筑物"云"等设施营造艺术与景观相结合的空间，同时挖掘中比两国文化的共同性。构筑物"云"结构不光是艺术的象征，也蕴含着自然的理念，为游客提供遮阴、避

7-33 图　比利时展园

雨的地方。在"云"之下，通过雕塑、诗歌、绘画展现比利时十个省份各自独有的特点。两国之间的圆桌文化源远流长。游客可围坐在桌前聊天、休憩和娱乐，展现开放交流的理念。"可

回收"和"永续"的概念始终贯穿于花园材料的运用中，绿色环保的理念展示出人们对环境的热爱。比利时花园不仅展示了欧洲景观，也体现了中比两国环保理念交流深入人心的开放空间。

朝鲜展园

朝鲜展园以"和平与绿色生活"为主题，展园面积 1050 平方米。走进朝鲜园，首先看到的是庄严的和平鸽雕塑塔，雕塑塔以白色为主色调，金色螺旋的曲线象征着磅礴的生命力，和平鸽展翅欲飞，反映朝鲜人民热爱和平的情感。园内建筑采用朝鲜特色的绿色屋顶元素，前墙采用金色金属搭配玻璃，整体造型件简洁大方，既有民族特色又不失现代感。建筑内主要展示朝鲜人民热爱的朝鲜名花金日成花和金正日花，并通过绘画、照片、邮票等，展示朝鲜的自然风貌及绿色产业中取得的成果。

7-34 图　朝鲜展园

德国展园

德国展园以"播种未来"为主题，展园面积 1050 平方米。在 2019 年中国北京世界园艺博览会上，德国以创新、行之有效的方式和可持续发展的理念展示德国园艺和城市发展的过去和未来。展园中心的德国馆，突出现代建筑风格，外立面以透明玻璃为主。

多种多样的植物花卉装饰的木质立体墙称之为"绿屏"，围绕着德国馆。玻璃外立面和绿屏展示了德国展园的开放性，使花园景观和建筑完美融合为一体。除了德国馆室内展示，德国展园将在园内设置餐厅，啤酒花园，儿童角和以独特装饰物为造型的开阔的德国广场"数字树"。通过城市景观历史性的转变、可持续和可再生的花园原材料、现代园艺趋势集中展现园艺对现代城市发展的积极作用。

7-35 图　德国展园

东非联合展园

东非联合展园以"非洲环游记"为主题，展园面积 2200 平方米，由乌干达、布隆迪、坦桑尼亚、肯尼亚、卢旺达、埃塞俄比亚参建。该展园以东非震撼的自然风貌和丰富多彩的动植物资源为绿色基底，首先对东非独特的自然资源进行浓缩。一方面，选择与东非草原风光贴近同时能在北京良好生长的植物材料展示东非植物资源；另一方面，以景观雕塑，墙体雕刻，喷绘等为载体展示东非特有的动物资源。

7-36 图　东非联合园

其次，以东非传统民居为原型设置六处表现东非六国传统建筑特色的展览建筑，并以立面形式变化丰富的景观墙体串联，塑造丰富的游览空间。最后，提炼东非精神内涵，结合路面铺装、墙体浮雕等展示东风风光、东非共同体的团结史及未来发展，创造可感受东非精神的体验空间。通过以上三个层面将东非特色文化元素与参与者空间活动体验紧密结合。

俄罗斯展园

俄罗斯展园以"根深叶茂 硕果满枝"为主题，展园面积 1850 平方米。俄罗斯各地盛开的果园和契诃夫世界著名的戏剧形成了一个明亮、芬芳而甘醇的，具有阴凉角落和阳光明媚草地的正宗俄罗斯果园的形象。

7-37 图　俄罗斯展园

莫斯科、圣彼得堡、喀山，克拉斯诺达尔、图拉、加里宁格勒市区公园的革命性改进为现代俄罗斯的一个让我们感到自豪并显示给世界的值得经验。无论如何，在绿化水平方面俄罗斯的首都已经超过了被认为公园聚集地的纽约和伦敦。

俄罗斯的居民几个世纪以来不仅能够并爱好实现花园和公园项目，从贵族庄园到苏联中央文化休息公园。现代俄罗斯积极发展绿色创新，有助于培育能抵御自然灾害的花园和蔬菜作物，认真使用土壤，获得自然界最独特的美味水果。

法国展园

法国展园以"绿色生活，美丽家园"为主题，展园面积 1400 平方米。展园以绿色为主色调，以鲜花点缀其中，营造健康、绿色、自然、清新的氛围。

潺潺溪流将展园划分为多个区域，使展园更添生机与活力。主建筑外立面由多年生植物覆盖，形成动态的波浪式纹案，环绕建筑的水池使植物墙倒映其中。建筑外部设有多块 LED 展示屏，利用科技设备动态展示绿色生活理念。

7-38 图　法国展园

国际园艺生产者协会展园

国际园艺生产者协会展园以"绿色城市，绿色未来"为主题，展园面积 1500 平方米，庭园布局以织巢构筑物为主体，包括城市森林、雨水花园、自然野花草甸等元素，同时加入了入口和信息亭，垂直绿化隔墙，彩色凉棚和排队等候区。提供游乐和艺术装置的城市森林漫游步道。信息丰富的智能树代表城市绿色基础设施和绿色建筑。

智慧水上花园体现了具有创造性和高效的水管理体系。自然野花草甸传递的是关于恢复城市栖息地生物多样性及其对健康有益的信息。这是对绿色城市原则在微观和宏观上的推广。

7-39 图　国际园艺生产者协会展园

国际展览局展园

国际展览局展园以"'凡尔赛宫'式空中花园"为主题，展园面积 1500 平方米，采用轴线空间设计，理念源于欧洲宗教建筑形制，十字空间的严格对称体现了权利和精神的至高无上，传承至今成为仪式感表达的空间范式。

7-40 图　国际展览局展园

该展园的园林景观，采用经典几何式布局，大方得体。园中道路、草坪树木修剪齐整，雕塑随处可见。园内道路、树木、水法、花圃、喷泉等均呈严整对称的几何图形，透露出浓厚的人工修造的痕迹，体现出景观的尊贵。景观包括地雕铺装，休息坐凳，欧式景墙，林荫树阵，魔纹花坛，节点平台，景观草坪，欧式景墙，等等。

国际竹藤组织展园

7-41 图　国际竹藤组织园

国际竹藤组织展园以"创意竹藤 绿色生活"为主题，展园面积 3600 平方米，名为"竹之眼"，该设计旨在促进竹藤文化和绿色生态发展；展现竹建材、竹建筑商业化前景；感受竹藤建筑魅力，享受竹藤产品乐趣。园区采用现代的方式诠释、转化传统的"花园中展馆"模式，通过对展馆和花园的解构和融合，将展馆空间嵌入花园，创造出一个有机的整体。"竹之眼"的功能空间分布在由竹拱结构支撑的花园之下，通过一条布满藤果的建筑主轴，连接入口和各个展馆主空间。室内外空间相互交错，天然光线通过花园上的神奇"切口"进入室内，大大增强了人们身处花园中的舒适感。

从中庭通往展馆有三个主要空间，这些空间都展示了圆竹与工程竹材的创新结合和应用。整个花园的走势和几何分布与展馆重合，构成一个起伏、生动的整体。

韩国展园

韩国展园以"憧憬世界和平和交流"为主题，展园面积 2100 平方米，主要是以韩国自然形态和顺天文化为主题的庭院，该庭院充分运用韩国式的造型素材、设施、材料、植物等来展示庭院的风情。

韩国园蕴含韩国传统文化，对世界和平与交流充满憧憬，其理念将园林文化和艺术元素与自然相融合，追求安定的美丽的生活。具体展示的内容是顺天燕子楼为主楼阁，其次有方池、木桥、溪流、石桥、假山、石台、花坛等来衬托庭院的错落有致。

7-42 图　韩国展园

荷兰展园

荷兰展园以"生活园艺"为主题，展园面积 1500 平方米，通过一系列特殊植物组合展示多种多样的荷兰产品。绿色城市是荷兰参展 2019 北京世园会的切入点，其理念包罗万象。公共绿色空间通过常绿树、特种秋季彩叶树、花木植物等为城市提供更缤纷的色彩。此外，绿色城市理念还包括学校和医疗设施周边的绿色空间，工作场所周围的绿色空间以及绿植在私家庭院中的作用。来自荷兰种植者的大量树木、多年生植物、观赏草和种球花卉将为展园增色不少。

7-43图　荷兰展园

优秀的栽植计划将成为出发点，"在适当的地方种植适当的树木和植物"对构建宜居城市贡献巨大。来自荷兰的绿色城市技术和创新概念也启发北京世园会的数百万游客。荷兰展园的核心理念是绿色不是消费支出或奢侈品，而是持久的投资。

吉尔吉斯斯坦展园

7-44图　吉尔吉斯斯坦展园

吉尔吉斯斯坦展园以"绿色发展——草原上的丝路明珠"为主题，展园面积1050平方米。该展园以"草原丝路上的明珠"为美名，以"丝路景观"为主轴，以"蒙古包式的草原建筑"为中心，以"生态文明"为草原文化，以"古丝绸之路、一带一路"为丝路文化，共游丝绸之路特色景观，共品特色高原有机美食，共赏吉尔吉斯异域风情。展园的室外风格——室外景观通过地形、植物和特色水景、硬质铺装相结合，建设一个别具风格的外部景观。

展园的室内布展——中心位置将主要通过声、光、电的多媒体展览形式，多维度地展示吉尔吉斯斯坦的自然风光、风土人情、自然资源以及吉尔吉斯人的生活理念和优良传统等，充分表现吉尔吉斯人民融入自然的幸福生活状态和天人合一的价值观。室内外景观巧妙结合，建设一个具有浓郁特色和吉尔吉斯斯坦风情的大花园。

加共体联合展园

加共体联合展园以"美丽国度 热带天堂"为主题，展园面积3000平方米，由加共体秘书处、圭亚那、格林纳达、苏里南、圣基茨和尼维斯、多米尼克、巴巴多斯、安提瓜、巴布达参建。该展园旨在展示加勒比地区特色园林植被与迷人风光，领略当地热情奔放的人文情怀，感受自然、休闲的生活方式；拉近中国与该地区人民之间的友谊，促进双方经贸、旅游、文化、教育等方面的合作。

7-45 图　加共体联合园

该展园通过当地植被特点、园艺景观与人文风貌，展示当地五彩缤纷、绚丽动人的特点，体现"让园艺融入自然·让自然感动心灵"的理念。该展园以棕榈树、瓷玫瑰、红山姜为植被代表，结合火烈鸟等动植物，以绿色植被、蓝色海水、红色火烈鸟、粉色沙滩、海底珊瑚礁、狂欢节装饰、彩色建筑为设计内容，展示五彩斑斓的世界。

柬埔寨展园

柬埔寨展园以"融合绽放"为参展主题，展园面积1050平方米。该展园遵从自然，尊重生命，遵循健康的生活方式，建设一个美丽的家园。柬埔寨王国政府通过不懈努力促进环保事业的发展，与本届世园会主题"绿色生活，美丽家园"契合，以健康、平和的心态，为人民和世界创造一个更加美好的环境。柬埔寨拥有众多美丽的寺庙，人们在此找到平和的心态，绽放灿烂的笑容。柬埔寨人民返璞归真，生活简单，心态平和，亲近自然。

7-46 图　柬埔寨展园

柬埔寨展园具有鲜明的柬埔寨文化特色，主出入口两旁及花园内种植象征柬埔寨的植物和国花（棕榈树、槟榔树，等等）；走道右侧摆放巴戎寺佛面（笑容灿烂、意味深长），背后建设一个漂亮的凉亭；走道左侧展示国家特色的花朵，背后建设一个漂亮的凉亭展示基本的生活工具（牛车及相关物品）；剩余的花园将用植物和五颜六色的花朵来装饰。

卡塔尔展园

卡塔尔展园设计采用锡德拉树外形作为主体建筑，周围四棵树形造型作为附属建筑，以锡德拉树为中心，象征着团结和决心。

7-47 图　卡塔尔展园

展园主建筑高 14 米，占地面积 1500 平方米，园林加屋顶花园共 3500 平方米园林。展园采用钢结构建筑，灯光布满建筑体和整个展园，共分为 7 个区：表演区、儿童区、绿洲区、茶树区、种植区、传统文化区和草本花园。展园将配备 LED 大屏幕显示屏和电梯等，充分运用多媒体和声光电设备，给予游客独特的体验。

拉丁美洲联合展园

拉丁美洲联合展园以"隐秘在雨林中的玛雅文化"为主题，展园面积1550平方米，由哥斯达黎加、多米尼加、危地马拉、尼加拉瓜、萨尔瓦多、乌拉圭参建。该展园旨在展示中美洲地区特色园林植被独特与迷人的地理风貌，领略神秘热带雨林的生态环境；感受玛雅文化极具神秘色彩的魅力；拉近中国与该地区人民之间的友谊，促进双方经贸、旅游、文化、教育等方面的合作。

通过当地的植被特点、园艺景观与人文风貌，以及玛雅文化等特色文化，体现"玛雅文化与我同行"的理念。展园以胡须树、卡特兰等植被代表，结合当地玛雅文化元素、独特的地理环境、特色木质建筑、火山造型等元素，展示热带雨林中神秘的玛雅文化。

联合国教科文组织展园

在教科文组织花园，参观者体验到一个富有互动性的空间。开园之初，花园内以零星植被作点缀，巧妙运用植物、栅栏、石头和其他自然界物体勾勒出世界七大洲、四大洋的轮廓。开园后，展园邀请参观者到园内播种、种植花朵 / 植物。每位到园访客都可以亲手打点花园，贡献出自己的一份力量。

7-48 图　联合国教科文组织展园

教科文组织展出与其指定的场所有关的故事，如世界自然 / 文化遗产、生物圈保护区、联合国教科文组织世界地质公园等，参观者们可以从这些案例中学习可持续发展之道。

缅甸展园

缅甸展园占地面积1050平方米，其中景观面积750平方米，建筑面积300平方米。设计以具有缅甸特色的主体建筑为主要展厅，并结合景观亭等构筑物，充分展示缅甸建筑之美，并通过植物景观、带状花镜的搭配，营造"绿色生活，美丽家园"的主题构思。在景观的营造上，把中式轴线的设计理念与特色的缅甸建筑结合起来，象征着中缅双方文化的交流。展园在广场上设计有表演舞台，开园之后将有中缅双方的舞蹈表演，在室内展馆内主要以实物并配合声、光、电的多媒体展览形式，从多角度展示缅甸的自然风光、风土人情、自然资源以及缅甸人的生活理念和优良传统，等等。

南非联合展园

南非联合展园以"融合绽放"为主题，展园面积 1200 平方米，由南非、津巴布韦、莱索托、科摩罗参建。南非联合展园以"石头城"和"恩德贝勒艺术"为南部非洲代表性文化元素，搭建园艺展示舞台；以开普植物区系的景观风貌为主体，彰显地域植物景观特征。设计采用线性布局，营造流动空间，呼应"虹"的设计概念。设计以石材为主要材料，营造高台，形成高原、山谷、花坡氛围，同时也体现代表性历史遗迹"石头城"的风貌。

墙面植入动物岩画，既能体现南部非洲地区的岩画艺术，也能体现南部非洲地区的珍贵的动物资源。场地采用特色铺装展示彩绘的魅力，营造非洲热烈的氛围。

尼泊尔展园

尼泊尔展园的景观设计是为呈现自然之美。园林一直与人类的生活、行为和亲近自然的本性相辅相成。这种相辅相成的关系也是尼泊尔展馆想要在设计中体现并且深入探索的一个方向。

园林是大自然的一个缩影，而大自然是宇宙和生命的缩影。人们能够以"点"观"面"地通过园林感受到宇宙的奥秘。实则，人们也可以通过这种方式来看待许多问题。科学告诉我们，基因密码是生命的本源，必然也是灵魂的本源。灵魂存在于自然和生命之中，灵魂也是自然和生命的根本。

尼泊尔展馆通过螺旋形建筑，呈现生命、行为和大自然之间的共同之处，这种建筑来源于佛教意指'轮回'的符号。这些螺旋符号是自然间细胞与植物和谐共生的象征。因而符号也是生命的象征，而自然的运作将生命繁衍下去。佛教提倡的冥想是维持内在平衡的至高理念，本展馆通过螺旋形建筑展现三者的有效结合。

本展馆的设计遵从斐波那契数列的螺旋结构理念，用精美的佛像点缀 0 点，此外场馆还具有尼泊尔园林的特色元素。

日本展园

日本展园主要展示多姿而深邃的日本园艺文化和最新的日式生活方式，分为庭园和展馆两部分。庭园为"池泉式"风格，庭园中心设置水池。通过运用山石组合和植物布局的传统造园技术，再现泉水从深山幽谷中流出，经过三段瀑布，最终注入池中的自然景观。庭园东侧设有茶室形式的日本展馆，配以石雕灯笼和净手盆，形成"茶室庭院"，打造悉心迎客空间。池中有来自发祥地长冈市和小千谷市的锦鲤戏水。

展馆借助钢结构塑造了没有立柱的宽敞空间，富有日式建筑特点的宽展大屋檐可保护建筑免受日晒和风雨侵蚀，从敞亮的窗户可以观赏日本庭园。展馆内，日式插花、盆景、西式花艺专家使用四季鲜明的美丽日本花卉，以"面朝大海、四季花卉"为主题，展现将自然融入生活的多姿多彩的日本花卉文化。中央的主展区每两周将更换参展者，描绘日本四季的花卉和生活。

7-49 图　日本展园

上海合作组织展园

上海合作组织展园的设计以"和合同心"为主题，取自和谐之和，上合的合作之合，以同心圆为主要设计的表现形式，力求展现圆满、和谐、纽带三个层次的内涵以及同心协力共赢未来的美好愿景。

一条 S 形时间轴，沿途有上合文化的宣传大屏，步移景异，寓意上合组织的历史发展进程，也寓意一带一路带来的机遇；C 形镜面水罩，与城市剪影相映成趣；O 形阳光房，也是种花厂。该展园空间利用率高，采光面充足，通风环保。

7-50 图　上海合作组织展园

苏丹展园

苏丹展园的参展主题旨在提出一种可持续的农业理念，为后代人提供绿色土地，和不断创新和可持续发展的潜力。展园的设计灵感来源于 Noubian 文化，该文化滋养了尼罗河沿岸，介于蓝尼罗河与白尼罗河之间的上游地带。Noubian 文化拥有数百年绿色发展的传统理念。

7-51 图　苏丹展园

苏丹展园入口处的象牙造型彰显了苏丹是农业沃土，动物之乡，两个喷泉意味着水源来自蓝色尼罗河与白色尼罗河，地块左侧的传统建筑作为展示空间，被簇拥在花坛之中，展园后方有两个非洲特色的草屋，河流从 Noubian 水道而来，最终汇入展园后方。

太平洋岛国联合展园

太平洋岛国联合展园名为"太平洋上洒落的珍珠"，该设计旨在展示太平洋地区优美地域风貌与植被生态环境，介绍当地园艺特色与人文风貌，宣传海洋环保理念，以拉近中国与该地区人民之间的友谊，促进双方经贸、旅游、文化、教育等方面的合作。

为突出植被特点与生态植被生长环境，展园以"珍珠"圆融、包容的形态为设计立意，结合植被特色、岛屿不规则形态、海洋多面的流线等特点，体现"海洋、岛屿与人类和谐发展"的理念。该园以热带植被为代表，体现绿色植被、蓝色海洋、白色沙滩、光泽珍珠等内容，打造极具海洋风情的展园空间。

泰国展园

泰国展园主要分为两部分，泰式花园及泰式建筑。展园展现绿色的泰式生活方式，并与北京世园会绿色生活美丽家园的主题相契合。展园内布满美观且适合在中国生长的泰国园艺植物。

园内的泰式建筑为单层结构，展现泰式生活、社会和文化，引领贵宾和游客领略泰国风情，并了解充足经济哲学。展园对园艺展品、充足经济哲学和泰国文化。

7-52 图　泰国展园

土耳其展园

土耳其展园的主题为"迎接绿色未来"。展园步行路由碎石拼成，将展园分为多区块，各区块展现着不同的土耳其传统风貌及特色。路旁树木林立，花团锦簇，郁郁葱葱，小型喷泉点缀其中，展现"绿色生活"的魅力；各功能区内配备电子屏幕，结合科技设备，充分介绍和展示土耳其文化。

7-53 图　土耳其展园

西非联合展园

7-54 图　西非联合展园

西非联合展园以展园为画布，集西非之雅，绘草木丹青。集中展示西非的人文、自然与气候各类特点。根据典型的气候类型，展园方案设计了 7 种典型的植物景观类型，突出园艺主题。分别为：草原植物景观、花境植物景观、密林植物景观、湿生植物景观、垂直绿化部分、屋顶绿化部分。展园的景观结构可以概括为"一脉相承，众星捧月"，其中节点"阜通环廊"作为景观结构的主脉，节点"碧草连天、层林叠翠、沙海迷踪、碧水悠悠、织锦小院、律动古音、雕梁画栋"则作为设计中的"众星"；同时场地内的节点"芳茂之庭"则是场地景观结构中的"中心之月"。通过提取草原、雨林、沙漠、河流、豪萨语、非洲鼓等十余种元素，通过概念抽象、要素转译、直接展示、氛围塑造等形式，营造旖旎非洲、热烈非洲、缤纷非洲和发展的非洲。

新加坡展园

新加坡展园总体设计为一个大温室，以展示极具特色的兰科热带植物为主，展园划分为多个功能区域，包括"兰花之旅""兰花的起源""兰花教育"和"小红点"。赤轴椰子林、兰花标本、顶级兰花、红睡莲以及淡水湿地植物等特色植物都在展园内展示。其中，"小红点"为一个直径两米的圆球，表面被附生植物包裹，以上三个展示区域汇聚此处，为展园的中心。整个展园可以作为儿童野外游览的场所，园内会有各种动物的模型，及动物的脚印，儿童可以根据各种各样的线索来发现和记录找到的动物，并参与比赛。

也门展园

7-55图 也门园

也门展园的主题为"阿拉伯的幸运之地：智慧和多样性"，其展园占地1050平方米，为馆园一体结构，其中建筑面积约300平方米，为阿拉伯风格式建筑，设有接待大厅、会议室、办公室、休息区、商品售卖区等多个房间。展园内分为多个片区，充分展示也门的国花咖啡及三十余种当地稀有植物、药草、罗勒、香料、没药、农产品等，也门独有的珍稀物种——索科特拉岛龙血树将作为展园特色作重点展示。

此外，海娜纹绘和包括银饰、玛瑙、服饰等在内的传统手工艺品也有专门区域进行展示并和游客互动。也门展园作为向中国及世界各国游客展示也门丰富的自然资源和文化遗产、独特的建筑和卓越的生物多样性的平台，带给人独特的体验。

印度展园

印度展园通过森林、花园、水景的空间转换，结合印度特色建筑、音乐等元素，给游客带来丰富的五感体验，展示印度艺术和建筑的发展。印度展园总面积约 1000 平方米，展园大门融合印度历史建筑风格，园内水景体现印度哲学对水的崇敬，建筑反映各时期的标志性风格，建筑旁还设有小型演艺区和手工艺亭。瑜伽手印雕塑、绘画等印度艺术品也在园内得到充分展示。

7-56 图　印度展园

英国展园

7-57 图　英国展园

英国展园为大家提供了一个享受沉思、冥想、轻松和乐趣的美好空间。它以"创新，共创绿色未来"为主题,并提供一个讨论绿色创新和技术在应对全球挑战中的至关重要性的平台。

参观者能够学习如何在食品和饮料中使用草药和花卉,了解如何将城市空间转变为种植和娱乐场地,将自然世界带入现代的城市,激励人们在家用一种更可持续的方式生活,鼓励他们重复使用,更新或回收他们的产品。

花园中心的壮观水景和英国艺术家在自然林中的雕塑将把艺术与自然融为一体,浑然天成。

中非联合展园

中非联合展园设计对当地传统文化符号进行现代化转译,通过空间、植被、材质、纹样等设计元素,做到既能体现野性、童趣的热带草原世界,又能体现神秘、郁密的丛林世界,充分展示中非国家的自然景观特色。

项目设计以中非最具特征的地质地貌——中非草原和刚果盆地热带雨林入手,从中非自然资源、文化特征、建筑特色等方面汲取设计要素,体现中非地域特征,形成设计简洁、空间丰富、具有强烈视觉冲击力、中非特征明显的特色展园。

世界气象组织展园

生态气象馆

生态气象馆位于北京世园会生活体验馆的东南侧,展厅面积约450平方米。

生态气象馆由世界气象组织和中国气象局主办、北京市气象局承办,通过四个展区九大展项,集中展现"气象、园艺(环境)与生活(人类)"之间的关系,传达绿水青山就是金山银山的理念,诠释气候变迁与人类文明紧密相关、气象在建设大美中国和大美世界中的作用,为人类命运共同体发展注入气象元素,唤起共同呵护人类美好家园生态的意识和行动。

世界气象组织园

世界气象组织园位于北京世园会国际区二号门入口处,是从二号门进入国际馆的必经之路,占地面积1548平方米。

世界气象组织园通过一带(花溪游览带)三区(草坪休闲区、滨水体验区、林下互动区)五园(海棠迎客、镜林花影、枫影镜廊、水岸花韵、雾幻花溪)景观,充分展现园艺的魅力,同时通过布设世界气象组织和中国气象局标志墙、气象卫星模型和便携式自动气象站、游览通道天气符号、气象吉祥物、草坪气象云、喷雾彩虹等气象元素,体现本园区的气象特色。

生态气象观测示范站

生态气象观测示范站位于北京世园会雨水花园北侧、烽火台南侧,为25米×25米的标准气象站。该站共布设11种气象观测设备,可对20个气象要素进行连续实时观测,观测数据对大气状态、生态环境、人体健康有重要参考意义。

该站的生态环境气象观测站、"天脸"智能观测站、交通自动气象观测站、无人机自动气象观测系统（模型）、激光雷达、云高仪、相控阵雷达等一系列的智能化、小型化气象观测设备，代表未来气象探测设备发展趋势，在为北京世园会气象预报服务提供重要观测数据支持的同时，展示生态气象观测技术的最新进展。

北京世园会生态气象观测示范站建设由世界气象组织和中国气象局指导，北京市气象局、北京世园局、中国华云气象科技集团公司共同建设完成。

世园气象台

世园气象台位于世园村（园区 4 号门对面）指挥中心的指挥大厅内，负责为指挥部提供园区及周边地区的气象监测、预报、预警信息及建议。在指挥大厅的电子显示屏上，实时显示各种天气实况、云图、雷达图、预报预警信息等，为北京世园会决策部署与指挥调度提供及时、准确、有效的气象服务保障。

国际马铃薯中心展园

国际马铃薯中心展园是由国际马铃薯中心设计建造，展现农业、文明与生活为主题的展园。马铃薯起源于南美洲秘鲁，国际马铃薯中心展园以南美印加文明著名遗产"莫瑞梯田"为灵感，由南美设计、建筑团队精心打造。国际马铃薯中心展园分由室内外两部分组成，占地共 1700 平方米。室外花园为六层下沉式环形梯田，高差达 3 米，是由 3500 条废旧回收轮胎打造的生态建筑，契合本届世园会绿色、低碳、环保的理念。

7-58 图　国际马铃薯展园

中心展园计划种植展出 4000 余株不同品种、不同花色的马铃薯、甘薯作物，向公众宣传薯类作物的多样性与美丽。室内建筑由两个圆形穹顶建筑构成。以"薯类的科学世界"以及

"假如世界没有马铃薯"为主题，全面展示薯类作物的科普、生活、产业发展，并通过互动内容与游客交流。

第二节　中华展园

中华园艺展示区位于山水园艺轴和世界园艺轴之间，以"盛世花开"为设计主题，全面展现中华园艺特质、表达中华园艺文化特色。

展示区共有34个展园，包含31个省区市及港澳台地区展园，分为西北、西南、华中、华南、东北、华北、华东和港澳台8大组团。核心区设有"同行广场"，以来自31个省区市及港澳台地区的展石为主景，寓意"同心同德，同向同行；砥砺奋进，筑梦中华"。

中华展园为世人展现了高品质的景观设计，其中包括设计多样性及创新材料运用，传递出东道主——中国重视环境保护的立场，贯穿了绿色发展理念，表达了人类与自然和谐共处的愿望。

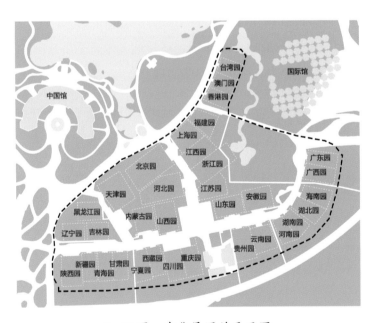

7-59图　中华展园总平面图

北京园

北京展园以老北京"四合院"为核心景观，展园面积5350平方米，它与中国馆遥相对望，是中华园艺展示区内最大的地区展园。出中国馆，拐过宫墙，便可见古色古香的北京园牌楼，匾额上书"和合如意"。牌楼两侧分布着从北京民居中抽取出来的一片片山墙，沿路向前，山墙层层后退，恍如船穿越时空。沿山墙步入"槐树胡同"，脚下青砖墁地，头顶国槐繁茂，偶有杏树两棵，枝头杏花白里透红。

7-60图　北京园

再往前走，来到园区正中央，这里便是四合院了。院子规制齐整、温和端沉、简致大气，正房前两侧各栽一株海棠、一株玉兰，寓意"玉堂长春"。漫步院内，门梁、斗拱、砖瓦、桌椅，一件一物都蕴含着中国古典建筑艺术，值得细细把玩。

天津园

天津展园展示给世界一个多元融合、典雅温良的天津。整个展园设计来源于天津的洋楼建筑群——五大道的宽街窄巷，空间上呈现出浓郁的天津地域特征。天津的码头文化、老城文化、市井文化、租界文化和工业文化汇集，因此，展园共设入口空间、城市客厅空间、听水空间、寻水空间、读水咖啡厅空间、民俗集市空间、智能花园空间以及悟水禅庭空间八大空间，展现不同的文化形态。

河北园

河北展园以"印·冀"为主题，展园面积4350平方米，用独具匠心的园艺手法展现燕赵大地的秀美山水。该展园共分为太行秋实、白洋淀风光、塞罕坝印记三大篇章，沿游园路线重点打造出太行风韵、功勋树、望海台、涵碧堂、屋顶花园和镜池等六大景观。这些景致让身处繁华闹市的人们，能近距离接触自然，享受自然，其乐融融，充分贴近展会"绿色生活，美丽家园"的主题。

7-61图　河北园

山西园

山西展园以入口景观区、巍巍太行景观区、绵绵吕梁景观区、滔滔汾河景观区以及万剪盒院景观区五大景区展现三晋大美风光。

展园入口取名"晋善晋美"，建筑形式源于三晋民居建筑之首"常家大院"的随墙门，以厚重、古朴、静雅的标志性建筑符号，展现浓郁的山西特色。巍巍太行景观区展现太行老区人民改天换地、重整山河的宏伟气魄。绵绵吕梁景观区展现吕梁生产发展、生活富裕、生态良好的文明发展道路。滔滔汾河景观区通过汾源灵沼、清潭叠翠、净水流芳三个景点来呈现汾河源头之景，并对生态净水技术进行展示。万剪盒院景观区通过万剪盒院这一统一元素，将三晋大地四大典型文化片段进行集中展示和多样演绎，聚焦三晋文化精神的继承与发扬，将山西五千年厚重的人文印象深植于游客心中。

内蒙古园

内蒙古展园以"壮美的北疆画卷"为主题，向全世界充分展示内蒙古这个洒落在北疆的璀璨明珠。画卷分为三个篇章：卷一"美丽的草原我的家"，展现草原上骏马逐风、羊群似云的景象；卷二"高高的兴安岭"展现大兴安岭的苍松白桦和大森林里少数民族的特色风情；卷三"浩瀚的沙漠"则为游客描绘一幅壮丽的大漠风景画。

全园以形状蜿蜒的生态铺装步道作为主要参观路径，它既是代表东西方经贸文化之路，同时又是一条进入大美内蒙古的体验之路，它带观众了解一个充满生机的内蒙古，共同为内蒙古喝彩。园路的形状也模拟着代表蒙古族热情的飘扬的哈达，象征着内蒙古将以最诚挚的热情欢迎全世界的人们。

7-62 图　内蒙古园

辽宁园

辽宁展园以"梦之环"为展园设计主题，通过老工业基地振兴的红色之环、改革开放成就的蓝色之环、园艺文化建设的绿色之环，向世人展现辽宁的大美风光，以及辽宁省地域、文化特色和科技工业进步。

辽宁展园以三大主线作为展示内容，一个主线代表着一个"梦之环"。第一主线以"沈阳老工业基地振兴"为主题，提取齿轮作为元素结合现代化的设计手法映射沈阳工业基地振兴新形象，这是红色之环。第二主线以"大连改革开放的成就"为主题，我国第一艘航空母舰在大连建造改进并命名为"辽宁号"，这里就将提取"辽宁号"航母形象为元素，展示大连改革开放发展与成就，这是蓝色之环。第三主线是辽宁展园的核心内容——辽宁园艺发展，这是绿色之环。

辽宁十景是展园的主要景点，辽宁省城市园艺发展历史及特有工业符号都将融入献礼之门、筑梦之湾、启梦之航等辽宁十景之中。

7-63 图　辽宁园

吉林园

吉林园依据长白山龙脉和三江之源的山水格局，由东至西分为云顶花园、水脉山源、吉林人家三个景区。俯瞰吉林园，松花江、鸭绿江、图们江、伊通河、查干湖等河流蜿蜒园中，吉林朝鲜族传统农家院落与园艺种植融合，展现出一幅和谐安详的宜居图景。

7-64图　吉林园

黑龙江园

黑龙江展园将以"中东铁路"为主线，展园面积2000平方米，让中外游客沿着鲜花铺就的龙江锦绣大路，徜徉在原始森林、边疆驿站、彩林树屋、渔舟江歌等独具特色的自然和人文景观中。起伏的林地景观和鲜花铁轨步道有机融合，一幅春花夏草、秋色冬意的多彩画卷展现面前。

上海园

上海园以"云"为题，蕴含着四层含义。云雨相依，是自然中水汽循环不可或缺的环节，滋养着大地万物；云的轻盈和高耸，象征着上升，进步；昔人有言"祥云献瑞"，代表美好祝福；同时，以"云"为题，希望生态景观、园林园艺能像"云"技术一样，与人们紧密相连。

在独具匠心的展园设计中，9个特色植物展示园荟萃成一道"植物大餐"。既有以蕨类植物为特色的阴生植物区、鸢尾菖蒲为特色的鸢尾专类园，还有芳香植物为特色的香草园、以水中乔木为特色的水上森林园，更有以园艺化果蔬为特色的可食植物园等。

江苏园

江苏园共分为春色满园、荷风四面、玉堂富贵、暗香疏影等四个景观区。春色满园仿扬州个园的入口，展现精致的古典园林春景，以石笋石及早园竹为主景，入口接垂花门，匾额题名"江苏园"，抱柱书联"太湖墨染园，钟山笔绘林"。粉墙黛瓦，苏派园林气息乍现，两侧配置石笋石，仿佛雨后春笋破土而出，带来春的气息。

7-65 图　江苏园

江苏园将坚持江苏文化与江南园林艺术的结合、古今造园精髓与信息化展示技术结合、新技术新材料新工艺与绿色生态结合的原则，秉着"苏山苏水，苏诗画；苏乡苏愁，苏人家"的设计构思，精心打造"诗画水乡、苏韵家园"，展现江南风格园林，建设智慧园林、人文园林、科技园林。

浙江园

浙江展园展现了一幅"旧境江南山水秀"的瑰丽画卷。浙江园共有萦梦江南、湖山诗叙、栖蝶雅院、满园春色、古运汇芳五处景点。

这五处景点各具特色。萦梦江南通过假山跌水来展现浙江的秀山丽水，山头的"古郡亭"既是水源，同时也暗合源起浙江这一寓意；湖山诗叙则通过以富春山居图为原型的特色景墙，描绘浙江婉约的湖山画卷，通过历史地雕讲述浙江的古今人文，展现诗画浙江深厚的文采精华；栖蝶雅院是一处以浙江传统建筑与庭院为原型的庭院景观，结合寓意绿水青山的桑茶景观和梁祝相关的地雕、小品，咏唱的是一曲秀美两山、富美浙江的盛世华章；满园春色，通过这片丰饶花园的营建来展现近年浙江大花园建设的丰硕成果，展示花园浙江的绚丽风光；古运汇芳，以大运河码头为景观切入点，暗合浙江与北京之间"千年运河水潆涟，江南北国一脉牵"的不解之缘，同时景观舫的造型也寓意浙江将在红船精神的引领下再度启航，书写生态浙江、互联浙江、红色浙江的新篇章。

江西园

江西展园以庐山为背景，以陶渊明所描绘的桃花源为蓝本，构建古人浪漫无羁的田园生活场景，并通过融入庐山山水画境、景德镇瓷板画、园艺花境等江西元素，体现江西园林的文化渊源，从花园、田园、家园三个层面拟古为今，呼应 2019 北京世园会"绿色生活 美丽家园"的主题。

江西园位于中华园艺展区华东组团内，东临湿地溪谷，出入口位于西南部，整体地势南高北低有 2 米缓坡，总面积 2004 平方米。全园以陶渊明《桃花源记》的山水意境为线索展开，通过瓷画山屏、假山、外围丘林、花田、草坪等地形，构成池、溪、湖、涧、瀑、潭等多样水景，营造幻境、雅境、野境、乐境四重意境。

安徽园

安徽展园向世界展现一个皖南徽州古村落画卷。在安徽园中部，水系环绕着古村落意境的建筑小品，东西两侧是山野景观，西北侧是微地形和乔木林，营造出村落背依青山的意境，园中种植着安徽特色植物，为世界各地的人们展现安徽园的徽风古韵。整个园区由水口园林区、村落文化及生活园艺展示区、田野园艺区三部分组成，以蜿蜒的水系及徽州特色的青石板游览路串联成有机交织的整体。

村落文化和生活园艺展示区以印象古村落为核心，运用具有徽派建筑特色的建筑小品组合，营造出古村落意境。田野园艺区则包括云雾茶园、药园、果园、奇草异卉园、文房四宝、竹林六个小片区。

7-66 图　安徽园

福建园

福建园以三坊七巷的剪影景墙、亭台水榭、人物雕塑为主景，为游客呈现福建特有的文化韵味和园林艺术。

"三坊七巷"民居剪影墙掩映在柳暗花明之中，意蕴深远，引领游人入园游览。沿宽阔的石板路往前，两座石鼓分列两旁，古老的刻纹诉说着历史的沧桑。广场中央的迎宾罗汉松，犹如一只展开翅膀的大鹏，欢迎着四面八方前来的游人。

7-67 图　福建园

穿过祥鹏迎宾广场，有两条游览路线。左侧通往香茗绕水、福源亭、碧潭映霞等景点，沿路繁花似锦、绿树如茵，造型各异的榕树桩景、三角梅桩景生动有趣。右侧的园路则通往鹤品流芳、水照花台、沁芳春雪、铁树英姿等景点，引人入胜。

山东园

山东园通过齐鲁迎宾、杏坛遗风、五岳独尊、齐鲁胜境、小康人家五大景区，向世界展现齐鲁大地的魅力。

齐鲁迎宾以孔府重光门为设计原型，提名"齐鲁园"，寓意儒家思想是中华民族的精神家园，隐喻孔子"天下第一家"的概念。杏坛遗风设有六艺台、六艺文化墙，再现着孔子讲学的历史情景。在五岳独尊景区可以体味泰山的巍峨壮丽。

齐鲁胜境则通过水景、主要景观构筑物、园林园艺植物共同打造自然生态的空间环境，综合展示齐鲁文化。在小康人家景区，有寿光蔬菜园艺种植新科技、山东本地特色果树园艺和齐民要术主题展示。

河南园

河南园共有特色八景，分别为江山如画、华萃中州、花影廊道、九曲花河、艮岳花艺、花语家园、百姓花林、逐水飞花八个均含"花"字谐音的景观。

江山如画，以写意的手法表达家乡的山河之情，用汉字元素作为大门的装饰符号，与全园汉字文化主题相统一。华萃中州同样以汉字文化为灵感设计，取"中"字作为主体雕塑原形。花影廊道运用藤本植物与钢、木结合，激发人们的游览热情和对园艺生活的思考。

九曲花河的两侧挡墙采用夯土墙形式，表达黄河文明的悠久历史。艮岳花艺，则是设计师将河南菊文化与技艺融入到自然山水画中，形成一幅"山水菊园"的动态景观。花语家园的园艺包含果树、蔬菜、观赏园艺栽培，果蔬、本土月季结合汉字形式的窗台园艺，搭配着花瓶、相框、木椅等元素，生活气息浓厚。

河南是中国姓氏的重要发源地，百姓花林将通过一百支纸飞机形式的迷你雕塑展示百家姓。逐水飞花以主体雕塑结合花台搭配跌水为背景，前方有一处小型广场，可作为表演舞台，可在重要节日展示河南豫剧等特色文化。

湖北园

湖北展园以主园路和景观格栅作骨，系列主题园艺展示空间为羽，开启了一场湖北自然地理、人文历史与现代生态园艺的对话。

三峡印象通过质感厚重的钢板与细腻柔美的草本花卉形成强烈对比，象征着历史悠久的荆楚文化在新时代焕发出的无限生机。竹载千秋、草木仁心、山石禅语、江湖柔情等主题园集中展示了湖北山水地理、人文精神与生态园艺的融合。

在竹载千秋主题园，弧形排列的"T"型景观格栅象征湖北丰富多样、蜿蜒起伏的地形地貌，是为楚之脊梁，凤之文脉。山石禅语主题园则将园艺之"道"融于太极之道，呈现"一峰则太华千寻"的气势。园区最后的延续空间以"凤尾小筑"为主题，由一组耐候钢材质弧形抽象"凤尾"和横向连接装饰构成特色景观廊架，使得"楚凤"由平面形态演绎为竖向景观，同时也为游客提供小憩的"驿站"。

湖南园

湖南展园以"湘遇桃花源"为主题，利用"洞庭""桃源""芙蓉"等潇湘地的典型风物和意象，引领世人将湖湘文化向深处漫游。

湖南展园重点打造武陵山石、洞庭春晖、桃源寻梦、湘帘紫雨、敦颐讲学、湘园居等景观，用山、水、田、园将其穿成线、连成片，通过景观空间的转换、铺装材质的变化、植物氛围的多样来展现湘韵湘情。

7-68 图　湖南园

广东园

广东展园继承岭南园林精华，展园面积 2500 平方米，以水乡为底、亭廊作画、山石点睛，展现了精巧秀丽的南粤风情。全园以岭南水乡为骨架，前庭后院、内外相连。一池春水生、满园芳华盛，展园的廊、桥、亭、轩皆依水而建。环园行走，经南粤坊、入胜亭、丝香阁、倚翠廊、蝶翠轩、盆景园、里仁洞、琉璃宫，六大景点——南粤寄思、南粤记忆、月照仙馆、故乡水韵、泮塘荷风、花房晨光穿插其中，四时流转间，春之烂漫、夏之浓郁、秋之绚丽、冬之苍翠皆可在园中得以体验。

广西园

广西展园，以"多彩壮乡、梦幻家园"为主题，将通过壮乡迎宾、花湖映楼、茂林深篁、空中艺廊和秀美桂山五大景点，带领世界各地友人领略一个绚丽多彩、文化底蕴丰厚的山水胜地。

在广西园这五个景点的设计中，提取了壮寨的"干栏"建筑、壮家独有的吉祥物绣球、色彩斑斓的壮锦、工艺精湛的铜鼓、传世遗产花山岩画、神秘传说等元素，采用传统与现代相结合的设计手法，秉承"让园艺融入生活"的理念，通过堆山置石、理水种花、建楼立台打造五大景点，同时，具有特色的空中花廊和展园步道，将景点紧密串联起来。

海南园

海南展园一展"南海明珠"的魅力，全园分为山之秀、海之蓝、林之翠三个篇章，带领世人领略椰岛海韵。

海南作为海绵城市试点，展园也体现了海绵化设计的相关技术。全园采用透水混凝土铺装，整个地形四周高中间低，中间作为汇水面可收集雨水，渗透、过滤、消毒后最终用于水景的使用。

重庆园

重庆展园以"青山绿水，山城重庆"，"爬坡上坎，巴渝乡院"为主题和空间序列，核心展示"山城与江城，自然与家园"，重点展示具有地域识别和文化标识的巴渝山水、具有绿色生活的园艺创新的田园生态环境，以及具有创新建造技艺和美丽家园理念的现代人居，充分体现重庆山城、江城、大城市、大农村、山环水绕、江峡相拥的巴渝特色以及建设"山清水秀美丽之地"的宏大愿景。全园分为重庆园重庆印象区、林田湖草生态展示区和美丽家园示范区三个功能区。

四川园

四川展园以"熊猫故乡，锦绣天府"为主题，以熊猫和"蜀"文化为灵魂，以"熊猫川行，水润天府"串联整个园区，将四川的文化内涵、地域特色以及园艺、园林展示给世人。

四川园共分为入口展示区、水润天府区和熊猫川行区三个功能区。展园正中央以孕育滋养"天府之国"的都江堰为核心,融合"水文化""古蜀文明""天府之国"等文化符号打造园林景观,并以"熊猫川行"为主线,通过"熊猫家园""熊猫足迹""熊猫戏水""回归自然""古往今来"等景点,展示蜀山蜀水以及历史人文特色。

7-69 图　四川园

贵州园

贵州园利用贵州的山、水、田、林、洞织成一幅生态秀美的山水画卷,为世人展现多彩黔韵。从展园总体来看,共分为入口形象区、中心展示区、生态展示区三个区域,入口形象区设计黔金丝猴地面浮雕作为导视,寓意金猴迎宾;右侧种植高粱并放置酒坛,将花卉从坛中流出,寓意"酒河之水酿美酒,美酒飘香迎宾客"。

云南园

云南园以山川为基、河流为脉、古道串联、建筑点睛,呈现出一个原生态的植物王国。这是一座3000平方米的多彩园林,流线型的茶马古道贯穿南北,游路、水流、山石点缀其中,吉象迎宾、雀舞广场、茶语清心、风花雪月、湖光山色、沁芳坪、茶马印记、云峰飞瀑、枕峦亭、云岭花台、樱花谷、石林可园共"十二景"星罗棋布。

西藏园

西藏展园以西藏自治区千年古村落吞巴民居为核心,融合鲜花柱、五彩经幡、雪水溪流、格桑花、玛尼堆、雪山等元素,织绘出一幅展现尼木吞巴风光和当地幸福人居的画卷。

以吞巴民居为核心,西藏园共有前、后两个展示区。前景是以五彩经幡、鲜花柱、格桑花田、雪水溪流、玛尼堆、水磨藏香等组成的藏地田园风光;后景是以雪山台地、草甸、木栈道等组成的藏地山林风光。

7-70图　西藏园

陕西园

陕西园以"绿色丝路筑家园，美丽三秦新起点"为主题，以飘逸多彩的丝绸之路景观带串联全园，展现丝绸之路景观带、古风长安景区、绿色丝路景区、山水文韵景区"一带三区"的风景。

丝绸之路景观带将运用铺装材料具象地表达"丝绸之路"，结合地形竖向变化，展示由陕西特色植物组成的花境花带。

古风长安景区将展现浓郁的地域古都文化，通过唐风建筑、陈列展品等景观符号描绘汉唐盛世景象，表现丝路起点文化。此外，作为建筑重要构件，斗拱在唐代成熟极盛、影响深远，古风长安景区将把斗拱展示在文化广场之中，予以科普宣传。

甘肃园

甘肃园通过艺术手段再现反弹琵琶、莫高窟九间楼等敦煌文化符号，展现绚丽多彩的甘肃丝路画卷。

甘肃展园整体设计布局简约大气，共分为一屏两院。一屏为莫高景屏，造型源自莫高窟九间楼，九间楼寓意九天之阁，象征中华民族顽强拼搏、不屈不挠的精神。

以莫高景屏为黄金分割点，甘肃园被分为前后两院。前院以敦煌文化为主，入口框景的设计元素取自汉阙的造型，用中轴对称的方式展开，寓迎接贵宾之意。莫高景屏背面，是集中展示甘肃园艺特色的后院了，这里既有瀑布水景，还有航天南瓜、航天西红柿、特色地被花卉、陇南的油橄榄等特色植物。

青海园

青海园展现了"三江之源""大美青海 生态画卷""锦绣家园 河湟人家""唐蕃古道 丝路花语""高原精灵——藏羚羊"五组景观，它们分别以"三江源国家公园及可可西里国家级自然保护区"青海靓丽的"绿色名片"为主要元素，为世人展现青藏高原独特的自然风貌和鲜明特色。

整个展园将绿色、文化、自然景观交融，体现青海的大美风光，展园还结合青海特色植物，体现高寒荒漠生态系统下的良好生态。

宁夏园

宁夏园以"塞上江南印象宁夏"为设计主题，从水韵宁夏、红色宁夏、生态宁夏、回乡宁夏四个方面展示宁夏特色的风俗、文化、艺术和特色的植物、花卉资源，并形成"一山一水一民居，姹紫嫣红醉宁夏"的景观格局。

展园以六盘山展现红色宁夏的魅力，是展园景观之"一山"。宁夏园核心景观由黄河抽象而来的"几"字形水系统领，水系曲折流畅，围绕水系布置的植物景观充分展示了宁夏丰富、秀丽的塞北美景。此为展园景观之"一水"。

在宁夏园景观水系的中心一侧布置了一组宁夏民居，展现了宁夏传统民居特色，这是展园景观的"一民居"。

7-71 图　宁夏园

新疆园

新疆园主要结合"一带一路"主题思想，着重体现新疆特色的同时表现出新疆与时俱进，发展，现代的风貌。从平面视角打造景观，自然生态中同时能体现民族文化，将新疆飞速发展的面貌展示给游人。突出展示"丝绸之路经济带"建设发展历史重要节点以及"一带一路"桥头堡建设发展的丰硕成果。

展园将新疆特色的地形地貌作为本次展园的载体，结合新疆"一带"丝绸之路经济带中的大田花卉，"一路"现代丝绸之路的高铁主题园路，组织参观路线，有机加入新疆特有的树种和花卉、西域深远的历史和文化，两相交融、互衬共映，达到以少盖全、以小见大、由表象及内涵的目的。

香港园

香港园面积 2000 平方米，以对比城市为主题，并列展示出两个对比性的状态：代表香港印象的城市结构和纹理及简洁的园艺花园。同时也希望探索种植可食用植物在高密度城市的可行性及重新演绎农业景观的自然美学价值，提升大众对城市耕种及食物城市主义的关注。主要分为建筑展亭、特色展墙、园艺花园 3 部分。

7-72 图　香港园

澳门园

澳门园面积 2000 平方米。澳门素有"莲花宝地"之称，澳门园以"荷园"为名，展现澳门之魅力色彩，与祖国共渡成立庆典。设计配合"一带一路"，突显澳门作为近代中西文化的交汇点及古代海上丝绸之路的重镇的特色，反映澳门小城中西交融之文化。

7-73 图　澳门园

台湾园

台湾园面积 2000 平方米，融合台湾地区自然环境、民风民俗、现代风貌、人文情怀，展示台湾的独特魅力。展园分为向山行、兰花区、时光路、日月潭、农田里、山之巅六大景观节点。以日月潭为中心景观、时光路为环路，各个景观节点相互交融，空间层次此起彼伏循序渐进，给人舒适放松的自然体验。

7-74 图 台湾园

第三节 特色展园

2019北京世园会有三个"特色展园"——百蔬园、百果园和百草园，合称为"三百园"。这是北京世园会重要的专题展园，也是世园会首次将果树园艺、蔬菜园艺和中草药园艺以专类展园的形式呈现出来。"三百园"以其首创性和独创性，带给人们不一样的体验和认识。

百蔬园

百蔬园是世园会展史上首次以"蔬菜园艺"独立成园。以"让蔬菜园艺走进生活，让蔬菜科技融入历史"为构思，集工程、艺术、园艺为一体场景化设计蔬菜园艺展览，小蔬菜展现大园艺。

百蔬园以室外蔬菜景观为主，兼有部分室内展示。百蔬园占地3.6公顷（54亩），其中室外面积47.25亩，是菜的花园，室内面积4500平方米，是蔬菜的讲堂、艺术园和博物馆。

百蔬园共展出蔬菜品种236个，展出盆栽蔬菜200余万盆。从自然环境到人工控制环境；从人工作业到全程机械化作业；从绿色防控到绿色生态；从现实生产到虚拟化展示；从蔬菜生产到景观展示，共集中展示各类科技100余项。

为了保证百蔬园蔬菜景观的最佳展示效果，叶菜类蔬菜平均15天左右换茬一次，果类蔬菜平均20天左右换茬一次，根菜类、薯芋头类平均30天左右换茬一次。

7-75 图　百蔬园

百蔬园为吸引更多的人了解蔬菜、感知蔬菜与科技、与文化、与生活的密切发展举办新鲜音乐、知食分子系列讲座等活动 100 余场，游客亲身体验蔬菜与人们生活的密不可分，感受蔬菜在人们生活中的艺术魅力。

会期，百蔬园共计迎来游客 52 余万人次，平均每日 3200 余人次。

百果园

百果园作为 2019 北京世园会最大且具有重要创新意义的展园，紧紧围绕"绿色生活，美丽家园"的办会主题，以果林为主要载体，从果林景观、果艺发展、传统文化、乐活体验等四个层面综合展示了现代果树园艺。

7-76 图　百果园

百果园位于园区的西部，约 6.6 公顷（100 亩），是本届世园会单体面积最大的展园。汇集了 12 个树种、180 个品种、6000 余株果树，包括核果类、仁果类、浆果类、砧木类、观赏类等北方主要落叶果树。分别从北京市、河北省、天津市、山东省、黑龙江省等地的科研院所、种苗基地精心调集了果树苗木，建成了 12 个果树树种专类园，对北方主要果树品种进行实景展示。

百果园在世园会历史上创造了多个"首次"。这是首次将果树园艺展示纳入到世园会园区的室内外展示项目当中。在果树种植园区中首个引进"全球重要农业文化遗产项目"——漏斗架栽培葡萄。首次展示"果树盆栽"，并创建汇集了京津冀地区特色果品和特色文化产品的"创意果市"。

通过数字化手段展示了世界、中国、北京果树发展史；通过数字化和沙盘形式模拟了现代果树产业发展规划、物流配送、果品田间到消费者等环节。

截止到北京世园会闭幕，百果园接待近 50 万人次游客，举办各类大小活动 14 次，包括 2019 优质果品大赛展示、果树盆栽展评活动、葡萄酒嘉年华、京津冀创意果市展示、河北活动日、"六一"亲子互动节、彩虹果吧生活节、房山葡萄酒产区媒体推介活动、北京现代果业发展论坛暨名家讲座、青年骨干交流座谈会、2019 优质果品大赛颁奖典礼暨优质果品品鉴展示活动等。

百草园

百草园首次运用园艺的方式，景观化的手法，在占地 3.2 公顷的百草园内，种植和展出了来自全国各地的近 500 种药用植物。

百草园以"草"为脉，以"药"为本，以"方"点睛，园区内栽培中草药植物多达 500 余种，应接不暇的奇趣本草包罗园中，美不胜收。首次将药用植物以园艺化形式在大型展会向国内外宾客展示，首次跨纬度种植上百种中医药植物，传统医学首次纳入世界园艺博览会，首次将中医文化以跨界形式进行展示。

7-77 图　百草园

百草园以阴阳五行文化为灵感来源，精心打造与木、火、土、金、水五行对应的五大创意空间展区。通过中草药的种植实物、标本、药方以及中草药相关的著名人物故事，向到此参观的游客朋友们普及中医药知识，创建中医药文化传播的窗口成为国际交流的平台。

本草印象馆，位于生活体验馆二层，展馆主题定位在"中医本草，回归生活"，采用最前沿的高科技声光电手段、多媒体设备、创新的艺术形式，并结合手作、游戏、VR/AR 等互动性体验。

7-78 图　百草园园区

北京世园会期间，百草园共接待入园游客 100 余万人，完成公益讲解服务 38 万余人次，百草园共组织本草与药茶、本草与药膳、本草与音乐、本草与家庭园艺、本草与居室芬芳、本草与养蚕等日常互动体验活动 1000 余场次，参与互动人数 15 万余人次，举办百草园快闪、京剧等各类专项活动 69 次，参与专项活动人数达到 1 万余人次。

第四节　大师园

世人喜爱的美景各有千秋，而我们热爱自然，亲近绿色的心情却是一样的。美的空间会让人的内心变得柔软和感恩。因而，在大都市里建造能令人怀念的风景，乡愁感可以促进和睦良好的人际关系，绿色可以将世界各国人民相连。这也是大师园的基本共识。

大师展园位于 2019 北京世园会教育与未来展示区，与植物馆相邻。来自丹麦、荷兰、美国、日本、英国负有盛名的园林景观及园艺设计师进行展园设计，分别命名为"Yuan""时光园""东西园""桃源乡""新丝绸之路"，一来展现各国设计师对中国园林文化的深刻理解，不同文化在以园艺为媒介的对话与融合；二来展现当下社会发展阶段造园的理念与成就。

丹麦"Yuan"

丹麦设计者：斯蒂格.L.安德森及其团队

丹麦设计师安德森和他的团队从中国水墨画中汲取灵感,设计而成"Yuan",意在解读在中国传统哲学、美学的基础上,通过独特的现代设计语言,探索人与自然的关系。

在"Yuan"的设计中,安德森借鉴了中国山水画前景、中景、后景的布局,用石、光、水、风、木、人等元素,来定义新的园林。其中,松树是永恒和不朽的象征,岩石是基础,光、水、风是大自然的语言,人类是所有元素的干扰、变化和组织者。

花园中的骨干树种为松树,松树具有很好的审美价值和寓意,并且深深根植于中国文化中。它是永恒和不朽的象征,也代表着坚韧和成长。为了保持中国园林的品质特征,花园中用了不同种类的本土松树。

7-79 图　丹麦设计师园

观赏石选用人造石来建造新的、可持续的美学。从环境保护和资源利用的角度来说,设计者将废弃的混凝土作为再生的混凝土骨料,通过 3D 扫描和 3D 打印技术,把废料转化成形态不逊于天然石的人造景石,呈现在园区当中。

而光、风、水,这些属于大自然的语言,安德森用自然和人工的方式在园子中展示光,通过反射镜和反射箔,让人们在小于 42° 折射角时欣赏到由五颜六色的"彩虹"。同样是通过自然和人工的方式,人们在园中可以闻到松香、听到风声、感受微风。通过制造水雾,园区还将呈现一种神秘感,如中国绘画中的留白一样,让人流连。

荷兰"时光园"

荷兰设计者:West8 设计团队

"时光园"意在为世人带来一场时光之旅,它分为三个不同主题的下沉庭院。三个庭院由下降的"森林之路"相连。不同的材料、植物、色彩,营造出各不相同的庭院氛围。从入口步入森林之路,粗壮的树干拔地而起,将密集的游客群拉伸,逐步创造出安静的游园氛围。

第一座庭院为云中院，花园的植被简单低调，整齐排布的地被植物如苍翠欲滴的地毯铺开。这些地被多为喜荫的蕨类和苔藓，在它们之上，高大的松树直耸云霄。第二座庭院为韶华院，从春到秋，白色和粉色的花朵在院中恣意盛放。精心混合的野花和果树创造出感官的盛宴。一缕水雾喷渤而出，映射出阳光的七彩光芒。随着季节的变化，院中的色彩、质感和气味也随之转换，与年轻生命的多姿多彩相互辉映。

第三座庭院为怀笑院，最后一段旅程持续向下深入，进入最后也是最大的一个庭院。在这里，生命的路径开始交汇，静谧、好奇，恍惚、欣喜，在这里转为盈盈笑语。一组砖砌台阶沿墙上上下下，创造出聚集停留的可能。

7-80图 荷兰设计师园

美国"东西园"

美国设计者：乔治·哈格里夫斯及其团队

中国与美国，是处于地球两端的两个国家，但两国几乎处于同一纬度，有相似的气候，这使得中国植物在美国繁殖传播成为可能。"东西园"，通过对中美全球空间环境分析，探索中国本地植物如何影响美国乃至世界各地的公共空间设计，并尝试寻找东方与西方园艺空间的"和而不同"。

在展园中，全球植物耐寒带被抽象成四个不同的区域，这四个区域都是被周期性开口的绿篱所分割，每一个区域都代表着一种典型的植物类型，参观者可以沿着每一个编织的网状结构探索每一个区域，进行视觉对比。四个区域由高到低，梯田状的场地使展园中的雨水都能排到最低的第四个区域，并在这里形成一个湿地景观。

7-81 图　美国"东西园"

日本"桃源乡"

日本设计师：石原和幸

"桃源乡"展园的灵感从中国古文名篇《桃花源记》而来。庭园整体设计借鉴《桃花源记》中欲扬先抑的手法，采用原石矮墙将展园部分遮挡，通过日式门坊将游客引入园中，后引导游客沿着穿梭于花草林木中的蜿蜒小路，逐渐登至高处，最高处设置一座日式八角凉亭，置身亭中可俯瞰全园。庭园中多为水面，游客可感受到丰富的瀑布跌水景观与近水的植物景观。水池采用自然的形态，弱化人工雕琢的痕迹，园路围绕水池一周，象征着"人与水相依相存"。

7-82 图　日本"桃源乡"

展园植物以色彩为主题，通过对植物色彩的利用加强不同季节的印象。例如在春季盛放的樱花、桃花，在夏季保持优良观赏姿态的苔藓、荚蒾、紫薇，适合秋季观赏的彩叶类的槭树类、樱，以及在冬季仍然保持良好观赏状态的松、白桦、红瑞木、槲树。在植物造景的手法中，将通过多树种重叠，以多种色相及植物颜色的浓淡对比作为主要的植物造景手法。例如深叶色植物与浅叶色植物并置，橙红叶色树木与赤红叶色树木并置等。在日本的自然景观中，眺望郊野的山体，会在树木的萌发期及红叶期呈现出丰富的马赛克状的颜色图案形式。本次也将采用类似的斑块状颜色图样来表达。

英国"新丝绸之路"

英国设计者：詹姆斯·希契莫夫和汤姆·斯图尔特·史密斯

"新丝绸之路"展园，是以中国提出的"一带一路"倡议为背景，选用丝绸之路景观带沿线的植物，构建的一个从北京到西方的花园旅程。

7-83 图　英国设计师园

花园整体布局采用林地包围草原的形式，以此创造一个独立于其他展园的感觉，使园内外的视觉语言互不干扰。游客经过由林地构成的花园外壳，才能逐渐接近并最终进入花园内部核心。这样的体验过程会给内部核心花园一个更强的存在感和抵达感。

花园中央开敞的全阳空间，借鉴分布于整个丝绸之路沿途的草原理念，营造拟自然的干草甸草原植被。植物选择为本土和非本土相结合，原产地来自中国、中亚、土耳其、东欧和北美等，这些植物都能良好适应北京自然环境且能露地过冬。

总体来说，整个花园试图展示如何在人为改造自然景观后，通过重塑和培育，使新的景观能满足人与自然和谐共存。同时，设计师也想借此展园表达：中国，作为一个地跨东西的大国，必将以新的贸易路线、交通运输方式和各类交流，使各国变得更近，使世界变得更小。

第五节　企业展园

2019北京世园会还设有企业展园，包括澳洋展园、北京世园会央视动画馆、北京市园林绿化展园、北京建工展园、北京首开展园、金华苑（云南鑫通）展园、京彩未来花卉展园、克劳沃展园、蒙草生态展园、纳波湾金河展园、石尚家园展园、上海秦森企业馆、盛世润禾榆树文化园、顺鑫展园、天津市远大海棠园、中国建材展园，等等。企业展园是企业贯彻绿色发展理念的重要表现之一。同时，企业也将绿色生态环保等理念融入到其生产流程中，为环境的改善做出贡献。

澳洋展园

澳洋展园的灵感来源于集团logo，将澳洋之星作为展园的形象主题构筑物，与展厅结合，展园面积为750平方米。展园基底是江南园林水波流动的肌理。

澳洋园以蓝白两色为主调。主体建筑物为深邃蓝，铺地水系等为纯净白，简单点题。主构筑采用madein澳洋的金属板打造，将十大产业的logo镶嵌其中，展厅采用高透玻璃结合全息投影技术。展现了澳洋产业的科技之美。白色铺地和水系用白色生态透水材料，将企业文化用蓝色发光粒子展现，嵌于地面和水系中，夜晚发光。植栽造景用北方乡土植物以江南园林常用的组团植栽方式结合盆景造型植物，精致秀美。

北京世园会央视动画馆

北京世园会央视动画馆由室外景观、露台花园与室内展厅三大部分组成，展园面积1100平方米。弯曲各异的线条赋予空间多样的风情，在张弛有度、高潮迭起的参观体验中，观众能够充分领略到中国原创动画与园艺艺术融合绽放的魅力。

外部的景观衬托着红色的展区主体，通过坡道衔接与露台花园的景致遥相呼应。来到露台，迎接观众的红色喇叭隐藏无数声音的秘密，还有色彩鲜明的哪吒形象作为巨型雕塑立于展馆建筑外墙顶端。哪吒手中飘扬的红色丝带（混天绫）与露台的雾喷形态融为一体，在滑梯设施上交叠、飞舞，形成露台上好看、好玩、热闹非凡的童趣印象。这一切，都成为北京世园会中的一道独特、靓丽的风景线。

馆内展厅主要采用新媒体互动的手段，通过投影、传感等技术，配合动画与游戏，创造出生意盎然的绿色世界。展厅分为两部分，观众既可以与穿梭在自然风景中的经典动画人物们互动、玩耍，也可以通过互动游戏进入揭秘动画制作的趣味旅程，沉浸式的环境打造出绿色家园的未来图景。展厅内外根据国际周灵活变换的主题、展馆各处的国际动漫形象雕塑，同央视动画的作品充分结合，将中国的文化与友好的讯息一起传达到世界各地。

北京建工展园

北京建工展园面积 1300 平方米，它利用曲线自然流畅的新型材料搭建起两个半包围式的构筑物，形似一只大手牵一只小手，与周边自然空间、植物构成融于一体的美感。构筑物顶端采用透明膜结构，确保室内的自然采光，实现节能效果。构筑物内将设立展览，以科普的方式向每一位参观者传递环保理念。

在构筑物外的广场上，一汪清水托举起"修复的地球"主题雕塑，这也是整个园区的核心创意。一个直径 2.4 米的地球雕塑被形似大手和小手的构筑物呵护着，寓意北京建工致力以绿色智慧全产业链守护绿水青山，守护美好生活，为子孙后代造福，为打造绿色宜居城市、建设美丽中国而不懈努力。

北京市园林绿化集团展园

北京市园林绿化集团展园面积 1600 平方米，它从园艺花卉、园林建筑与园林工程等方面展示了北京市园林绿化集团的主要产品，进行园艺价值的多维度诠释以及园艺产业成果融合的多方位展示，表达了集团致力于推进城市绿色发展、促进人与自然和谐相处、为构建人类命运共同体不懈奋斗的企业生态文化内涵。

展园以花庭、乐庭、山庭为主题，展示集团在园艺花卉、仿古建筑及园林工程等全方位、多角度的系列成果，充分体现出北京市园林绿化集团是园林全产业链服务商的特色。

北京首开展园

北京首开展园通过对建筑空间的折叠来强调流线、大小及视线的特点，在同维度上让时间、空间与外界形成对话。

对于外延界面，外墙被折叠，形成了一种被挤压与舒展的相对关系。折叠挤压会被反映到建筑体量内部，在每道折线的室内部分会形成一个个相对独立的区域，加上外侧的橱窗幕墙，更像一个个时间片段的展位。人们通过三角区域的限定看向室外，画面是不同的。相对的内外、看与被看、记录与被记录。就像我们编写历史的同时也在被历史所记载，这与建筑和自然的关系是一样的，是共生并相互依托的。北京世园会首开展馆是在表达一种"相对"的关系，并希望通过这个构筑物的搭建让人们尽情去探索。

金花苑（云南鑫通）展园

金花苑（云南鑫通）展园的设计，以云南民族建筑的特色傣族风格为基础，国际化创意建筑风格，用材节约，结构简洁牢固，以花草树木园艺博览为要素，以花腰傣族的绿色生活、青山绿水的美丽家园精神为指导，以花腰傣民族元素贯穿始终，傣族火文化画龙点睛，园区建筑主次分明，格局明确。

主体建筑结构采用 300×300H 型钢支撑起整个形状，外部造型采用复合材料模仿竹制捆扎结构，让傣家竹楼所用之竹所包含的能屈能伸，刚柔并济的特性得到充分展示，风格迥异，复杂的结构与力学结构对竹制建筑工艺的模拟又恢宏大气。

京彩未来花园展园

京彩未来花园展园面积 700 平方米，采用下沉式设计，以京彩燕园最优质的符合"乡土""长寿""抗逆""食源""美观"等标准的大规格精品容器苗木、最高品质的工程技术为基础，以智慧生态景观创新为特色，利用海绵城市的雨水回收及利用系统为园区灌溉及景观供水，采用太阳能作为自产清洁电力能源，采用环保新型材料"生态石"为主材，采用自发光强透水铺装材料，打造出集生态化、环保化、科技化、智慧化、彩色化、芳香化六元一体的、代表未来园林发展方向的京彩未来花园。

京彩未来花园致力于打造一座既契合园博会的总体主题与理念，同时又全方位展示企业文化和精神的精品展园，让人们切身感受科技园林、智慧园林、生态园林、彩色园林的魅力。

克劳沃展园

克劳沃展园面积 600 平方米。以景观草为主题，展示景观草的观赏性及景观应用价值，推广和探索景观草再景观领域的应用。

蒙草生态展园

蒙草生态展园面积 9450 平方米，该设计分为人对自然的理解、与自然和谐共生、动植物的保护三个部分。该展园希望借以人为的手法创造自然中更多生物多样性的生态系统，让动植物和人之间的关系趋于平衡，同时希望给游客提供一个最真实质朴的自然环境，身处其中并自主地去发现和感受到大自然最原始的美，继而引发思考，尊重并保护自然。

纳波湾金河展园

纳波湾金河展园坐落于园艺科技发展带内，金河园艺与纳波湾园艺携手合作，以"园艺中的生活，生活中的园艺"为设计理念，相互融合，共同促进，精细化打造生活化的园艺场景，展现月季的多场景应用途径，充分地展示两个企业的产品核心与企业精神。

企业展园场地南北类似长方梯形，以金河园艺的"河流"为基础设计语言，同时结合月季的浪漫花语，将全园打造成一个动感十足，空间丰富的企业文化展示园。

场地走势为东北高，西南低，地形处理上，利用场地的既有地形，化不利条件为先天优势，结合海绵城市的设计原理，优化场地，合理地调动场地内的土方，营造出丰富的小地形、小空间，并在这些小空间里，布置出园艺主题小展园、月季展示区、玫瑰屋以及主展馆两侧的两个展示企业文化的庭院式园艺展园。

胖龙丽景

胖龙丽景赞助的"世博谧园"的设计理念：本着敬畏自然、了解自然、享受自然、创造和谐家园的生活追求。展园面积 22575 平方米，它以遵循自然生态环境中植物生长特质的表现与适应性要求，科学展示浓缩自然景观中植物群类和谐组织的精彩表现。将大自然之美、植物之功效引入城市生活、提升人民审美、责任、关爱、反哺和谐环境的意识与能力。

该展园以二十四节气为时间轴，体现绿色发展、生活中的园艺、融和绽放、教育与未来、心灵家园，体现世界园艺新境界，生态文明新典范的办会目标，展示园艺植物、园艺材料、园艺技术，体现地方园艺特色，展示地方形象，展现独特的世界园艺文化。

石尚家园展园

"石尚家园"展园面积 1663.62 平方米，以云南大理百年老民居为主体建筑，展现出一座百年云南民居景象。展园内大到建筑物及景观设计，小到园中每一株植物，每一块砖瓦，无处不在的中国传统文化深深植根于"石尚家园"。"石尚家园"精心打造了"生态、科技、文化、生活、传承"五大主题，充分调动游客的触觉、视觉、听觉、嗅觉，以及味觉全方位立体游园，深度感受中国传统化之精髓。

上海秦森企业馆

上海秦森企业馆以"木刨之花"为设计灵感，利用生态纽带从空间维度上把整个展园有机联系起来，深入践行"曲面参数化技术应用、立体绿化、声光技术"等多种技术手段。同时，"匠心之路"作为场馆最大亮点，集"木刨之花、木艺之源、木构生花、活态木雕、木作点睛、中华古韵"六大景点，从功能和文化上有机结合，节点上运用了"生态雨水花园、乡土植物、园艺种植、生态环保透水材料，木屑腐熟再利用"等技术，展现了国际领先的园林营造实力。通过 2019 北京世园会企业展馆的营造，秦森将向世界展示一处践行生态文明建设、展现中华文化自信、融合当代造园理念的匠心之作。

盛世润禾榆树文化园

榆树文化园共九个文化展区，称为"榆树九境"，展园面积 9900 平方米。该展园分别为入、引、器、游、探、隐、幽、赏、合。全园以榆树的种植为主线，搭配小乔木、花灌木、时令花卉等，实现乔灌草结合的群落类型，物种多样性丰富，观花、观果、观叶、观形的植物多样，观赏性极佳。

顺鑫展园

顺鑫展园以"绿色生活 美丽家园"为设计主旨，追求人与自然、人与社会的和谐共生关系。展园面积 2800 平方米，总体分为三部分："鑫天地""鑫园居"和"鑫味道"。

主展馆入口门厅悬挂"麦香迎门"艺术装置，悬挂在屋顶的麦穗风铃随风摇曳，与两侧真实栽种的麦穗相映成趣，暗示企业深耕第一产业的长久历史和着力发展现代化农牧业，改善人们生活品质的美好愿景。展馆东侧的酒瓶水景墙集萃了顺鑫酒类产品，展厅内结合多媒体展示了集团的历史沿革、企业文化理念和经典产品等。

天津远大海棠展园

天津远大海棠展园面积：2050 平方米，以丰富的各类海棠集聚同一展园为设计主题，形成特色的海棠园，展示我国在海棠培育种植上取得的园艺成就。（见图 15-5-1 天津远大海棠园效果图）

中国建材企业展园

中国建材企业展园以"建工·毓林苑"为设计主题，展园面积 1300 平方米，利用曲线自然流畅的新型材料搭建起两个半包围式的构筑物，形似一只大手牵一只小手，与周边自然空间、植物构成融于一体的美感，构筑物顶端采用透明膜结构，确保室内的自然采光，实现节能效果。该展园还利用花卉植被、花架等，打造融合时尚艺术、创新技术的园艺空间。整个园区的地面利用建筑垃圾处置后的再生砖铺设。

第四章　世园十二景

7-84 图　世园 12 景总览

在园林景观方面，永宁瞻盛、万芳华台、同行广场、丝路花雨、世艺花舞、山水颂歌、千翠流云、芦汀林樾、九州花境、海坨天境、墩台寻古、百松云屏构成了 2019 北京世园会园区内十二道别致的景致。

永宁瞻盛

永宁阁建于天田山顶，为全园制高点，采用中国北方唐辽风格的传统建筑形式，高台阁院式布局。主体建筑永宁阁位居平台中央，四周缭以门庑、回廊和角亭。建筑地下一层，地面以上明两层，暗一层，自平台地面至屋顶正脊总高 27.6 米。首层四面出抱厦，二层平坐副阶周匝，屋顶重檐歇山十字脊。登阁凭栏，不仅园区景色一览无余，更可南瞻长城，北望海坨。

7-85 图　永宁瞻盛

万芳华台

依山就势筑万花台于山水园艺轴西侧，台高约 2 丈，分三层。花台栏板以十二花信为元素依次排列，花台基座以万花图案作为装饰形成花团锦簇之势。台上立巨石，正面书"万花台"三字，背面镌刻"绿水青山就是金山银山"的时代箴言。花台周边绿树环绕，台下花田片片万芳竞秀，形成万花拥翠景象，登台四望园中美景奔来眼底。

7-86 图　万芳华台

同行广场

"同心同德，同向同行；砥砺奋进，筑梦中华"。同行广场是展现中华大地风采的重要舞台，由三十一省（市）自治区及港澳台提供本地区最具地域特色的景观石，共同组成广场的主景观，并在广场中央以母亲河长江、黄河图案铺地，布置二十四节气文化雕刻，传承和弘扬中华优秀传统文化。

7-87 图　同行广场

丝路花雨

卧花草林间，观近水长天，赏丝路花雨，享交融盛宴。丝路花雨紧扣一带一路主题，由分别象征海上丝绸之路和陆上丝绸之路的特色园路，围合缀花草坡组成核心景观，意在营造一处放松心情的开放空间。中国馆和国际馆之间，以丝绸造型的廊架作为丝路驿站，体现人文互通和文化互鉴。

7-88 图　丝路花雨

世艺花舞

花开纷飞，引蝶翩舞，气息芬芳馥郁，"世艺花舞"以花为媒，以蝶为艺，沿国际轴展开一场植物与艺术的视觉盛宴。在这里，来自不同国家将近40种的花卉交错植于花坡上。信步其中，可以感受红、黄、橙、紫不同色系植物迎面而来的缕缕花香，花丛间由植物拼合成的蝴蝶翩翩起舞，世界"园·艺"共生于此，相叠辉映于芳草之间。

7-89图　世艺花舞

山水颂歌

7-90图　山水颂歌

节点以"山水颂歌"为主题，在园区内营造一个看山望水的空间。广场保留利用了场地中优良的现状乔木，局部开阔区域设计集会广场，并在其中布置绿岛，围合出若干小型休憩空间；同时修建木栈道及自然草坡，创造让游人能够放松心灵、感受自然山水的环境。让游人在此告别城市的喧嚣，临妫河西望海坨山、北眺冠帽山，在芦苇丛中穿行，回归自然、感受自然、体验自然。

千翠流云

千翠流云是进入妫汭湖区的廊道之一，毗邻中国馆，可遥望海坨峰与冠帽山。山翠、水翠、林翠，以山水林田，谱写"翠影红霞映朝日"的绚丽诗篇。天光云影流动在韵律优美的叠水中，与湖畔的绿树红岩融为一幅三维的山水画卷，演绎中国山水层层递进、自然质朴的空间格局。

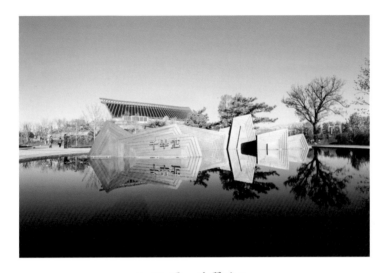

7-91 图　千翠流云

芦汀林樾

7-92 图　芦汀林樾

保留区域原有特色，百树参天，郁郁苍苍，蒹葭萋萋，白露未晞。营造能够让人静谧思考、放松心灵的环境。打造别样的自然园艺体验空间。在此告别城市的喧嚣，回归自然，体验自然，感受自然。

九州花境

景点主要表现华夏九州不同地貌下的园艺景观特色，以中华传统十大名花为图，以壮观的天田山为背景，以秀美的妫汭湖为前景，展开一幅"华夏地貌各异，九州名花盛放"的瑰丽画卷，意在打造园艺展示舞台，传播中国传统文化，促进行业发展。主要包括：牡丹园、月季园、杜鹃园、荷花园、水仙园、菊花桂花园等。

7-93 图 九州花境

海坨天境

沿河设计木栈道与亲水木平台，营造望山观水的最佳体验空间。在这里，可以西望海坨峰、北眺冠帽山；近观妫水河波光粼粼，芦苇丛丛，远看对岸林木葱郁、雀鸟啁啾。让游客在远山近水中放松心情，感受自然的野趣。

7-94 图 海坨天境

墩台寻古

延庆"南挹居庸列翠，北距龙门天险"，为京师畿辅屏障，明代在此修筑长城的同时，修筑了烽火台及屯、堡、营等军事聚落。场地现存的烽火台是历史的记录，它是区域独特的人文景观。规划紧扣"长城脚下的世园会"主题，以历史遗存为中心，布置成一处下沉式景观空间，营造静谧平和的空间氛围，引发思古之情。

7-95 图　墩台寻古

百松云屏

7-96 图　百松云屏

设计水纹铺装结合三座绿岛，彰显一池三山的传统园林模式，同时取意自然，营造瀑布流泉的景观形象，种植近百株姿态遒劲的油松和大片国花牡丹，水雾云松，富贵牡丹，喜迎八方来宾，创造理想的园林意境，并通过摩崖石刻的手法，表现传统文化中"山水比德"的深邃含义，展示出一幅充满中国韵味的山水画卷。

第五章 科技世园

为做好园区信息化基础支撑、突出游客游览体验、打造"智慧世园"科技亮点、提升园区精细科学管理水平，世园局与国内一流研究机构、信息产业领军企业一道，在 2019 北京世园会 503 公顷围栏区内统筹规划"智慧世园"建设。

2018 年 6 月，"智慧世园"项目经北京市发改委批准立项。2018 年 7 月中通服科信信息技术有限公司中标，2018 年 8 月动工建设，2019 年 3 月建设竣工。该项目包含游客体验、综合管理、公共服务三个应用支撑体系，由信息化基础设施、数据支撑平台、交互体验应用、园区服务应用、园区管理应用、信息安全等 6 部分 10 个硬件系统、12 个软件系统组成。项目综合运用人工智能、虚拟现实（VR）、增强现实（AR）、虚拟视觉等高新技术，基于游客大数据分析的园区服务与综合管理，人机交互技术的创新性研发和集成应用，为北京世园会的组织者、参展者、参观者提供管理服务和支撑，为参展商和游客提供全新的科技体验，为世园会提供全方位的信息技术支撑。

《北京世界园艺博览会"智慧世园"项目项目建议书》中提到，"智慧世园"项目建设及应用覆盖北京世园会围栏去共计 503 公顷面积内的室外公共区域，由一套基础设施、一个支撑平台、三个应用服务体系构成，共 24 个信息化系统，实现游客智慧体验，园区科学管理且保障信息系统高速、安全可靠运行的目标，为游客提供舒适便捷的服务。智慧世园项目资金来源全部为中央财政资金。世园局信息化部是 2019 北京世界园艺博览会"智慧世园"项目的实施机构。

经过一番打造，最终游客在世园区可以和人工智能体验区的机械臂互动，找 AI 机器人同步模仿自己的动作，用手机在 AR 虚拟景点看戏，去奇幻光影森林和蒲公英互动，一不小心还能遇见"神龙"现形。

第一节　基础设施建设

为做好园区通信和信息化保障，经世园局批准，由世园局信息化部总体负责，组织开展信息化基础设施建设，2018 年 3 月至 9 月勘查设计，2018 年 10 月开始建设，2019 年 4 月竣工投入使用。

园区信息化基础设施主要包括：

公共通信网络基站建设。由中国电信股份有限公司北京分公司、中国移动通信集团北京有限公司、中国联合网络通信有限公司北京市分公司、北京正通网络通信有限公司、首都信息发展股份有限公司和中国铁塔股份有限公司北京分公司承建，在园区内共建设了 12 座室外单管塔基站、74 座微和站通信应急车停放点，12 座基站全部包含电信、移动、联通 3 大运营商 2G/3G/4G/5G 网络信号，74 座微站和通信应急车作为室外基站信号覆盖补充。

7-97 图　园区室外单管塔基站

室内分布系统和配套机房及电力传输建设。在中国馆、国际馆、生活体验馆、世园酒店、数字中心、植物馆、5G 展厅、安保中心、世园小镇、WF02/04/08、产业带 7#、管廊控制中心和一号、二号能源站等信号弱覆盖区域布设室分系统，实现了 2G 至 5G 全覆盖。

通信微站建设。依托园区内 78 根智慧灯杆建设通信微站，配备传输设备，实现了对主要道路和人流密集区域通信信号覆盖。

应急通信建设。编制通信保障预案和现场处置方案，进行专项应急演练；通过共享基站方式在园区架设 2 座 800M 基站和 4 座 1.4G 基站，租赁 150 台 800M 手台和 1300 余台对讲机分发各单位使用；在中国馆、国际馆、生活体验馆和园区外 P4 停车场投放应急通信车，由电信、移动、联通 3 大运营商和正通公司配备工程抢修车和 40 余名技术保障人员，全时备勤保障。

无线电监测站建设。在延庆区建设无线电固定监测站，园区及周边重点区域出动无线电移动监测车，在开闭幕式等重点时段，对园区及园区外重点区域进行无线电监测。

第二节　5G 应用与展示

在北京世园会园区中，有 3000 余个异常倾斜就会"呼救"的智能井盖、900 个装满后就会"呼唤"清洁的智能垃圾桶、280 辆可以实时响应"呼叫"的智能电瓶车，还有数不尽的智能灯杆、智能烟感、环境监控等设备分布在世园里，这些都是 5G 与物联网技术融合带来的创新体验。

2019 北京世园会突出"科技引领、生态为先、彰显特色、以人为本"，以物联网和 5G 为"神经"，以大数据与人工智能为"大脑"，通过虚实结合的手法，把世园会从传统的园林艺术展示转变成人、自然、科技和文化交融的园艺盛会。同时，策划以中国的山海经为内容主题，打造光影森林游览项目，将特定区域的夜晚打造成新颖的展示和交互的全景舞台。

2018 年 9 月 5 日，世园局组织召开专题会议，确认《世园会 5G 示范应用实施方案》。本次会议确定在园区设立"5G 集中展示区"，由世园局负责提供 6 号门东侧空阔区域约 300 ㎡用地，用以 5G 特设集中展示；北京市经济信息化局负责集中展示区的建设和展示内容的规划、布设及展示等。

2018 年 10 月 12 日，世园局组织召开专题会议通过《电信、移动、联通世园会 5G 展示用房方案》。2019 年 1 月 29 日上午，北京世园局副局长叶大华主持召开专题会，对北京世园会 5G 集中展示方案及机器人应用示范在园区落地等相关工作进行了研究。会议原则同意北京世园会 5G 新技术及机器人应用示范和 5G 集中展示方案。三大运营商 5G 集中展示厅位于园区六号门东北侧、园区南路南原城建集团项目部，将市经信局牵头的利用 5G 网络进行 8K 高清视频回传展示与中国电信展厅整合一起，总建筑面积约 717 平方米。会议明确北京世园会要为北京市高科技企业提供展示平台。

一、中国铁塔：共建共享 5G 基石

丰富的智慧应用离不开畅通的网络承载，北京世园会对通信保障要求很高。中国铁塔北京市分公司在政府指导下，践行新发展理念，牵头统筹电信、移动、联通三家运营商公网和政务专网的建设需求，统一规划，共享集约、高标准、高质量、高效率推进移动通信基础设施建设。

其中，圆满完成北京世园会移动通信基础设施建设包括园区内外 12 个宏基站、74 个灯杆微型基站、114 根智慧灯杆，和面积超过 20 万平方米的展馆室内信号覆盖任务，有力支撑了电信、移动、联通三家运营商对园区及周边重要道路 4G 和 5G 网络的全面覆盖，保障政府部门

指挥调度、安防监控等需求，为国内外广大嘉宾游客畅享历史上首届5G"智慧世园"奠定了坚实基础。

中国铁塔北京市分公司在2019北京世园会移动通信基础设施建设前期，与相关主管部门充分沟通，按照北京世园会的整体布局和具体要求，统筹各方需求对移动通信基础设施进行了综合规划，明确了宏站、微站相结合，传统、新型室分相结合，电力、传输相结合的总体建设模式，不断优化整体规划方案，最终确定采用"立体式"网络综合解决方案，满足了高、低、远、近、室内、室外、多家、多种网络的覆盖需求。另外，通过基于"互联网＋物联网"技术领先的集中统一监控平台，实现了对园区所有接入设备可视可管可控，保障北京世园会通信。

通过铁塔公司统筹，完全实现通信基础设施与园区内建筑物"同步规划、同步设计、同步施工、同步交付"，既保障了4G、5G良好的网络质量，又保障了建筑物美观与环境协调。中国铁塔北京市分公司在园区内建设的12个室外宏基站不仅承载了三家运营商2G/3G/4G/5G的9套系统的信号覆盖，同时承载了正通800M专网、首信1.4G专网以及智慧世园高点安防监控及控制景观照明的无线网桥设备服务，将通信塔变社会塔，最大化实现了一塔多用。最具共享典型意义的国际馆旁高达45米的宏基站，承载了三家运营商和正通、首信的11套通信系统，以及园区安防监控以及无线网桥物联控制服务，可谓是园区"中枢神经"。为了确保美观协调，园区内所有宏基站都结合周边环境情况进行美化，与园区景致融为一体。

中国馆作为北京世园会中的主要场馆，中国铁塔北京市分公司建设了楼面站和精品室内网络基础设施。中国馆对美观性要求极高，中国铁塔北京市分公司在建设过程中结合实际建筑情况，多次优化方案，在不影响覆盖效果的前提下，对天线及设备等相关设施进行了美化隐蔽，既满足了三家通信运营商的覆盖需求，又实现了移动通信设施与周边环境相协调。

此外，延庆区政府贯彻绿色发展观，着力打造"科技世园 智慧世园"，坚持"政府主导、铁塔统筹"，按照"政府＋铁塔＋三家通信运营商"的"1+1+3"建设模式，推进移动通信基础设施共建共享，既避免了重复投资，又让环境更美观生态。基于铁塔公司的统筹共享优势，延庆区政府另要求铁塔公司在延庆主干道建设多功能智慧灯杆，既实现了信号良好覆盖并提前布局5G网及物联网，又实现了视频监控、环境监控及路侧停车等城市运行的良好保障。延庆区政府还利用此次北京世园会契机，由铁塔公司牵头组织在2018年底实现了延庆区376个行政村村村通4G，并彻底解决了刘干路干沟区域10.2公里手机信号盲区问题，让延庆边远地区的人民群众同市区人民一样尽享信息通信便捷。

2019北京世园会通信基础设施由铁塔公司统筹集约建设彰显了共享发展的成效。不仅充分实现行业内铁塔、机房、电力引入、传输光缆等资源共享，还不断拓展共享广度和深度，积极推动通信资源和社会资源开放共享。通过让各方最大化共享资源，大幅降低了投资成本，提升了建设效率，创造了更多价值。例如：园区内 12 个宏基站 5 家单位完全共享，相比较各家独立建成本节约在 50% 以上。

二、中国电信：5G 体验馆

中国电信北京公司除了为北京世园会提供高质量、智能化的通信基础设施及保障服务，还借助物联网、云计算、5G 等技术，为公众带来精彩纷呈的 5G 场景体验。中国电信在整个园区及数字中心覆盖 5G 信号，并在中国馆、国际馆、植物馆、永宁阁、园艺小镇、生活体验馆、演艺广场、商业服务建筑内覆盖中国电信固网资源，为 2019 北京世园会提供安全稳定高速的通信服务和应急保障。

1. 云网结合，服务智慧世园。中国电信北京公司依托安全可靠、弹性伸缩的北京市政务云平台，为 2019 北京世园会提供了可靠的计算、存储、网络资源、立体化的安全服务及全方位重保支撑，承载与支撑 2019 北京世园会"智慧世园"信息化系统平台，为世园会的"大脑"保驾护航。北京市政务云平台还承载园区内智慧交通、人脸识别安防、AI 节能减排、AR/VR 互动体验、游览 APP 及展园平台等各个系统，为 2019 北京世园会提供稳定、安全、连续、高效的运行保障。

中国电信北京公司为北京世园会园区提供互联网专线，供园区办公、公共区域游客访问互联网使用；为园区提供多条数据专线业务服务，保障"智慧世园"系统、票务系统与云平台间进行安全、稳定、高速的数据传输及备份；在园区内提供的集团语音中继线业务，供园区办公人员日常办公联络使用；为园区工作人员以及安保人员提供的中国电信天翼对讲业务，通过 2000 余台对讲终端，保障园区内外工作人员及安保人员随时随地进行快速的信息交流，提升园区管理效率以及安保质量。

2. 全面通信保障服务世园媒体中心和世园酒店。中国电信北京公司为北京世园会新闻媒体中心提供有线及无线网络混合组网的通信服务。在通过身份认证后，各家中外媒体能够享受到高速、安全、稳定的互联网接入服务。同时，中国电信北京公司特有的互联网云堤安全服务以及专用混合组网态势感知服务也为北京世园会媒体中心在网络安全保障上保驾护航。同时，在各家媒体的直播间和单边点区域，中国电信北京公司布放了丰富的光缆和传输资源，能够为媒体提供稳定高速的信号传输服务。为了增加便利性，中国电信北京公司对媒体中心实现了 5G 信号覆盖，通过安全、高速的 5G 传输为各大媒体提供无线传输保障。

中国电信北京公司为 2019 北京世园会配套的世园隆庆酒店、凯悦酒店、海泉湾酒店三家会期接待酒店提供互联网、语音电话、酒店完美联盟等高品质通信服务，在提升酒店信息化服务的同时，保障会期内三家酒店通信业务的安全性和稳定性。

3. 中国电信5G馆。作为"5G示范区"，中国电信5G馆位于一号门西侧约100米，室内面积453平方米，将VR、MR、无人机和AI机器人等多种技术与5G结合，契合"绿色生活，美丽家园"的世园会主题，为游园游客带来精彩纷呈的5G体验。步入中国电信5G馆，体验者便可以通过手机连接馆内5G信号转化成的WiFi，体验5G网络的非凡速度，下载一部1G的电影仅需几十秒。戴上高清虚拟现实眼镜，可以

7-98图　园区5G展馆展示

观赏无人机和远程摄像设备实时回传的北京世园会园区景观，以最佳的视角游览全景世园。在5G云课堂，借助一副MR混合现实眼镜，眼前展现出两个虚拟机器人为大家生动讲解5G知识。在5G梦生活板块，体验者可以在小翼机器人的指引下，用手势切换客厅、厨房、洗浴间和卧室场景，操控各种新奇的智能生活应用，感受未来的家庭生活。

展项一：5G·AI机器人。工作人员穿着感应服装做出动作，任何一举一动，只要在5G网络覆盖范围内，机器人都可以同步完成，几乎没有任何卡顿，这也是依托于5G网络低时延特性的一项应用，这一技术适用于一些高危场景作业。

展项二：5G未来城。中国电信作为北京世园会基础通信建设运营商，还利用了5G大连接的技术优势，为北京世园会打造了真正的"智慧世园"。5G馆以北京世园会园区为蓝本打造感应式沙盘，将环境监测、智能环卫、智慧灌溉、水质监测这4个代表性的应用场景预设在沙盘相应的感应位置，拖动屏幕到感应位置，即可切换视频观看相应的解决方案。

展项三：5G云课堂。中国电信通过5G＋MR技术打破了时空限制，让偏远地区的学生也能共享优质教育资源。借助一副MR混合现实眼镜，眼前展现出两个虚拟机器人形象为大家生动讲解5G是什么，更有趣、更直观地让观众了解5G，展望5G未来。

展项四：5G·AI巡逻机器人。中国电信5G馆内布放了巡逻机器人，它将巡逻时候捕捉的画面，通过5G网络回传到展馆的监控屏幕上。这也是5G新技术应用为世园会这类大型活动提供的一种新的安防监控解决方案。

展项五：5G云游戏。借助5G网络高带宽、低时延的特性，游戏可以依托在云平台的服务器进行运算和渲染，游戏者不需要高端的显卡和处理器，只需要一台普通显示器，就可以畅快

地玩游戏。

展项六：5G 梦生活。5G 梦生活以 CAVE 虚拟显示技术展现 5G 未来家庭生活场景。体验者可以在小翼机器人的指引下，用手势切换客厅、厨房、洗浴间和卧室场景，并操控各种新奇的智能生活应用，先人一步感受未来的家庭生活。

展项七：5G 游世园。体验者带上 4K 或 8K VR 眼镜，可以观赏无人机和远程摄像设备通过 5G 网络实时回传的世园会园区景观，依托 5G 网络低时延、高速率的特性达到画面无卡顿，给体验者带来身临其境的体验，以最佳的视角游览全景世园。

展项八：时空旅行。为庆祝新中国成立 70 周年，回顾通信行业及中国电信 70 年发展历程。通过"互动型实物透明屏"呈现通信历史回顾。同时，观众可体验互动拍照，通过面部扫描，自动生成一张本人的年代照片，作为时代纪念照。

展项九：5G·AI 体验区。在 5G 人工智能体验区有机械臂猜拳和健康体检仪，体验者可以通过互动的方式感受 5G 的强大智能。随着 5G ＋人工智能化的时代快速临近，二者的结合将为世界构建了一个更加安全、方便、舒适的生活环境，所有人都将共同见证一个智能化的大时代。

展项十：5G 设备展示区。参观者能近距离接触到 5G 相关的各类设备，包括最新的 5G 手机，5G 数字终端，中国自主研发的 5G 芯片等等，感受中国在 5G 领域的领先优势。

展项十一：5G ＋ 8K 影厅。5G ＋ 8K 超高清放映厅是中国电信与北京市经济与信息化局超高清视频（北京）制作技术协同中心联合搭建的，可以容纳 30 人就座观看影片。8K 分辨率至少达到 7680×4320 像素，是 2K 的 16 倍，是 4K 的 4 倍以上。更高的分辨率意味着更快的传输速率需求，4G 网络只能满足 2K 画质的直播，而 5G 的出现，恰逢其时。作为新一代移动通信技术，5G 提供前所未有高速率、低时延、大连接的互联互通移动数据传输能力，使得超高清，特别是 8K 视频信号的移动传输成为可能。

三、中国联通：5G 助力智慧世园会

作为中国三大运营商之一的中国联通为北京世园会推出了 5G 医疗服务，通过 12 个宏站和 112 个灯杆站为园区到北医三院延庆医院开通了一条绿色生命之路。此次联通展厅分为 4 大区域，分别从"历史""5G 体验""5G+ 医疗""5G+ 旅游"几个方面在展现通信发展进程的同时，凸显 5G 时代将给未来工作生活带来的巨大变化。作为北京市主导运营商，北京联通正加快推动网络转型，实现网络的智能化、自动化，全力打造技术领先、效能强大的 5G 网络。

北京联通依托全程全网服务体系和自身 IT 服务能力，以通信前沿技术、专业服务团队保障 2019 年北京世园会，为世园会注入强劲新动能。北京联通全力打造 5G 展厅，通过历史传承

+5G，展示通信发展的过去、现在和未来，描绘未来 5G 行业应用将为人民带来的便捷美好生活蓝图。

百年联通，历史传承。在本次展厅，将从北京电信事业的诞生到中共十九大通信重保，介绍北京联通百年老字号的品牌优势。以北京联通百年历史为主题，通过北京的电信事业发展历程为主线，阐述了北京联通公司这家百年老店的历史、发展、以及在各个历史时期与中国通信史上的重要位置。从 1880 年，中国成立电报总局。1883 年，北京地区第一次有了电信机构和业务。1949 年 3 月初，党中央机关从河北省平山县西柏坡迁驻北平香山，北平电信局在香山、八大处、玉泉山和青龙桥一带搭建了通信网络。1949 年 4 月，毛泽东主席、朱德总司令在香山双清别墅通过这张网络向解放军发出了《向全国进军的命令》，打过长江去，解放全中国的的指令，香山电话专用局伴随着新中国诞生脚步，其历史功绩将永载史册。北平电信局也正是现在北京联通的前身。从历史的角度展现了北京联通这家经历了百年历史锤炼的老店。

智慧医疗。中国联通携手合作伙伴中标 2019 北京世园会 5G 技术示范应用 – 远程医疗急救系统建设项目，将针对"现场远程急救指导，转运中远程监测，医院患者病情评估决策，远程手术指导"四大场景，为北京世园会制定了远程会诊系统、远程医疗协作系统、急救指挥服务平台等详细实施方案，成为北京世园会医疗保障的重要一环。

可视化远程医疗借助佩戴式可视化 MR/AR 装置为医疗行业客户提供高清图像传输，支持远程实时讨论和直观感受 3D 成像解剖下的组织及器官，了解相关构成及特征。

远程医疗监测利用 5G 来辅助医疗监护，对患者的生命体征进行实时、连续和长时间的监测，并将心电仪、监护仪、呼吸机等医疗设备获取的生命体征数据和危急报警信息以 5G 网络传送给医护人员。医护人员通过 5G 蜂窝网络实时获悉患者当前状态，做出及时的病情判断和处理。

5G 展示

无人机。依托 5G 蜂窝网络，搭建室内无人机演示。展现无人机在基础设施、防灾减灾、遥感、测绘、分析、远程控制等方面的应用。

应用基于图形 AI 处理技术与 5G 无人机场景结合，完成数据收集、数据分析、数据报告。可实现包括轻量级物品运输、5G 信号补充覆盖、安防监控、定位等多种业务，未来可广泛应用于安防、农业、运输、医疗救援、通讯等多种场景。

VR 云端渲染、利用 5G 技术，将图像进行虚拟及渲染，并实时渲染推送到 VR 设备，用更快的传输速度、互动性更强的画面内容，为观众营造身临其境的现场感，提供沉浸式的传播体验。

远程机械臂签名。智能机械臂实现 5G 空口传输，确保遥控效果，灵活控制，未来可应用于极端环境的科学实验、远程医疗、地下作业等。

新媒体。通过 5G 技术实现新媒体传播的实时性和逼真效果，人们可通过 5G 网络实景观看 VR 直播，未来可应用于会议、演出等各类活动的实景直播，戴上 VR 眼镜就有身临其境的现场感受。

智慧旅游

游览辅助讲解。利用 5G 网络速率优势，可实时丰富图文信息到 AR 眼镜，游客通过佩戴 AR 设备得到更直观的感受。主要应用于游览参观等目前需要人工讲解的场景。

AI 游记助手。按照游客及团体倾向，利用联通 5G+AI 能力进行游客图像及相关素材的收集、归纳；合并游客上传内容，再依次输出足迹内容及心得体会，形成千人千文。

5G 滑雪机

利用 5G 技术模拟实景滑雪机，加强互动性。通过 5G 特性满足未来各行各业的特定工作需求，而此展品重在游艺体验，让观展人实际操作，切身感受更先进的网络为未来生活带来的乐趣。

四、中国移动：5G 成果展示

中国移动将 5G 通信创新技术融入世园、服务世园，让科技改变生活，助力实现"世界园艺新境界生态文明新典范"的办会目标。在筹备过程中，秉承"创无限通信世界，做信息社会栋梁"的企业使命，中国移动充分依托现有资源，攻坚克难，统筹推进园区网络建设、服务保障、展台展示等各项工作。

7-99 图　园区 5G 通信保障

做强网络建设，搭建高速世园。2019 北京世园会围栏区内规划多个移动 2G 基站、4G 基站、5G 基站，根据世园人流量的预估，围栏区内移动网络规模可满足世园日均 10 万人、峰值 25 万人上网需求，可满足 5 万余用户同时接入上网需求。中国移动进行了网络应急部署，随时可在中国馆、国际馆、生活体验馆周边架设应急车，充分保障园区内所有通信需求。

做全服务保障，展现暖心世园。北京世园会期间，秉持"客户为根"的服务理念，中国移动可提供快速办理通道和特色贴心服务两大配套方案。设立世园服务保障专席，为工作人员、各地游客及重要客户提供专属服务，设立专项接口人，设立访客户通信问题的绿色通道。针对来访客户特点，对国际用户提供租机、短期入网号码、护照入网号码办理等业务，对国内用户提供异地缴费、补卡等移动业务，10086热线提供 7×24 小时业务咨询和办理，全方位解决客户的后顾之忧，同时针对后勤及安保设立专业团队进行现场协调。

做精 5G 展示，呈现智慧世园。为提高公众对 5G 网络特点的认知（大宽带、低时延、万物互联），凸显中国 5G 创新实力，服务世园安防保障及应用，针对 5G 的技术特点和三大类应用场景，中国移动在园区内展示 5G 技术成果，展台设置有专业接待人员及危机事件应对小组，并针对 VIP 客户及媒体设置专人接待。展示项目分别有：5G 游戏、5G 全息通讯、5G 智慧城市、5G 网联无人机。

5G 游戏： 在云游戏的运行模式下，所有游戏都在服务器端运行，在客户端，用户的游戏设备不需要任何高端处理器和显卡，观众现场可体验的游戏包括 FIFA18、NBA2017、刺客信条、生化危机、最终幻想 12、极品飞车 20、古墓丽影等。

5G 全息通讯： 模拟未来 5G 全息通话体验，高清摄像头捕捉人物、作表情后，让虚拟形象同步人物移动，同时声音采集装置的设置，可以与现场来宾进行现场模拟通话。

5G 智慧城市： 模拟 5G 网络在未来智慧城市的使用场景，通过沙盘及大屏幕可向观众提供现场体验。观众可操作 pad 中控，观看大屏幕，结合动态沙盘体现出"数据管理""车路协同""智慧安防""环境感知"等几大场景 5G 智慧城市应用场景。

5G 网联无人机： 通过拼接屏幕播放无人机在世园室外高空拍摄的全景画面及 VR 图层叠加的非实时的已拍摄视频信息。室外悬停无人机可为观众展示无人机视角的北京世园会景象，巡航无人机可在路线中与游客互动拍照，并设置一台无人机提供网络远程观看入口，实现无人机拍摄的园区、展区全景视频网上直播。

第三节　智慧世园

北京世园会将园林艺术与科技有机结合，打破园区内外物理空间边界，为游客带来独特的科技体验。

在自然生态展示区，一场科技文化与自然景观相融合的视觉盛宴——"奇幻光影森林"项目，自开园以来广受欢迎，吸引一批批游客前往体验。这一项目以《山海经》为内容来源，依托虚拟视觉与人机互动技术，带领人们穿越时空，开启一场奇幻光影世界的互动体验。

在中国馆的中国生态文化展区，层层纱幔和光影打造的绮丽景观，让游客沉浸其中，流连忘返。漫天花瓣飞舞，忽而转出青山绿水，忽而又幻化出一片粉嫩桃林、金黄稻田……这里采用空间递进式全景影像，将古代画卷与现代动态数字展示形式相结合，实现三维立体国画效果，让人们犹如步入画中。

在园区，游客也能"一部手机游世园"。通过手机端APP，实现吃、住、行、游一条龙式的全程智慧导游。

北京世园局信息化部部长郭子亮说，大数据与互动技术、实体空间相结合，为游客带来一系列前沿科技类服务，并以更加多样的方式与游客互动，使北京世园会成为科技文旅的创新型体验示范。

一、Smart-Core，为世园会打造一颗智慧的大脑

智慧，是2019北京世园会的特点，也是北京世园会顺利开展的保障。一颗看不见的大脑（Smart-Core）在紧张工作，为园区的游客、管理、内外交通、安保、会展、服务等不同对象和谐运转提供智能支撑。在指挥大厅，它实时绘制人流热力，使指挥人员及时掌握客流趋势、开展园区管理、组织会展活动并开展调度。在园区内部，它协调工作人员实现游客引导与服务。在游客身边，它根据游客兴趣以及园区拥堵，个性化引导游客行程。通过这颗大脑，北京世园会张开怀抱，为每个游客提供周到、个性、便捷的吃住行游一体化服务。

（一）主要功能

Smart-Core位于智慧世园中间层，是北京世园会的游客大数据分析与应用支撑系统，在汇聚园区客流、管理、服务、运营相关数据的基础上主要实现以下功能：

1. 面向地区会展保障的综合态势信息服务：会展期间面向延庆地区以及北京市有关部门提供市—区—园三级综合态势展示，主要包括：

市级：出入延庆的主要高速道路路况（京藏、京礼、京新，包括道路通行情况，管控封路情况，进出卡口车辆统计等）、园区目前在园人数统计信息；

区级：园区周边主要道路路况（延康、世园、百泉、妫川等）、园区周边停车场车位情况、园区当日接待游客统计以及预测的后续客流、周边餐饮住宿服务设施、延庆地区其他景点客流现状；

园区：客流分布（热力图或热值图）、主要场馆馆内人数、园内主要道路拥堵情况、园区主要片区人员分布、进出大门人员统计、周边主要接引道路实时路况。

2. 园区内部大数据服务：在园区运营管理活动中，支撑其他应用系统以及管理决策的可视化展示，主要包括：

园区现状概括视图：当日售票在园后续接待信息、人员分布热力图、主要场馆人员分布排队预约现状汇总摘要、园区wifi设备服务设施管理事件汇总概要、园区片区人员分布统计汇总概要、游客事件实时展示。

片区与门区客流现状态势与预测：园区片区客流分布现状地图标注展示、历史统计展示、短周期客流增量于分布预测、门区人员分布、当日大门进出人数统计；

场馆现状展示、分析与预测：主要场馆在馆人数、预约履约现状、场馆人员排队时间、场馆客流滞留时间分布统计、场馆游客来源地分组统计与画像、场馆兴趣强关联对象、场馆能耗现状、场馆周边人员分布、场馆人员短周期预测；

园内交通现状：当前园区内部主要道路的拥堵指数与地图标注、当日园区整体道路拥堵情况、拥堵严重的道路列表展示、道路短周期拥堵状态预测；

事件态势：当日游客服务事件汇总与地图标注、事件分类列表、事件详情、事件对周围交通影响分析；

人员定位与追溯：人员定位检索、轨迹标注、游客行为摘要、游客兴趣与目标提取与标注、游客画像；

园区管理态势：园区主要场馆综合现状（人流、能耗、周边服务设施现状）、片区场馆周边 wifi 网络服务状态、WiFi 设备状态详情展示；

运营态势：园区饭馆分布与状态标注、园区厕所分布与状态标注。

（二）智能服务

智能是这颗大脑成功的关键。与传统的管理系统不同，Smart-Core 在海量信息的基础上，对 1600 万游客开展实时分析，在园区范围内针对每个游客，实现"您在干什么？"，"您想干什么"？"您对其他人的影响是什么？"三大问题的回答。在这一基础上，配合园区其他调度工具与手段，实现游客行为的"可追溯、可预测、可引导"。把游客行为预测、个性引导与流量调度有机地结合在一起。

"中国馆"是每个游客在北京世园会的必选项，然而漫长的排队、仓促的导览会导致游客十分疲劳，游园有效时间大大降低。针对这一情况，当游客入园后，Smart-Core 就开始与游客开展交互。它根据多通道信源实时绘制园区人流热力、园区现状态势视图以及客流拥堵预测视图。以此为基础，Smart-Core 根据游客的路线实现行为速写与画像，预测其兴趣。同时，结合园区管控措施、线下演艺活动、虚拟景观设置等手段个性化地规划游客引导方案，游客通过 Smart-Core 引导游玩其他景点的方式避开客流高峰，大大降低拥堵、排队导致的"疲劳时间"。同样的时间下，游客可以以更舒适、个性的方式游览更多景点。同时，使得园区在有限的资源与空间条件下，更好的为游客提供体验与服务环境。

通过 Smart-Core 这颗大脑，园区中的青山绿水与每个人实现了有机的互动，让北京世园会成为每个游客的自家后花园。

Smart-Core 汇聚了中国科学院软件研究所多名研究人员在大数据、人工智能以及信息安全领域研究成果，经过软件所科技成果转化平台中科软智公司数十名工程师的辛勤研发下孕育而成。

北京世园会期间，这颗大脑在园区中实时汇集处理包括票务、内外交通、进出检、无线通信、移动终端、视频等十余种相关数据。同时，在高德提供的互联网地图服务的基础上，将以腾讯、阿里等为代表的周边吃住行游相关全站信息进行位置汇聚与处理，打穿线上线下、园区内外物理空间之间的信息边界，将数据应用能力提升到一个新的高度。在这一基础上，结合园区设备运行、服务设施运营、园区管理部门日常业务等数据，整体构成园区全景数据集。以此为支撑，Smart-Core 跨越 3 个不同场景，覆盖全园 5.03 平方公里，24 小时不间断地满足 1600 万游客、5 个核心场馆、12 个管理部门、10 个业务系统、10 个周边停车场、13 条内外连接道路、60 余个园区运营单位，6 个外部管理对接单位的游客服务、会展保障、园区管理的智能分析与数据服务要求。

"以人为本、科技引领"是北京世园会的主题之一。将青山绿水与我们的生活与发展有机统一也是人民群众的殷切期望。依托这颗大脑，北京世园会将二者实现了统一。通过与北京世园会开展的过程相结合，中科软智以及软件所的研究人员不断完善这颗大脑，将北京世园会这张蓝图绘制的越来越缤纷绚丽。

二、科技文旅新示范——奇幻光影森林

2019 北京世界园艺博览会是园林园艺领域的"奥林匹克盛会"，科技文化与园林园艺如何创新示范，是一个不可缺席的议题。在此背景下，奇幻光影森林应运而生。

"奇幻光影森林"是北京市科学技术委员会支持，由北京世界园艺博览会事务协调局于 2018 年申请立项的重大科技专项。该项目由世园局、北京中科视维文化科技有限公司和中国科学院自动化研究所共同承担建设。该项目位于园区北路 5 号门西侧 500 米自然生态展示区，占地 6300 平方米。

该项目以中国传统文化典籍《山海经》为创作灵感来源，以《山海经》的奇花异草、珍禽异兽为角色，利用 AR、大数据、人工智能、5G 等前沿技术，通过虚拟视觉、人机交互、新媒体艺术装置，综合运用声、光、电、影等手段，让游客穿越时空开启奇幻光影世界的互动体验，为北京世园会游客奉献的一场科技文化与自然景观相融合的视觉盛宴。

奇幻光影森林集成了 AR 技术、人工智能技术、虚拟视觉技术、人机互动技术、新媒体技术，与中国的传统文化《山海经》相结合，打造了一个充满想象的奇幻世界。奇幻光影森林将白天夜晚融合设计，分为"太阳幻境"与"月亮幻境"。

白天，游客下载"太阳幻境"，"太阳幻境"基于 AR 与虚拟视觉技术为用户打造了奇幻光影森林 AR 景园，用户通过手机寻找、参与体验，一个白天看起来普普通通的园林，却有你意想不到的偶遇……偶遇了岩石上的故事；偶遇了神兽仙灵；也许还会偶遇一群神仙天女……"太阳幻境"再现了奇幻光影森林的夜间展项，同时也有超出夜晚的内容，最为惊艳的是在天空中惊艳呈现"天女散花"，鲜花会降落到每个用户头顶，用户可与云间的天女合影留念……"奇幻光影森林"的 AR 景园——"太阳幻境"，为不在延庆住宿、不能体验夜间奇幻光影森林的用户，提供了体验的机会，同时也是一个用户可以"请回家"的数字园林，通过云端下载家庭版"太阳幻境"，为不能来世园的用户提供了与"神仙们"交互的机会。

夜晚，《山海经》中的神兽复活，山水也随之灵动，游客下载"月亮幻境"应用，与这奇幻世界交互。在奇幻光影森林中蕴藏着金、木、水、火、土，五种神奇能量，化身为五色神石，帮助用户召唤神兽、实现美好愿望。用户在这里会遇到象征福禄吉祥的白鹿，可以请求白鹿实现自己的愿望；会遇到传说中的烛龙、乘黄、金乌、何罗鱼、旋龟，象征金、木、水、火、土的神兽，将游客带到不同的场景。通过人机交互技术、人工智能技术的支撑，游客也会在这里体验到自己能量的流动，游客越多，森林中的灯光越明亮、色彩斑斓。游客还可以带上"森林"为游客准备的装备——"仙镜"，镜子在传统民俗中有辟邪之意，一个嵌入了芯片的镜子，构成了这面"仙镜"，通过这个宝贝，游客可以找寻森林里的故事，在岩石、在树间，"仙镜"将帮助用户发现白天看不到的秘密，还可以帮助游客召唤神兽、护佑平安，而这一切都会是用户得到五彩神石的途径。奇幻光影森林为游客提供专享的内容服务，当用户收集了足够的多的神石，就可以召唤烛龙，届时，烛龙出现，震撼全场，只为"你"而来……在夜晚的奇幻光影森林中，灯光、影像、花花草草是有生命的，都会与游客时时互动，夜晚的奇幻光影森林是带给游客的一场视觉的奇幻旅行。

7-100 图　奇幻光影森林场景

奇幻光影森林将科技与文化、白天与黑夜、景区与家庭、线上与线下、实景与虚景以及多种人机互动融合设计，且在体验上互为支撑，在科技文旅的模式上形成创新示范，带给游客丰富多彩的惊喜体验。

三、"智慧世园"游客移动端 APP

为了向游客提供全方位的游览与体验服务，帮助游客更舒适、更便捷地在北京世园会园区中进行观光，北京世园会推出了"EXPO 2019"——"智慧世园"游客移动端 APP，游客在家中即可进行"进入式"的沉浸观览、根据推荐路线选择自己游览的路径，还能直接进行购票与场馆预约。此外，应用程序还提供园区场馆、展园与景点的介绍和定位、主题活动信息、实景导航和 AR 功能，令游客感受北京世园会将科技、文化相融合带来的创新游览体验。游客还可以通过应用程序查找交通路线、周边餐饮、住宿、景点等信息，或在"植物课堂"栏目中学习植物、花卉、园艺知识。

下载"EXPO 2019"，在家中就可以通过"网上世园"，用全方位的全景游览方式，在中国馆、永宁阁、北京园等北京世园会核心场馆、景园与景点之中进行"进入式"的沉浸观览，让大家在进入北京世园会之前就能够对它有一个立体而又全面的了解，以便为世园中的游览确定目的地。同时，北京世园会在"EXPO 2019"中为游客精心挑选了几条"推荐路线"，游客可以根据自己的需要来选择自己游览的路径。当然，也可以根据个人的兴趣和时间，自己规划在世园中的游览路径。此外，在后台数据的支持下，甚至能够直接进行购票与场馆预约，让旅程更加的顺利与舒心。

在"EXPO 2019"中，对世园中场馆、景园与景点进行了细致的介绍和定位，包括核心的中国馆、国际馆、生活体验馆、植物馆与演艺中心，以及 34 个国内展园、41 个国际展园、17个企业展园、5 个设计师创意园、8 个 AR 景园、44 个主要景点等。使用者可以通过"EXPO 2019"了解各场馆、景园与景点以及主题活动的信息，更可以用导航的方式前往该处。通过"实景导航"的方式，也能够在手机屏幕中叠加在现场环境的罗盘，更为便捷和快速找到自己前进的方向。除此之外，无论是在园中累了、饿了，还是需要医疗、交通、母婴等服务，也都可以用手中的"EXPO 2019"找到需要的内容。

当然，"EXPO 2019"能够提供的不仅仅是服务体验上的科技升级，更能够开启一段惊艳的视觉体验之旅。在"AR 景园"中，生旦净丑粉墨登场亭台楼阁；漫天烟花随时可以在世园上空绽放；观景台的石头中就隐藏着另一个仙境世界；传统服装秀场和艳丽海中世界则隐藏在一块魔法墙中……用手机，就可以在亭台楼阁与自然山水相交织的景致之间找寻这些由 AR 科技所带来的不一样的演绎风景，感受本届世园会用科技文化的融合所带来的游览创新体验。

另外，"EXPO 2019"还可以快速查找世园周围的交通路线，让返程的旅途更为方便和舒适。还可以提供周边的餐饮、住宿、景点等信息，游客可以轻松在延庆"食住行游"。

作为北京世园会的官方应用，"EXPO 2019"也不忘本届世园会"绿色生活，美丽家园"的初衷，在应用中专门开辟了"植物课堂"小栏目，在其中对于植物、花卉、园艺等的知识和文化内容进行展现。

第四节　机器人

2019北京世园会，不仅向世界展示中国国内的园艺水平，更向世界展示中国的人工智能水平以及人工智能应用在国际展览会上的服务和创新能力，实现了鲜花生态与动感科技的完美融合。世园会融入科技创新，引入无人驾驶、机器人、人机互动、光影体验等人工智能服务，打造科技世园会。

在世园会核心园区全面覆盖5G信号的条件下，5G与AI机器人的结合，效果十分惊喜。中国电信体验馆的人机互动机器人，在同步做体验者的动作时流畅又准确、生活体验馆的猎豹机器人可以无人售卖咖啡、北京馆的园林巡检机器人肩负安防及检测责任、园区南路智行者"蜗小白"是一款无人扫地机器人、新石器无人售卖车（设置路线后可以无人驾驶，遇到游客会自动停下来，供人们购买所需商品 无人售卖饮料小食等。这些机器人在方便游客需求的同时，也展现着科技的力量。

由于5G比4G传输速度更快，在人机互动时AI机器人接收到的信号几乎没有延迟，同步做体验者的动作流畅又准确。这一特点也使得AI机器人能够进行低时延特性下高危作业。另外，在5G环境下，AR景观体验起来也更加流畅，官方APP中共提供了8个AR虚拟景点。生活体验馆南侧墙壁上的时空隧道，也藏着AR技术的秘密。

一、网红机器人优友

世园会正式开园之后，汇聚全球精品园艺的百园之园亮相中外，其中每天上演的生态花车巡游引人瞩目。10辆生态花车既展示了中国花艺的高超水准，又展示了人工智能世园会的科技化水平。在花车之上，中国网红机器人优友——一款融合人工智能顶尖技术的类人形机器人向中外观众挥手亮相，引来关注。这款机器人不仅是花车上的颜值担当，还是场馆导览的服务担当，代表世园会人工智能部署的水准。

机器人直接与全球观众对话，带给人最直观的感受，主办方在挑选选择合作伙伴时十分慎重。最终，从企业实力、核心技术、功能稳定性、操作系统等多个维度挑选，世园会主办方最终选中康力优蓝。

康力优蓝是世界顶级的机器人公司，由红星美凯龙、紫光股份和康力电梯、神思电子四家上市公司投资。并与中科院、英特尔、IBM、清华大学、华为、英伟达、百度、腾讯等顶级科研机构和互联网巨头达成战略合作，是国内首家获得 ISO9001 质量管理体系认证的服务机器人企业，是国家机器人标准化总体组成员单位。康力优蓝公司的产品——优友是国内第一款可量产的大型服务机器人，成为继日本软银 Pepper 之后，全球第二款能够真正商用的机器人产品，目前市场占有率超过 60%。该产品在自然语言交互、深度语义理解、计算机视觉、自主定位与导航、自动避障、运动控制、机器人仿生模拟和模块化设计等方面，均取得突破性技术进展。

目前，康力优蓝机器人产品已经广泛应用于家庭、教育、政务、司法、商场、酒店、地产等领域。除了优友外，此次同行世园会的机器人，还有康力优蓝机器人小智、HelloKitty、小笨等，他们服务于机器人大讲堂、国际馆和中国馆等世园会场景。

其中，Hello Kitty 是康力优蓝 IP 战略布局的第一款产品，面向家用机器人市场。Hello Kitty具有完善的陪伴娱乐、课程教育和编程学习功能，还搭载有众多诸如陪伴留声、触摸感应、家庭信息记忆等科技，让进入"世园会机器人大讲堂"的观众，通过 AI 机器人智慧感受和了解科技世园会。

而机器人小智，则是全球首创智能模块化学习 AI 教育机器人，代表着中国教育机器人行业最尖端的科技水平，有感知、能认识、极具类人性灵动交互，也成为科技世园会中的一个亮点。

二、特邀"讲解员"小笨

2019 年中国北京世界园艺博览会特邀一位"明星"来助阵讲解，其超高人气引众人围观，为北京世园会增添了一抹亮色。这位明星来自小笨智能，是一款身高在 150 厘米左右的商用型机器人，其机身屏幕约 27 寸，外观设计尽显科技气息。机器人具备主持签到、主动迎宾接待、导航巡讲、业务问询等功能，主要应用于展厅、医疗、政务、交通出行、零售、公检法等众多领域。

小笨智能成立于 2016 年 3 月，与清华大学智能技术与系统国家重点实验室联合研发基于自然语言处理技术（NLP）为核心的人工智能（AI）引擎，AI 引擎具备智能问答、知识图谱表示、情感分析等文本大数据挖掘与分析能力，并融合了人脸识别、语音识别与语音合成技术，具备多模态的信息处理能力。以 AI 引擎为核心，面向在线智能信息化服务需求，研发了线上智能客服、智能机器人电话；面向实体服务机器人的应用需求，研发了服务机器人交互平台、服务机器人硬件平台，并具备独立的硬件研发及生产能力。

2019 北京世园会上，小笨机器人主要负责中国馆、国际馆、生活体验馆的接待、讲解工作。呆萌可爱的小笨每天会主动接待来到场馆参观的游客，大家通过与机器人进行语音交流或触摸机器人身前的大屏幕，可随时查询大会的地图、相关路线、展区信息等。同时，小笨还带领大家进行场馆参观并详细讲解场馆内的具体内容，传递"绿色生活 美丽家园"的主题。

三、新石器无人车

新石器无人车是新石器慧通（北京）科技有限公司推出的一款无人车产品，适用于公园、工业区、商务区等园区内运营，具备 L4 级自动驾驶能力且符合欧洲 L6e 轻电车规标准，模块化智能货箱还可以满足零售、安防、快递等多场景运营需求。此次服务于北京世园会的车型正是新石器无人车零售型，游客仅需通过小程序即可将新石器无人车呼叫到身边，选购所需商品之后进行扫描支付即可获得商品，感受到随时随地购买饮料、小食的便捷体验。

作为已经拥有北京首钢工业园、雄安新区等全国十余地区服务经验的新石器无人车，在自动驾驶与车联网技术方面拥有着丰富积累。新石器开发了适用于小型车辆的 L4 级自动驾驶大脑和车联网系统。区别于传统的车联网概念，其从云端平台到底盘的完整的生态体系，其中包含了多种业务模式，车辆安全系统，故障检测和处理，辅助驾驶等。为了提高整车安全能力，新石器自主研发了平行驾驶系统及小脑系统，前者用于远程同步接管无人车并遥控驾驶；后者基于车规级超声波雷达作为独立的安全冗余。

此外，新石器无人车车辆的电池部分采用换电方案，并自主封装 Package，配以车规级 BMS 系统，从而实现 100 公里的续航能力，单人可以不借助任何工具在 30 秒内完成换电，使得车辆支持全天候运营，为游客提供不间断的多种服务。

北京世园会上，新石器无人车负责园区内的饮料、食物的售卖，由于其具备自动驾驶、车联网及大数据等技术，不仅方便游客随时随地购买商品，解决了传统公园内需寻找和步行购买商品的不便，同时也帮助园区实现智能化、自动化管理，通过车联网系统可以根据游客量及需求，灵活调配车辆，随时满足游客的需求，达到高效、便捷、节能的兼顾，为世界传播科技世园。

四、北方天途航空——无人船、植保无人机及 VR 教学系统

北方天途航空技术发展（北京）有限公司在博览会上应用无人船、植保无人机及 VR 虚拟教学系统三大融合现代多领域产业、经自主研发推进落地的科技成果，为北京世园会的科技元素增添亮彩。

2019 北京世园会总面积约 960 公顷，有多处山水风景，天途无人船在湖边进行巡检演示。北京世园会期间展示的无人船包括检测无人船和水上救援无人船两大类，检测无人船可以结合地面站（GCS）的实时航行数据及可视化地图，精确地完成全自动航行/返航、航线航行、绕点航行、所点所到等诸多航行任务。救援无人船可以从船上、岸上、或者飞机上投掷，具有智能修正航向、失联自动返航功能，在水中行驶不受外力干扰，可直线前进，正反面均可行驶，可同时救起 2-3 名落水者，速度是救生员的 4 倍以上。

大面积的园艺人工防治费时费力，天途 M4E 多旋翼植保无人机不但可以安全稳定为园艺提供飞防服务，且兼具操作简单、携带方便、防水、易维修等多种优点，为北京世园会美景保驾护航。

随着无人机技术的发展，无人机已在各行各业得到了广泛的应用。5G 的横空出世，也为无人机产业进行了二次赋能。北京世园会上还展出了天途自主研发的 VR 飞行体验系统，通过 VR 虚拟技术模拟真实场景，给游客带来一场别开生面的无人机飞行体验。

第五节　物联网

井盖松动就报警，垃圾桶满了自己喊清扫人员，路灯自动调亮暗，作为 2019 北京世园会全球合作伙伴，中国电信为北京世园会提供了高质量的通信保障服务，还通过物联网、云计算、5G 等技术，把这些高科技的小细节聚在了一起，打造了一届具有科技新境界、创新新典范的世园会。

一、园区物联网综合管理平台——世园会的"大脑"

中国电信打造的园区物联网综合管理平台是中国电信物联网开放平台面向园区管理的 SaaS 产品。平台包括空气监测、智慧消防、智能环卫、智慧照明、智慧电瓶车、智慧井盖六大物联网应用，实现对园区内人、物和环境的统一可视化管理及人性化服务平台，在这个平台上可以监控到园区内所有基础设施监控传感器的信息，同时在平台上可以对数据进行分析、决策。让"活"起来的世园会更加"聪明"，为人们带来万物互联的全新体验。

二、园区基础设施监控——世园会的"触角"

在园区内，中国电信在井盖、垃圾桶、路灯、电瓶车、烟感环境监测等园区内的基础设施上面都加装了监控设施，借助 NB-IoT 网络，实现海量设备终端齐在线，并降低功耗，使设备免去了供电的困扰。让园区管理部门可以实现足不出户，就了解园区内的设施情况；让平台可以通过一个界面，就展示园区内的各个角落；让游客可以通过体验 2019 北京世园会，就知道未来的智慧园区真的已经来到了我们身边。

第八篇 商业与票务

北京世园会的商业运行包括赞助招商、特许经营和园区商业管理三部分。其中，赞助招商工作采用市场化方式开展，赞助总额创世园会历史记录，赞助企业与北京世园会品牌联动效应良好；特许经营方面，25家特许企业提供的特许商品类别丰富、品质优良，满足了社会各界对北京世园会特许商品的多种需求；园区商业管理方面，世园局通过组建园区市场管理办公室、设立园区政务服务大厅、加强园区市场监管等保障园区商业的有序运行，同时北京世园会积极建设、运营贫困地区产品展示区项目，助力脱贫攻坚。

北京世园会票务工作坚持"以参观者为中心"的指导思想和"共享、惠民、创新"的原则，扎实有序推进门票的设计、销售、宣传工作。

第一章　赞助

北京世园会的赞助包括全球合作伙伴、高级赞助商、项目赞助商、专项赞助商，其中，全球合作伙伴9家，高级赞助商3家，项目赞助商和专项赞助商多家。赞助招商总额近10亿元人民币，其中现金赞助约2.16亿元。2019北京世园会的赞助企业数量及赞助总额均远超历届世园会，创造了国内世界园艺博览会赞助金额的新纪录。

北京世园会赞助企业通过资金、产品、设备、设施和免费服务等方面的赞助，为北京世园会提供支持。

第一节　赞助招商与履约

北京世园会采用市场化的方式开展品牌赞助招商工作，招募的赞助企业行业分布广泛、企业性质多元，从不同领域向公众展现"世界园艺新境界，生态文明新典范"的北京世园会形象，激发公众对2019北京世园会的向往，传递绿色发展理念。赞助产品和服务涉及票务、餐饮、出行、通信、保险、文化活动、宣传推介等多个方面，保障了园区运转的各项需求，减少了财政投入，为北京世园会顺利运营提供了重要的支撑和保障。

北京世园会赞助商整体履约情况良好，其中，现金签约金额约2.16亿元，已经履约交付1.805亿元，现金履约率约83%；VIK签约金额约7.5亿，已经供货或交付约4.66亿元，履约率约62%。

北京世园会与招募的赞助企业发展理念相契合，通过合作充分实现品牌的互利共赢，实现筹备办会的有益补充和行业资源的共享，使北京世园会成为"践行绿色发展理念，建设生态美丽中国"的生动实践。在闭幕前，世园局接受赞助商建议牵头成立"企业绿色发展联盟"并共同发表《北京世园会企业绿色发展倡议》，使倡导"绿色生活"的北京世园会永不落幕，贯彻社会主义生态文明理念、建设"美丽家园"的脚步永不停止。

第二节　全球合作伙伴

中国国际航空公司。中国唯一的载旗航空公司，星空联盟成员。通过国航以北京为枢纽的强大、均衡的全球航线网络，特别是加入星空联盟后，旅客可以方便快捷地到达 193 个国家的 1317 座机场。中国国航提供给世园会航空出行服务，保障了世园会工作人员的交通服务。

中青旅。共青团中央创立中国改革开放后的第一家旅游类企业。被国家工商总局评定为"中国驰名商标"，并正式成为 2019 中国北京世园会全球合作伙伴，这也是中国旅游企业首次也是唯一获此资格的企业。中青旅开发的票务系统为世园会票务工作提供技术服务；同时，中青旅将服务世园会的车辆进行世园主题彩绘喷涂，120 辆中青旅世园主题彩绘巴士穿梭在北京前门、故宫、八达岭、鸟巢等景点，将世园会的影响传播到京城的大街小巷。

北京银行。中国最大的城市商业银行及北京地区第三大银行，雇有 3600 多名员工，通过其 116 家支行为个人与公司客户提供服务。同时，北京银行还在其覆盖网点设立了 272 台自动取款机，并建立了快速增长的电子银行业务。北京银行为世园会提供了全方位的金融服务，为世园会相关项目提供约 82 亿元的融资服务以及现场金融支付、外币兑换等金融支持。

北京顺鑫控股集团有限公司。集生物酿造、营养肉食、安全农品、健康地产、生态建筑、科技种植、金融服务、综合版块等产业于一体的综合性大型企业集团。顺鑫为世园会提供食品、饮料、矿泉水等产品，在会期运营保障及重要节日慰问提供了物资保障。

8-1 图 北京世园会全球合作伙伴标志

万科企业股份有限公司（VANKE）。成立于 1984 年，经过三十余年的发展，已成为国内领先的城乡建设与生活服务商。为节省能耗，2019 北京世园会植物馆的设计和建设预先制定了环境定位计划和建筑智能化，进行被动和主动双向节能，坚持低碳、低水、低排放三原则。

北汽集团。中国骨干汽车集团之一，北京市属国有企业，拥有自主品牌、合资合作、新能源汽车、汽车零部件、汽车服务贸易、汽车产业金融、国际化、通用航空、出行服务、改革调整十大业务板块协同发展的完整产业体系。北汽集团赞助车辆及出行服务保障世园会交通需求。

中国电信股份有限公司北京分公司。成立于 2002 年，依托于中国电信丰富的通信基础设施，以先进的网络技术、强大的运营能力和丰富的管理经验为支撑，在首善之地为客户提供全业务的综合信息服务。中国电信依托其网络资源为 2019 年北京世界园会提供高质量、智能化的通信和智慧运营支撑，把中国电信"互联网＋行业"的信息化集成优势深度结合到世园会各运营环节中，助力北京世园会打造成一个绿色、科技、创新、高效、智慧的园艺盛会。

百度。全球最大的中文搜索引擎及最大的中文网站。2000 年 1 月 1 日创立于中关村，公司创始人李彦宏拥有"超链分析"技术专利，使中国成为美国、俄罗斯、韩国之外，全球仅有的四个拥有独立搜索引擎核心技术的国家之一。

京东。2004 年正式涉足电商领域，2017 年，京东集团市场交易额接近 1.3 万亿元。2018年 7 月，京东第三次入榜《财富》全球 500 强，位列第 181 位，在全球仅次于亚马逊和Alphabet，位列互联网企业第三。2014 年 5 月，京东集团在美国纳斯达克证券交易所正式挂牌上市，是中国第一个成功赴美上市的大型综合型电商平台。

第三节　赞助商

一、高级赞助商

中国人民财产保险股份有限公司（简称"人保财险"）。前身是 1949 年 10 月 20 日成立的中国人民保险公司，总部设在北京，是中国人民保险集团股份有限公司（PICCGroup，美国《财富》"世界 500 强"第 114 位）的核心成员和标志性主业，是国内历史悠久、业务规模大、综合实力强的大型国有财产保险公司，保费规模居全球财险市场前列。

人保财险为世园会提供涉及工程险、综合责任险、财产险等全方位的保险服务，并在园区设立快速理赔点和直升机救援服务。世园会开园前，人保财险和世园局一并进行风险点排查和

8-2 图　北京世园会高级赞助商标志

梳理，为世园会化解各类风险提供了支撑。

北京歌华大型文化活动中心有限公司。北京奥运会、残奥会独立音乐制作人、非注册记者新闻中心运营商、独家票务运营商。公司以国家和北京市大型文化活动为操作平台，致力于为客户提供集文化演出、展览展示、创意设计、文化演出及设备租赁于一体的全流程服务。歌华打造的活动管理平台为世园会提供必要的技术服务，并提供城市大屏、楼宇屏幕、公交屏幕等平台宣传北京世园会，在世贸天阶、东直门商务区等北京地标建筑的户外大屏持续宣传世园会。

北京花乡花木集团有限公司。组建于 2001 年，位于北京市丰台区花乡草桥村，是隶属于北京草桥实业总公司的集团型园林花卉企业。

二、项目赞助商

中外运。国内航空货运代理行业第一家上市公司，核心业务包括航空货运代理、速递及综合物流，其中国际货运代理业务稳居国内行业第一，成立于 1999 年 10 月，并于 2000 年 12 月 28 日在上海证券交易所成功上市。

8-3 图 项目赞助商

三、专项赞助商

深圳市润谷食品有限公司。成立于 2001 年 9 月，是一家集研发、生产、销售为一体的，专注于曲奇、糕点、明胶糖果的食品加工制造企业。

北京东祥环境科技有限公司。2005 年 12 月 9 日成立，是一家集科研、生产、销售为一体的国家高新技术企业，2019 年北京世园会园林有机固体废弃物资源化处理循环利用供应商。

华人礼服。品牌隶属中山市华人礼服有限公司，是中国礼服高级订制著名品牌。公司总部设在广东省中山市——"世纪伟人"孙中山先生的故里。

8-4 图 专项赞助商

第二章 特许经营

第一节 特许商品

2017 年以来，北京世园局通过公开征集、组织专家评审，筛选确定了 25 家企业成为北京世园会特许企业。特许企业以合同约定的形式，允许北京世园会有偿使用其名称、商标、专有技术、产品及运作管理经验等。北京世园会特许企业丰富和提升了特许商品的类别和品质，满足社会各界对北京世园会特许商品的多种需求。

特许企业中，有以北京工美集团有限责任公司、中国金币总公司、中国邮政集团总公司、北京银行股份有限公司、京铁列车服务有限公司为代表的国有企业，也有参与过1999年昆明世园会、2008年奥运会等有经验的民营企业，如北京繁荣文化发展有限公司、北京华江文化发展有限公司、北京元隆雅图文化传播股份有限公司等，多数企业同时也是北京冬奥会的特许企业。

特许商品的生产方面，北京世园会特许经营工作从启动至结束，共开发特许产品1800余款，品类涵盖了园艺产品、吉祥物文化衍生品、工艺品等12大品类。

北京世园会不断丰富特许产品种类，结合重要时间节点开发特色衍生品；规范特许产品评审程序，制定发布《特许产品审核管理办法》，为特许产品的审核批准提供工作依据；多次组织特许商品新闻发布会、特许产品新品发布，扩大新品宣传。

北京世园会特许商品的零售网点共27个，采取"线上＋线下"的零售模式。线上零售店2个，分别为北京世园会特许商品天猫旗舰店、北京世园会特许商品京东旗舰店。线下零售网点（含园区）共25个，主要集中在北京、上海、广州、深圳的重点商圈、商场、景区、新华书店等客流集中、消费力强的地方。北京世园会园区内开设特许经营店15个，分布在中国馆地下一层、国际馆二层、园艺产业带、儿童乐园、一号门区等。

北京世园会热销的特许商品有纪念护照、花满世园纪念盘、世园小鸟系列，以及《影响世界的中国植物》系列衍生品。

北京世园会组织开展特许商品新闻发布会、特许企业授牌活动和特许商品精品推广活动、北京世园会纪念邮票暨贵金属纪念币首发仪式等活动。同时，借助大型展会活动推广宣传北京世园会特许商品，如北京国际旅游商品及装备博览会、北京文博会、北京国际设计周、中国礼品家居展、中国－东盟博览会、2019中国旅游产业博览会等。

第二节　纪念币

北京世园会纪念币是国家为纪念北京世园会而发行的法定货币，它包括普通纪念币和贵金属纪念币。

2018年8月，经中国人民银行批准，北京世园会立项"2019年中国北京世界园艺博览会贵金属纪念币"（以下简称"北京世园会纪念币"）。2018年12月，中国人民银行在官网向全社会公开了2019年贵金属纪念币项目发行计划，其中，北京世园会纪念币项目发行5克金币1

万枚、30 克银币 3 万枚、3 克铂币 2 万枚，均为国家法定货币。

对于北京世园会纪念币，中国金币总公司向业内设计单位约稿、开展社会公开征稿活动，经中国人民银行审定设计图稿后，组织制作样币；样币由中国人民银行审定后，中国金币总公司组织深圳国宝造币有限公司和上海造币有限公司两家国家造币厂批量生产。

2019 年 4 月 24 日，中国人民银行发布公告，公布了北京世园会纪念币规格、发行量、图案等信息。其中，5 克圆形金质纪念币为精制币，含纯金 5 克，直径 20 毫米，面额 80 元，成色 99.9%，最大发行量 10000 枚。30 克圆形银质纪念币为精制币，含纯银 30 克，直径 40 毫米，面额 10 元，成色 99.9%，最大发行量 30000 枚。3 克圆形铂质纪念币为精制币，含纯铂 3 克，直径 18 毫米，面额 100 元，成色 99.95%，最大发行量 20000 枚。

8-5 图　5 克圆形精制金质纪念币正面图案和背面图案

8-6 图　30 克圆形精制银质纪念币正面图案和背面图案

8-7 图　3 克圆形精制铂质纪念币正面图案和背面图案

北京世园会纪念币正面图案均为会徽及长城元素组合设计，并刊国名、年号。5 克圆形精制金质纪念币背面图案为中国馆建筑造型及植物装饰图案等组合设计，并刊 "2019 年中国北京世界园艺博览会" 中文字样及面额；30 克圆形银质纪念币背面图案为国际馆建筑局部造型及植物装饰图案等组合设计，并刊"2019年中国北京世界园艺博览会"中文字样及面额；3克圆形铂质纪念币背面图案为吉祥物及植物装饰图案等组合设计，并刊"2019年中国北京世界园艺博览会"中文字样及面额。

2019年4月29日，北京世园会贵金属纪念币首发活动在世园会园区举行。

北京世园会纪念币由中国金币总公司总经销，通过国内外经销渠道，面向全球园艺爱好者和钱币爱好者销售。

第三节　纪念邮票

北京世园会纪念邮票是为纪念北京世园会而专门发行的邮票。

2019年4月29日，中国邮政发行《2019年中国北京世界园艺博览会》纪念邮票1套2枚，邮票图案名称分别为：绿色生活、美丽家园。全套邮票面值为2元。

8-8图　纪念邮票

邮票第一图画面以在青山间蜿蜒的长城、北京市市花——月季以及本次世园会的会徽——长城之花为主要元素，寓意园艺源于自然，倡导尊重自然、融入自然的理念，也突出了"中国风格"和"北京品牌"。

邮票第二图画面以本次世园会国际馆、中国馆以及吉祥物"小萌芽""小萌花"为主要元素，整体画面生机盎然、朝气蓬勃，启示人们应当树立绿色、低碳、环保的生产生活理念，共同建设多姿多彩的美丽家园。

8-9图　首日封

8-10 图　邮册

北京世园会首发仪式上，中国邮政集团公司北京市分公司配合邮票发行推出了"2019 年中国北京世界园艺博览会"主题首日封、主题明信片和《繁花倾城》《恋恋花语》等多款主题邮册类特许邮政产品。北京世园会举办期间，北京邮政在园区设置主题邮局和多个邮政服务网点，启用"102019"北京世园会专属邮政编码，提供包裹寄递、纪念封和明信片销售并加盖邮戳等多项服务。

《2019 年中国北京世界园艺博览会》纪念邮票以人们喜闻乐见的形式，在方寸之间展现出瑰丽多彩的世园盛况，用精巧的设计语言传递北京世园会的办会目标、办会理念和办会主题。

第三章　园区商业管理

北京世园会于 2018 年 1 月启动园区业态规划与招商工作，开始和餐饮协会及旗下企业洽谈，为制定工作方案做前期准备工作。2018 年 6 月，世园局制定了《园区商业业态规划及招商总体方案》，并于 8 月份经党组会通过；12 月，根据招商情况的进展制定了《园区商业经营管理政策》《园区市场管理办公室工作方案》《园区市场管理工作总体方案》。

2019 北京世园会园区商业规划坚持"以参观者为中心"的服务原则，旨在满足参观者对园区商业服务的基本需求，提升参观者的游园体验。餐饮引入以快餐为主、正餐为辅，兼顾中餐与西餐、正餐与快餐、清真素食，尊重民族信仰和饮食习惯，集中展示中华美食文化。商业服务点的配置以分散为主、集中为辅，保证参观者游园的连贯性，充分考虑参观者的消费便捷性。入驻商家的选择以大户为主、小户为辅，品牌与质量并重，注重性价比和安全性。

由于北京世园会商业引入部门多、招商面积大、经营主体情况复杂，为便于统筹管理园区内商业经营行为，2018 年底，经北京市政府批准，北京世园局成立园区市场管理办公室，由北京市市场监督管理局、市商务局建立专班后台支持园区市场管理办公室工作，并从延庆区市场监管局、商务局、生态环保局、税务局抽调熟悉相关业务的干部加入园区市场管理办公室。园区市场管理办公室主要负责协调园区商户证照办理、管理园区市场秩序、对接各相关委办局日常检查。

为方便商户证照办理工作，提高证照办理的效率，园区市场管理办公室编写了《园区商业经营主体服务指南》，指引商户进行证照办理工作。为规范园区商业经营者的经营行为，维护园区市场正常秩序，保护游客的合法权益，保证北京世园会园区商业有效运行，园区市场管理办公室编制并出台了《园区商业管理规范》《园区商业经营管理规定》《园区食品安全管理规定》《园区经营商户跨门经营行为规范》四个规范性文件，以及《园区商品销售价格承诺书》等文件通知，并在开园前组织园区商户进行培训，让商户熟知市场管理规范。

为更好地服务园区商户，世园局在园区组建了园区一站式政务服务大厅，集合市场监管、税务、生态环境、文旅、消防、商务局6个部门驻场办公，在会期为参展者和入园商户提供现场咨询、证照办理、税务登记、发票申领、准营许可、银行和保险服务共7项业务的办理工作。截至2019年9月底，园区一站式政务服务大厅共接待1400余人次，解答各类咨询近800人次，园区已办理工商营业执照214家，食品经营许可证办理188件。小食杂店备案10个，小规模食品生产许可2个。

园区一站式政务服务大厅实现"前台综合受理、后台并联审批、窗口统一出件"的综合窗口工作模式，最大限度地提高审批服务效率，大多数商户实现网上办理，需要现场办理的也最多只让商户跑一次。开园前，对餐饮商户装修图纸进行预审，提高提交资料的准确性，从而创造了工商营业执照1个工作日内出件，食品经营许可证3个工作日内出件的"世园速度"。开园运营后，园区一站式政务服务大厅主要承担了国际展园的证照办理工作，由于国际参展者语言沟通不畅、对中国的法律和证照办理手续不熟悉，园区一站式政务服务大厅工作人员对国外展商进行一对一的服务，受到了各国参展者广泛好评，部分国外展商送来锦旗和表扬信，称赞北京世园会的政务服务，使北京世园会成为展现优质营商环境的对外窗口。

园区市场监管方面，开园前，北京世园局园区市场管理办公室会同北京市市场监督管理局及延庆区市场监督管理局编制了《关于进一步加强世园会食品安全监管的工作方案》，根据方案要求，组建专门的执法人员，每天安排3到6名执法人员到园区内进行市场监督检查。北京世园局、市市场监督管理局、延庆区市场监督管理局建立定期检查机制，每周进行2次联合全面商业检查，每次全面检查安排10人左右，规范园区市场秩序，实现有效监管，保障游客的合法权益。

园区食品安全方面，开园前，北京世园局园区市场管理办公室会同延庆区市场监督管理局、延庆区卫生与健康委员会及延庆区商务局编制了《园区食品安全应急预案》《园区食品供应应急预案》，并根据预案四个单位联合举行了两次应急事件演习，建立了会期联动机制，对可能出现的食品安全以及食品供应进行了摸排，及时消除在开园后发生的食品安全及供应的隐患。

延庆区市场监管部门在园区内设立食品原材料快速检测实验室，每日对近十余户餐饮商户的5到6种食品原材料进行抽检，对抽检食材中的农药残留值、瘦肉精含量、食用油的过氧化值和酸价程度等指标进行快速检测，保证园区食品安全。园区食品经营者在开业前需将经营的菜单目录报给园区市场管理部门备案，同时，进购的食材均需留存单据，建立台账，建立食材的溯源制度，保证食品原材料有源可查。

园区市场管理办公室统筹园区各部门商业管理工作，建立园区市场管理队伍，对园区食品经营商户从严进行管理，严控食品安全红线。园区市场管理办公室安排8-10名片区管理员，按片区对商户进行检查，同时，每日安排6名志愿者参与到园区市场的巡查中。每天对园区经营额进行统计，园区商业总营业额约2.3亿元，其中餐饮总营业额约1.44亿元；零售总营业额5600万元，电瓶车营业额约3200万元，商务讲解约450万元。园区消费呈现节假日及周末时间较高、平日较低的态势。截至2019年9月底，累计处理投诉170余件，大多数投诉已得到有效处理。

为深入贯彻党的十九大精神，全面落实两会关于打好脱贫攻坚战的精准扶贫方略，借助北京世园会"展示、交流、交易"平台作用，向全世界展示我国在保障和改善民生、消除贫困等方面所取得的重大成就，世园会园区在WF07地块设立了贫困地区产品展示区，旨在借助162天会期，在北京世园会平台推介各自生态园艺、旅游等资源，集中展示打响脱贫攻坚战以来所取得的成果。

2018年7月5日世园局组织召开专题会，研究世园会贫困地区产品展示区参展工作会议方案相关工作，经过与中央统战部办公厅、九三学社对接，最后确定展园采用"6+1"模式，由晴隆、丰宁、酉阳、旺苍、赫章、略阳6县以及北京对口支援合作促进会对口支援单位参展。2018年7月下旬，世园会贫困地区参展工作座谈会召开，要求各参展单位完善参展方案，确保参展工作顺利进行。随后，2018年底世园公司绿化及基础工程工作启动，2019年3月份基本完成展区绿化工作，同时展园建设工作启动，在2019年4月28日世园会开幕之前，顺利完成了贫困地区产品展示区的建设、布展等工作。

2019年4月29日之后，贫困地区产品展示区项目进入运营期。借助北京世园会的影响力和展区平台，各参展单位开展了丰富多彩的文化展示、消费扶贫等工作。会期内，世园局各部门共保障来自8个省、13个地（市、州、盟）、64个县（市、区、旗）及北京市有关部门、社会公益组织开展的94场扶贫推介活动，受援地来北京世园会参加活动人次10061人，参展企业577家，10余万人次到访展区参观，签订消费扶贫协作合同120份。

为号召全社会凝心聚力助力脱贫攻坚，推动贫困地区产业发展，宣传贫困地区特色产品的独特魅力和市场价值，北京世园局联合北京扶贫办推出"消费扶贫大篷车"，集中展示贫困地区产品，通过游客消费助力脱贫攻坚。

第四章　票务

票务工作是北京世园会运行的基础和主线，也是参观者获得最佳游园体验的重要保障。通过门票的设计、销售、宣传等工作提升北京世园会形象和品牌价值，对举办一届成功的世界园艺博览会具有重要意义。

第一节　门票种类及定价

2018年8月17日，2019北京世园会组委会第三次会议上，《2019年中国北京世界园艺博览会票务总体方案》获得通过。北京世园会门票按销售对象分为个人票和团体票2大类共8种。个人票分指定日票和平日票2类共6种，其中指定日票分为指定日普通票和指定日优惠票2种，平日票分为平日普通票、平日优惠票、3次票和全程票共4种。团体票分为普通团体票和学生团体票2种。其中，指定日指开园日、"五一"假期、端午节、中秋节、"十一"假期（含闭园日）五个部分，指定日天数共17天，游客购买指定日票需提前预约，可选择指定日当日参观或在任一平日使用。北京世园会开园时间为上午9时，闭园时间为晚上9时。

第二节　门票销售渠道

为保证目标顾客人群的全面覆盖，北京世园会票务销售渠道分为官方自营、签约线上代理商及签约旅行社三种。其中，官方自营渠道主要包含北京世园会官方网站、北京世园会官方APP和会期现场窗口等。除官方自营渠道外，其余签约票务渠道商均为公开征集，征集结果经专家评审后在官方网站予以公示。

2018年8月8日，北京世园局在世园会官方网站发布了《2019北京世园会票务销售签约线上代理商征集公告》与《2019北京世园会票务销售签约旅行社征集公告》，并于2018年8

月 28 日分别举办了专家评审会，征集结果于 2018 年 8 月 30 日公示于官方网站上。

征集结果经公示通过后，随即启动了磋商签约相关工作。2019北京世园会签约线上代理商共有两家，分别是遨游网和大麦网；签约旅行社为七家，分别是中国妇女旅行社、青岛牵手国际旅行社有限公司、中国旅行社总社有限公司、湖南省同程亲和力旅游国际旅行社有限公司、森林国际旅行社有限公司、北京新华国际旅游有限公司与中青旅控股股份有限公司。

8-1 表　北京世园会门票种类、适用规则

类别	票种		适用规则
个人票	指定日	指定日普通票	·适用所有人士 ·指定日当日参观，或在任一平日使用
		指定日优惠票	·适用残疾人士 ·适用 1959 年 12 月 31 日及之前出生的人士 ·适用普通高等教育阶段、高中教育阶段和义务教育阶段在校学生 ·适用身高超过 1.3 米的儿童（14 周岁以下） ·适用中国现役军人 ·购票及入园时需出示相关有效证件 ·指定日当日参观，或在任一平日使用
	平日	平日普通票	·适用所有人士 ·除指定日外任一平日参观
		平日优惠票	·适用残疾人士 ·适用 1959 年 12 月 31 日及之前出生的人士 ·适用普通高等教育阶段、高中教育阶段和义务教育阶段在校学生 ·适用身高超过 1.3 米的儿童（14 周岁以下） ·适用中国现役军人 ·购票及入园时需出示相关有效证件 ·除指定日外任一平日参观
		3 次票	·适用所有人士 ·除指定日外，每张门票在整个会期中可任选 3 天入园
		全程票	·适用所有人士，购票需采集个人身份数据 ·除指定日外，同一持票人在整个会期中入园不限天数
团队票	普通团队票		·适用于签约旅行社并持行程单提前预约的团队 ·统一提前购票，统一预约入园
	学生团队票		·适用普通高等教育阶段、高中教育阶段和义务教育阶段学校或相关机构组织的 30 人以上（含 30 人）的学生团队 ·指定日除外 ·统一提前购票，统一预约入园

8-2 表 优惠票适用对象入园说明

适用对象	优惠对象入园说明
残疾人士	持有残联、民政部门、军队颁发的有效残疾证。
老年人	持有 1959 年 12 月 31 日及之前出生有效身份证件的人士。
儿童	适用身高超过 1.3 米的儿童（14 周岁以下）。
学生	持有普通高等教育阶段、高中教育阶段和义务教育阶段的有效学生证或能够证明其学生身份的证件，外籍人士持有相关有效证件。普通高等教育阶段在校生是指各大专院校全日制在校生，包括高职、大专、本科、硕士和博士研究生，不包括继续教育学生、自学考试教育学生、夜校学生、函授教育学生、网络教育学生、各种在职教育的学生及各种成人进修课程学员。高中教育阶段在校生是包括高中、中专、职校及技校在校学生。义务教育阶段在校生是包括初中及小学在校学生。
中国现役军人	持有军队（含武装警察部队）颁发的有效军官证、军队文职干部证、士官证、士兵证或学员证。

8-3 表 北京世园会门票价格体系

门票种类		价格系数	门票价格（元）
基准票价			120
指定日	普通票	基准价的 1.3 倍	160
	优惠票	指定日普通票的 6.3 折	100
平日	普通票	基准价	120
	优惠票	平日普通票价格的 6.3 折	80
	3 次票	每次为平日普通票价格的 8.3 折	300
	全程票	平日普通票价格的 4.2 倍	500
团队	普通团队票	（约为相应日期普通票价 5-8 折）	——
	学生团队票	（约为基准票价 3-6 折）	——

第九篇　运行服务

北京世园会运行团队结合园区特点分为场馆运行团队和片区运行团队，场馆、片区管理实行"场馆负责制""片长负责制"等模式。通过合理分配各条块负责人，将项目管理、信息编写、物资管理、质量监督等各重点工作明确到人。

积极制定相关方案制度，作为场馆、片区管理的遵循依据：场馆方面，依据场馆特点制定《场馆及演艺中心总体运营管理方案》以及中国馆、国际馆、生活馆、植物馆、演艺中心专项运营方案；片区方面，制定了《片区现场运行手册》《片区现场管理实施方案》《北京世园会片区应急预案》和《片区网格优化方案》。

场馆运行借助不同业务部门的有机配合，统筹完善各类别服务保障，保障北京世园会园区运行管理顺畅、有效；片区运行着重加强制度建设，构建培训体系，以"四会"模式完善沟通协调机制，编制规范信息流转流程减少信息不对称，为决策层提供及时、有效的信息。

第一章　运行团队

第一节　场馆团队

北京世园会场馆实行场馆负责制，由场馆负责人全面负责场馆工作。各场馆管理层由场馆负责人、执行负责人、执行负责人助理三级人员构成，分别由世园局领导、各部部长、相关条线部门工作人员担任。各场馆负责人负责各自场馆重大活动接待、对外宣传工作；场馆执行负责人负责场馆各项工作的统筹管理、全面运营、场馆应急指挥等工作；场馆执行负责人助理负责管理组的管理，根据场馆执行负责人指令开展各项场馆工作。由各条线下沉的相关管理组负责场馆各条线工作的管理。

中国馆、国际馆、生活体验馆各设立场馆负责人1名，场馆执行负责人1名，场馆执行助理1至3名。并根据实际运营需求，设立综合协调组、接待服务组、物业管理组、志愿者管理组、宣传管理组、工程组、商业管理组、安全保障组、参展管理组和展示管理组。

妫汭剧场和植物馆各设立场馆负责人1名，场馆执行负责人1名，场馆执行助理数名。妫汭剧场设立综合协调组、接待服务组、物业管理组、志愿者管理组、安全保障组、活动管理组、工程组和宣传管理组。植物馆设立安全保障组、志愿者管理组、综合办公室、游客接待组、礼宾接待组、秩序维护组、环境保障组、活动管理组、行政管理组、设备设施巡检组、工程管理组、展示管理组和商业管理组。

第二节　片区团队

借鉴往届博览会运营经验，为保障园区各项工作正常进行，提升游客游览体验，北京世园会园区实行片区现场统筹管理。根据北京世园会现场管理半径、服务及游览节点、主题展示区、园区主干道路界限划分以及各区域实际工作量等因素，将整个园区划分为A、B、C、D四大片区。

9-1 图　北京世园会片区网格划分

A 片区为核心景观区，包含中国馆、妫汭剧场、妫汭湖、国内展园等重要场馆和展园，划分为 5 个网格。B 片区为重要游览休憩地，包含植物馆、城市和个人展区、园艺小镇、三百园、永宁阁及园艺产业配套用地等展馆展园及商业服务，划分为 3 个网格。C 片区包含国际馆、生活体验馆、国际展园及园艺产业配套用地等，划分为 4 个网格。D 片区包含妫水河、湿地、绿植休闲区，划分为 3 个网格。

片区的人员安排包括片区管理层和执行层。片区管理层由抽调的世园局有关部门人员组成，设置片长 1 名，副片长 2 名，各条线部门 5-7 人兼职负责，共 30 人；片区执行层由外包专业管理团队组成，每个片区单班 12 人，依据 4 个片区 15 个网格管理任务，共 129 人。

片区团队主要负责制定片区现场质量管理规范和标准及一般应急事件处置流程；及时做好现场发生的事务和应急事件的处理和协调工作；运行质量的监督和综合管理。

具体工作方面，片区团队对于片区现场发生的 8 大类共计 55 项事务和 6 大类共计 40 项应急事件进行管控，按要求据实统计运营基础数据，完成片区职能配置的工作任务，与条线部门任务实行质量双控，实现管理全覆盖。

现场事项处置是指片区红线范围内发生的未按规范操作的行为和商品质量，现场事项分为公共设施类、服务设施类、园艺景观类、游园秩序类、建筑施工类、商业经营规范类、服务行为质量类和环境卫生类等 8 大类。

现场应急事件是指片区红线范围内发生的各类非常态事项，根据北京世园会实际情况，现场应急事件分为工程类、活动类、接待类、小客流类、交通类及内部管理类等 6 大类。

9-2图　片区组织架构

片区执行层的第三方专业管理团队主要负责：对片区现场巡检、问题收集、汇总、上报等进行执行，涉及每日按规定路线进行巡视，据实统计、汇总、初步分析运营基础数据信息，帮助实现各条线与各区域形成信息回流；对片区现场8大类事项的处置，按事件等级进行处理，可现场处理的进行纠正，无法现场处理的以文字、图片等形式进行记录、汇总、上报；对片区现场六大类一般应急事件在第一时间进行初步处置，控制事态发展。

第二章　园区运行

第一节　服务对象

游客是北京世园会展会人数最多的群体。安检入口处，为游客服务的志愿者们协助安检人员提醒游客做好接受安检的相关准备。从园区到每一个场馆、展园，都有志愿者为游客提供热情周到的服务。游客在园区内可获得交通、气象、食宿行、旅游路线等信息的问询服务。不同类别的游客可获得有针对性的个性化服务，如残障人士服务、母婴服务等；园区内提供排队区关怀互动、特殊天气服务、特殊节日互动等细致入微的游客关怀服务。

为确保园区客流高峰日不出现明显游客滞留和长时间排队等候现象，园区内设计了排队区、缓冲区，设置充足的铁马围栏和提醒标识，搭建遮阳棚450平方米，设置12台降温设备，安装喷雾增湿系统，为游客提供间歇性的荫凉体验，热门馆排队区域大棚内温度比大棚外普遍低5℃－10℃。

园区明确了各场馆绿色通道的使用标准，方便75岁以上老人、残疾人士、婴儿、孕妇游客参观。设置了5处综合服务中心、54处志愿者咨询服务台、238把遮阳伞、73把爱心座椅、6台AED自动救助机，满足游客游览、休憩、问询、救护等各类需求。北京世园会期间，累计提供咨询服务29.9万余次，发布寻人寻物、天气预报等广播921小时，为289位游客提供医疗救助，场馆一般游客服务和秩序维护人员共提供游客服务9100小时。

各场馆设置了讲解服务、导览咨询、应急帮助、语言翻译、秩序疏导、参观路线设计等多种项目，提供公益讲解、轮椅、雨伞、小药箱、饮用水、手机充电等九项服务，并向游客发放北京世园会导览图等宣传资料，满足游客游览需求。北京世园会各场馆提供的公益讲解服务，每天定时为游客讲解多场次，满足游客深入了解北京世园会的需求。会期内共完成公益讲解32495场次，服务游客110万人次。

为保障北京世园会运营期间游客的住宿需求，世园公司联合凯悦酒店管理集团、港中旅（珠海）海泉湾有限责任公司和上海品臻酒店管理公司分别打造了三家各具特色的酒店，即北京世园凯悦酒店、北京世园海泉湾商务酒店和北京世园璞燊酒店，以满足会时多层次、特色化的宾客需求。三家酒店在会时提供471间客房、748个床位，可同时满足1535人就餐。

国内外参展者是参与北京世园会的重要群体。世园村的参展人员公寓满足了参展者的住宿需求。自4月15日迎来首批德国团队入住，参展人员公寓累计接待官方参展代表团60余个，官方参展工作人员上千人次。通过优质管理，参展者公寓受到住客的广泛好评。两次问卷满意度调查中，入住客人对参展者公寓服务团队反馈良好，综合满意度98.3%以上。结合问卷分数和客人意见，参展者公寓服务团队及时对工作进行调整。北京世园会期间，参展者公寓服务团队共收到客人书面表扬信11封，锦旗1面。

新闻媒体服务方面，北京世园会设立新闻中心，负责接受境内外媒体报名注册，组织召开新闻发布会，并在展会期间为媒体开展信息及保障服务。新闻中心开设记者工作区、采访区、休息区、新闻发布厅、电视演播室、网络直播间、电台直播间等功能区。同时，设立北京世园会网上新闻中心，为媒体提供官方新闻稿、视频、图片等全方位资源共享平台。新闻中心突出科技、园艺特色，实现了5G信号全覆盖，记者们可通过5G＋4K的VR技术，观看园区即时画面。

第二节 运行模式

一、运行设计

场馆方面，北京世园会借鉴上海世博会、西安世园会、青岛世园会等大型展会的运营经验，考虑到其级别高、接待量大等特点，应当保持场馆运营的独立性、整体性，制定了《场馆及演艺中心总体运营管理方案》以及中国馆、国际馆、生活馆、植物馆、演艺中心专项运营方案，采用"场馆负责制"模式进行统筹管理。

片区方面，为有效指导北京世园会运行管理工作，制定了《片区现场运行手册》《片区现场管理实施方案》《北京世园会片区应急预案》和《片区网格优化方案》，结合四个片区不同的运行情况，针对每个片区设计了相应的分片区运行手册。世园局通过"条片结合、条管片统"管理体系，以片区为单元，以数据为支撑，实施质量双控，提高现场应急事件响应速度，提高园区精细化管理水平。

9-3图 片区运行手册

二、场馆运行

场馆统筹游客接待、馆内礼宾接待、设施设备、环境保障、馆内商业、参展展示、志愿者、安全保障、信息化、活动、宣传、参展者服务等工作。其中游客接待、馆内礼宾接待、环境保障、设施设备四个板块由场馆自招自管，其他板块由业务条线部门下沉进驻场馆，由场馆负责人统一管理，形成精简、高效的场馆管理模式。

场馆区域范围内，游客接待服务在运营期间具体开展问询导览服务、失物招领服务、走失人员服务、特殊人群服务、医疗协助服务、投诉受理、馆内广播、常规大客流疏导八项，并针对这八项具体的服务工作制定相应的工作流程及标准。同时在礼宾接待、秩序维护、环境保障、行政管理、志愿者管理、设备设施维护等方面，分别制定了相应的工作概述及管理模式，明确了执行人员岗位配置及岗位职责，并对接待工作内容、流程、标准进行细化。

游客接待。游客接待涉及接待人员管理、问询接待服务、特殊人群及走失人员服务、失物招领服务、游客投诉处理、游客满意度调查、配套服务等相关工作。

9-4 图 工作人员为游客分析游览路线

礼宾接待。礼宾接待服务包括接待人员管理、接待任务、信息接收与处理、接待准备、接待实施、总结反馈、保健及食品卫生保障、随团记者管理等相关工作。

展示管理。展示管理在展馆和片区的工作主要包括人员及证件管理、展区布展建设、展品展材、换展及撤展等展示相关工作。

参展者协助。参展者协助工作主要是协调接待北京世园会参展者及其邀请的宾客，与参展者的日常联络及沟通，协调参展者宣传、文化活动、商业经营等工作开展。

宣传管理。宣传管理业务负责为媒体提供相关服务，组织实施新闻发布、馆内直播，媒体工作区日常使用及媒体人员管理，以及提供场馆宣传工作的物业保障。

活动管理。活动管理工作主要涉及场地管理、演出活动管理、观众组织管理、重大活动及特别日活动管理、竞赛活动管理等。

信息化管理。信息化管理业务负责网络通信系统、无线 WiFi 系统、多媒体娱乐互动系统、场馆预约服务系统、参观者呼叫求救系统的使用及故障提报。

商业管理。商业管理工作涉及合同契约管理、施工及消防验收、商业人员管理、商业物资补给、日常经营管理、食品安全管理等相关工作。

设施设备管理。设施设备管理工作主要包括三个方面，一是对现场设备巡查的工作人员进行招募、培训和管理，二是公共基础设施设备日常的巡检及反馈，三是场馆内设施设备的常规维修、保养以及故障的抢修处置。

志愿者管理。志愿者管理业务负责协调场馆志愿者的人员招募、培训，对场馆志愿者工作进行分配、指导。

环境保障。环境保障业务主要负责园区内各个区域的清洁服务与废弃物分类收集，管理场馆内垃圾清运点，场馆外公共区域的日常环境保障及垃圾清运。依据世园局编制的《2019年中国北京世界园艺博览会园区环境卫生作业方案》，明确了各部门和单位职责分工，制定统一的作业标准和管理制度，满足北京世园会期间环境卫生保障需求，为游客提供整洁优美和谐的游园环境。北京世园会运营期间，环卫保洁共出动大型作业车辆3280车次，其他各类小型保洁车辆65600车次，清运各类垃圾5070吨。

9-5图　保洁车辆

安全保障。安全保障全面负责场馆及公共区域安全，包括治安管理和秩序维护、出入管理、安保管理、消防管理、涉恐涉暴等秩序维护工作。除此之外，世园局加强对人防建筑、设备机房、备勤室及库房水、电、气、热的使用监管力度，以及八大特殊作业及检维修作业的规范管理。会期内积极检查发现各类安全隐患，并协调各条线进行督促整改，有效防范园区重大事故发生。定期开展安全主体责任落实自查自纠工作，重大节假日期间对所有特殊作业升级管理。

片区方面，除了包含以上服务项，还涉及**保障用船项目**。由于妫河南北两岸之间没有有效的联通路径，为满足园区水域的交通保障需求，维护良好的水域环境和应急突发事件的及时处置，北京世园会设立了园区水域保障用船项目，完善水域保障功能，提升水域应急响应能力。采用两艘"双体双机电动船"和两艘快艇用作水域基础保障、临时性任务保障以及处置应急突发事件，同时配备三条电动保洁船，及时对水域进行保洁。

9-6 图　保洁船作业

三、片区运行

制度建设方面，以《2019 北京世园会园区运行管理规范》为标准，片区运行坚持"制度管园"的原则，建立北京世园会制度体系，涵盖园区各项工作落实的具体指标、标准及考核模式等，将工作数据化，做到有章可循、有据可依。

建立沟通协调机制。通过片区每日晨会、片区每周联席会、片区管理数据分析会、运行管理综合协调会，增强并顺畅各部门、各区域之间横纵双向的协调沟通，促使管理有效开展。以"四会"模式保障整体运行有序、效能提升。

9-7 图　信息周例会

构建培训体系，通过入职培训、日常培训、专项培训等共计 16 次培训，提升人员整体素质，确保各项指标落到实处。

9-8 图　培训资料　　　　　　　　　9-9 图　培训现场

片区服务团队通过手台、监控云台、微信群组联动，构建了内外联动机制，为瞬时大客流、人员走失、遗失物品找寻等事件处置提供保障，有效发挥了"滤网"和"屏障"作用。同时片区实行电台定点报送信息制，监控热点区域、重点区域、活动区域实时情况，按职责分工，统筹区域各条线人员，确保园区游览有序，为游客提供舒适的游览环境。

编制规范信息流转流程，确保管理信息及时、准确。北京世园会运行期间各部门工作的运行数据划分为业务数据、投诉数据、风险预警和突发事件四类。通过对这四类数据的收集加工、研判分析，定期、及时报送，形成便于决策层快速吸收与利用的有效信息。

通过对信息与相关数据进行分析，加强对重点区域、重点事项的预判与管理，定时提交日报、周报、月报和专题报告。北京世园会期间完成日报 165 期，周报 23 期，专题报 12 期，月报 6 期。

四、应急预案

本届世园会具有接待规格高、会期时间长、园区面积大、参观游客多、往返距离远、社会影响大等特征。为充分预防和有效应对突发事件，最大限度减少突发事件造成的危害和影响，保障 2019 北京世园会顺利举行，经广泛收集资料、认真研究论证、多次实地踏勘、征求专家意见、反复修改完善，北京世园会运行管理部制定了《2019 北京世园会园区突发事件总体应急预案》。该方案从编制依据和工作原则、事件分类和事件分级、预案体系和组织体系、监测与预警、应急处置与救援、应急保障、应急预案管理七个方面作了明确，作为园区应急工作的基本遵循。同时，运行管理部统筹世园局相关部门编制水电气热、医疗卫生、食品安全、极端天气、通信保障等专项应急预案及现场处置方案 52 份并进行了备案。

世园局、市属驻会部门、延庆区政府及驻会其他相关单位组成北京世园会突发事件应急领导小组（简称"应急领导小组"），其组织架构与北京世园会运营现场指挥体系一致。应急领导小组组长为王红，常务副组长为王军、邓乃平，副组长为周剑平、张树森和于波。

应急领导小组负责研究制定应对北京世园会区域突发事件政策措施和指导意见；负责园区内较大突发事件的应急指挥、处置、善后处置、总结等工作；当突发事件超出北京世园会地区处置能力时，依程序报请北京世园会执委会、市政府协调相关力量处置；重大及以上突发事件，在应急领导小组框架基础上，组建北京世园会突发事件临时应急指挥部，做好与市政府、北京世园会执委会、市级专项应急指挥部等有关部门的协调，组织园区内重大及以上突发事件的先期处置、相关保障和善后处置等工作。

应急领导小组下设园区应急办公室，作为应急领导小组的办事机构，由园区运营指挥中心承担具体工作。园区应急办公室主任为周剑平，副主任为叶大华、武岗、王春城、林晋文、张兰年、毛东军、孙连辉、庞微、陈卫东、李轶。

在应急领导小组的指挥下，建立突发事件监测体系，做好对重要基础设施、客流、治安状况、交通、食品安全、山林火险、气象、植物疫情等的监测。建立预警制度，针对不同的预警级别，做出分级响应。加强指挥系统技术、队伍、物资、交通运输、食品安全、医疗卫生、治安、通信、气象服务方面的保障。

世园局积极组织各类应急演练，共开展园区专项应急预案和现场处置方案的桌面推演10余次，并于园区试运营期间组织协调园区内专项及综合应急演练（大客流疏导、游客受伤医疗救护、树木倒伏、水管爆裂、火灾扑救、处突反恐等）10余次，为园区正常运营奠定坚实基础。期间，世园局参加了北京市组织的森林防火和防汛两次全面综合演练。

8月9日中午突降大雨，为保障雨天园区正常运行，片区服务团队冒着大雨坚守岗位：指引游客避雨、在积水路段设置安全警示牌、进行安全隐患排查工作等。在恶劣的天气下，运行工作人员从未懈怠，认真做好北京世园会服务保障工作。

第三章　礼宾服务

北京世园会为参观者提供了多项具体、周到的服务。其中，礼宾接待服务通过完善服务团队管理和制度建设、建立监督管理制度，保障会期重大活动礼宾接待和会时园区贵宾接待工作顺利完成。

北京世园会会期长，活动多，礼宾标准高。作为世园会运营的重要基础性工作，礼宾接待工作坚持首善标准，以服务首都国际交往中心建设为目标，展现首都服务名片。

第一节　接待工作机制

结合北京世园会总体规划、园区设施和活动场所的实际情况，世园局制定了《北京世园会会时园区贵宾接待工作方案》，方案涵盖贵宾范围、接待内容、礼遇标准、硬件和软件配置、流线和空间组织等贵宾入园参观具体环节；编制《北京世园会礼宾接待执行手册》，明确人员配置和岗位职责、人员培训方案、礼宾等级划分、线路设计方案、实施流程；组织工作人员编制10万字《讲解词手册》，内容涉及园区整体介绍、主要场馆、演艺中心、省区市展园、国家展园等，作为讲解员对外宣传介绍北京世园会的基础性材料。这些文件是礼宾接待工作有序运行的重要遵循。

按照园区运营指挥体系，会期贵宾接待工作在北京世园会指挥中心下开展接待整体计划统筹和组织实施工作，由礼宾接待部协同各相关业务部门做好贵宾接待工作，并指导外包服务团队做好接待任务的执行和落实。

为保障礼宾工作落到实处，世园局建立《礼宾接待服务监管制度》，指定专人开展贵宾接待服务工作监管，实时反馈督查结果，提出整改意见。建立礼宾工作日常巡查机制，开展巡查工作。每周召开例会，对礼宾服务团队上周工作情况进行总结，同时部署下周工作安排。监督第三方服务团队召开早晚班例会，梳理当日工作安排、总结工作问题，确保工作部署落地执行。

礼宾服务团队每日编写运营日报，每月进行月度总结，形成运营月报，对礼宾接待工作进行总结和及时汇报。全会期编制完成162篇日报和8篇月报。

突发情况应对机制。世园局设置礼宾工作总负责人，对突发情况响应有第一处置权，明确各岗位在突发情况中的责任。将突发情况分为接待任务、设施设备、其他情况三类，根据实际情况判断类别，分类处理。礼宾接待部与其他协助部门建立联动协调制度，加强部门之间的沟通协调，形成统一指挥、协调有序的应急管理机制。

第二节　筹备期接待

筹备期，世园局礼宾部积极配合组委会、执委会、外交部等相关部门，对接中外领导人出席开幕式礼宾工作事宜，制定中外领导人出席2019北京世园会开幕式礼宾工作建议方案、开幕式嘉宾集结方案、开园活动招待午宴方案、开园活动嘉宾接待方案。组织3次外方先遣团踏勘和 7 次综合演练，根据方案逐项落实相关工作。

在礼宾工作的有序安排下，世园会开幕式当天，嘉宾集结严格按时间流程执行，各类嘉宾入退场有序。世园会开园前，礼宾部着手完善园区礼宾接待场所及配套服务设施准备工作，包括永宁阁、贵宾出入口、隆庆酒店等接待场所设施设备的配备；提前确定嘉宾出行交通、住宿等各类服务保障方案，与市政府接待办密切配合，以完成开幕式开园活动期间中外嘉宾的接待保障任务。

第三节　会期接待

世园会开园后，世园局礼宾部的工作职责转化为北京世园会运营指挥体系中的园区接待组，对外联络中央和北京市有关单位，承担会时园区贵宾接待工作。对内与各场馆、片区、工作组横向联系，做好接待工作的统筹协调。

4 月 29 日至 10 月 7 日，世园局顺利完成 1948 个贵宾团组的接待工作，总计迎送 39782 余名中外贵宾，其中国内贵宾团组 1576 个，共 34811 人次，国外团组 372 个，共 4971 人次。按贵宾级别划分，共接待：V1 级中外国家领导人团组 63 个，迎送 1390 名贵宾来园考察；V2 级（省部级领导、驻华大使）团组 504 个，迎送 8691 名贵宾来园考察；V3 级（厅局级领导）团组 1381 个，迎送 29701 名贵宾来园考察。接待的 V1 级嘉宾有（按考察的时间顺序）：全国政协副主席万钢（5 月 3 日），全国人大常委会原副委员长陈至立（5 月 7 日），全国政协原副主席刘晓峰（5 月 9 日），中央政治局原常委李长春（5 月 10 日），全国人大常委会副委员长、民革中央主席万鄂湘（5 月 13 日），全国政协原副主席张梅颖（5 月 16 日），全国政协副主席梁振英（5 月 22 日），中央军委原副主席曹刚川、中央军委原委员李继耐（5 月 22 日），中央政治局原常委、全国政协主席贾庆林（5 月 24 日），中央政治局原委员、原国家副主席李源潮（5 月 25 日），中央政治局原委员、中央精神文明建设指导委员会副主任郭金龙（5 月 27 日），中央政治局委员陈希（5 月 28 日），全国人大常委会副委员长陈竺（5 月 31 日），全国政协副主席、国家发展和改革委员会主任何立峰（6 月 1 日），全国政协副主席、台盟中央主席苏辉（6 月 6 日），中央政治局委员、中央军委副主席张又侠（6 月 7 日），中央军委原委员、原国务委员兼国防部部长梁光烈（6 月 13 日），中央书记处原书记赵洪祝（6 月 15 日），北马其顿议长塔拉特·贾菲里（6 月 18 日），全国人大常委会委员、中央军委联合参谋部副参谋长孙建国（6 月 19 日），叙利亚副总理兼外长穆阿利姆（6 月 19 日），最高人民检察院原检察长贾春旺（6 月 20 日），全国政协副主席郑建邦（6 月 28 日），全国政协副主席何维（6

月 30 日）、全国人大常委会副委员长、民进中央主席蔡达峰（7 月 2 日）、全国人大常委会副委员长、九三学社中央主席武维华（7 月 4 日）、印度尼西亚前总统梅加瓦蒂（7 月 8 日）、国务院原副总理吴仪（7 月 31 日）、中国关心下一代工作委员会主任顾秀莲（8 月 19 日）、中央政治局原委员、军委原副主席范长龙（8 月 27 日）、全国人大常委会副委员长曹建明（8 月 28 日）、秘鲁副总统梅赛德斯·阿劳斯（9 月 1 日）、中央军委原委员、军委后勤保障部原部长赵克石（9 月 6 日）、中央政治局原常委、中央纪律检查委员会原书记吴官正（9 月 7 至 8 日）、全国政协副主席李斌（9 月 14 至 15 日）、全国人大常委会副委员长艾力更·依明巴海（9 月 18 日）、全国政协原副主席杜青林（9 月 22 日）、全国人大常委会副委员长沈跃跃（9 月 23 日）、厄瓜多尔国民代表大会主席利塔尔多和厄瓜多尔驻华大使拉雷亚一行（9 月 24 日）、全国政协副主席高云龙（9 月 26 日）、全国人大常委会副委员长王晨（9 月 26 日）、中央政治局原委员、国务院原副总理刘延东（9 月 27 日）、中央政治局委员、国务院副总理孙春兰（9 月 28 日）、中共十九届中央委员、最高人民检察院检察长张军（9 月 28 日）、全国人大常委会原副委员长、中国消费者协会会长张平（9 月 29 日）、全国政协副主席、民建中央常务副主席辜胜阻（10 月 2 至 3 日）、中央军委委员、军委政治工作部主任苗华（10 月 3 日）、中央政治局原委员、北京市委原书记刘淇（10 月 4 日）、中央政治局原委员、中央政法委原书记孟建柱（10 月 6 日）。

礼宾接待服务工作得到了中央领导、党宾国宾、各界人士的好评，55 位中外贵宾题字留言对北京世园会表示赞许，共收到来自党政军各有关单位表扬信 16 封、锦旗 8 面。

题字留言的中外贵宾中，全国政协副主席梁振英对本次世园会表示称赞，题字"美好生活"。全国政协副主席何维高度评价本次世园会，并题字"展示世界园艺，推动绿色发展。"全国政协副主席高云龙题字称赞北京世园会"美冠全球"。乍得驻华大使松吉·艾哈迈德留言表示"园区很壮观，不愧是伟大的中华人民共和国。在此特别感谢中国对非洲及乍得的所有支持。祝世园会圆满成功。"布隆迪贸易部常任秘书桑松·恩达伊泽耶表示"对贵方对我们来访代表团的热情接待给予高度好评。"斯里兰卡统一国民党领导人、议会外事委员会主席马延塔·迪萨纳亚克在考察结束后留言表示感谢："我们是斯里兰卡议会代表团，我们对世园会的服务、创新和人才留下了深刻印象，非常感谢你们的热情招待。"秘鲁农业部部长法比奥拉·穆尼奥斯留言："非常感谢北京世园会让我们有机会了解体验自然、体验中国、体验这个令人惊奇的花的世界。"国际马铃薯中心主任芭芭拉·威尔斯留言："这是一次奇妙的经历，真诚地祝愿北京世园会能圆满成功。"日本驻华大使横井裕在参观结束后题字"日中友好"，肯定了北京世园会对促进两国友谊发展的积极作用。

第十篇　宣传

北京世园会申办成功后，通过新闻发布、活动宣传、媒体服务、社会宣传和官方网站宣传等形式，扩大了北京世园会的影响力，提高了全社会对北京世园会的认识程度和参与度。丰富多彩的会前活动，积极地对内对外宣传推介，向国内外展现了绿色世园、绿色北京的良好形象。传统媒体与新媒体相结合，对北京世园会的筹办、举办进行了全面的报道。积极加强社会宣传，增强宣传效果。建设运营官方网站向外界传递最权威的信息。通过提供新闻信息和对宣传活动的管理，扩宽了新闻发布的渠道，积极关注舆论导向，为北京世园会的顺利举办营造了良好的舆论氛围。

北京世园会作品和出版物涉及书籍、纪录片、宣传片，从不同的角度满足了人们对北京世园会、对园艺的认知需求，更深入地向世界传播绿色科学知识，传递绿色生活理念。

第一章　世园宣传

第一节　活动宣传

通过多种文化宣传活动和对内、对外宣传推介活动，不仅使全民了解世园、参与世园，更进一步把北京世园会的影响扩展到全世界，展现了绿色世园、绿色北京的良好形象。

一、社会活动宣传

北京世园会筹备期间，借助社会各界力量，开展了丰富的社会宣传活动。在北京世园会会徽、吉祥物征集过程中，2015年5月29日至6月10日，北京世园局与延庆县联合举办"小手绘世园、大师助世园"作品展，60余幅优秀作品先后在北京市少年宫和奥运大厦展出，使广大青少年和社会各界了解世园、参与世园、共享世园。

2015年10月，2019北京世园会会歌征集活动启动，此次活动参与面广，参与度高，共征集到三千多位不同年龄、不同工种、不同地域的创作者创作的2551件作品。经过征集、初评、复评、终评等环节，选出2019北京世园会"十大金曲""十首优秀歌曲"、五首"优秀歌词"。这些歌曲通过音乐与文学的完美结合，以音乐的方式广泛传播北京世园会的美好形象、核心价值、办会主题和生态理念。

突出园艺特色，组织策划了"我是园艺师""园艺生活好课堂""我身边的园艺达人"等群众性活动。2016年8月，由世园局主办的北京世园会大型公益推广项目"园艺生活好课堂"，推出了园艺疗法、亲子园艺、美食园艺、花海手绘、花语情境表演、园艺师论坛、国际青少年园艺交流等多场主题活动，通过多种方式向公众传播、普及园艺知识，使北京世园会"让园艺融入自然 让自然感动心灵"的办会理念深入人心。

2017年4月17日，纪录片《影响世界的中国植物》开机暨北京世园会形象大使推选活动在北京植物园万生苑举行。活动上，世园局发布北京世园会形象大使推选公告，形象大使推选将采用定向邀请和社会推介的方式，旨在借助形象大使的影响力，向海内外深入推广北京世园会，传播中国绿色发展理念，分享中国绿色发展经验，树立中国绿色发展形象。经推选，确定董卿、吕植和刘劲为北京世园会形象大使。中央电视台主持人董卿认为人类的生存一刻都不能离开植物，她一直对植物怀有很深的感情，她说，"我志愿成为北京世园会形象大使，希望能为植物代言，为植物发声，让越来越多的人关注植物，思考人与自然如何和谐共处。"吕植是北京大学保护生物学教授、自然保护与社会发展研究中心执行主任、山水自然保护中心创始人。自1985年至今，她一直在从事中国自然保护的研究、实践、能力建设和政策推动。影视戏剧表演艺术家刘劲，以扮演周恩来总理被世人熟知并深受大众喜爱。在演员身份之外，2008年他开始参与全国绿化委员会等机构联合主办的大型公益活动——绿色中国行，从此刘劲便与绿色生态结缘，并不断投身到各类公益事业中去。刘劲表示，希望借助北京世园会形象大使的身份，带动更多的人践行绿色生活方式，为我们共同的美丽家园贡献力量。

10-1图 2019北京世园会形象大使，从左到右依次是董卿、吕植、刘劲

2017年4月26日至6月10日，世园局、北京市科学技术委员会、北京市园林绿化局和延庆区人民政府共同主办的"走近世园花卉—2017"系列展示活动在延庆区世界葡萄博览园举办，来自世界各地的1200余种花卉绚丽绽放，向市民充分展示了植物花卉对人类生存、生活的贡献。活动分室内展示和室外展示两部分，室内展举办室内特色植物、花艺园艺装饰、中医药植物、蔬菜及园艺企业精品展示，并组织相关园艺活动。室外展在测试植物品种适应性的同时，着重检测花期调控等繁育技术、创新植物应用展示形式，从植物品种、生产技术、应用方式等方面为迎接北京世园会做准备。

2017年5月19日，第七届北京合唱节暨第四届首都市民合唱周开幕式上，在"北京世园会会歌征集活动"中获选为"十大金曲"的《绿色北京》及《幸福永远》在秋之韵合唱团的精彩演绎下亮相，为北京世园会"十大金曲""十首优秀歌曲"及五首"优秀歌词"发布以来的首次非线上社会推广。

2018年6月启动的"百花争延"系列活动在为期八个月的时间内，面向北京市92所高校的百万学子，举办了以十种花卉为主题的十大活动。

北京世园会筹办期间，北京世园会举办地延庆区向376个行政村、30个社区、54所各类学校、12家A级旅游景区、28家星级及重点旅游饭店，以及32家旅游咨询站和部分单位发放世园知识宣传海报；从 2015 年起，陆续开展"走近世园会——世园知识大讲堂"主题宣传普及活动 100 余场；2016 年 4 月 28 日至 5 月 15 日，开展以"我心中的世园会"为主题的诗词楹联征集活动、诗歌散文征集活动、绘画作品征集活动、"心灵家园"古典诗词竞学汇活动等园艺主题文化系列活动；2018 年 9 月 5 日起，面向全区社区居民开展园艺知识"每周一课"系列活动，普及花卉、蔬菜、果树、中草药、茶等种养植、修剪、养护或园艺疗法等园艺知识，进行园艺手工艺品制作、园艺书画、诗词、摄影培训。

10-2 图　百花争延系列活动开幕式

二、对内宣传推介

2018 年 5 月 9 日，北京世园会首次省区市宣传推介活动在深圳成功举办，旨在面向全社会深入传播北京世园会办会主题与理念精神，倡导全民热爱园艺、关注生态、参与世园。

2018 年 6 月 15 日，世园局在昆明、北京集中开展了北京世园会三场宣传推介活动："1999—2019 相约昆明·相聚北京 二十年再聚首"2019 北京世园会宣传推介活动在云南昆明成功举办；第二架北京世园会主题彩绘飞机"花开盛世号"首航成功，并在航班上举办了"传递绿色梦想"主题活动；2018 北京国际旅游博览会上，面向国内外参观公众宣传北京世园会的办会主题及筹备进展情况，邀请参观者 2019 年相约北京，共赴长城脚下万花之约。

2018 年 11 月 9 日，在 2018 中国旅游产业博览会上，面向 700 余家旅游相关企业、近 30 万参观者宣传推介北京世园会；11 月 13 日至 5 日，世园局参加 2018 第一届重庆国际旅游交易会，面向全球旅游相关行业、旅游新闻媒体等 500 余家单位以及 20 余万参观者宣传推介北京世园会。

三、对外宣传推介

北京世园会通过加强国内外交流互动，扩大世园效应。多次参加世界各国主办的各类博览会和各种重大活动，充分借助国际展览局、国际园艺生产者协会的国际平台，利用参加国际展览局第 157 次大会、第 158 次大会、春季执委会会议、规则委员会会议和国际园艺生产者协会春季会议、年会等机会，与有关国际组织和国家对接，宣传推介北京世园会，提高 2019 北京世园会的国际影响力。

2012 年 10 月 10 日至 12 日，2015 年意大利米兰世博会第二次国际参展方会议期间，向国际展览局及其各成员国代表宣传推介 2019 北京世园会。2015 年 3 月 16 日至 20 日，世园局在 AIPH2015 年春季会议上开展宣传推介工作。2015 年 5 月 22 日至 29 日，世园局出访英国、意大利，和英国皇家园艺学会、伦敦邱园与威斯利花园，伊甸园项目管理机构，以及意大利米兰世博会威尼斯分会场组委会进行交流，开展宣传推介工作。

2015 年 5 月 30 日至 6 月 3 日，米兰世博会北京活动周期间，世园局举办了"绽放 2019 北京世园会"中国插花艺术表演和"北京—米兰设计师对话 2019 北京世园会"论坛，同时在中国馆设置了 LED 大屏幕和宣传台组成的北京世园会宣传专区，循环播放宣传片、发放北京世园会宣传资料，开展定点宣传。此次活动共发放宣传材料、宣传品 2 万余份，吸引各国观众近 10 万人次。

2016 年 5 月 25 日至 5 月 30 日，2016 安塔利亚世园会上，北京世园局拜访安塔利亚世园会 51 个参展国，提升参展国对北京世园会的知晓度、关注度和参与度；组织北京企业家代表团与土耳其及参展国相关企业洽谈交流，进行商务对接活动；同时，依托中国国家馆日，通过 LED 屏幕循环播放北京世园会宣传片，设置宣传点发放宣传册、宣传光盘、宣传页、纪念品等资料，进行北京世园会宣传推介。

2017 年 6 月 16 日至 18 日，2017 年阿斯塔纳世博会北京活动周期间，北京世园会组委会以俄语版宣传片、俄文版和英文版的世园会宣传折页向观众详细介绍了 2019 北京世园会的办会主题、理念及园区总体布局。北京世园局在世博会现场拜访了"一带一路"沿线国家展馆，宣传推介北京世园会，推进"一带一路"沿线国家参展北京世园会。世博会期间，世园局组织了 2019 北京世园会加勒比共同体国家推介会、南太平洋国家推介会，向相关国家代表推介北京世园会。

2017 年 10 月，北京市政府外办和市政府新闻办牵头组织的渥太华"北京周"活动期间，开展了北京世园会吉祥物雕塑落户渥太华及揭幕仪式、世园局与加拿大国宝"太阳马戏"签约仪式、北京世园会主题推介致辞、十大金曲《幸福永远》唱响渥太华、"感受中国的神奇植物"主题日的宣传推介活动，以园艺体验互动活动以及充满中国风格和园艺特色的插花、茶道、中式花车表演，面向海外生动讲述中国园艺故事，传播北京传统文化。此次活动在渥太华吸引了约 1.6 万人参观，发放宣传品、宣传资料超过 1 万份。

10-3图　北京世园会吉祥物雕塑落户渥太华

2017年11月13日，北京世园局在法国巴黎举办2019北京世园会宣传推介会，向出席国际展览局第162次全体大会的160多个国家驻国展局代表介绍北京世园会最新筹备进展。推介会上与会嘉宾认真观看了2019北京世园会宣传片，表达了对北京世园会绿色发展理念与有序推进的各项筹备工作的赞赏与支持。

2018年9月8日，世园局代表团参加2018世界旅游城市联合会青岛香山旅游峰会，面向全球百余个旅游城市宣传推介北京世园会，详细介绍了举办地丰富的旅游资源、会期旅游文化活动、主要场馆建筑景观、园区展览展示规划等，并与首尔、赫尔辛基、雅典、柏林、金边、利马等重要旅游城市代表进行交流，扩大北京世园会的国际影响力。

10-4图　意大利米兰的宣传推介活动现场

2018年9月17日，中国贸促会及北京世园局在意大利米兰共同举办2019北京世园会宣传推介活动，面向意大利地方政府、当地媒体及旅行社宣传北京世园会"绿色生活 美丽家园"的办会主题，介绍北京世园会筹办工作进展，推介北京世园会丰富的旅游资源。

第二节　媒体宣传报道

北京世园会期间，无论是以报纸、广播、电视等为代表的传统媒体，还是以网络、手机为代表的新媒体，都采用各种形式对北京世园会进行了全方位的宣传报道，展现北京世园会的每一个亮点。

北京世园会期间，中央人民广播电台经济之声频道开办《相约北京 2019》《相聚北京 2019》《花之声》专栏各 144 期，北京人民广播电台进行 12 场北京世园会直播节目。北京日报开办《魅力世园会》专栏 100 期。新华社、《人民日报》《新京报》《大公报》、大公网纷纷推出推广专题或整版图文报道。

10-5 图　《人民日报》头版报道北京世园会开幕式

2016 年 6 月开始，北京卫视早间新闻节目开设"我是园艺师"栏目，全方位多角度宣传世园文化和 2019 北京世园会精髓。

2016 年 7 月，北京世园会官方微博、官方微信开通，实现最快的速度传播最权威的信息，同时举办丰富、有趣的线上线下活动，不断增强官微对粉丝的黏性。同时，以北京世园会筹备及举办期间的重大事件为主要内容，制作文字、图片、视频、H5、游戏、海报等多种形式的新媒体产品，方便各新媒体平台的转发。

2017 年 9 月 19 日，在北京世园会吉祥物小萌芽、小萌花诞生一周年之际，北京世园局制作的视频《为留绿荫 北京世园会都出啥大招？》在包括腾讯、爱奇艺、今日头条、秒拍、百度、新浪、优酷等国内主流视频平台播放，扩大了北京世园会的影响力。

从 2019 年开始，北京多家媒体推出"世园直击""魅力世园""展馆巡礼"等世园会重点专栏，对室外展园、主展馆等进行全景式详细介绍，将现场展示与挖掘背景相结合，详解布展理念、布展亮点和科技内涵。开设"文化世园""科技世园""创意世园""绿色世园""低碳世园"等专题，围绕"看世园谋发展"主题连续推出系列报道。推出"大家看世园""看世园，促转变""转方式进行时"等系列报道，对北京世园会进行全方位、多媒体展示。

2019年4月，北京世园会在媒体推出《2019北京世园会·园萃·馆萃》特刊，对各参展国家、组织、企业的室外展园和室内展馆系统地进行全景式介绍，为参观者提供北京世园会场馆实用的参观指南。同时，北京世园会举办期间每周出版一期会刊，与官方网站同步发布北京世园会举办期间的实时信息。

北京世园会积极利用境外社交媒体进行推广工作。世园局在中国网"探索中国"Facebook账号发布的《拙政园》《梁园》《北海公园》《颐和园》《狮子林》《志莲净苑》《恭王府》《可园》等世园会帖文，文章发布三周内，总触及人数约319万，点赞人数约18万。

国内外媒体积极报道北京世园会的宣传推介活动。米兰世博会北京活动周期间，新华社、福克斯新闻网、全球财经媒体CNBC、凤凰卫视、北京电视台、《北京日报》、中国网等国内外众多媒体对活动全程进行了较大篇幅的跟踪报道，发稿20余篇。渥太华北京周期间，两天内媒体相关报道213篇，《美国城市商业日报》、雅虎财经、道琼斯旗下Marketwatch、《匹兹堡邮报》、加拿大《全国邮报》、美国广播公司等260家媒体刊登转载，访问量达8353余万人次。

2019年4月27日开始运行的北京世园会新闻中心累计接待中外记者6705人，组织媒体入园采访报道4814人次。

据统计，北京世园会运营期间，中央主要报纸刊发专版超过50个，新华社各线路、终端平台播发稿件超过3000条，中央广播电视总台央视、央广、国广三台播出时长超过3000分钟。市属报纸刊发专版近150个，累计刊发图片、图表近800张，原创稿件近1600篇，广播电视节目1400余条、时长超过2000分钟，属地各网站稿件总点击量5160万，北京世园会相关微博话题阅读6.4亿次，讨论近100万条、各端各形式传播量超过20亿次。

北京世园会开幕式期间，中央电视台综合频道、新闻频道并机直播，综艺频道并机直播了文艺演出部分。两个多小时的演播室特别节目紧扣"绿色生活 美丽家园"办会主题，着重突出宣传习近平生态文明思想，充分展示我国生态文明建设成果。

开园仪式的宣传报道方面，北京电视台新闻中心对开园活动进行了现场直播。首次使用了亚洲最先进的全数字多媒体600平方米演播室，现场出动了两部数字卫星直播传送车。以图文、短视频、可视化长图、二维手绘动画视频、H5交互产品等多种形式进行宣传，推送受众数百万。开园仪式现场直播《美丽北京缤纷世园》节目，北京地区收视率达到1.46%，北京地区分钟收视推及人口为296万；全国35城同时段收视率排名第二，分钟收视推及人口为337万，达到了良好的收视宣传效果。

北京世园会闭幕式期间，中央电视台综艺频道、新闻频道并机直播了闭幕式活动。一个小时的节目精彩呈现了北京世园会闭幕式盛况，并将北京世园会成果做了广泛的传播。

第三节　社会宣传

北京世园会积极加强社会宣传，通过投放户外广告、宣传片和宣传品等方式增强人们对北京世园会的关注度。

2018年11月22日，首批10辆"美丽世园号"宣传大巴正式发车，车身两侧喷涂北京世园会会徽和吉祥物图案，色彩绚烂，醒目生动，成为流动的宣传媒介，行驶于长城、故宫、北京世园会园区等北京各大景点。会期搭载广大游客体验北京世园会畅爽游、养生游、亲子游等活动。除了宣传大巴，北京一些重要区域和地标性建筑设置了2019北京世园会倒计时牌，北京市区主要繁华路段和进出北京的道路交界处投放墙体广告和高立柱广告，北京地铁线、公交站投放灯箱广告，重点线路公交车身上投放车身广告。

10-6 图　公交站投放的北京世园会灯箱广告

北京世园会通过在北京地铁视频终端以及户外LED大屏幕滚动播放视频宣传片，利用VR技术对北京世园会进行形象宣传。同时，在北京地铁各个站点、公交站点发放纸质宣传资料，在北京全市主要路段、高架道路以及北京国际机场布置招风旗，全方位提升北京世园会的宣传效果。

第四节　官方网站

北京世园会官方网站权威、准确、及时发布北京世园会筹办进程和其他信息，成为社会各界了解、关注北京世园会的窗口，成为海内外人士广泛参与北京世园会的桥梁。

一、官方网站建设

2015 年 4 月 27 日，2019 北京世园会官方网站正式上线。作为筹备阶段的重要宣传平台之一，初版北京世园会官网设置了新闻中心、世园博览、美丽延庆、园林集锦、园艺百科、系列活动及合作伙伴几大板块，在宣传北京世园会筹备工作的同时，普及北京世园会及园艺相关知识。

北京世园会官方网站在不同的筹备节点会进行不同侧重的页面改版，面向全球用户进行阶段宣传、推广和应用承载，对北京世园会筹备进展进行全面报道。2016 年 12 月 8 日，中文官网第一次改版，专题与新版官网同步上线。改版后的北京世园会官网根据筹备工作需求，将新闻版块细化，分为头条新闻、热点新闻及视频新闻。同时增设世园规划、市场服务栏目，同步跟进北京世园会园区工作进展相关内容。为使网站浏览者能够更加方便、快捷且全面地了解北京世园会相关资讯，加设媒体报道栏目，全方位多角度收集主流媒体对北京世园会的相关报道。此外，对园艺类信息进行整合，合并为系列策划栏目。

2018 年 5 月 24 日，中文官网第二次改版。改版后，首页增加开展倒计时牌，同时为方便浏览者随时了解相关信息，在首页两侧放置官方微博及微信二维码，手机识别即可跳转。"系列策划"更名为"园艺长廊"，继续完善园艺相关知识。设置"公告法规"栏目，整合北京世园会相关公告及法律法规条款，方便浏览者查阅。在头图下方设置公告展示栏，实时更新。此外，北京世园会特设专题"每周一园"，介绍各展园相关内容。

2018 年 9 月 24 日，中文官网第三次改版。首页头图更换为主要场馆最新宣传图，保留下方公告展示栏。根据工作及宣传需求，增加了世园服务、志愿风采两大板块。其中，世园服务根据游客需求分为行前须知、游线推荐、租赁信息及园区商业四个子栏目。志愿风采除包含志愿者相关新闻资讯外，设置链接，点击即可进入北京世园会志愿者报名平台。

2019 年 4 月 29 日，中文官网第四次改版。此次改版满足北京世园会会时需求，首页醒目位置设置头图新闻、网上购票、网上世园、怎么到世园、每日活动及网上商店。同时在新闻版块下方再次展示最新活动安排，方便游客参考。对于本届世园会高科技内容，设置科技世园栏目并在首页展示，让更多游客了解最新科技与园艺的完美结合。

2016 年 4 月 26 日，北京世园会官方网站英文版上线，世园会英文网站是海外了解、分享北京世园会重要的资讯平台之一，将让更多公众和参展者随时享受到更快捷、更高效、更国际化的北京世园会资讯。英文网站背景图片为北京世园会园区规划图，主要配色为红色和蓝色。英文官网宣传侧重点为招展，栏目设置与中文版有所不同，主要栏目除新闻外，设置了可以下载参展表格的"Participation"（参展）专栏。参考国外园艺类等相关网站，设计了符合英语使用国家阅读习惯的首页，利用大幅头图从视觉角度吸引网站访问者进一步了解北京世园会及园艺相关内容。

2018 年 9 月 21 日，英文官网第一次改版。此次改版调整设计风格，配色方案取自北京世园会新版会徽，将展示头图更新为五大主要场馆概念图。为保证视觉效果，整合各栏目归类，采用几何图形设计，点击进入二级页依旧可以阅读详细信息。

2019 年 4 月 29 日，英文版官网第二次改版。为方便观众查阅会时相关资讯，放大各栏目展示图片，追求视觉效果更佳。参照中文官网，增设活动、票务、网上世园、科技世园及媒体中心栏目。

10-7 图　官网中文页面

2018 年 12 月 17 日，北京世园会官方网站德文及法文版正式上线。德文及法文官方网站页面设计一致，配色取自北京世园会会徽。以大幅头图展现北京世园会园区风貌，点击即可了解五大主要展馆相关资料。网站内容跟进北京世园会筹备工作，完善相关资讯，展示北京世园会相关视频。2019 年 7 月 3 日，德语版官网改版；2019 年 8 月 22 日，法语版官网改版。这两次改版统一了小语种网站的风格，利用几何图形整合内容，同时保证浏览者第一时间获取相关资讯。

10-8 图　官网英文页面

2019年9月30日，2019中国北京世界园艺博览会官方网站西文及阿文版上线。栏目设置世园新闻（图片新闻、热点新闻、视频新闻）、世园景点（主要场馆、世园十二景、国际展园、国内展园、企业展园、大师园、特色展园）、活动安排、网上世园、科技世园（5G、智慧世园、机器人、物联网）及网上售票。其中，为符合语言使用国家的阅读习惯及风俗，阿拉伯语官网首页配色与其余语种官网不同，选用绿色及黑色。

二、官方网站运行

官方网站积极组织网上北京世园会的宣传，推动北京世园会报道逐步升温，为北京世园会筹办、举办工作营造了良好的网上舆论环境。

自北京世园会官方网站上线后，截至2019年11月8日，官方网站共发布中文新闻数量2741条，英文新闻数量1933篇，其他语种新闻数量共968篇。此外各语种网站共发布图片9742张。官方网站的内容被其他媒体转载的频率不断增加。

官方网站的访问量也逐步提升。2016年11月，网站开放创意展园方案征集投票，群众参与热情极高，中文官方网站访问量急剧攀升。截至2019年9月，官网总浏览量达到近1.2亿次。

三、官方网站宣传活动

2016年11月，官方网站举行"2019世园会创意展园方案征集大赛"学生组及专业组网络投票活动。累计投票量350万次。

官方网站策划了世界花园巡礼、中国花卉大全、中国园林、园艺百科、专家访谈系列产品。世界花园巡礼专题特约摄影师走访法国、奥地利、德国、俄罗斯、爱尔兰、伊朗、印度、以色列、日本、巴西、澳大利亚、加拿大等国家，拍摄近万余张影像，填补了网络上没有世界花园相关产品的空白。中国园林专题从北方皇家园林、江南古典园林、岭南私家园林三个方面策划，展示我国的园林历史、感受园林的文化艺术魅力。中国花卉大全专题以高清图片介绍中国名花。园艺百科专题通过问与答的形式进行园艺基本知识的普及。专家访谈专题，邀请12位专家学者进行访谈，以专业的角度讲解园艺知识。

为更好地配合和服务媒体记者开展工作，2019年4月24日，北京世园会新闻中心网站开通，提供最新的世园新闻、通知及各类服务信息，设置资料、图片中心可供下载，面向媒体用户进行不同阶段的服务和应用承载。

第五节　宣传组织管理

做好新闻宣传工作，营造良好舆论氛围，是成功举办北京世园会的重要组成部分。

一、新闻发布

2016 年至 2019 年，北京世园局在国务院新闻办公室召开了五场新闻发布会，对外发布了北京世园会的招展工作、筹备进展及闭幕式的筹备工作等系列最新动态。

10-9 图　国新办举行的北京世园会首场新闻发布会

10-10 图　北京世园会新闻中心举办的新闻发布会

北京世园会新闻中心运营以来，举办了十二场新闻发布会，世园局的相关领导走进新闻发布厅和记者们进行对话。新闻发布会的主题包括交通票务，国际竞赛，特许商品、开幕式文艺演出、中国国家馆日等大型活动，北京日、"世界气象组织荣誉日"、韩国日、土耳其国家日等重点活动。

二、宣传内容

北京世园会筹办期间，2014 年至 2016 年，通过对北京世园会组委会第一次会议、国际展览局审议通过北京世园会认可申请并授旗、北京世园会借助米兰世博会进行宣传推广、北京世园会在土耳其安塔利亚世园会启动宣传推介活动、国务院新闻办公室召开北京世园会首次新闻发布会、北京世园会园区开工建设、北京世园会会徽和吉祥物发布、北京世园会在安塔利亚世园会闭幕式上接旗等世园会筹备工作中的主要节点、重大活动进行宣传，扩大北京世园会的品牌、主题、理念在社会上的影响力。

2017 年至 2018 年，世园局通过策划大型活动、开设个性化专题专栏、推出特色栏目和特色活动等手段，对吉祥物会徽的推广、场馆开工建设、市场开发启动、倒计时两周年、倒计时一周年、首个国家签署参展协议、阿斯塔纳世博会上北京世园会的推广等筹备过程中各个重要节点的重大活动进行全方位宣传，重点报道各国、国内各省（区、市）参展北京世园会的动态，并结合全国路演、世园旅游推广周等活动，为市场开发、国际招展营造良好氛围。同时，注重利用国内重大活动如科技周、科博会、文博会等推介北京世园会。

2019 年，通过对北京世园会倒计时 100 天仪式、会歌发布、北京世园会开闭幕式、中国国家馆日活动、其他国家和地区馆日活动等重要节点和重大活动进行高频度的集中宣传，吸引世界各国的园艺产业从业者、园艺爱好者和群众参与北京世园会。

三、舆情监测

为全方位了解游客兴趣点与满意度，世园局建立全媒体舆情监测平台，成立舆情监测队伍，形成新闻宣传危机公关处理的工作程序，做好舆情监测。

自开展舆情监测工作以来，媒体报道量持续增长，舆情监测全面及时，为正确引导和及时处理社情民意提供重要的参考依据，为北京世园会各项工作提供有效的信息服务，使得北京世园会筹办和举办期间处于积极向上的舆论氛围。

第二章　作品及出版物

第一节　出版物

北京世园会在筹备过程中，根据工作需要，出版了《唯美山水画 多彩世园会——2019 年中国北京世界园艺博览会园区规划》一书。这本书从园区总体规划、主要景色及特点、主要建筑及亮点、展园、园区基础设施等方面出发，详细描述了北京世园会的选址、规划及设计，让读者如亲身参与般深入了解北京世园会的规划全过程。

第二节　纪录片

为及时、客观记录北京世园会筹办和举办时期的工作进展，面向国内外展示北京世园会最新动态，世园局自 2016 年起开展纪录片策划拍摄项目，共制作了十余版不同内容、不同时长、不同语种的纪录片。主要用于 BIE、AIPH 大会汇报，海外宣传推介和国际招展，组委会和执委会工作汇报，国内各省区市和港澳台地区宣传推介，各级领导考察汇报等，并根据各大主题活动和会议的举办，进行调整完善。根据宣传需要，将纪录片在电视、网络和户外宣传屏进行投放，提升北京世园会的关注度和影响力。

2017 年 4 月 17 日，北京世园会进入倒计时两周年的重要阶段，由北京世园局拍摄制作的大型纪录片《影响世界的中国植物》开机仪式在北京植物园举行。纪录片共分十集，分别由 8 个摄制组于国内 27 个省的 93 个地区、国外 7 个国家的 30 多个地区拍摄，拍摄植物类别涉及 21 个科目中的 28 种，围绕植物天堂、茶树、桑树、水稻、大豆、本草、竹子、水果、园林和花卉十个主题进行演绎。

2019 年 7 月 29 日，历时三年制作而成的《影响世界的中国植物》纪录片在北京世园会园区植物馆发布。它是国内第一部全面展现植物世界的自然类纪录片，用重大历史节点、重大事件、重要人物来描绘中国植物如何改变世界，厘清中国植物如何被世界发现，在世界扎根、生长，实现中国与世界的互动。

《影响世界的中国植物》是目前国内时长最长的一部 4k 纪录片。该纪录片于 2019 年 9 月

在中央电视台纪录片频道播出。

第三节　宣传品及宣传片

　　北京世园会以会徽、吉祥物为核心要素，策划、设计、制作了数十种彰显世园会主题理念、丰富多样、便捷实用和具备国际化风格的宣传品，包括会徽徽章、吉祥物摆件、帆布袋、丝巾、会徽拼图套装、水杯等，在国内外交流、出访和文化活动中作为宣传北京世园会的载体，发挥了重要作用。

　　宣传片方面，2017年9月23日至27日，第二届中加国际电影节开幕式上，北京世园局与北京中科视维文化科技有限公司联合出品的三维动画微短片《花儿的秘密》于电影节国际电影展映单元亮相，并获得最佳特效奖。《花儿的秘密》是为传达北京世园会"绿色生活，美丽家园"的主题理念，打造的新形式微动画短片。短片面向青少年观众，以来自未来宇宙深处的影像精灵——"光团儿"为主角，用诙谐风趣的表现手法以及生动有趣的动画情节，每一集讲述一个花儿的小秘密。短片配合新媒体的传播推广方式，传递绿色科学知识，传达绿色生活理念。

　　2019年6月19日，北京世园会"一花一园一城"系列国家园艺宣传片在北京世园会园区同行广场发布。该部宣传片以园艺主题、唯美主调、国家特色、人与自然和谐共生内涵为思路，呈现了柬埔寨、捷克、吉布提、日本、吉尔吉斯斯坦、缅甸、尼泊尔、巴基斯坦、新加坡、塔吉克斯坦等10个国家的园艺特色和文化精髓，展现出世界各国共建美丽地球家园、共同构建人类命运共同体的美好愿景。

第十一篇　志愿者

志愿者是办好北京世园会的一支重要力量，是广大市民共建、共治、共享世园的重要渠道，更是向世界展示北京良好形象的重要窗口。举办一届"独具特色，精彩纷呈，令人难忘"的园艺盛会，离不开北京世园会志愿者的参与和奉献。

2019北京世园会共有近2万名志愿者参与服务，志愿者主要来自北京的48所高校、16个区县、51家企业、2个社会组织。提供服务的志愿者将近12万人次，服务时长超过100万小时。平均每天超过600名志愿者参与服务，分布在8大类、18小类的100多个岗位点上，提供公益讲解、问询服务、秩序引导、接待协助、媒体服务、参展者服务、组织方工作协调、参观者协助、活动组织协助等多种服务。会期162天里，平均每天解答游客提问2万次。核心场馆展园志愿者开展公益讲解15000余人次，公益讲解累计服务中外游客近24万人次，收到表扬信近万封。

北京世园会把志愿服务作为青年志愿者学习习近平生态文明思想的大课堂和共同建设绿色家园美丽中国实践的大舞台。园区内外，志愿者以美丽的微笑和热情专业的服务让世园精神和志愿服务精神在全社会得到广泛普及，向世界彰显了国家生态文明建设成果，向社会展示了北京服务的良好形象。志愿者工作组织严密，服务周到细致，获得"富有首都特色、符合展会需要、体现国际水准"的高度评价，得到了组委会、媒体、参展者和游客等社会各界的一致好评。

第一章　招募与培训

第一节　招募

2018 年 6 月 8 日，召开 2019 年中国北京世界园艺博览会执委会第二次全体会议，会议部署成立北京世园会执委会志愿者工作组，团市委作为牵头单位，负责北京世园会园区、城市、社会志愿者的招募、宣传、培训、管理与表彰工作，实施志愿者文明行动，以及协调落实志愿者保障工作。各志愿者来源单位成立主管领导牵头负责的工作机构，统筹制定、实施本单位志愿服务工作方案，做好本单位志愿者的招募、选拔、培训、管理与保障激励等工作。

按照北京世园会执委会的要求和工作实际，组织一支政治素质高、能力水平强、服务质量过硬的园区志愿者队伍为北京世园会提供优质的志愿服务是志愿者招募工作的目标。北京世园会志愿者招募工作采取以"组织化动员"为主、"社会化动员"为辅，"定向招募"为主、"社会招募"为辅的方式，面向高校、企业、各团区委和一级志愿服务组织以及外籍志愿者服务团队等招募志愿者。

一、招募要求

志愿者工作组遵循《2019 年中国北京世界园艺博览会园区志愿者通用政策》开展志愿者招募工作。各志愿者来源单位通过招募通知发布、报名、筛选、面试等招募工作，选拔符合需求的园区志愿者。为做好园区试运行、开闭幕式、重大活动、极端大客流等特殊时段志愿者应急保障服务，世园局在延庆区招募储备 2000 名通用志愿者，在相关高校储备 90 名外语专业、30 名传媒专业、30 名通信专业志愿者，根据工作需要随时上岗，保障应急需求。

北京世园会园区志愿者的选拔条件为：自愿参加世园会志愿服务；上岗前年满 18 周岁，身体健康；报名前需在"志愿北京"平台成为实名注册志愿者；遵守中国法律法规和世园会相关规定；能够全程参加世园会的培训及相关活动；能够在世园会期间连续开展志愿服务工作；母语为汉语的申请人应具备外语交流能力，母语不是汉语的申请人应具备汉语交流能力；具备志愿服务岗位必需的专业知识和技能；具备相关赛会服务经历者优先考虑。

二、招募流程

2018 年 9 月底前，志愿者工作组与相关用人部门沟通、协调，落实志愿者的实际岗位需求；完成招募、培训等方案的制定。

2018年11月中旬，相关高校和企业动员部署会召开，组织动员开展北京世园会园区志愿者招募工作；各来源单位制定本单位志愿服务工作方案，成立相关工作机构，启动志愿者招募、培训等工作。

2018年12月上旬，各志愿者来源单位完成本单位志愿者的招募通知发布、报名、筛选、面试等招募工作。其中，按照"材料初审—上级审核—面试"的程序，以150%的比例初步确认志愿者候选人；按照"专家面试—背景审查—确认录用—签订协议"的程序，以120%的比例确认园区志愿者候选人名单。

2018年12月中旬，世园局确定园区志愿者入选名单，根据各用人部门需求，梳理和细化落实志愿者工作内容，编纂岗位说明书。

2019年2月底前，各志愿者来源单位完成志愿者工作桌面推演，启动志愿者的"应知应会"等方面的基本技能培训。

2019年3月底前，第一批北京世园会园区志愿者通用培训开展，团市委相关部门组织完成志愿者的集中通用培训。上岗前，各用人部门根据任务需求，组织志愿者进行专业培训。

三、志愿者来源

北京世园会的志愿者队伍以高校学生为主体，同时广泛吸纳企业单位、北京市民等参与，包括大学生志愿者、企业志愿者、社会志愿者和先锋志愿者。

北京世园会主要面向北京各高校招募大学生志愿者，面向在京企业招募企业志愿者。各相关学校、企业经授权，通过团体报名方式，按照北京世园会执委会确定的资格条件，分阶段招募志愿者并建立相应的培训、组织、管理体系，分别以学校、企业为单位接受北京世园会执委会分配的任务。北京世园会志愿者工作组面向各团区委和一级志愿服务组织公开招募社会志愿者，通过互联网报名直接接收个人报名申请，按照北京世园会执委会确定的资格条件从报名者中选拔录用志愿者；还面向全市各行各业具备相关技能的实名注册志愿者，选拔优秀精干人员组建志愿者先锋队伍，共同参与培训，保障重要活动和承担执委会紧急任务等。

四、工作机制

做好园区志愿者招募工作是完成北京世园会服务保障工作的重要前提。世园局高度重视北京世园会志愿者工作，各志愿者来源单位成立单位领导牵头的工作组，加强组织领导，统筹推进志愿者的招募、管理和保障激励等相关工作。

世园局严格按照园区志愿者的岗位条件和数量，广泛宣传发动，强化工作要求，将政治性强、作风优良、能力突出的志愿者选拔出来，参与北京世园会园区运行的服务保障工作。

团体报名的各单位团组织主要负责人是志愿者招募工作的第一责任人，建立完善本单位志愿者团队组织体系，选拔优秀领队和管理人员，配合做好志愿者的组织、调配、宣传、服务等相关工作，协助做好志愿者管理和相关保障工作。

为做好北京世园会服务保障工作，各志愿者来源单位制定了周密的工作方案，严格保证时间进度和工作质量，确保了志愿服务的各项工作顺利推进。

<h1 style="text-align:center">第二节　培　训</h1>

为做好北京世园会志愿者的培训工作，世园局组织举办骨干志愿者训练营，对志愿者进行集中封闭培训；世园局统一开发面向所有志愿者的网络培训；志愿者来源单位集中开展与北京世园会宣传、志愿者动员同步进行的线下集中面授培训；志愿者到世园局各部门报到后，开展岗位实习。整体培训由世园局志愿者管理部统一规划、管理和督导。其中，骨干志愿者训练营、网络培训由志愿者管理部负责组织；线下培训由志愿者来源单位负责组织实施；岗位实习由志愿者使用部门负责组织实施。

每个志愿者在上岗前，接受通用培训、专业培训和岗位培训等不少于30学时的系统培训。通用培训包括志愿者角色认知与使命、志愿者的权利义务、大型活动志愿服务规范、礼仪规范、应对紧急情况及自我情绪调节等方面的知识；专业培训包括北京世园会展陈情况及特色参展项目、大型活动及看点介绍、北京世园会园区内外交通网络、智慧世园、游客服务信息等，帮助志愿者熟悉和掌握北京世园会运营的知识，提升志愿服务工作品质。开幕式前期，世园局开展志愿者管理团队和骨干志愿者的专题训练营，针对园区志愿者运行管理、岗位配置、工作日程、工作安排等进行专项培训，提升志愿者管理团队的领导能力，加强对北京世园会全局工作的精准理解。

11-1图　志愿者服务岗亭

11-2 图　志愿者在园区

为了让志愿者能够快速掌握岗位服务技巧，北京世园会创新性地将岗位服务内容拍摄成实景真人演示视频，视频内容涵盖了志愿者主要岗位、重点工种的岗位职责、工作特点、注意要点等，岗位培训课程的拍摄全部通过志愿者现场展示实现，通过直观、形象的培训视频让志愿者提前适应岗位环境和工作特点，确保志愿者"到岗即适岗，上岗能胜任"。

为将志愿者轮换频繁的劣势转化为优势，会期世园局志愿者管理部建立了志愿者经验总结和岗位一对一交接的管理模式。在每批次志愿者结束服务后开展志愿者经验总结，把该批次志愿者上岗过程中发现的亮点和存在的不足进行总结，并传递给下批次上岗志愿者。为了确保信息传递的准确性，园区志愿者交接工作突出一对一模式，通过交接仪式和半天以上的工作交接，志愿者能够快速适应岗位。持续开展志愿者经验总结和工作交接，不断强化志愿者岗位培训力度，提升了志愿者综合服务水平。

第二章　运行管理

志愿者的运行管理，既是园区整体运行管理的一部分，也有相对独立性和特殊性。以北京世园会总体运行管理方案为指南，按照条块结合、分工负责、分片运行、分层管理的原则，围绕本届世园会志愿者要求高、周期长、距离远、人数多，轮换勤的特点，为了确保志愿者在每周大规模轮换的情况下，工作衔接有序，日常管理到位，应急处置及时，世园局志愿者管理部按照"点、线、面"结合、岗前对接、分工负责，分层管理，分区运行的机制开展工作。

一、"点、线、面"结合

针对园区各业务部门志愿者需求多变的情况，建立"点、线、面"配岗系统："点"是充分考虑各业务口岗位点的分布、保障设施、点位人数以及志愿者专业、性别要求等，结合实际工作需求，撰写《岗位说明书》，细化岗位具体职责、梳理岗位点休息区域及饮水点位等，保证人岗匹配，人尽其用；"线"是建立清晰来源单位—团市委—志愿者管理部专员对接配岗责任机制的工作主线，理清各环节主要职责，明确各环节主体责任，规定各级配岗要求，细化调整《来源单位配岗表》《园区岗位分配表》，撰写《配岗注意事项及相关要求》使配岗工作更加系统、简明和高效；"面"是统筹考虑片区与条块管理模式，以整切打包的方式合理分配来源单位志愿者岗位，充分满足特殊要求的岗位需求，保证来源单位岗位不交叉，不重叠，不做大调换，使志愿者管理片区化、整体化，做到单一对接和有序、高效管理。

二、岗前对接

建立对接机制。园区运行部设立综合行政、活动宣传、服务保障、园区运行四个工作小组，负责志愿者上岗前与来源单位对接沟通，志愿者上岗后承担运行管理、后勤保障等综合协调职能。各来源单位对应设立相应小组或指定专门对接人员，对接工作从招募选拔开始，持续整个志愿服务周期。

明确时间任务。为使各批次志愿者上岗前准备有条不紊，志愿者对接工作明确各阶段的任务安排作为各来源单位筹备工作指南。北京世园会开园前一个月，各来源单位确定志愿者最终名单和配岗安排，提供制证所需材料和照片，进行志愿者服装的个别补充和调整，在本单位内组织开展志愿者专业培训和应急演练。开园前半个月，各来源单位确定本批次志愿者运行管理体系，提交各场馆（片区）负责人、各小组长名单；明确本批次临时党团组织设置；与保障车辆完成对接，明确车辆交通路线、乘车人员安排等。开园前一星期，各来源单位团委负责人、各场馆（片区）负责人、各小组组长到园区实地踏勘、熟悉岗位点、对接工作，与上一批次进行交流，领取物资。志愿者上岗前三天内，各来源单位召开各单位上岗誓师大会，分发物资。

三、分工负责

场馆（片区）及各部门是志愿者上岗后的直接使用、管理主体，主要承担任务分配、业务指导、考勤管理、考核评价等职责。志愿者管理部总体统筹园区会时志愿者配备和使用，主要承担工作督导、应急统筹等职责，为各场馆（片区）配备2名专职志愿者经理和2名左右骨干志愿者，来源单位主要按照岗位配置协调保证上岗人员数量，协助做好志愿者思想和纪律工作。

四、分层管理

世园局按照园区、场馆（片区）、小组和岗位点等四个层级设置在岗志愿者管理体系。园区层面由志愿者部进行统一协调，各场馆（片区）由各批次高校教师、企业团干部担任场馆（片区）志愿者负责人，负责辖区志愿者管理工作；志愿者部为各场馆（片区）分别配备2名专职志愿者经理，负责对接场馆、片区，协助来源单位志愿者负责人开展工作；各片区根据岗位区域或类别设置小组，各小组设小组长一名；各小组下辖不同数量的岗位点。

五、分区运行

志愿者的运行管理将主要下沉到场馆（片区），以场馆（片区）为依托进行志愿者的基本运行管理。通用志愿者每周一个批次，每周一进行轮换；志愿者上岗后，场馆（片区）会根据事先确定的岗位要求给予简短有效地岗位培训；在岗期间，场馆（片区）负责对志愿者进行工作考核、指导。场馆（片区）可以根据具体情况，临时调整志愿者工作岗位，统筹使用区域内志愿者。

除交接日外，志愿者的每日工作基本包括上岗准备、岗位服务和离岗返回三个主要流程环节。上岗准备方面，志愿者每日上岗时间为9时至18时，志愿者提前半个小时到岗做好服务准备工作，各场馆（片区）或小组召开岗前会，对前一日工作进行总结点评，对当日工作提出要求。岗位服务方面，各岗位志愿者根据岗位职责和各场馆（片区）要求，为游客提供志愿服务，志愿者每服务满2小时可轮休半小时。离岗返回方面，志愿者每日18时结束服务后，提交岗位运行日志，整理工作站点物资，然后在分场馆（片区）或部门集合后统一前往3号门外停车场乘车，返回住地。

提前对接。根据规划，下一批来源单位需提前一个礼拜左右到园区与在岗服务志愿者、各场馆（片区）进行提前对接。提前对接分为学校、企业、场馆（片区）、小组三个层面，主要是对接整体安排、熟悉工作场地、了解工作流程、交流服务心得。

上岗交接。原则上新老批次志愿者交接为每周日下午。上岗第一天，新一批次的志愿者需在中午到达园区，各小组按照配岗情况在骨干志愿者和小组长带领下到达上岗地点。各场场馆（片区）或部门的工作人员会对志愿者进行本批次志愿这上岗前的培训，并带领志愿者熟悉工作环境。除了具体工作交接外，两批次志愿者举行正式的上岗交接仪式，由两校领导和部分志愿者代表参加。前一批次志愿者结束一天服务后返回学校。

结束交接。结束交接主要是物资、设备等方面的工作交接，主要在场馆（片区）、小组层面进行。最后一日服务结束后，当批次志愿者按照离岗交接单的要求，清点物资、资料等，整理完成后第二日报骨干志愿者，第二日正式移交给下一批志愿者。

第三章　服务保障

志愿者是办好北京世园会的重要力量，做好志愿者的各项保障工作，有助于志愿者更好地为北京世园会贡献自己的力量，发扬志愿精神。

一、后勤保障

志愿者的后勤保障，按照统一预算、统一采购、分类实施、就近保障的原则，以志愿者部为主，各场馆、片区和部门配合进行。交通保障、服装装备等由志愿者部直接保障，工作餐、饮水由志愿者部统一申报预算，会时分场馆（片区）就近提供保障。

后勤保障工作要求对志愿者全体及服务全过程进行保障，要求严把质量关、确保每个志愿者的安全，要求贯彻精神激励和物质激励相结合的原则，要求力行节俭办会的原则，通过建立规章制度、精细工作流程，通过高效、有力的后勤保障工作确保志愿服务活动的有效落实，激发志愿者的服务北京世园会的热情，促进管理团队成员之间的有效沟通，协助加强志愿者团队管理的作用，做管理团队的坚强后盾。

二、交通保障

所有参与服务的志愿者统一安排住宿在延庆区委党校；各批次志愿者，8 点左右乘车抵达 3 号门停车场，下车集合后，统一从 3 号门安检进入园区；进入园区后，按场馆（片区）远近分别采取步行或电瓶车方式到达上岗区域；下午结束服务后，按场馆（片区）统一回到 3 号门区停车场集合，分车返回到延庆党校。根据岗位设置，普通日早晚需要 10 辆电瓶车作为摆渡车，高峰日需要 15 辆电瓶车。

三、餐饮保障

会时园区志愿者的餐饮，由志愿者部按照与北京世园会正式工作人员同等待遇的标准统一预算，预算批复后，由各场馆（片区）分区域统筹保障。原则上，为园区志愿者提供早餐、午餐和晚餐。

园区志愿者的用餐地点、用餐标准均与北京世园会正式工作人员保持一致。通过合同义务约束、定期巡查、随时抽查等方式，要求食堂每餐留样，确保所供食品的质量与卫生，保证餐厅内外卫生整洁，保障食品安全。开幕式阶段，针对志愿者人数多、工作时间长、出入园受限的问题，通过提前报送用餐人数、分批分流用餐、送餐至驻地、预备餐包等方式，全力保障开幕式志愿者用餐。正式会期阶段，通过协调世园局办公室印制志愿者专用餐券，保障了约30万人次的就餐；针对志愿者园区用餐跨度大、耗时久的问题，因地制宜，开辟了园区志愿者送餐点；针对交接日志愿者用餐人数多的问题，采取提前开餐、错峰就餐、开辟专用餐道等方式，保证新老志愿者的用餐；针对少数民族志愿者，开辟了清真用餐点就餐。

关于志愿者饮用水，统一申请、管理及发放饮用水14000箱。通过协调驻地工作人员，每周向志愿者驻地配发600箱饮用水，志愿者可以自由饮用并携带入园。同时绘制园区饮水点地图，供志愿者自行前往补充饮用水。在生活体验馆、百蔬园以及志愿者之家设立饮水补给站，为志愿者提供应急饮用水。遇到高温炎热天气、极端大客流时，组织一切可以调动的人力物力资源，全力保障热点地区志愿者的饮用水供应。

四、住宿保障

为志愿者提供延庆属地住宿。拟由延庆区升级改造区委党校作为志愿者住地。延庆区通过改造区委党校宿舍，作为志愿者的住地，提供了696张床位；为志愿者提供独特设计的专用服装；配备雨衣、花露水、润喉糖等必要的保障装备；在园区游客相对密集的点位设置了30个志愿服务岗亭，供志愿者开展工作使用；市志愿服务联合会将园区志愿者纳入到全市志愿者的统一保障当中，由人保财险承保，提供每人150万保额的人身意外伤害险；园区1号门内选定200平方米的独立空间建立志愿者之家，作为志愿者开展团队建设、服务保障、展览展示、领导慰问以及工作团队办公、会议的场所；同时完成了志愿者的证件、交通、用餐、医疗、服务证书及纪念册等工作保障和激励措施，让志愿者在会期服务过程中无后顾之忧。

11-3图　志愿者之家

五、服装装备保障

在北京世园会志愿者服装的设计中，多次向专家学者取经，严定设计标准；多次与供应商沟通协调，博采众长，数易其稿。最终，北京世园会志愿者服装的设计主题"蝶恋花"源于北京世园会主视觉 logo "长城之花"，将北京世园会的中国馆、国际馆、演艺中心、长城等文化元素有机融合，体现了"如鸟斯革，如翚斯飞"的庄重华丽之美，体现了国际化设计语言应用的现代之美，更体现了当代青年志愿者健康、热情、活力之美。服装面料包含诸多科技元素，排汗、防晒、透气、速干，能适应北京世园会会期天气及温度特点；短袖 Polo 衫的"冰点降温科技"及"防异味科技"实用新型专利材质，能有效解决志愿者汗味困扰；帽尾配饰"凉感巾"使用特殊凉感科技面料，清水沾湿即可发挥凉感降温作用，能在夏日长时间日晒工作时给志愿者带来凉爽舒适感；上衣前后的炫彩反光烫标，能保证志愿者傍晚时段出行活动的安全性。北京世园会志愿者服装凸显了广大志愿者整齐划一、青春活力、朝气蓬勃、健康向上的精神面貌，使志愿者群体成为本届世园会最亮丽的风景线。

第十二篇　财务

财务预算和管理贯穿北京世园会筹办、申办和举办的全过程，包括编制预算方案、预算执行、预算监督等内容。

2016 年 5 月，《北京世界园艺博览会事务协调局内部控制手册（试行）》正式印发实施，内控体系在北京世园会筹建中作用显著。随着北京世园会筹办工作推进、组织结构调整和工作管理要求的提高，内控体系需要根据工作要求进行完善。2018 年初在结合世园局实际情况，征求各方面意见和建议的基础上，世园局启动了对内控体系的修订完善工作，完成了《北京世界园艺博览会事务协调局内部控制手册（2018 年修订）》（简称"《内部控制手册》"）。

《内部控制手册》包括单位层面内部控制体系、业务层面内部控制体系以及与经济业务相关的部分制度和管理办法三大部分。单位层面内部控制体系主要包括单位基本情况、内控建设工作的目标内容和原则、内控组织架构、关键岗位主要职责、经济事项决策机制、风险评估与控制、财务信息公开、信息化建设、内控评价与监督等内容。业务层面内部控制体系主要包括预算业务控制、收支业务控制、政府采购业务控制、资产业务控制、合同业务控制、建设项目业务控制以及内控评价与监督。

第一章　预算编制和收支

为规范北京世园会期间的收支行为，强化预算约束，加强对预算的管理监督，提高资金使用效益，根据《中华人民共和国预算法》《北京市预算审查监督条例》《北京市市级基本支出预算管理办法》《北京市市级项目支出预算管理办法》等法律法规，世园局结合工作实际，制定了《北京世界园艺博览会事务协调局预算管理办法》。

2015年2月10日，《北京世界园艺博览会事务协调局预算管理办法》经世园局专题办公会审议通过。

第一节　预算编制

一、编制范围和程序

北京世园会预算包括收入预算和支出预算，支出预算包括基本支出预算和项目支出预算。

基本支出预算是为保障世园局机构正常运转、完成日常工作任务编制的年度基本支出计划，包括人员经费及公用经费两部分。

项目支出预算是世园局为完成特定的工作任务和事业发展目标，在基本支出预算之外编制的年度项目支出计划。

世园局预算编制按照"上下结合、分级编制、逐级汇总、最后审定"的程序进行。预算编制做到程序规范、方法科学、编制及时、内容完整、项目细化、数据准确。

各部门结合部门职责及年度工作任务，科学编制年度预算。各部门预算经部门负责人确认、主管局长核准后，提交财务部汇总。财务部对各部门提交的预算进行分类、审核、汇总，在与各部门充分沟通的基础上，提出综合平衡建议报主管财务副局长及常务副局长审批。

预算综合平衡建议通过后，财务部编制年度预算草案提请局党组会审议批准。财务部根据市财政局年度预算批复，向各部门下达当年预算。

二、预算执行与监督

世园局预算执行实行分级负责、归口管理，各部门是本部门预算执行的主体。预算批复下达后，要求各部门严格按照预算规定的标准、用途及金额执行，严禁擅自改变预算支出用途及标准。

各部门细化工作任务、明确工作方案，提早开展实施政府采购的前期准备工作。合理把握预算执行节奏，财务部定期通报各部门预算执行情况。

世园局各部门建立本部门预算执行分析制度，研究解决预算执行中存在的问题，提出改进措施，提高预算执行的有效性。每年终，各部门将当年预算执行情况以书面形式提交财务部。

世园局党组会定期听取各部门负责人关于预算执行过程中的重大问题和建议意见，研究制定相应办法和措施，保证预算顺利实施。审计部定期或不定期对预算执行过程进行内部审计，保证预算执行的真实性、合法性。

各部门建立预算执行情况的监督反馈机制，及时纠正预算执行过程中的偏差，部门负责人在预算执行中负全部责任。通过绩效评价，将预算执行与问责机制挂钩，同时为以后的预算提供参考依据。

三、预算编制内容

2016 年收入预算为 10864.56 万元，支出预算为 10864.56 万元。其中，基本支出预算 140.71 万元，项目支出预算 10723.85 万元。支出方面，部门预算项目主要为园区规划、世园会宣传与策划、园艺展示保障、法律规章制定服务、招商招展、事务协调及办公场所租赁等。

2017 年收入预算 98173.11 万元，基本支出预算 119.57 万元，项目支出预算 98053.55 万元。支出方面，部门预算项目主要为北京世园会公共绿化景观一期工程及园区基础设施基本建设项目以及园艺展陈展示、国内外招商招展、市场开发、世园会宣传策划、园区总体规划、相关法律服务及办公用房租赁等服务保障性经费。

2018 年收入预算 198149.43 万元，支出预算 198149.43 万元。其中，基本支出预算 148.97 万元，项目支出预算 198000.45 万元。支出方面，部门预算项目主要为北京世园会公共绿化景观一期工程、公共绿化景观二期工程、园区基础设施建设、中国馆、国际馆、生活体验馆项目以及国内外招展、市场开发、世园会新闻宣传策划、园区总体规划、相关法律服务及办公用房租赁等服务保障经费。

2019 年收入预算 166990.90 万元，支出预算 166990.90 万元。其中：基本支出预算 245.63 万元，项目支出预算 166745.27 万元。支出方面，部门预算项目主要为北京世园会公共绿化景观一期工程、公共绿化景观二期工程、园区基础设施建设、中国馆、国际馆、生活体验馆项目、世园会礼宾接待服务、世园会国际竞赛实施、世园会新闻宣传策划、新闻中心搭建及运维、世园会志愿者运行管理、会期活动文化荟萃、世园会花车巡游表演及运维保障、世园会运行指挥体系服务、相关法律服务等服务保障经费。

第二节　预算管理

世园局党组会为世园局预算管理的决策机构，具体负责审定世园局预算草案、决算草案、预算调整方案等；协调解决预算管理中的重大问题。

财务部为世园局预算日常管理机构，具体负责：草拟预算内部管理制度；组织指导预算编制、预算调整等工作；根据财政批复，按部门进行指标分解、批复下达；汇总编制和报批全局预决算草案及预决算信息公开工作；组织预算绩效管理等相关工作。

各部门为世园局预算具体执行机构，对本部门预算的真实性、完整性负责。各部门负责本部门预算编报、预算调整工作；严格按照预算批复及标准执行预算；负责本部门预算执行情况的分析，及其他预算执行相关工作。

对于跨部门的经济业务实行归口管理，财务部承担指导审核职能。业务部门提交的预算先由归口管理部门进行审核，再由财务部统一进行汇总平衡。会议、出国、车辆、印刷由办公室归口管理；人员经费、培训费由人力资源部归口管理；信息化项目由信息化部归口管理。

世园局加强预算绩效管理，建立"预算编制有目标、预算执行有监控、预算完成有评价、评价结果有反馈、反馈结果有应用"的全过程预算绩效管理机制。预算执行过程中，预算执行部门按要求将项目申报文本、预算、绩效目标申报表、预算评审报告、政府采购资料、成果、验收资料、监督检查等资料存档，保证档案资料的完整性和真实性，定期进行项目工作总结；预算执行部门按绩效管理的要求修改完善资料，所提交资料按规定程序履行报批手续。配合绩效工作小组进行绩效管理分析及相关数据统计工作，并根据绩效评价结果进行整改。

预算业务主要包括预算编制与审批、执行、调整、决算、绩效管理等环节。依据预算编制环节、预算批复环节、预算执行环节、决算和绩效评价环节主要的风险，在对预算业务进行风险评估时，重点关注的内容有：预算编制过程中各部门之间沟通协调是否充分，预算编制与具体工作是否相对应，与资产配置是否相结合；是否按照批复额度和开支范围执行预算，进度是否合理，是否存在无预算、超预算支出等问题；决算编报是否真实、完整、准确、及时等。

第三节　财务收支

世园局严格按照厉行节约、勤俭办事的原则，强化管理，盘活存量资金，降低各项工作实施的成本，从而切实提高财政资金的使用效益。北京世园会的财务收支情况涵盖了从筹办期开始到会后决算完成的全部过程。

世园局每一年度的收入来源包括财政拨款收入、其他收入和年初结转结余。支出方面，按性质分类，包括基本支出和项目支出；按功能分类，包括教育支出、文化体育与传媒支出、城乡社区支出、农林水支出、商业服务业等支出。

2015 年世园局收入 310450.61 万元；支出 306293.60 万元，主要用于农林水支出。

2016 年收入 60046.97 万元；支出 10005.29 万元，主要用于教育支出和农林水支出。

2017 年收入 376506.81 万元；支出 298271.28 万元，主要用于教育支出、文化体育与传媒支出、农林水支出、商业服务业等支出。

2018 年收入 200356.49 万元；支出 117811.13 万元，主要用于教育支出、文化体育与传媒支出、城乡社区支出、农林水支出、商业服务业等支出。

2019 年收入 239292.51 万元；支出 163497.52 万元，主要用于教育支出、文化体育与传媒支出、城乡社区支出、农林水支出、商业服务业等支出。

北京世园局根据筹办工作进程，不断建立健全组织机构，稳步推进园区建设、招展招商、开闭幕式等重点工作，保障了筹办、举办工作高效有序运行。世园局严格执行财务预算管理制度和内部控制制度，遵守"三重一大"相关规定，加强对经费支出各环节的审批制约，有效控制开支，资金收益总体较好。北京世园会闭幕式后，顺利完成跟踪审计工作，确保各项支出的真实、合理。同时，世园局认真做好会后撤展，北京世园会资产的维护和移交，以及园区运营和资产维护等工作。

第二章 财务管理

世园局的财务管理工作主要包括制定财务管理和内控制度，组织预算申报、批复、公开和执行工作，管理北京世园会赞助收入和世园局银行账户，办理资金支付和非税收入上缴，进行财政预算、基建项目和非税收入会计核算，开展预算项目绩效评价，对世园局固定资产进行动态管理等。主要涉及以下内容：

做好办会资金保障。切实将做好资金保障作为核心工作任务，积极向市财政局争取资金支持，统筹用好财政资金和赞助资金，充分发挥和利用各项资金的优势，满足办会所需，实现节俭办会。

加强预算编制管理。坚持把依法依规编制和公开预算作为工作的重中之重，努力提高预算编制的科学性、前瞻性、完整性，确保预算公开的及时性、规范性、准确性。

严格预算执行管理。严格执行预算管理法律法规制度，强化预算执行的严肃性，规范预算执行程序，有效防控预算执行风险。

做实预算绩效管理。牢固树立绩效理念，增强支出责任和效率意识，建立健全预算绩效管理机制，实现预算和绩效管理一体化。

强化国有资产管理。充分发挥各类资产在办会过程中的物质基础作用，有效配置、使用和处置各项资产，提高资产使用效率，确保资产安全完整。

规范赞助收入管理。认真履行在赞助收入管理中的职责任务，切实加强协调指导，推动健全完善赞助收入管理制度机制，将赞助收入纳入规范的管理轨道。

第一节 会计核算

财务部依法设置会计账簿，进行会计核算。财务部根据实际发生的经济业务事项，按照国家统一的会计制度及时进行账务处理、编制财务会计报告，以确保财务信息真实、完整。

记账凭证根据经过审核的原始凭证及有关资料编制；会计账簿的登记，必须以经过审核的会计凭证为依据；财务会计报告应当根据经过审核的会计账簿记录和有关资料编制。财务部定期组织账目核对，做到账证、账账、账表、账实相符。

第二节 赞助收入管理

北京世园会赞助收入是指在北京世园会办会过程中，通过品牌赞助招商行为获得的现金和非现金收入（简称"VIK"）。其中，VIK 是指赞助企业提供的实物、服务等特殊形式的收入。

一、赞助收入管理政策

为加强和规范北京世园会赞助收入管理，提高资金和资产使用效益，根据《预算法》《企业国有资产法》《北京市财政局关于加强和规范北京世园会收入管理有关意见的函》等有关规定，并结合《2019 年中国北京世界园艺博览会品牌赞助招商管理办法（试行）》，制定了《2019 年中国北京世界园艺博览会赞助收入财务管理办法》，并于 2018 年 11 月 8 日印发。

北京世园会赞助收入纳入北京世园会整体收支预算统筹管理，并按要求编制项目预算及 VIK 使用方案，报北京市财政局批复后实施。

世园局负责北京世园会赞助收入预算编制、执行和监督管理工作。其中，财务部负责组织和指导赞助收入支出预算的编报工作，按规定程序申报预算和下达预算批复。审计部负责赞助收入收支情况的审计监督。

涉及赞助收入支出（使用）的世园局各有关部门负责编制本部门项目预算申报材料和 VIK 使用方案，按规定程序提交项目预算资金支付材料和《VIK 领用单》。

世园局成立 VIK 管理办公室，负责制定 VIK 管理实施细则，拟定和报审 VIK 使用协议，组织开展 VIK 使用方案的编制和 VIK 价格评估工作，建立 VIK 使用台账，依据使用部门提交的经审批的《VIK 领用单》，协调赞助企业及时提供实物和服务，建立 VIK 实物储备库，验收和保管入库实物，及时反馈有关报表和单据等。

世园公司承担北京世园会赞助收入的财务收支核算工作，负责开设专用账户，对赞助收入进行独立核算并按规定申报纳税，依法向赞助方开具发票，办理现金赞助收入资金支付，定期将赞助收入收支情况按规定程序向北京世园局报告。

二、赞助收入使用和管理

现金赞助收入由使用部门编报项目经费预算报世园局财务部，由财务部审核汇总并按规定程序报审后报北京市财政局审批。VIK 由使用部门将使用方案报世园局 VIK 管理办公室，由 VIK 管理办公室审核汇总后报世园局财务部，财务部审核并按规定程序报审后报北京市财政局审批。北京市财政局批复同意后，世园局财务部将预算下达使用部门并抄送世园公司和世园局 VIK 管理办公室。

世园局 VIK 管理办公室根据批准的 VIK 使用方案及赞助招商合同与赞助企业拟定 VIK 使用协议，确定 VIK 的名称、数量、金额（按评估价值计算）、移交方式、双方权利义务及相关违约责任等事项，并按规定程序报批。

项目经费预算的执行，按照世园公司资金支付管理的有关规定办理。世园公司应依据预算，严格按规定程序审核、支付。

三、赞助收入监督检查

赞助收入的管理和使用情况依法接受财政、审计、纪检监察等部门的监督检查。世园局审计部对项目预算执行情况和 VIK 使用、保管、计价、核算等情况进行审计监督。

第三节　合同管理

为加强北京世界园艺博览会事务协调局的合同管理工作，规范合同行为，防范合同风险，减少合同纠纷，提高工作效率，维护 2019 北京世园会及其组织者的合法权益，确保政治、社会、经济和法律等各方面的良好效果，根据《中华人民共和国合同法》等法律、法规和规章的有关规定，参考借鉴国内大型国际展会合同管理措施，结合工作实际，世园局编制了《北京世界园艺博览会事务协调局合同管理办法》，并经 2014 年 12 月 2 日第 3 次世园局办公会审议通过。

一、合同管理职责

合同事务直接涉及的业务部门为合同经办部门，合同经办部门是起草和履行合同的主要责任部门。合同事务涉及两个或两个以上部门的，与该合同事务最直接相关的部门为合同经办部门。

合同经办部门的主要职责是：组织对合同对方当事人的比选工作；对未纳入政府采购目录但依法应组织招投标的项目，需会同法律事务部、财务部和审计部严格履行招投标程序；对合同对方当事人进行资质审查和资信审查；组织合同谈判，会同法律事务部、财务部参与合同谈判；起草合同文本并负责提报合同会签与审批；积极行使合同权利，履行合同义务；处理或协助处理合同争议；对合同履行环节和程序、验收、资金安全及使用效益等方面负有直接责任，合同经办部门主要负责人是第一责任人；负责经办合同的制作、送签、登记、保管、归档等其他相关工作。

法律事务部在合同管理中履行下列职责：应合同经办部门的邀请，参与对合同对方当事人的比选、合同谈判和招投标谈判；应合同经办部门的要求，协助组织法律专家论证会；指导或协助合同经办部门合同文本的起草，并对合同条款进行合法性审查；负责制作世园局常用领域合同的示范文本；建立合同台账和数据库，对合同进行编号，负责办理合同依法所需的相关登记、备案事宜；负责世园局内部和外部对合同争议事项的协调和处理；依法严格管理使用合同专用章和局法定代表人签名章等。

财务部在合同管理过程中履行下列职责：对合同中涉及资金、财务、税务和招投标相关条款进行审核；履行合同中的收款、付款义务等。

审计部在合同管理过程中履行下列职责：检查合同履行效能和廉政情况；监督合同管理程序操作的合规性、公正性、保密性；发现问题及时提出改进建议或纠正意见等。

二、合同管理工作流程

签约前对合同财务条款进行审核，由法律事务部、财务部、审计部和合同经办部门配合完成，增强合同的合规性和可操作性。

合同草案修改后，合同经办部门应填写《北京世界园艺博览会事务协调局合同会签表》，由部门负责人签署意见，并附上项目启动报批原件、修改后的合同文本以及必要情况说明，依次送法律事务部、财务部、审计部审核会签后报请世园局有关领导在《北京世界园艺博览会事务协调局合同会签表》内签署意见。

合同会签后，合同经办部门应将合同文本统一装订，依照约定份数交其他合同当事人签字盖章，再由世园局法定代表人或其授权的主管局领导在合同文本上签字。

合同订立后，经办部门、法律事务部、财务部和审计部分别建档保存合同原件。同时，合同经办部门应妥善管理《北京世界园艺博览会事务协调局合同会签表》复印件、合同项目启动报批文件等并报送世园局办公室归档。世园局办公室在接受合同经办部门送交的相关合同材料原件后，负责整理成文书档案并存档保管。

三、合同管理中控制财务风险措施

合同经办部门随时了解、掌握合同的履行情况，以便及时发现合同履行中的违约风险。一旦发现或有明显迹象表明合同对方当事人不履行合同义务、可能不履行合同义务、不能充分履行义务或履行义务存在瑕疵时，合同经办部门会收集、妥善保管涉及违约的证据材料，经世园局领导同意后，通知财务部中止支付未付款项。

世园局各部门在履行合同时，发现自身存在违约或可能产生违约责任的情形，会及时通知法律事务部，并在法律事务部的协助下予以处理以最大限度维护世园局的权益和利益。

合同管理环节的主要风险是：未明确合同签订范围，未对合同的审核、审批进行适当的职权分离；合同内容不准确，未完整包括法律规定的必要条款；合同起草人员未根据审核人员的改进意见修改合同；合同签订未经有效授权，合同文本作为财务处理的依据，没有被及时地传递到财务部；未能恰当地履行合同约定的义务，发生合同纠纷时处理不善，造成经济损失并对其声誉造成影响。

在对合同管理进行风险评估时，财务部门会重点关注：是否实现归口管理；是否明确合同的经济活动范围和条件；是否有效监控合同履行情况；是否建立合同纠纷协调机制。

第十三篇 保障监督

在北京世园会筹办、举办过程中，各项保障监督工作是十分必要的。交通保障方面，完善园区交通设施，做好车辆管理、应急管理工作，设置北京世园会专用车道，开通多条公交专线，7条重点公路建成通车，提供便捷的交通信息服务。安保方面，依据北京世园会的不同阶段安保工作各有侧重，反恐防恐重点强化四项措施，强化科技信息化应用支持安保工作。

为做好北京世园会的监督工作，世园会在组织层面成立了相应的监督机构，并对监督机制进行细化明确，保障监督工作有章可循。在北京世园会筹办、举办期间，各级监督机构对北京世园会工作进行了全过程、全方位的监督，涉及外围保障监督、工程建设监督、审计监督等环节，推进各项工作有效落实。启动阳光工程建设，全面推行政务、财务公开制度，接受群众监督，加强风险防控，确保阳光办会、廉洁办会、节俭办会。监督工作者们兢兢业业，为实现"廉洁办会"的目标做出应有的贡献。

第一章 交通保障

第一节 园区交通管理

北京世园会园区是游客和展品物资的目的地、聚集区，良好的园区交通运营管理及保障是北京世园会成功举办的关键。为规范园区交通运营管理，提高园区交通运营效率，世园局借鉴往届世园会交通保障经验，编制了《2019北京世园会园区交通管理运营规范》。

北京世园会园区交通运营管理包括：入园游客、VIP人员电瓶车观光交通服务管理；园区物流配送、环卫清扫等园区运营保障交通管理；园区消防、医疗、通信、供电、防汛、工程抢险等特勤车辆交通管理；展会期间大客流、特殊天气、突发事件应急交通管理。

北京世园会根据园区交通管理的任务和目标，按照"统一指挥、扁平管理、专业运营、分级负责"原则，构建园区交通运营管理机构。园区交通运营管理机构共分决策层、指挥层和执行层三级。在北京世园会园区指挥中心领导下，世园局成立园区交通运营调度中心，负责车辆调度管理。车辆归口运营单位根据各自的职责和任务分工完成具体交通保障工作。

一、园区交通设施

13-1 图　公交车停车场

北京世园会围栏区共设 10 处出入口，其中主出入口 2 处，次出入口 7 处，VIP 出入口 1 处。园区内共设有 22 条道路，其中一级园路 5 条，二级园路 10 条，三级特色步道 7 条。

根据北京世园会停车泊位的需求，园区外部就近设置停车场 10 处，包括公交车停车场、大巴车停车场、小汽车停车场，实行公交车、大中型专线客车优先停放，并设置多条道路连接停车场各泊位，使进出停车场的车辆有序流动。为尽可能减少外部车辆进入园区，园区内只设置了电瓶车停车场、巡游花车停车场和 VIP 小客车停车场。

二、车辆管理

北京世园会入园车辆包括游客电瓶车、VIP 观光电瓶车、巡游花车、物流配送车、VIP 小汽车（含警卫车）、环卫车、景观养护车、消防、供电、通信、清障、工程抢险、警务电瓶车等特勤车辆，以及经特别许可入园的布展和撤展车辆。

13-2 图　游客电瓶车

北京世园会展会期间所有机动车辆均须凭北京世园会有效车证并按车证上载明的出入口、行驶路线、区域和馆号、时段信息进出园区。车辆进入停车场后，应按停车场限速标志控制车速，原则上车辆在停车场内行驶速度不超过 5km/h。

园区内停车场运营负责单位建立巡查、人员管理、安全规范等管理制度，相关制度明确责任人、主要工作程序和岗位职责。同时，对停车管理员进行专业培训，培训内容包括停车相关法律、法规、政策、管理制度、安全规范、消防知识、停车引导、应急预案等。

三、应急管理

为建立指挥集中、联动有序、资源共享的园区交通应急处置体系，世园局制定了《园区交通应急管理预案》。依据管理预案，世园局在安全应急指挥部的统一领导下，成立园区交通应急指挥部。园区交通应急指挥部负责：组织、指挥园区突发交通应急事件处置工作；决定启动和终止园区交通事故应急预案；确定现场应急指挥人员，并下达派出指令；监督、检查应急设备及物资的储备工作；协调园区相关部门，报请上级单位应急部门进行应急救援。

园区交通应急指挥部下设交通应急办公室，负责指挥部日常工作，执行指挥部决定。

园区突发交通紧急事件主要会涉及交通事故、大客流和特殊恶劣天气等风险因素引发的紧急状况。根据园区突发交通紧急事件可能造成的危害程度、波及范围、影响大小、人员及财产损失等情况，将应急事件由低到高划分为一般（Ⅳ级）、较大（Ⅲ级）、重大（Ⅱ级）、特别重大（Ⅰ级）四个级别。

应急处置包括信息报告、先期处置、分级响应和响应升级等。针对突发事件类型，分级响应可分为交通事故、恶劣天气及高峰客流应急响应。对于应急响应的不同级别，设置不同的处置措施。响应升级则是，若突发事件事态进一步扩大，预计依靠园区现有应急资源难以实施有效处置，园区交通应急指挥部会立即向上级单位报请，上级应急救援指挥部扩大应急响应后调集各种处置预备力量投入处置工作。

第二节　园区外部交通管理

一、外部交通组织

为保障北京世园会绿色交通，北京市京礼高速（六环路至延崇高速小大路出口）设置北京世园会专用道。北京世园会专用道在2019年4月29日至2019年10月7日的周末、劳动节、端午节、中秋节、国庆节期间启用。专用道设置在京礼高速双方向内侧车道，由车道标线、路面文字标记和标志组成。

北京世园会专用道出京方向在7时至11时、进京方向在17时至22时，只允许公共交通车辆、大型客车、世园会注册车辆、道路养护车辆，以及执行紧急任务的警车、消防车、救护车、工程救险车辆通行，其他车辆禁止通行。

北京世园会期间，市郊铁路S2线每周一、五、六、日开行列车18对，其中直通车开往延庆方向7列，回城方向4列。每周二、三、四开行列车14对，其中直通车开往延庆方向5列，回城方向3列。

公交线路方面，共施划6条世园公交专线。其中1条在北京世园会期间全程开通，其他5条周末及节假日开通。

13-3图　世园公交专线

北京世园会期间，安保指挥中心指挥部对园区周边区域，分时段、分路段采取发放"通行车证"通行的政策，并根据各停车场情况加派秩序岗、疏导岗、巡逻车，确保展会期间区域交通顺畅；如北京世园会周边车场停满车辆，启动外围疏导措施，保障主要道路交通顺畅；在北京世园会周边对各种大中型货车（持有通行车证车辆除外）进行全天候管控。

二、交通基础设施

园区外部通道设施方面，原有京藏高速、京新高速、京礼高速三条高速公路，京藏辅路一条高速辅路，以及国道110一条二级公路。

2019年4月，7个北京世园会重点公路保障项目（兴延高速、延崇高速平原段、延康路、康张路、百康路、东姜路、延农路）完工并实现通车。7条重点公路的建成通车，加强了园区周边道路与主通道和辅助通道的连接，提升了北京世园会园区与外部的互联互通能力，为游客参观北京世园会创造良好的交通条件。

三、交通信息服务

2019年4月25日，北京交通APP"世园会出行指南"上线。用户可通过公交出行、自驾出行、提示信息等版块快速获得出行信息。公交出行版块涉及公交专线、市郊铁路S2线和常规公交发车站点、运营时间、线路等，以及延庆区域公交和旅游公交信息服务。自驾出行版块涉及停车场位置、剩余停车位查询服务和京礼高速专用道、北京世园会周边交通管制道路提示服务。提示信息版块涉及去往北京世园会主要道路的动态路况。同时，公共交通、团体、自驾游客数量、去往北京世园会主要道路的路况信息会在北京交通APP上及时呈现。

第二章 安全保障

第一节 安保机制

北京世园会安全保卫工作依据北京世园会的不同阶段侧重点有所不同，主要涉及试运行阶段、开幕式专项警卫阶段、会展期阶段。

试运行阶段为2019年4月1日至4月20日，组织不同级别的压力测试和半负荷、全负荷彩排演练，依托园区试行开展安保实战演练，重点磨合指挥系统、勤务部署、岗位对接等，完善安保工作措施，为正式展期安保工作奠定基础。

开幕式专项警卫阶段为4月21日至4月28日，北京市特勤局接管园区管控工作，按照开幕式工作方案，牵头开展场地搜爆安检、核心区管控、开幕式安保等专项警卫工作。

会展期阶段为4月29日至10月7日，全面落实安保部署，确保开闭幕式等重点活动和日常展期安全。勤务期间，警卫专场活动由特勤局牵头负责，其他展期按照特殊日、重点日和平常日分三级进行勤务部署。会展期间在三级部署的基础上，依据风险评估、预售票情况、天气变化等实际情况，通过联合会商，以现场联勤指挥部通知为准，启动勤务等级。据统计，组委会第五次会议以来，共投入民警、武警、消防救援、保安员、安检保安员等安保力量27.2万余人次。

世园局强化科技信息化应用，为安保提供科技支撑。依托"智慧世园"，组织开展了园区安保科技建设，建立了"视频监控、周界报警、人流监测、电子围栏"四位一体的园区科技信息化保障系统。同时，依托监控视频、WIFI信号，建立监测人流聚集的热力图分析系统。在此基础上，补充入场人员核录、人脸识别、电子围栏等科技系统建设，为安全防范工作提供支撑，通过科技保障安全，实现"看得清、听得见、能预警"的目标。

为确保公共秩序的维护，北京世园会使用先进的技术、配套设备、设施，实行人、技、物相结合，由面到点的网状管理模式。园区关键区域可通过配置的监控中心进行实时动态监视，花卉商超配置监控与消防中心完成内部区域的全方位监视。各个配套商业区域内配置流动岗，根据预先设定的巡查路线、巡查流程进行严格的巡查，巡查中使用对讲系统形成即时联系，发现异常情况随时汇总到监控中心，由监控指挥中心统一调配，使得所服务区域形成安全的网状管理状态。

北京世园会配套商业中餐饮类居多，消防安全中用电、用气的管理成为重点。为保障消防安全，园区内配备微型消防站，同时北京世园会工作人员定期进入商户进行消防安全检查，组织商户进行消防逃生演练，保障消防设施的正常使用，积极开展消防隐患的检查、整改，杜绝火灾事故发生，并且通过制定的火灾应急预案，保证在火灾事故发生时将损失降至最低。

第二节　反恐防暴

北京世园会是绿色生态的具体体现，入园游客众多，是人员高度密集的重点区域。对于反恐防恐，世园局重点强化了四项措施：一是在北京世园会各入园门区设置了防爆罐，先期处置可疑爆炸物品，为后续专业处置争取时间，最大程度保障游客生命财产安全。二是组织武警应急反恐特战小分队在安保指挥中心集中待命，做好应急反恐处突准备。并部署武装车组在园区外围开展巡逻控制。三是在北京世园会管控区内常态化部署排爆力量和武装处突力量，配备排爆设备和相关武器装备，随时处于临战状态。在启动二级、一级勤务部署时，在园区外增加武装处突和排爆力量及装备，提升处置能力。四是部署机动力量，由公安民警、武警、保安员结合各自的职责，组织机动力量，在北京世园会园区内外不同的点位备勤待命，随时做好处置突发事件的各项准备工作。

安保设施方面。在园区1至8号门均设置安检机、安检门以及手持安检器、炸药安检器、液体安检器、车底安检器，部署安检督导民警、安检督导员和安检保安员，对入园人员及携带的物品全面进行安全检查。截至10月9日，共安检入园人员439.9万余人次，发现各类禁限带物品16.7万余件，其中无人机233架。

第三章　监督保障

第一节　监督体系

北京世园会筹办、举办工作的监督组织机构中，北京市纪委、市监委驻市园林绿化局纪检监察组（简称"纪检组"）负责世园局的纪检监察工作，对纪检业务工作进行指导、监督和检查。

纪检组的主要职责有：督促局党组及所属领导班子落实党风廉政建设主体责任，在本级党风廉政建设中承担统筹谋划部署、选好用好干部、深化纪律作风建设、加强廉政教育和惩防体系制度建设、查处违纪问题、落实检查考核工作及履行主体责任和监督责任专项报告等方面的责任；发挥纪委和纪检委员作用，积极协助本级党组织加强党风建设和组织协调反腐倡廉工作，维护党组织对党风廉政建设负集体责任、班子主要负责人负第一责任、班子成员根据分工负"一岗双责"领导责任的权威；检查领导班子及其成员、党员领导干部遵守党章和其他党内法规，贯彻执行党的路线方针政策和决议，遵守政治纪律和政治规矩，以及贯彻执行民主集中制、依法行使职权和廉洁从政等情况；调查核实反映监督对象问题线索，依据《中国共产党廉洁自律准则》和《中国共产党纪律处分条例》，执纪查处违纪违规问题。指导基层抓好涉廉信访工作，协助市纪委查处党员干部违纪违法案件；加强履行行政职责监管，依据《北京市行政问责办法》规定，按照市纪委监察局相关要求，启动问责程序，调查确认问责情形，采用法定问责方式，开展考核问责工作，促进监督对象依法行政。

纪检组实施监督通常会采取的方式有列席相关会议，查阅相关材料，提出书面意见，约谈函询诫勉，调查立案与通报，受理检举、控告、申诉，以及其他必要方式。纪检组的监督工作与信访举报、纪律审查、制度落实、纠风惩处等工作有机结合，发挥综合效用，全面推进党风廉政建设和预防腐败体系建设。

2015年7月3日，经中共北京市委组织部批准，成立中共北京世界园艺博览会事务协调局机关纪律检查委员会（简称"机关纪委"），结合北京世园会工作，建立健全教育、制度、监督并重的惩治和预防腐败体系。机关纪委接受机关党委和市直机关纪工委的双重领导。

机关纪委的主要职责有：维护党章和其他党内法规，检查所属党支部和党员贯彻执行党的路线、方针、政策和决议的情况；协助局党组、机关党委加强党风廉政建设和组织协调反腐败工作；对所属党支部和党员进行纪律和思想道德宣传教育，作出关于维护党的纪律的决定；对所属党支部和包括行政负责人在内的每个党员进行监督，检查党风廉政建设责任制的落实情况；协助上级机关检查和处理机关党员违反党纪的案件；受理对所属党组织、党员违反党纪行为的检举、控告和申诉，做好来信来访工作，保障党员权利；加强机关纪委和纪检干部队伍的自身建设，提高纪检干部的政治和业务素质等。

机关纪委针对北京世园会筹备工作和运行机制中存在的廉政风险，加强制约和监督机制建设，健全党风廉政制度建设，落实"一岗双责"，深入查找廉政风险点，积极做好风险防范，实行党风廉政建设"两个责任"记实制度。

纪检组和机关纪委负责北京世园会筹办、举办过程的日常监督，北京市层面各监督机构也对北京世园会的各项工作进行监督。2016年6月至8月，北京市委第一巡视组对世园局进行了为期两个月的巡视，指出了两个方面8项16个具体问题，世园局找准问题，积极整改。

第二节　监督机制

为进一步加强世园局党组决策"三重一大"事项的风险防控和监督管理，建立有效的保障与监督机制，世园局结合自身实际，制定了《中共北京世界园艺博览会事务协调局党组关于落实"三重一大"制度 加强风险防控的若干规定》。这一规定包括重大决策内容和做出决策的原则，党组选拔任用干部的范围、原则和程序，重大项目的内容，重大项目决策的基本要求和决策程序，大额资金使用内容、基本要求和审定。

实施"三重一大"集体决策的规定，是世园局党组加强作风建设和贯彻落实党风廉政建设责任制的重要内容，也是推进办事公开，加强廉政风险防范，防止在用人、办事过程中发生不廉洁行为的有力措施。北京市纪委、市监委驻市园林绿化局纪检监察组会列席世园局党组决策"三重一大"事项决议，加强"三重一大"决策制度执行情况的检查监督。

为认真贯彻民主集中制原则，坚持完善民主科学决策制度，实现重大事项决策科学化、民主化、规范化，世园局制定了《中共北京世界园艺博览会事务协调局重大事项民主决策制度（试行）》，对重大事项民主决策的形式、原则、范围、内容、程序以及实施的检查做出了具体的规定并严格执行。

信访举报工作制度方面，纪检组监察处设立专门的信访接待场所、举报电话、举报信箱，保证信访渠道畅通。群众向纪检组监察处来信来访或电话、网络举报，统一登记并全部录入微机管理。对反映的问题线索，及时约谈、函询予以核实，做到有举报必查、查必有果、有果必复，依法及时就地解决群众合理诉求，妥善处理拆迁安置回迁等各类问题。

第三节　外围保障监督

一、筹办过程监督

2015年2月，北京市延庆区成立的世园会筹办工作领导小组，在"一办七部二组"组织框架下，区纪委监委牵头成立纪检监察组（区审计局、财政局、住建委、发改委为成员单位），对北京世园会筹办过程进行监督。2019年1月23日，根据北京市委市政府工作部署，延庆区委区政府成立了"四场活动"服务保障工作领导小组（指挥部），成立"一部三处十组"，启动会时指挥运行机制。原纪检监察组改为督查处，将延庆区委督查室及区政府督查室纳入督查处成员单位。督查处全面负责对北京世园会延庆区筹办工作的监督，并建立健全了4+6监督模式，即自我纠查、日常监督、专项督查、专业监督四种监督方式和组织领导、主体负责、依法公开、定期报告、工作约谈、责任追究六种工作机制，为做好北京世园会筹办监督工作提供组织保障和机制保障。

制度建设的推进方面，明确纪律规定，延庆区先后出台《在延庆区世园会、冬奥会筹办工作中国家工作人员实施"十严禁"纪律要求的通知》《延庆区纪检监察干部重点工程项目专项监督"十严禁"》《关于建立党员干部、国家公职人员插手干预重大事项、工程建设记录报告制度的规定》《关于进一步做好"四场活动"服务保障加强作风建设的通知》，就工作作风、工作纪律、应急值守、禁酒备勤等工作进行强调，明确提出对失职失责问题进行严肃责任追究，为北京世园会在内的活动工作部署落实提供纪律保障。健全专项制度，组织各成员单位制定《世园冬奥专项资金使用管理暂行办法（试行）》《世园会、冬奥会专项资金审计监督管理办法》《关于进一步加强重大建设项目稽察工作的通知》等一系列制度，规范项目审批、资金监管、审计监督等工作，防范廉政风险隐患。建立制度体系，区纪委监委牵头成员单位收集涉及冬奥会、北京世园会筹办工程建设法规、监督、纪律三大类34项制度纪律，汇编成册发放到主责单位，便于各项制度执行。

二、服务保障监督

根据延庆区"四场活动"领导小组（指挥部）的部署，督查处制定了《"四场活动"延庆区服务保障督查处监督工作方案》，全面梳理延庆区服务保障北京世园会备战攻坚任务，制作完成《延庆区服务保障世园会备战攻坚任务督战图》，将任务细化到"天"，实施挂图督战。

2019年4月开始，督查处下沉监督力量，按照延庆区委区政府明确的39大项任务完成的时间节点，坚持"督整体任务推进，盯单项任务完成"的原则，紧盯任务推进环节，压实部门主体责任。每日梳理出"十组"应完成的任务，逐一挂单督查，实行销账管理。

开幕式筹办工作中，督查处开展17轮督查和"回头看"，针对多次演练中存在的84个问题及北京世园会组委会会议涉及延庆区的重点任务，逐项进行重点督查，督促各责任单位认真履职，及时落实整改。同时，对10个组的130余项服务保障任务进行督查，共发现突出问题72个。围绕国庆活动与北京世园会闭幕式活动，督察处对各项服务保障任务进行重点巡查督查。

第四节　工程建设监督

工程建设方面，世园局及世园公司加强经营性项目总体造价成本监控，对项目招标、合同、付款的合理合规性进行审核，加强对项目现场进度、质量、安全生产及文明施工情况的统筹管理，严格按照工期计划和工程进展启动项目预警和"亮红灯"机制。

一、安全质量监督

北京世园会工程建设各项目部门成立以项目负责人为核心的安全质量管理组织机构，甲方、设计方、施工方、监理方共同参与，分解安全质量目标，落实安全质量责任，形成全体参建者齐抓共管的安全质量管理体系；积极要求参建各方建立有效的安全管理制度，定期组织召开安全例会、安全检查及复查，对现场料具管理、脚手架、安全防护、施工用电、消防保卫、工程质量等进行全面安全质量隐患排查；督促监理单位落实监理职责，确保项目的工程质量与施工安全；不定期组织项目部人员检查项目的安全、文明施工。

施工蓝图下发给建筑工程总承包单位之前，各项目部会组织设计、施工、监理等单位进行图纸会审；对原材料、半成品、成品加强进场验收和过程验收；与每个总承包单位签订安全生产责任书。

每项工程开工前，依据单项工程设计图纸、工程内容及特点，督促相关单位完成各项施工组织设计及各专项方案的编制，对施工安全风险源进行排查，在施工方案初期将对项目的安全重点监控子项目和安全隐患进行排查；制定质量检查计划，明确重点检查工序及检查频率，落实各专业负责人，并严格按照既定计划进行检查、评比、控制工作。明确各参与施工单位安全风险管控的标准、要求、责任和义务，要求施工单位完善施工安全风险源识别清单和相应管控措施，并在工程建设过程中监督检查施工单位、监理单位施工安全风险管控措施、制度的落实情况。

定期组织监理例会和安全质量联合检查，以及大型安全质量检查和总结会，听取施工单位及监理单位工作汇报。对施工部署、工序安排及存在问题提出合理化建议，不定期检查施工单位及监理单位各类技术资料。

各项目部每月参加区建委组织的质量安全视频会，高度重视北京市公用工程质量监督站、市建委、市人防、北京市特种设备检测中心、延庆区住建委安全质量监督站及延庆区质监局等部门对现场的检查，并对现场检查执法发现的各项问题，督促施工单位、监理单位、设计单位及时对问题举一反三进行整改并书面回复。

二、竣工验收监督

2019年4月初，延庆区政府副区长谢文征主持召开了"世园会项目竣工验收协调会"，会议要求北京世园会建设项目在开园前完成竣工验收并在要求时间内完成竣工备案。

按照会议要求，北京世园会工程建设各项目部门组织各总承包、监理、勘察、设计单位在项目上进行验收后，督促总承包单位进行消防、资料的预验收以及空气、水质、防雷等各项检测工作。组织完成人防验收、空气检测、水质检测、防雷检测、消防验收、档案验收等工作后，并通过了北京市规划和自然资源委员会延庆分局、延庆区住房和城乡建设委员会、区质量技术监督局等多方的验收。

在完成竣工验收后，各项目部门也在规定的时间内完成了项目的竣工备案工作。

经过各方面努力，北京世园会园区设施得到国际展览局、国际园艺生产者协会、各国参展方、国内外参观者以及媒体的高度评价。

三、属地监督

延庆区纪检监察组成立后，为强化对北京世园会工程建设项目的督察，出台了《关于对冬奥会世园会建设工程实施项目化管理监督工作方案》，坚持项目化管理，对筹办任务强化主体责任落实。纪检监察组与区世园办、重大项目办深度对标对表，以时间节点为依据，制作完成了《世园会筹办工程项目督战图》，开展"挂图督战"。

2017年以来，纪检监察组到14个主责单位对北京世园会35个建设项目进行多轮跟踪督察，涉及交通、电力、气象、通信、园林绿化等重点配套保障工程，采取汇报、查阅履职痕迹、现场检查等方式进行全方位督察，对督察中发现的问题，及时向延庆区园林绿化局、区水务局等4家单位下发《监察建议》，要求限期整改。对需要区委区政府协调解决的重要问题，向区委区政府报送《工作专报》6份。

第五节　审计监督

世园局审计部开展内部审计监督工作，负责研究拟定北京世园会项目资金审计计划，制定审计监督实施方案，并成立审计整改工作小组组织实施、督促整改；对北京世园会财务收支的真实性、合法性和效益性提出审计建议；对筹办、举办期各部门预算执行情况及重大项目、重大经济活动等资金使用情况进行跟踪审计监督；对下属单位的财务收支情况进行专项审计；完善内部控制制度。北京世园会筹办、举办期间，审计部组织召开审计专题整改部署会 10 余场，组织内部审计培训、参与政策法规宣讲及答疑 200 多次，审核项目合同近 1000 份，完成北京市审计局年度部门预算审计整改工作。

世园局审计部共组织抽查审计 2017、2018 和 2019 年度部门预算项目 163 个，涉及财政资金约 7.12 亿元；2019 年审查 8 个市级投资项目的基本建设程序履行情况，管理制度的建立和执行情况，以及投资控制情况，并重点抽查了 4 个建设项目部分工程的建设管理情况，抽查合同金额 4.11 亿元。按照"问题前置、边审边改"的要求，审计部做到所有部门已完结项目全覆盖，并将落实整改贯穿审计工作全过程，有效地发挥了监督作用。

13-4 图　世园局审计人员进行审计监督工作

北京世园会筹办、举办期间，北京市审计局领导多次带队深入园区一线调研指导内部审计工作，促进了北京世园会各项工作规范管理，圆满完成办会任务。

13-5 图　2019 年 8 月，北京市审计局到世园局调研指导审计工作

审计结果表明，为体现北京世园会"绿色生活，美丽家园"的主题，世园局和各参建单位依照北京市政府的要求，建立健全管理制度、明确职责、加强统筹协调，推动了北京世园会的建设和办展工作，保证了北京世园会的成功举办，将其办成了一场精彩纷呈、成果丰硕、文明互鉴的绿色盛会。世园局能够执行财政预算管理制度和内部控制制度，遵守"三重一大"相关规定，充分发挥内部审计对内监督和对外沟通的作用，积极配合政府审计，督促各部门及时整改审计发现的问题、落实审计建议，服务世园局持续提升管理能力。

第十四篇　党建与廉政

世园局认真落实党中央、北京市委各项决策部署，把党建工作与中心工作一同部署、落实、检查与考核，充分发挥各级党组织的战斗堡垒作用和广大党员的先锋模范作用，为2019北京世园会筹备、运营和会后利用各项工作扎实有序推进提供强有力的组织保证。

完善党建工作组织体系，发挥组织优势，抓好党员管理，为办好北京世园会筑牢坚强的组织保障。深化政治统领，强化理论武装，提高政治站位，引导党员干部坚定信心、鼓足干劲、争做贡献。突出"严"字，强化政治纪律和政治规矩，加强党风廉政建设，把全面从严治党工作融入到北京世园会筹办、举办工作的全过程，确保阳光办会、廉洁办会、节俭办会。

第一章　基层组织建设

第一节　组织设置

2015年7月，经北京市委组织部批准，中共北京世界园艺博览会事务协调局机关委员会（简称"机关党委"）正式成立。成立之初确定为临时机关党委，2017年经与北京市委组织部组织指导处和市直机关工委组织部沟通，同意世园局机关党委按照正式党委履行组织职能。

北京世园会筹备期间，世园局以党建引领世园项目建设，坚持将支部建在项目上、党旗飘在工地上、党员挺在一线上，根据增设机构和人员补充后党员人数增加的实际情况，及时调整支部设置，并做好相关保障和管理工作。筹备期设立5个机关党支部以及世园公司党总支，成立园区建设临时党支部。

运营期，根据片区、场馆架构及人员情况，世园局成立了北京世园会运营工作临时党总支，下设7个临时党支部，主题教育活动依托各临时党组织开展，实现党建工作与中心工作的无缝衔接。

第二节　规范化建设

按照北京市直机关工委关于开展党支部规范化建设工作的要求，北京世园局机关党委高度重视，认真组织部署支部规范建设工作，并对支部规范化建设工作进行督促指导。

世园局在党支部规范化建设方面所做的工作主要有：召开机关党委扩大会，要求各党支部组织支部委员认真学习《党支部工作规范》，按照相应的规范要求开展支部工作，并指导各党支部如何使用《党支部工作手册》，使基层党组织"一规一表一网一册"落实到位；组织在"党员E先锋"平台建立账户的世园公司党总支两个党支部开展系统使用培训；组织党支部书记和支部委员轮训，进行党的十九大精神的专题培训，对十九大报告精神解读、学习和践行新党章、预防腐败的制度保障等政治理论方面进行专题辅导，同时结合十九大报告精神与北京世园会筹办、举办的实际需要，开展生态文明建设相关的课程学习，进一步提高政治站位，牢固树立社会主义生态文明观；对各党支部规范化建设工作情况进行检查，重点对《党支部工作手册》的工作记录情况进行查阅，了解工作开展情况。

14-1图　2018年4月4日，世园局召开的机关党委扩大会

第三节　运行机制

世园局每一年度都会对上一年度的基层党建工作进行述职评议考核，全局各党支部书记纳入述职评议考核范围。各基层党支部书记撰写述职报告，采取述职评议会议的形式，现场述职，由机关党委书记进行点评，并就基层党建工作进行打分测评，旨在推动全面从严治党向基层延伸，促进基层建设全面进步、全面过硬。

基层党组织每年召开专题组织生活会，开展民主评议党员工作，党支部（总支）采取领学宣讲、党课辅导、交流讨论等方式，组织党员集中学习，打牢思想基础。具体内容包括：开展谈心谈话，做到支部（总支）班子成员之间必谈，班子成员与党员之间广泛谈，党员之间相互谈，广泛征求意见；联系思想工作实际，党支部（总支）班子、班子成员和党员围绕政治功能强不强、"四个意识"牢不牢、"四个自信"有没有、工作作风实不实、发挥作用好不好、自我要求严不严，深入查摆具体问题；召开组织生活会和民主评议党员会，开展批评和自我批评；党支部（总支）召开支委会，结合评议情况，以及党内外有关群众对每一位党员的评价和反映，综合分析党员日常表现，客观公正地作出评价、确定等次，强化结果运用；党支部（总支）

组织生活会后，党支部（总支）和班子成员要结合批评和自我批评情况，分别列出问题整改清单、明确整改事项和具体措施，党员要作出整改承诺；整改内容和完成情况在本支部（总支）内公示，接受党员群众监督。

14-2 图　2017 年度基层党组织书记述职评议考核工作会

14-3 图　党支部组织生活会

坚持和完善中心组理论学习制度，不断增强领导干部的政治素养和科学决策能力。世园局紧紧围绕新时代全面从严治党的总要求，把习近平新时代中国特色社会主义思想作为重中之重，坚持理论联系实际，重点学习加强生态文明建设的新理念、新思想、新观点。

按照全面从严治党的要求，世园局结合筹备工作需求，从机关党建、工程管理、财务资产等方面制定制度建设计划，制定完善了《世园局基本建设资金管理办法》《世园会党风廉政建设工作实施意见》《世园会建设廉政风险防控工作方案》等 20 余项工作制度，为北京世园会各项工作顺利推进奠定了基础。

积极落实党政"一把手"主体责任，落实班子成员各自责任，自觉承担"一岗双责"。世园局各基层党支部书记全面推进党的思想、组织、作风、反腐倡廉和制度建设，落实全面从严治党主体责任，严明党的纪律特别是政治纪律和政治规矩，落实中央八项规定精神，推进党风廉政建设和反腐败工作情况。

世园局实行主体责任报告制度。各党组织每年年度前，以书面报告的方式向上一级党组织汇报"两个责任"落实情况；局党组按期向市党风廉政建设责任制领导小组汇报落实主体责任、加强党风廉政建设工作情况。建立党组织听取党风廉政建设和班子成员落实"一岗双责"情况汇报制度。书记和班子成员落实党风廉政建设责任制情况，以及个人廉洁自律情况，在年度述职报告中会有专门篇幅，并作为民主生活会的重要内容。

加强民主集中制建设，坚持涉及重大决策、重要人事任免、重要建设项目和大额资金使用必须经过党组会集体研究作出决定的规定。

大力开展"双报到"工作，及时召开"双报到"工作专题部署会进行培训、答疑解惑，党员全部按时完成报到，并积极参加所在社区的党建活动、义务劳动活动。

着眼北京世园会会时运营的重点工作需求，世园局精心组织工作人员外事交往、礼宾接待能力提升培训。针对新同志来源广泛、对北京世园会的了解不全面等情况，组织入职岗位培训，帮助尽快适应岗位、融入集体、形成战斗力量。主动争取北京市委组织部、市人力社保局等单位的培训资源支持，组织部分处级干部和优秀年轻干部参加上级单位培训，拓宽干部视野，提升综合素质能力。

严格执行《党政领导干部选拔任用工作条例》，选拔任用处级领导干部。世园局结合借调干部实际，进行民主推荐、考察干部工作。根据借调人员实际身份，分门别类开展考核工作，充分发挥考核在干部使用中的激励、监督和导向作用，强化了办会队伍的责任意识。

第二章　思想政治建设

第一节　理论学习

世园局多次组织政治理论培训，引导广大党员干部深入学习领会习近平新时代中国特色社会主义思想和党的十九大精神。

组织学习贯彻党的十九大精神集中轮训，聘请专家讲授政治理论，同时设置了生态文明建设系列课程，重点对社会主义生态文明观、生态文明制度体系与体制改革、生态文明与北京世园会的植物展示等方面进行了深入辅导。

组织党的十八届六中全会、党的十九大精神处级专题学习班，全局党员学习《习近平谈治国理政》（第二卷）、《习近平新时代中国特色社会主义思想三十讲》、党建基础知识等教材，研读党报党刊，积极开展专题辅导、党课辅导、观看录像、集中学习、自主学习、交流研讨、主题宣讲、撰写心得体会、微信交流、线上答题等活动，掀起学习热潮。

14-4 图　理论学习中心组扩大会议

组织理论学习中心组开展一系列主题学习，涉及党风廉政建设专题、十九大精神专题、全国"两会"专题、宪法和监察法专题、马克思主义理论专题、生态文明建设专题等，并制作了相关内容的"理论中心组"专题学习资料；采取多种学习形式，使政治理论学习不断深入，全局党员干部进一步统一了思想、凝聚了共识。

丰富学习内容，为每名党员配发《习近平谈治国理政》（第二卷）《习近平新时代中国特色社会主义思想三十讲》《宪法》《监察法》《中国共产党纪律处分条例》《梁家河》《习近平用典》（第二辑）、党建基础知识、《改造我们的学习》等教材，加大学习培训力度。

开辟学习专栏，创建党建工作专刊，通过政务官网及时推送学习内容、登载学习动态，大力推进全员学深悟透党的十九大精神，促进学而信、学而用、学而行。

世园局机关党委及时跟进组织学习习近平总书记的最新重要讲话。采取理论中心组学习、集中研讨、党员自学等方式，与学习贯彻党的十九大精神相结合，作为增强"四个意识"、维护党中央权威和集中统一领导、推动全面从严治党向纵深发展的实际举措，切实把思想统一到党的十九大确定的重大决策部署上来，并切实用习近平新时代中国特色社会主义思想武装头脑、指导实践、推动工作。

围绕中央重大决策部署、重要会议、重大活动以及国内外形势变化需要，世园局及时开展形势任务教育，深入理解国家重大方针政策和重要文件精神；围绕中央关于思想理论建设一系列重大部署，及时学习有深度的新闻报道和理论文章，组织观看高质量的电视政论片、历史文献纪录片，引导机关党员干部把思想和行动统一到中央精神上来，切实增强围绕中心、服务大局的责任感和使命感。

第二节　做好意识形态工作

意识形态工作事关全局、责任重大、任务艰巨。党的十九大报告提出，不断增强意识形态领域主导权和话语权，并将落实意识形态工作责任制作为牢牢掌握意识形态工作领导权的重要内容，深刻阐明了新时代下意识形态工作的方向性、根本性、全局性的重大问题，为在新时代开辟意识形态工作新局面明确了重点、奠定了基调、指明了方向，为提升2019北京世园会价值、讲好2019北京世园故事、服务于招展招商招客提供了科学引领和重要遵循。

意识形态工作是加强党的领导和党的建设重要内容。2018年2月3日，世园局2018年第1次局党组专题会议审议通过了《中共北京世界园艺博览会事务协调局党组关于落实意识形态工作责任制方案》，进一步明确各级领导干部的意识形态工作责任，牢牢掌握意识形态工作的领导权主动权。

按照分级负责和谁主管谁负责的原则，世园局领导班子对意识形态工作负主体责任，把意识形态工作摆在全局工作的重要位置，纳入重要议事日程，纳入党建工作责任制，纳入党的纪律监督检查范围，纳入领导班子和领导干部目标管理，与北京世园会筹备运营工作紧密结合，同部署、同落实、同检查、同考核。党组书记为第一责任人，带头抓思想理论建设，带头管阵地、把导向、强队伍，带头批评错误观点和错误倾向，重要工作亲自部署、重要问题亲自过问、重大事件亲自处置。分管党务和宣传的领导为直接责任人，协助党组书记抓好统筹协调指导工作，推动意识形态各项工作落实。领导班子其他成员根据工作分工，按照"一岗双责"要求，抓好分管部门的意识形态工作，对职责范围内的意识形态工作负领导责任。切实推动意识形态工作责任制落细落实、落地生根，形成常态长效工作机制。

落实党管意识形态工作原则。世园局认真贯彻落实党中央和市委关于意识形态工作的决策部署和指示精神，牢牢把握正确的政治方向，严守政治纪律、组织纪律和宣传纪律，坚决维护党中央权威，在思想上、政治上、行动上同以习近平同志为总书记的党中央保持高度一致。

加强对意识形态工作的分析研判。将意识形态工作纳入重要议事日程，定期分析研判意识形态领域情况。世园局党组每半年召开一次专题会议研究意识形态工作。建立世园局党组织意识形态和社会舆论分析制度，每年至少开展一次综合分析。

加强对意识形态工作的统一领导。将意识形态工作纳入党建工作责任制，指导和督促检查局属基层党组织意识形态工作，形成由党组统一领导、党政齐抓共管、各部门分工负责的工作格局。局党组每年至少安排一次维护意识形态安全的专题学习。加强局党员领导干部职工意识形态的教育培训。

积极开展意识形态正面引导，做好主流文化建设。把"四个全面"战略布局、"五大发展理念"和疏散非首都功能、京津冀协同发展等中央和市委决策部署与2019北京世园会筹备工作紧密结合落实好、宣传好，使2019北京世园会成为中国向世界展示生态文明建设成果、促进绿色产业国际交流与合作的重要平台，成为弘扬绿色发展理念、推动经济发展方式和居民生活方式转变的重要契机，成为建设美丽中国的生动实践。

加强对意识形态阵地的管理。世园局班子成员、各局属基层党组织书记广泛开展谈心谈话、调查研究，及时了解掌握干部职工和2019北京世园会筹备工作中的思想动态，倾听民意，解决问题。严格落实新闻发言人制度，明确了世园局新闻发言人，主动发声，不断加强正面引导。严格按照《2019北京世园会新闻宣传工作方案》《2019北京世园会新闻宣传应急处置预案》《北京世园局局内宣传工作机制》《2019北京世园会新闻发布会工作方案》，做好北京世园会宣传工作。强化宣传载体建设，利用世园局官方网站、2019北京世园会官方网站、世园局OA系统、新浪官方微博、北京世园会微信公众号和世园局学习教育微信平台、局党建专刊等传播党的路线方针政策、重要指示精神和2019北京世园会筹备运营工作进展，切实维护网络意识形态安全，做好意识形态引导。

建立意识形态工作责任制的检查考核制度，健全考核机制，明确检查考核的内容、方法、程序，推动考核工作规范化、制度化和常态化。世园局党组定期向市委、驻局纪检监察组专题汇报意识形态工作。对世园局意识形态领域出现的重要动向和问题，在班子成员中进行内容通报。局属各部门（企业）每年向局党组专题汇报一次意识形态工作，汇报内容为根据意识形态工作责任制分工，落实相关工作责任的情况。将意识形态工作纳入领导班子成员民主生活会（组织生活会）、领导班子及其成员述职报告和党组织书记履行党建责任制情况的重要内容。意识形态工作纳入领导班子、领导干部目标管理和干部职工任前考察、年度考核的重要内容，作为干部评价使用和奖惩的重要依据。

强化意识形态工作责任追究。坚持有错必纠、有责必问，强化问责刚性和"硬约束"，既查失职、渎职，也查"为官不为""为官慢为"，对导致意识形态工作出现不良后果的，严肃追究相关责任人责任。情节较轻的，给予批评教育，书面检查，诫勉谈话；情节较重的，给予通报批评，责令公开检讨或公开道歉，停职检查。

第三节　主题教育

世园局机关党委按照中央和市委工作意见，及时制定实施方案，召开动员部署大会、制定学习计划，对局属党组织强化统筹指导，扎实推进"两学一做"学习教育、"不忘初心、牢记使命"主题教育。

"两学一做"学习教育中，以尊崇党章、遵守党规为基本要求，以"三会一课"为基本制度，以党支部为基本单位，以解决问题、发挥作用为基本目标，推动学习教育融入日常、抓在经常，推进"两学一做"学习教育常态化制度化。

世园局坚持领导干部带头学习，发挥引领示范作用，坚持联系实际学、坚持带着问题学，坚持学做结合，突出针对性，敢于直面问题，把查找解决问题作为"两学一做"学习教育的规定要求。引导党员践行"四讲四有"、做到"四个合格"，履职尽责、担当作为。巩固和拓展基层党建七项重点任务、"两个规范"大讨论工作成果，建立健全党员经常性教育机制。发挥"两学一做"学习教育常态化、制度化的带动效应，加强基层党建工作薄弱环节，梳理分析工作短板，集中力量攻坚克难。

14-5 图　2019 年 6 月 11 日，世园局党组召开的"不忘初心、牢记使命"主题教育大会

开展以学习贯彻习近平新时代中国特色社会主义思想为主要内容的"不忘初心，牢记使命"主题教育。世园局研究制定主题教育工作方案，结合实际细化目标任务、内容安排、组织方式，精心组织宣传报道，引导党员干部悟初心、守初心、践初心，更加奋发有为地推动习近平新时代中国特色社会主义思想在世园局形成生动实践。

"不忘初心、牢记使命"主题教育中，世园局编印习近平总书记在 4 月 28 日北京世园会开幕式上的讲话材料、党的十八大以来习近平总书记关于生态文明建设论述摘编、《主题教育学习材料汇编》、主题教育学习笔记本，精准调研推动主题教育，切实解决问题。

世园局努力实现党建主题教育与北京世园会办会工作两促进、两提高，突出世园特色。2017 年，纪念建党 96 周年，世园局组织开展了"我为世园做贡献"主题党日活动；与延庆区政府联合举办了"我为世园做贡献 致敬世园建设者"主题文艺演出活动；组织全体党员干部赴通州城市副中心学习调研；参观庆祝中国人民解放军建军 90 周年主题展览、参观北京展览馆"砥砺奋进的五年"大型成就展，引导党员干部坚定信心、振奋精神、鼓足干劲、争做贡献。结合北京世园会筹备工作任务，组织广大党员干部参观"走近世园花卉"专业展览，参加了园区和世园大道义务植树活动，通过这些活动增强了广大党员干部对 2019 北京世园会"绿色生活 美丽家园"主题的理解与分享。

2018 年 4 月份，在北京世园会开幕倒计时一周年之际，开展"明标准、亮身份、践承诺"活动。通过签订《党员承诺书》，公开亮出自己的服务承诺，牢记党员身份，立足本职岗位，发挥先锋模范作用，接受群众监督。2018 年 7 月份，组织开展"党建活动月"，抓好主题教育实践活动，请局党组书记"七一"讲党课，组织开展全体党员重温入党誓词实践活动，使全体党员明确自己的职责，树立责任意识，奉献意识；组织全体党员开展十九大精神知识答卷活动，进一步提升党员领导干部的思想政治理论素质；组织全体党员集中参观革命教育基地，缅怀革命先烈；推广"支部书记讲党课"，围绕工作中的重点、难点问题，组织研讨和互动，积极做好思想政治工作，切实提高党的理论教育和党性教育的针对性、实效性。

2019 年，世园局将党建工作要求部署融入到日常工作中、落实到加强党支部工作建设中。依托园区 30 个志愿服务岗亭，设立党员示范岗，在全局干部职工范围内开展"世园先锋"志愿服务活动，在游客密集点位发挥"千里眼""顺风耳"的作用，引导党员干部坚定信心、振奋精神、鼓足干劲、争做贡献。通过"组织联建、工作联促、队伍联抓、活动联办、信息联通"等形式积极借力，与参展各省机关党组织、属地延庆区百泉街道、公交、公安、高校等机关企事业单位开展联合主题教育党日活动，整合资源为机关党建提速增效。

第三章　党风廉政建设

第一节　制度保障

强化责任，落实党风廉政建设责任制。世园局深入研究存在的廉政风险点，制定了《世园局落实党风廉政建设主体责任实施办法（试行）》《世园局党组关于纪检监察部门落实党风廉政建设监督责任的实施办法（试行）》等系列文件，健全纪检监察制度，加强风险防控。

世园局领导班子成员、部门负责人分别签订《党风廉政建设责任书》，落实"一岗双责"，实行党风廉政建设"两个责任"记实制度，深入查找廉政风险点，积极做好风险防范。选优配齐各基层党组织纪委委员，强化纪检工作力量，完善纪检台账，畅通举报渠道，通报违纪问题，强化与驻局纪检监察组沟通联动，保障"两个责任"落实。

根据党组要求，编制《党建工作制度汇编》、党组责任清单在内的《党风廉政建设和监督保障制度汇编》《关于落实"三重一大"制度加强风险防控的若干规定》等制度20多项，涵盖了班子建设、基层组织建设、"三会一课""三重一大"、决策责任追究、党务公开等方面，增加制度落实督办、任务提示、红黄灯预警机制，最大限度降低廉政风险。

党务公开方面，世园局结合工作实际，制定《党务公开管理办法》，使党务公开工作更加系统、全面。世园局对党内公开的事项包括年度工作目标、工作计划，阶段性工作部署、重点任务落实，开展党内活动，基层党组织建设工作，落实管党治党政治责任，党风廉政建设落实，干部任免、领导班子建设等有关情况；对社会公开的事项包括北京世园会筹备情况、工作进展、重大新闻等信息。党务公开形式上，对党内公开的信息通过会议、制度、文件、编发简报及OA办公系统等形式发布，对社会公开的信息通过召开新闻发布会、报刊、广播、互联网、新媒体等方式公开。

世园局认真贯彻落实中央八项规定，研究制定了北京世园局党组贯彻落实《中共中央政治局贯彻落实中央八项规定实施细则》办法，严格遵守党员领导干部廉洁自律的规定要求，严格执行工作和生活待遇的有关规定，不以北京世园会筹备工作特殊为由搞任何形式的特权，按照局党风廉政工作会部署和党风廉政建设责任书抓好责任落实。

第二节　廉政教育

世园局将党风廉政建设纳入党组中心组理论学习、党员学习、读书笔记检查的重要内容，组织干部定期学习党风廉政法律法规和上级反腐倡廉文件精神，逢会必讲廉政建设，坚持隔周周五下午组织处级以上干部集中学习教育及观看《北京市正风肃纪教育片选集》等视频资料，确保党风廉政教育常态化开展。

扎实开展党风廉政建设宣传教育主题活动，组织全体党员参观廉政教育警示基地，观看"警钟长鸣"等电教专题片，加强警示教育，时刻提醒党员干部做廉洁从政的表率，增强党员干部廉洁自律、拒腐防变的思想意识。

14-6 图　2018 年 11 月 23 日，世园局职工参观石景山区反腐倡廉警示教育基地

充分利用网络、宣传刊物、微信平台及其他宣传媒介对广大党员干部进行示范教育和警示教育。在重要节日节点前，通过下发廉政文件、在党员微信交流平台转发廉政推送文章，通过制作内容新颖的 H5 动漫视频等方式加强廉政提醒，进一步严明纪律，防止节日期间"四风"问题反弹。及时通报《中央纪委公开曝光七起违反中央八项规定精神问题》及《中共北京市委办公厅关于近期查处违反中央八项规定精神问题典型案例的通报》等内容，增强党员领导干部的廉洁自律意识。

第三节　全面从严治党

2016 年 6 月至 8 月，北京市委第一巡视组对世园局进行了为期两个月的巡视，9 月份向世园局提出了反馈意见，指出两个方面 8 项 16 个具体问题。按照巡视反馈意见，结合工作实际，世园局党组深挖细查，举一反三，制定了整改方案，并按照整改方案积极开展了整改工作，于 2016 年 12 月底完成全部整改。

2018 年 6 月份，驻局纪检监察组到北京世园局进行全面从严治党主体责任落实情况监督检查，听取了世园局关于全面从严治党主体责任和监督责任落实情况的工作汇报，并进行了现场检查。驻局纪检监察组充分肯定了 2018 年上半年北京世园局党组在全面从严治党责任落实中所做的工作与取得的成绩，也指出了世园局存在的不足之处。世园局按照检查情况，立即梳理问题，制定整改措施，做到立行立改。

党风廉政建设工作上，世园局党群部门严抓制度落实。2018 年 2 月，世园局党组书记与党组成员，分管领导与所分管部门负责人均签订党风廉政建设责任书。2018 年 7 月，机关党委组织对北京世园会项目工程廉政建设进行专项监察，重点对项目招投标、项目资金管理、施工建设质量验收等环节进行廉政风险排查。2018 年 9 月，机关党委对世园公司投融资、工程项目建设、资金使用开展专项监察。2018 年 10 月，机关党委对宣传活动、市场开发、综合服务保障等重点工作进行监督检查。

2019 年，为进一步推动局属各部门（公司）以及党员干部职工切实担负起管党治党政治责任，世园局实行全面从严治党主体责任清单制度，并以责任书形式明确责任清单内容"签字背书"。结合年度工作总结，把述职述廉作为自查自评的一项重要内容认真落实。严格执行《中国共产党问责条例》及北京市委实施办法，对党的领导弱化、党的建设缺失、全面从严治党不力的部门以及党员干部严肃问责，对典型问题通报曝光，发挥警示震慑作用，倒逼责任落实。

世园局定期对所属党组织全面从严治党责任制落实情况进行检查考核、自查自纠，坚持边查边改、标本兼治，做到"十结合"，即把问题查纠整改与党的十九大精神学习宣传和贯彻落实相结合，与落实《关于陕西省委、西安市委在秦岭北麓西安境内违建别墅问题上严重违反政治纪律以及开展违建别墅专项整治情况的通报》精神相结合，与落实全市领导干部警示教育大会精神相结合，与落实整改北京市委巡视组反馈的问题相结合，与全面从严治党责任制落实情况检查考核相结合，与基层党组织规范化建设试点工作相结合，与年度民主生活会查摆问题整改相结合，与"严肃查处群众身边的不正之风和腐败问题"、进一步深化"为官不为""为官乱为"问题专项治理相结合，与全面从严治党突出问题专项整治相结合，与形式主义、官僚主义集中整治相结合，严督实查，强化工作统筹。

世园局把全面从严治党工作融入到北京世园会筹办、举办工作全过程，坚持不懈正风肃纪。密切关注"四风"新形式、新动向，及时揭露"四风"的各种"隐形衣"，发布预警信息，强调纪律要求，提醒和教育党员干部自觉抵制和主动纠正。坚持敏感节点狠抓"四风"，抓住春节、五一、国庆、中秋、暑假休假期等节点，坚持节前重申纪律要求、节中开展明察暗访、节后核实问题线索，认真处理群众反映的热点问题。坚决查处违反厉行节约、公务接待、公车使用和管理有关规定的问题，滥发补贴、财务运行不规范和工作纪律执行不严格等问题，以及冷横硬推、慵懒散漫、吃拿卡要、明哲保身、贻误工作等"为官不为"和"为官乱为"的问题。对职责范围内发生顶风违纪、造成不良影响的，严肃查处、追究责任，确保阳光办会、廉洁办会、节俭办会。

附　录

在北京世园会开幕式上的致辞

习近平

（2019 年 4 月 28 日）

尊敬的各位国家元首，政府首脑和夫人，尊敬的国际展览局秘书长和国际园艺生产者协会主席，尊敬的各国使节，各位国际组织代表，女士们，先生们，朋友们：

"迟日江山丽，春风花草香。"四月的北京，春回大地，万物复苏。很高兴同各位嘉宾相聚在雄伟的长城脚下、美丽的妫水河畔，共同拉开 2019 年中国北京世界园艺博览会大幕。

首先，我谨代表中国政府和中国人民，并以我个人的名义，对远道而来的各位嘉宾，表示热烈的欢迎！对支持和参与北京世界园艺博览会的各国朋友，表示衷心的感谢！

北京世界园艺博览会以"绿色生活，美丽家园"为主题，旨在倡导人们尊重自然、融入自然、追求美好生活。北京世界园艺博览会园区，同大自然的湖光山色交相辉映。我希望，这片园区所阐释的绿色发展理念能传导至世界各个角落。

女士们、先生们、朋友们！锦绣中华大地，是中华民族赖以生存和发展的家园，孕育了中华民族 5000 多年的灿烂文明，造就了中华民族天人合一的崇高追求。

现在，生态文明建设已经纳入中国国家发展总体布局，建设美丽中国已经成为中国人民心向往之的奋斗目标。中国生态文明建设进入了快车道，天更蓝、山更绿、水更清将不断展现在世人面前。

纵观人类文明发展史，生态兴则文明兴，生态衰则文明衰。工业化进程创造了前所未有的物质财富，也产生了难以弥补的生态创伤。杀鸡取卵、竭泽而渔的发展方式走到了尽头，顺应自然、保护生态的绿色发展昭示着未来。

女士们、先生们、朋友们！仰望夜空，繁星闪烁。地球是全人类赖以生存的唯一家园。我们要像保护自己的眼睛一样保护生态环境，像对待生命一样对待生态环境，同筑生态文明之基，同走绿色发展之路！

我们应该追求人与自然和谐。山峦层林尽染，平原蓝绿交融，城乡鸟语花香。这样的自然美景，既带给人们美的享受，也是人类走向未来的依托。无序开发、粗暴掠夺，人类定会遭到大自然的无情报复；合理利用、友好保护，人类必将获得大自然的慷慨回报。我们要维持地球生态整体平衡，让子孙后代既能享有丰富的物质财富，又能遥望星空、看见青山、闻到花香。

我们应该追求绿色发展繁荣。绿色是大自然的底色。我一直讲，绿水青山就是金山银山，改善生态环境就是发展生产力。良好生态本身蕴含着无穷的经济价值，能够源源不断创造综合效益，实现经济社会可持续发展。

我们应该追求热爱自然情怀。"取之有度，用之有节"，是生态文明的真谛。我们要倡导简约适度、绿色低碳的生活方式，拒绝奢华和浪费，形成文明健康的生活风尚。要倡导环保意识、生态意识，构建全社会共同参与的环境治理体系，让生态环保思想成为社会生活中的主流文化。要倡导尊重自然、爱护自然的绿色价值观念，让天蓝地绿水清深入人心，形成深刻的人文情怀。

我们应该追求科学治理精神。生态治理必须遵循规律，科学规划，因地制宜，统筹兼顾，打造多元共生的生态系统。只有赋之以人类智慧，地球家园才会充满生机活力。生态治理，道阻且长，行则将至。我们既要有只争朝夕的精神，更要有持之以恒的坚守。

我们应该追求携手合作应对。建设美丽家园是人类的共同梦想。面对生态环境挑战，人类是一荣俱荣、一损俱损的命运共同体，没有哪个国家能独善其身。唯有携手合作，我们才能有效应对气候变化、海洋污染、生物保护等全球性环境问题，实现联合国2030年可持续发展目标。只有并肩同行，才能让绿色发展理念深入人心、全球生态文明之路行稳致远。

女士们、先生们、朋友们！昨天，第二届"一带一路"国际合作高峰论坛成功闭幕，在座许多嘉宾出席了论坛。共建"一带一路"就是要建设一条开放发展之路，同时也必须是一条绿色发展之路。这是与会各方达成的重要共识。中国愿同各国一道，共同建设美丽地球家园，共同构建人类命运共同体。

女士们、先生们、朋友们！一代人有一代人的使命。建设生态文明，功在当代，利在千秋。让我们从自己、从现在做起，把接力棒一棒一棒传下去。

我宣布，2019年中国北京世界园艺博览会开幕！

在北京世园会闭幕式上的致辞

李克强

（2019 年 10 月 9 日）

尊敬的各位政府首脑、副首脑和夫人，尊敬的国际展览局秘书长和国际园艺生产者协会主席，尊敬的各国使节，各位国际组织代表，女士们，先生们，朋友们：

从芳菲春日到斑斓金秋，历时 5 个多月的 2019 年中国北京世界园艺博览会即将圆满落下帷幕。我谨代表中国政府和中国人民，对本届世园会的成功举办表示衷心祝贺！对支持和参与北京世园会的各国朋友表示诚挚感谢！对前来参加闭幕式的各位嘉宾表示热烈欢迎！

本次世园会以"绿色生活，美丽家园"为主题，精彩纷呈、成果丰硕。全球 110 个国家和国际组织、120 多个非官方参展方积极响应，是历史上参展方最多的一届世园会。

在 4 月 28 日举行的世园会开幕式上，中国国家主席习近平倡导共同建设美丽地球家园、构建人类命运共同体。这是一场文明互鉴的绿色盛会，100 余场国家日和荣誉日、3000 多场民族民间文化活动，促进了各国文明交流、民心相通和绿色合作。这是一场创新荟萃的科技盛会，世界园艺前沿技术成果悉数登场，展现了绿色科技应用的美好前景。这是一场走进自然的体验盛会，近千万中外访客走进世园会，用心感受环境与发展相互促进、人与自然和谐共处的美好。

女士们，先生们，朋友们！几天前，我们隆重庆祝了中华人民共和国成立 70 周年。70 年来，中国人民筚路蓝缕、砥砺奋进，经济社会发展取得举世瞩目的成就，生态文明建设实现历史性的进展。进入新世纪以来，全球绿化面积增加 5%，其中四分之一的贡献来自中国。

中国仍然是世界上最大的发展中国家，将继续坚持以经济建设为中心，把发展作为解决一切问题的基础和关键。中国面临发展经济、改善民生、加强生态环境保护的繁重任务，将坚持统筹兼顾，在改革开放中协同推动高质量发展和生态环境高水平保护，坚定走生产发展、生活富裕、生态良好的文明发展之路。

我们将加快转变发展方式，持续推动绿色发展，优化经济结构，发挥创新引领发展第一动力作用，加快培育新动能，大力发展节能环保产业和循环经济，倡导绿色低碳消费，以更低的资源消耗推动经济社会持续健康发展。

我们将努力促进绿色惠民，打好污染防治攻坚战，着力解决突出的环境问题，推进人居环境建设，抓好基础性、经常性、长远性工作，推进重要生态系统保护和修复工程，让人民群众享有美丽宜居的环境。

我们将不断加强绿色合作，支持和践行多边主义，坚持共同但有区别的责任原则、公平原则和各自能力原则，积极履行应对气候变化《巴黎协定》。加强生态文明领域交流合作，推动成果分享，我们将力所能及地帮助发展中国家培育绿色经济、实现可持续发展。

女士们，先生们，朋友们！刚才，我同参加闭幕式的各国领导人参观了世园会部分展区，可谓是步步如画、处处皆景。衷心地希望这些美丽的景色越来越多地出现在中国乃至于世界的各个地方。期待国际社会共同努力，为子孙后代建设一个美丽的地球家园。我们携手努力来推动人与自然和谐发展，共创人类美好未来。

现在我宣布，2019年中国北京世界园艺博览会闭幕！

在北京世园会中国国家馆日活动上的致辞

胡春华

（2019 年 6 月 6 日）

尊敬的国际展览局主席斯丁·克里斯滕森先生，尊敬的国际园艺生产者协会秘书长提姆·布莱尔克里夫先生，尊敬的各位来宾，女士们，先生们，朋友们：

上午好！很高兴与各位新老朋友相聚在北京延庆，共同出席 2019 年北京世园会中国国家馆日仪式。我代表中国政府，对各位嘉宾的到来表示热烈的欢迎！

北京世园会是 A1 类世园会历史上展出规模最大、参展方数量最多的一次盛会，为中国与世界各国加强生态文明交流互鉴、推动共赢发展提供了重要契机。习近平主席 4 月 28 日宣布世园会开幕一个多月来，150 多位各国政要和嘉宾出席相关活动，133 万中外游客到园参观，6 个国家和国际组织举办了国家日和荣誉日活动，园区独具匠心的景观建筑、各具特色的创意布展、丰富多彩的文化活动，给人们留下了深刻的印象。相信在各方的共同努力下，北京世园会一定能够办成一届具有时代特征、中国特色、世界一流的园艺博览会！

坐落在妫汭湖南岸的中国馆，是一座会"呼吸"、有"生命"的绿色建筑，她以"生生不息，锦绣中华"为理念，通过生态文化、各省区市园艺产业成就、园艺类高校及科研单位科研成果、非物质文化遗产插花艺术等四个展区，向世界讲述了中国的园艺故事，展示了中国生态文明建设的生动实践和最新成果，展现了中国人们追求美好生活的热切期盼和不懈努力。开园以来，中国馆已吸引游客超过 95 万，成为最受欢迎的场馆之一。相信通过精彩的展示内容、丰富的文化活动，中国馆一定会为广大游客带来更多惊喜。

女士们，先生们！

今年是中华人民共和国成立 70 周年。70 年来，中国人民在实践中探索奋进，取得了举世瞩目的发展成就，生态文明建设也进入了快车道。习近平主席在世园会开幕式上发表的重要讲话，系统阐述了中国共谋全球生态文明建设、共建美丽地球家园的坚定决心。中国愿与世界各国并肩携手、加强合作，加大生态环境保护力度，推动绿色繁荣发展，共同建设美丽地球家园。

一是推动共建绿色"一带一路"。中国愿同各方共同建设"一带一路"绿色发展国际联盟，制定《"一带一路"绿色投资原则》，推动绿色基础设施建设、绿色投资和绿色金融，把"一带一路"真正打造成绿色发展之路。

二是培育绿色发展的产业基础。中国愿与各方一道，加强产学研合作，共同促进绿色技术的研发、转化和推广，大力发展节能环保产业、清洁生产产业和清洁能源产业，加快形成全球绿色供应链，推动绿色产业健康稳步发展。

三是倡导绿色低碳生产生活方式。我们应加强面向社会公众的宣传教育，提升全社会保护环境的自觉性和参与度，树立绿色、低碳、环保、可持续发展的生产生活理念，严格执行环保标准，加强源头管控，让地球家园的天更蓝、山更绿、水更清。

四是加强环境治理国际合作。中国已批准加入了30多项与生态环境有关的多边公约或议定书，率先发布《中国落实2030年可持续发展议程国别方案》，向联合国交存气候变化《巴黎协定》批准文书，在全球环境治理中发挥了积极作用。我们愿与各方加强对话交流，深入开展污染防治、生态修复、循环经济等领域合作，努力实现联合国2030年可持续发展目标。

女士们，先生们！

今天是中国传统二十四节气中的"芒种"，标志着中国农村一年中最为辛勤忙碌的季节开始了。建设美丽的地球家园，同样需要我们积极行动起来，付出智慧和辛劳。我相信，只要各方共同努力，我们追求绿色发展繁荣、实现人与自然和谐共生的愿景就一定能够实现！

预祝中国国家馆日活动取得圆满成功！

谢谢大家！

在北京世园会开幕式上的致辞

文森特·冈萨雷斯·洛塞泰斯

（2019 年 4 月 28 日）

尊敬的中华人民共和国主席阁下，尊敬的各位国家元首，尊敬的各位政府首脑，尊敬的国际园艺生产者协会主席，尊敬的主办方，尊敬的各位展区总代表，女士们、先生们：

未来六个月，2019 年中国北京世界园艺博览会将通过风格各异的园艺展园和丰富多彩的文化活动，向世界各地的来宾彰显植物对提升人类生活质量和造福子孙后代的深远意义。

本届世园会吸引了 110 个国家和国际组织，以及 120 余个非官方参展者。他们将与中国一道，将本届世园会打造成为一场充满活力的国际盛会和园艺领域国际交流与合作的又一平台。

本届世园会不仅将展示动植物保护的具体范例，还将与公众分享保护自然、提升人类生活品质的最新技术和创新应用。本届世园会对主办城市北京及周边地区而言意义非凡，其所带来的影响将远远超过举办世园会本身，不仅将促进区域经济和社会发展以及基础设施升级，还将进一步提升北京的国际影响力。

在此，我谨代表国际展览局衷心感谢中国政府在自然、园艺和可持续发展等领域为深化国际合作和了解提供了一次重大机遇。

预祝本届世园会圆满成功。我相信，2019 北京世园会必将是一届精彩的盛会。谢谢！

在北京世园会开幕式上的致辞

伯纳德·欧斯特罗姆

（2019 年 4 月 28 日）

尊敬的习近平主席，尊敬的各国国家元首、政府首脑，女士们，先生们，朋友们：

我很荣幸出席 2019 年中国北京世界园艺博览会开幕式。

首先，我代表国际园艺生产者协会，衷心感谢习近平主席和中国政府对本届世园会的高度重视，感谢中国各部门和北京市政府及全国各地的精心筹办和积极参与！感谢 86 个国家和 24 个国际组织积极参与！

我高兴地看到，各国各地区通过花卉园艺很好诠释了"绿色生活，美丽家园"的主题，精彩呈现出人与自然和谐共生的美丽画卷。

自 1960 年以来，AIPH 一直致力于世界园艺博览会的举办。我们的目标是成为"植物力量的捍卫者"，推动全世界花卉植物和园艺景观在城市发展中的应用，改善生态环境，提升健康水平，增加人民福祉。

中国是推动绿色发展的典范。中国政府高度重视生态文明和美丽中国建设。中国花卉协会是 AIPH 的重要成员，推动中国花卉园艺产业取得了巨大发展，北京世园会就是很好的证明。

今天，对于 AIPH 和世界园艺博览会是一个特殊的日子。因为这是有史以来规模最大的世园会，汇聚了比历届世园会更多的国家和国际组织参展。

今天对中国来说更是特殊的日子。你们向世界展示了植物的重要性。通过这届精彩的世园会告诉世界，绿色的生活意味着更加美好的生活。

我希望，世界各地的人们都来欣赏这个美丽的世园会，体验绿色为人类带来的益处。我相信，北京世园会将为子孙后代留下一份丰厚的绿色遗产。

在北京世园会闭幕式上的致辞

文森特·冈萨雷斯·洛塞泰斯

（2019 年 10 月 9 日）

尊敬的李克强总理阁下，尊敬的各国领导人，尊敬的主办方，尊敬的国际园艺生产者协会主席，各位展区总代表，女士们、先生们：

今天，精彩纷呈的 2019 北京世园会即将落下帷幕，我非常自豪能在此见证这一时刻。

坚持绿色发展、与大自然和谐共存，是当今时代的一大挑战。过去的 162 天，2019 北京世园会发挥了展示窗口作用，展现出园艺为促进绿色生活、可持续发展和提升生活品质所作的贡献。

本届世园会的圆满成功，充分体现了中国政府和主办方的美好愿景、真诚承诺和充分准备，也见证了 230 多个参展方的卓越贡献。

2019 北京世园会已深深触动了数百万访客的心灵，他们在这里发现了植物和自然之美，探究其重要作用，认识到自然保护、绿色生活和健康生活的重要意义。

本届世园会以绿色文明、绿色创新、艺术和文化为主线，寓教于游，清晰展现了人与自然和谐相处的美好图景。

无论是彰显"绿色生活，美丽家园"主题和理念，还是带动延庆区旅游业、园艺产业和研发的进一步发展，2019 北京世园会的精神和物质遗产都将长存于世。

在此，我衷心感谢中华人民共和国政府对世园会的支持，以及为确保子孙后代享受绿色生活所作的不懈努力。

我谨向中国国际贸易促进委员会、中国花卉协会、北京市政府、展区总代表和参展国、志愿者以及所有为精彩、成功的 2019 北京世园会作出贡献的人士致以最诚挚的谢意。再次向大家表示热烈祝贺和由衷谢意！

在北京世园会闭幕式上的致辞

伯纳德·欧斯特罗姆

（2019 年 10 月 9 日）

尊敬的李克强总理阁下，尊敬的各位嘉宾，女士们，先生们，朋友们：

非常荣幸出席 2019 北京世园会闭幕式。此时此刻，感觉就像一段长途旅行到达了终点。7 年前国际园艺生产者协会批准在北京延庆举办 A1 类世界园艺博览会。自此之后，我有幸目睹了北京世园会从无到有，最终办成一届精美绝伦的园艺盛会。

本届世园会成绩斐然。园区占地面积和规模空前，高水平、国际化的园艺展示和文化活动丰富多彩，参展国家和国际组织数量远超预期，受到了国际社会前所未有的关注。

最令我赞赏的是，2019 北京世园会已成为诠释和展现中华人民共和国生态文明建设理念的窗口。本届世园会以"绿色生活，美丽家园"为主题，与国际园艺生产者协会致力于成为"世界植物力量捍卫者"的核心理念高度契合。习近平主席为本届世园会开幕，本身就显示出世园会理念也是中国未来发展总体规划的核心内容。

你们将本届世园会理念传递到了全中国和全世界人民心中，传递到了各国政府。我相信，越来越多的人将因此更加关注人类赖以生存的环境，并将其视为未来发展的核心要素。

今天既是一段旅程的终点，更是一个新的起点。你们在打造世园会遗产的同时，也为本地区的园艺发展奠定了基础，并为世界各国的城市带去启示和鼓舞。

我谨代表国际园艺生产者协会全体会员，祝贺你们举办了一届出色的世园会。感谢各有关单位和个人为世园会付出的辛勤努力！祝愿你们秉承世园会理念，推动中国和世界未来发展事业一切顺利。

谢谢！

2019 年中国北京世界园艺博览会参展邀请函

阁下：

　　我谨代表中华人民共和国政府邀请贵国参加 2019 年中国北京世界园艺博览会（以下简称 2019 北京世园会）。

　　2019 北京世园会将于 2019 年 4 月 29 日至 10 月 9 日在中国北京举办，以"绿色生活　美丽家园"为主题，展现人类生态文明建设丰硕成果和世界园艺发展最新成就，旨在推动世界园艺交流与合作，传播绿色发展理念，提高公众生态保护意识，促进人与自然和谐，实现可持续发展。

　　中国政府已任命王锦珍先生担任本届世园会政府总代表，代表中国政府与各国政府、有关国际组织就参展等事宜进行沟通和联系。北京市政府已设立了北京世界园艺博览会事务协调局，具体落实各项筹备工作。我已指示中国驻贵国大使向您提供进一步的信息。

　　希望贵国能够尽早确认参加 2019 北京世园会，为推动世界园艺发展及国际展览事业做出贡献。

　　顺致崇高敬意！

中华人民共和国国务院总理

李克强

二〇一六年七月八日于北京

2019年中国北京世界园艺博览会
（A1类）申请认可官方信函

国际展览局秘书长文森特·洛塞泰斯阁下：

我谨代表中华人民共和国政府向您表示，我们决心于二〇一九年四月二十九日至十月七日在中国北京举办A1类世界园艺博览会(简称二〇一九年北京世园会)，主题为"绿色生活 美丽家园"，园区规划总面积960公顷。本届世园会由中国花卉协会向国际园艺生产者协会申请，已于二〇一二年九月二十九日获得批准。中方现正式向国际展览局提出认可申请。

二〇一九年北京世园会将由中华人民共和国政府主办，北京市人民政府承办。中国政府将严格遵守《国际展览会公约》和《国际园艺展览组织规则》的相关规定，积极兑现承诺，尽一切必要努力，为全世界各国参展者和参观者提供热情优质的服务，确保二〇一九年北京世园会成功举办。

中国政府期待通过举办二〇一九年北京世园会，进一步倡导人与自然和谐共生的发展理念，推动环境保护，传播绿色生活理念，倡导绿色生活方式，构建美好地球家园。

中国将本届世园会视为推进世界博览会和世界园艺事业发展的宝贵契机。二〇一九年北京世园会将在国际展览局和国际园艺生产者协会的指导下，秉承世界博览会的宗旨，致力于世博会和园艺事业的繁荣，增进人类共同利益。

我深信，在国际展览局和国际园艺生产者协会的关心指导下，在国际社会的鼎力支持下，我们必将为世界呈现一届高水平、有特色、令人难忘的世界园艺盛会。我衷心希望得到您和国际展览局成员国的大力支持，共同实现这一美好的愿望。

顺致崇高敬意！

中华人民共和国外交部长

王毅

二〇一三年五月二十一日于北京

关于申办 2019 年中国北京世界园艺博览会
（A1 类）的函

尊敬的法博主席，尊敬的国际园艺生产者协会各位委员：

中国花卉协会，作为国际园艺生产者协会的会员单位，多年来一直得到您及 AIPH 各成员的关心与支持，在此，我谨代表中国花卉协会表示衷心感谢！

举办世界园艺博览会，对于推进花卉园艺科技进步和可持续发展，提高公众生态保护意识和花卉园艺欣赏水平，引导花卉园艺产品消费，增进文化交流，促进各国花卉园艺贸易与合作，推动社会经济发展和生态文明建设等方面都具有重大意义。中国花卉园艺界一直期盼能够继 1999 年昆明世界园艺博览会后，再次在中国国内举办 A1 类世界园艺博览会。经中国政府同意，决定申请举办 2019 年北京世界园艺博览会（A1 类）。

北京，作为中国的首都，是全国政治、经济、文化和国际交流的中心，拥有雄厚的经济条件、便捷的交通网络、深厚的人文底蕴、良好的园艺基础、会展组织经验丰富、展会设施先进、服务体系完善。申请举办地延庆县位于长城脚下，植物多样性丰富，林木覆盖率高，是北京市的生态涵养发展区，也是北京市花卉种植面积最大的区县、重要的育种和生产基地，具备举办国际性花卉园艺博览会的良好条件。

2019 年，是中华人民共和国成立 70 周年，在首都北京举办 A1 类世界园艺博览会，不仅是世界园艺界的一件盛事，更是中国 56 个民族和 13 亿人民的喜事和大事。

在此，我们承诺，如果北京获得 2019 年世界园艺博览会（A1 类）举办权，我们将集全国之力，按照 AIPH 的要求，精心筹划，奉献一届理念先进、创意独特、服务优良、独具魅力的世园会，为促进世界花卉园艺的发展贡献力量。

给中国一次机会，还世界一个奇迹！我们衷心感谢国际园艺生产者协会各成员的大力支持与指导帮助，热切期盼 2019 年世界园艺博览会能在北京成功举办。

让"美丽北京，感动世界"。

中国全国政协人口资源环境委员会副主任

中国花卉协会

江泽慧

二○一二年八月十三日

Letter of Application for Hosting World Horticultural Exposition 2019 Beijing China

Dear Dr.Faber,

As member of AIPH, China Flower Association has been enjoying concern and support from you and AIPH members, to which I'd like to extend my sincere thanks on behalf of our association.

World Horticultural Expo is of great importance in accelerating the technological progress and sustainable development of horticulture, raising public awareness of ecological protection and the level of appreciation for horticulture, stimulating horticultural products consumption, enhancing cultural exchange, promoting world horticultural trade, and advancing social economic development and ecological civilization, etc.

Since the World Horticultural Expo 1999 Kunming China, the Chinese horticultural sector has been longing for hosting another AI expo in China.

Upon the approval of the Chinese government, We now decide to officially apply for hosting an Al exhibition in Beijing in 2019 entitled World Horticultural Exposition 2019 Beijing China.

As the capital of China, Beijing is the national center of politics, economy, culture and international communication. With its strong economic capacity, convenient traffic network, profound cultural history and sound horticultural base, the city possesses of rich exhibition experience, advanced facilities and perfect service system. Yanqing County, where the expo will be located, is an ecological conservation and development zone and an important breeding and production area of Beijing, with rich diversity of plants and high forest cover, as well as the largest flower production area in Beijing. All these conditions make Beijing qualified for hosting a World Horticultural Expo.

The year 2019 is the 70th anniversary of the People's Republic of China. Holding a World Horticultural Expo in Beijing in 2019 will be not only a grand event of the world horticultural sector, but also a joyous and important event for the 1.3 billion Chinese people from 56 nationalities.

Hereby, we would like to commit as follows:

Should Beijing be granted the right to host the World Horticultural Exposition 2019 of Al category, we will prepare and host the expo under the guidance and regulations of AIPH, mobilizing the whole country to provide the world with an expo of modern ideas, creative originality, excellent service and unique Charm.

Give a chance to China and the world will be rewarded with a miracle. Again, we sincerely appreciate the great support and help from AIPH, We solicitously look forward to a successful World Horticultural Expo in Beijing in 2019 !

Let Beautiful Beijing Moves the World !

Sincerely yours,

Jiang Zehui

President, China Flower Association

Vice Chairperson, Committee of Population,

Resources and Environment, CPPCC

致国际园艺生产者协会的信

尊敬的杜克·法博主席，尊敬的国际园艺生产者协会各位委员：

我谨代表北京市人民政府和全体市民，热切期盼2019年世界园艺博览会在北京举办。

北京是中国的首都，是全国的政治中心、文化中心和国际交往中心，经济社会保持平稳较快发展，城市基础设施和公共服务设施不断完善。举办世界园艺博览会，具有雄厚的产业基础、优越的环境资源和充足的财力支撑。特别是通过举办第二十九届奥林匹克运动会，积累了举办国际大型活动的丰富经验。我们相信，一个日益开放、城市生活品质不断提升、有着强大吸引力和辐射力的北京，完全有能力将2019年世界园艺博览会办成一届独具特色、精彩纷呈、令人难忘的园艺博览盛会。

我们承诺：如果北京能够荣幸地成为2019年世界园艺博览会的举办城市，我们将恪守国际园艺生产者协会章程和《国际园艺展览组织规则》，积极筹备，精心组织，确保世园会圆满成功，为世界园艺博览会的历史增添新的光彩。

北京市代市长

王安顺

二〇一二年八月二十四日

AIPH 关于正式批准
2019 年中国北京世界园艺博览会的函

尊敬的江泽慧女士：

  在荷兰芬洛召开的 2012 年 AIPH 年会上，AIPH 理事会于 9 月 11 日通过了中国政府代表团关于申办 2019 年中国北京世界园艺博览会（A1 类）的陈述报告。AIPH 展览规则规定的保证金已经交纳，AIPH 市场与展览委员会已于 2012 年 9 月 29 日完成实地考察并得出肯定性结果。

  现通知你们，AIPH 正式批准在北京举办"2019 年中国北京世界园艺博览会（A1 类）"，举办时间为 2019 年 4 月 29 日至 10 月 7 日。

  举办 A1 类世园会，你们还需按国际展览局的规定程序向该组织申请认可。

  在此我向您和您的中国花卉协会（CFA）同事，以及国家林业局、中国贸促会（CCPIT）、北京市人民政府、延庆县政府和其他机构的相关人员表示热烈祝贺！祝愿你们在未来的展览筹备中一切顺利！

  谨致诚挚问候！

AIPH 主席

维克·克朗

二〇一二年九月二十九日

AIPH Officially Approved World Horticultural Exposition 2019 Beijing China

Dear Madame Jiang Zehui,

AIPH council has approved the application presentation by the Chinese Government Delegation for hosting World Horticultural Exposition 2019 Beijing China of Al category on September 11, during the AIPH Congress 2012 held in Venlo the Netherlands. The caution fee has been paid, and the inspection visit by AIPH Marketing & Exhibition Committee has been completed on September 29 2012, with a positive result in accordance with the Regulations for International Exhibitions of AIPH.

I wish to inform you that AIPH now Officially approves World Horticultural Exposition 2019 Beijing China of AI category to be held in Beijng from April 29 to October 7, 2012.

For hosting an Al exposition, you are required to apply for the recognition of the Bureau International des Expositions(BIE)(International Exhibitions Bureau)according to the procedure and requirement of the organization.

Congratulations to you and your colleagues from CFA, as well as people from the State Forestry Administration, CCPIT, Beijing Municipal Government, Yanqing County Government and other related organizations! I wish you all the best in further preparation for the expo.

Sincerely yours,

Vic Krahn

President AIPH

在 2019 北京世园会倒计时 100 天
动员誓师大会上的讲话

蔡　奇

（2019 年 1 月 20 日）

同志们：

今天，我们在这里召开 2019 北京世园会倒计时 100 天动员誓师大会，对世园会筹办工作进行再动员、再部署。刚才，王红同志通报了筹办工作进展情况，三位同志发了言。高燕同志代表组委会提出了下一步工作的要求，大家要抓好落实。

2014 年 6 月申办成功以来，在党中央、国务院统一领导下，在组委会直接指导和各成员单位大力支持下，世园局及各区、各部门齐心协力、攻坚克难，世园会筹办工作进展顺利、成效明显。特别是超额完成了"双 100"招展任务，创造了世园会国际参展方数量最多的纪录，得到了国内外充分肯定。在此，向组委会及其成员单位、世园会建设者、筹办工作人员、设计团队、一线安保人员、赞助企业、志愿者及所有关心支持世园会工作的社会各界表示衷心感谢，向各省区市及港澳参展代表、国内外参展企业表示热烈欢迎。

现在，距离世园会开幕只有短短 100 天了，筹办工作已进入最终冲刺阶段。行百里者半九十，筹办工作越是到最后阶段，我们越是要如履薄冰、心无旁骛、争分夺秒、真抓实干，确保世园会筹办任务圆满完成，兑现向国际社会的庄严承诺，向党和人民交出一份满意的答卷。下面，我强调三点意见。

一、要进一步提高站位

举办 2019 北京世园会，是党中央国务院作出的重大决策，是继昆明世园会、上海世博会之后，我国举办的级别最高、规模最大的国际性博览盛会。党中央、国务院对此高度重视，习近平总书记在"一带一路"第一次国际合作高峰论坛期间，专门向参会各国发出了参展邀请，李克强总理亲自签署了致 174 个国家政府的邀请函。办好北京世园会，是我们深入学习贯彻习近平生态文明思想和党的十九大精神的具体行动，是落实新发展理念、建设美丽中国的生动实践。

今年是中华人民共和国成立70周年，是全面建成小康社会的关键之年，大事多、喜事多。筹办世园会，是我们必须全力办好的几项重大活动之一。中央把这项光荣的政治任务交给我们，体现了对我们的信任，也是对我们"四个中心"功能建设、"四个服务"水平的又一次重大检验。我们要坚持以习近平中国特色社会主义思想为指导，进一步增强责任感使命感紧迫感，坚持以"四个意识"、以首善标准扎实做好各项筹办工作，努力把北京世园会办成一届具有时代特征、中国特色、世界一流的精彩盛会，向世界展现我国改革开放和现代化建设新成就，展现新时代大国首都新形象。

二、要全力以赴完成好各项筹办任务

在今后100天里，我们要按照党中央、国务院统一部署，在组委会的领导下，集中力量，突出重点，精益求精，扎扎实实把各项筹办工作做好。

一要高质量完成园区建设。严格按照国际标准，全力推进中国馆、国际馆等主要场馆建设，确保如期完工、如期交付使用。做好园区公共景观布置和基础设施建设收尾工作，强化水、电、路、气、通讯等市政设施建设管护，不能有半点疏漏。

二要扎实做好参展服务。加强与国际展览局、国际园艺生产者协会的沟通联系，强化与参展方对接协调，抓好展园、展位规划设计和建设。深化"一对一"服务机制，做好参展物品通关、植物检疫、园区商业一站式服务等参展服务工作，构建精准的参展服务体系，体现"北京服务"水准。

三要精心策划好开闭幕式等会期活动。精彩的开幕式是世园会成功的一半，要精心谋划好。要以党和国家领导人活动为主线，周密组织安排，确保万无一失。要提前策划好开园、中国馆日、国际组织荣誉日、闭幕式等重要节点活动，切实做好国内外重要嘉宾参观世园会的接待工作。

四要强化运营服务保障。科学制定维稳安保、物流、交通、旅游服务、环境提升、食宿、医疗、新闻发布等各项工作方案和应急预案。强化工作团队建设、实战培训和综合演练，确保会时服务保障安全、平稳、有序运行。加强高效、热情、周到的游客服务体系建设，做好志愿者招募和培训工作，强化食宿、停车、导游服务，确保游客"进得来、出得去、吃得上、住得下、玩得好"。

五要深化城乡环境整治。城乡环境面貌是保障世园会成功举办的重要因素。要集中力量抓好世园会及其周边的拆、腾、整、绿和环境美化，确保经得起检验。要持续抓好背街小巷整治提升，实施好"百村示范、千村整治"和新一轮百万亩造林绿化工程，向全世界展现北京整洁、清新、美丽的城乡面貌。

六要加大宣传推介力度。坚持常态宣传、重要节点宣传相结合，精心组织好宣传推介和预热活动，提升北京世园会的社会关注度和国际影响力。建好新闻发布中心，为媒体创造良好的工作环境，及时发布北京世园会的筹办情况和工作成效。

三、要切实加强对筹办工作的组织领导

世园会会期长、任务重、要求高，涉及方方面面。必须强化组织领导，严格落实责任。执委会要发挥好议事协调职能作用，对于筹办举办工作中的重大事项要及时向组委会请示汇报。加强与中央有关单位的沟通对接，争取得到更多的支持。世园局要紧盯各项筹办任务，组织好计划实施，加强督促检查，确保落实到位。各区、各部门都要把世园会筹办举办工作列入重要议事日程，主动对号入座、各就各位，以实际行动支持办好世园会。延庆区要落实好属地责任，不折不扣落实好服务保障任务。要完善社会动员机制，推动形成全社会关注、支持、参与世园会的良好氛围。

同志们，办好北京世园会责任重大、使命光荣。我们要更加紧密地团结在以习近平同志为核心的党中央周围，以时不我待、只争朝夕的精神状态，以拼搏奉献、严谨细致的优良作风，出色完成各项筹办任务，以优异成绩庆祝中华人民共和国成立70周年！

2019 年中国北京世界园艺博览会
倒计时 100 天动员大会主持词

陈吉宁

（2019 年 1 月 20 日）

同志们：

今天，我们举行北京世园会倒计时 100 天动员誓师大会，目的是对筹办工作进行再动员再部署，激发鼓舞斗志，发动各方力量，全力以赴完成各项工作任务，确保北京世园会成功举办！

出席大会的领导有中共中央政治局委员、北京市委书记蔡奇同志，中国贸促会会长高燕同志，国家林业和草原局局长张建龙同志，外交部部长助理张汉晖同志，中国花卉协会会长江泽慧同志，北京市人大常委会主任李伟同志，北京市政协主席吉林同志。

参加会议的还有执委会领导和各成员单位主要负责同志，市委、市人大、市政府、市政协有关部门和各区负责同志，各省区市、港澳代表，北京世园会建设、参展、安保、赞助、特许等相关单位代表，以及新闻媒体和形象代言人。

王红同志通报了世园会筹办进展情况和下一步重点任务。三位代表进行了热情洋溢的发言。高燕会长代表组委会提出了具体工作要求。蔡奇书记作了重要讲话，强调要进一步提高站位，全力以赴完成好各项筹办任务，切实加强对筹办工作的组织领导。我们要认真学习领会，切实抓好贯彻落实。当前，世园会筹办工作进入最后冲刺阶段，时间更紧、任务更重、标准更高。我们要切实增强责任感、使命感、紧迫感，团结一心，拼搏进取，深入发动全市上下和社会各界力量，形成筹办举办工作的强大合力。执委会各成员单位，世园局和延庆区，各区、各部门、各有关单位，要强化责任落实，紧密沟通协作，精心组织实施，不折不扣地落实好组委会明确的任务和要求，全力推进园区建设收尾、园艺布展、参展服务、开闭幕式策划等各项筹办工作，高标准抓好方案细化、人员培训、宣传推介、交通组织、活动安排、环境提升和各项服务保障，强化应急演练和维稳安保工作，确保如期开园和会时运行安全、平稳、有序。

  同志们，北京世园会是党中央交给我们的光荣政治任务，是中国政府今年举办的重大外事活动，意义特殊、责任重大。我们要坚持以习近平新时代中国特色社会主义思想为指导，树牢"四个意识"，坚定"四个自信"，坚决做到"两个维护"，以强烈的使命担当和首善标准，高质量抓好各项办会工作。我们坚信，在党中央、国务院坚强领导下，在中央单位大力支持和全市上下共同努力下，一定能够成功举办一届具有时代特征、中国特色、世界一流的精彩盛会，向全世界展示中国风采，向党和人民交出满意答卷，向新中国成立70周年献礼！

索　引

本索引包含两部分内容：表格索引和图片索引。

一、表格索引

二、图片索引

编　后　记

　　《2019北京世园会志》系一部全面记述2019年中国北京世界园艺博览会的申办、筹办历程，叙述总结北京世园会精神，传承北京世园会文化、价值和经验的资料性文献。

　　2018年4月9日，北京世界园艺博览会事务协调局与北京市地方志编纂委员会办公室共同召开专题会议，酝酿协商《2019北京世园会志》的编纂工作，双方一致认为举办2019北京世园会，是向全世界展示我国改革开放和现代化建设成就和生态文明建设新成果的重要窗口，是促进绿色产业、高端要素国际交流合作的重要平台，是弘扬绿色发展理念、推动经济发展和居民生活方式转变的一个重要契机，也是建设美丽中国的一次生动实践，意义重大。筹办和举办2019北京世园会是党中央、国务院交给北京市的重大使命。适时启动立项和编纂工作，完整、准确、详实记录世园会的申办、筹办和举办全过程，对于留存历史，记录和推动北京城市与经济社会全面发展，推动形成绿色发展方式和生活方式具有重要的现实和长远意义。通过酝酿和讨论，会议明确了专项事记事体的编纂原则。2019年7月，经比选和双方协商，确定了经济日报社为合作单位，北京世园局与经济日报社共同组建了工作团队，邀请了北京地方志编纂委员会办公室谭烈飞、高文瑞两位专家担任顾问，正式启动《2019北京世园会志》的编纂工作。

　　在《2019北京世园会志》的策划和具体实施阶段，北京世园局办公室与经济日报社的编辑同志们，在北京世园局21个部门和世园公司、世园商管公司，及世园会延庆区筹备办的密切配合和积极协助下，在两位专家的全程指导下，历经近半年的时间，收集了近5万个文档、千余万字的资料、逾万张的原始图片。经过十几次的论证研究、反复打磨，最终撰写了50万字的稿件，征求了各方意见，通过了专家评审，完成了世园志的编纂工作，满足了各项出版要求。

　　作为一部事件志，《2019北京世园会志》与传统的地方志书有很大区别，某种程度上也可以说，我们的编纂过程是一个不断探索的过程。囿于资料、理论、实践和专业水平等，最终的成书仍不可避免地存在着诸多问题，我们诚恳地希望有识之士和广大读者能够不吝指教，帮助我们改正错误，补充遗漏，使这本《2019北京世园会志》能够更加全面、准确地记述北京世园会的经验与成就。

　　回顾北京世园会 162 天的会期和《2019 北京世园会志》编纂工作半年多的历程，我们为北京世园会的理念与价值所感染。通过梳理难得一见的历史资料，阅览一幅一幅的珍贵图片，使我们对于北京世园会有了更深层次的体悟。跨越了申办、筹办、举办的近八年时光，无疑是每一位参与者和亲历者值得珍藏的记忆。而数以万计参与者亲历的一届"独具特色、精彩纷呈、令人难忘"的世纪性盛会，充分践行了中国人民对世界的承诺，为世界园艺史贡献了一颗璀璨的明珠。我们深知，《2019 北京世园会志》的编纂工作，是一次未完的旅程。因为我们的初衷和目的，是通过《2019 北京世园会志》的编纂，能够尽最大可能地用翔实的史料记录北京世园会的独特经验与价值，能够推动北京世园会的"绿色生活 美丽家园"主题更加深入人心，也能够持续见证 2019 北京世园会的精神和物质遗产长存于世。

《2019 北京世园会志》编辑部

2019 年 12 月